EDV/CAD
für die Bautechnik

Von Studienrat Harald Kuhr, Rendsburg

Mit 332 Bildern und Tabellen, 167 Beispielen, 238 Übungen und 281 Aufgaben

B. G. Teubner Stuttgart 1991

Die Deutsche Bibliothek – CIP-Einheitsaufnahme

Kuhr, Harald:
EDV, CAD für die Bautechnik: mit Tabellen / von Harald
Kuhr. – Stuttgart: Teubner, 1991
  ISBN-13: 978-3-519-05620-1   e-ISBN-13: 978-3-322-82989-4
  DOI: 10.1007/ 978-3-322-82989-4

Satz: SATZPUNKT Ursula Ewert, Braunschweig

Karlsruhe
Umschlaggestaltung: Peter Pfitz, Stuttgart

Vorwort

Die EDV und speziell die CAD-Technik hat auch im Bauwesen schon zu erheblichen strukturellen Veränderungen geführt. Der rasanten Entwicklung konnte die Ausbildung kaum folgen. Unterschiedliche Lehrpläne für die berufsbildenden Schulen der einzelnen Bundesländer, uneinheitliche Inhalte der Techniker- und Ingenieurausbildung kennzeichnen die Lage. Verwendet werden die verschiedensten CAD-Programme an unterschiedlicher Hardware. Methodische und didaktische Erkenntnisse liegen bisher kaum vor.

Dieses Buch ist das Ergebnis mehrjährigen Unterrichts mit vielen Versuchen, Erfolgen und Mißerfolgen. Leitlinie ist der Praxisbezug. Kein spezielles Programm steht im Vordergrund, sondern die allgemeingültigen Grundsätze und Funktionen werden herausgearbeitet. Deshalb ist parallel das Handbuch des jeweiligen CAD-Programms heranzuziehen. Trotz beträchtlicher Leistungsunterschiede der Programme sollten die Übungen der Teile I und II mit allen Programmen durchführbar sein. Für die Übungen der Teile III und IV ist man auf CAD-Bauprogramme angewiesen, die aber – will man dem Anspruch „Ausbildung für die Praxis" gerecht werden – im Mittelpunkt stehen müssen.

Schritt für Schritt führt das Buch in die CAD-Technik ein. Es verlangt daher ein kontinuierliches Vorgehen und Erarbeiten. Steter Praxisbezug, viele Bilder und Beispiele unterstützen den Lernprozeß. Die Erkenntnisse sind in Merkkästen einprägsam zusammengefaßt, Übungen helfen bei der Anwendung, Aufgaben beim Festigen des Stoffes.

Verfasser und Verlag sind dankbar für Ihre Anregungen und Hinweise, um das Buch weiter verbessern zu können

Rendsburg, Frühjahr 1991   H. Kuhr

Inhaltsverzeichnis

1 Mikroelektronik – Segen oder Fluch?

Uns erscheint es heute selbstverständlich, in einer von Technik, Industrie und wirtschaftlichem Wachstum bestimmten Welt zu leben. Wir sind fasziniert von einer raffinierten, hochentwickelten Technik. Unser Handeln ist ausgerichtet an steigendem Wohlstand und an einem angenehmen Leben. Ein Blick in die Geschichte zeigt, daß die Menschen seit jeher Hilfsmittel geschaffen haben, die ihnen die körperliche und geistige Arbeit erleichtern (1.1).

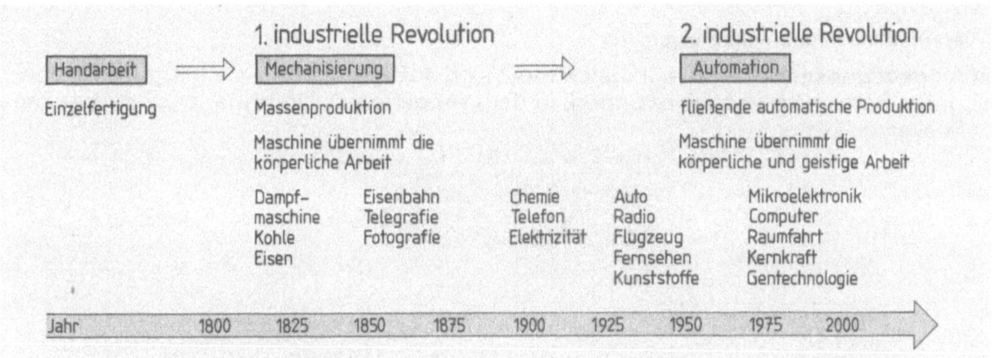

1.1 Entwicklung der Technik

Immer mehr Menschen werden sich aber der folgenden Tatsachen bewußt:
- Glück und Wohlstand entstehen nicht aus der Befriedigung aller Wünsche.
- Wir bestimmen uns nicht mehr selbst, sondern sind Räder in einer bürokratischen Maschine geworden.
- Der wirtschaftliche Fortschritt vergrößert die Kluft zwischen den armen und reichen Ländern.
- Der technische Fortschritt führt zu immer größeren Umweltbelastungen.

Die Befürworter der Mikroelektronik führen dagegen an:
- Die Produktivität der Wirtschaft wird erhöht.
- Rohstoffe und Energie können durch Mikroelektronik gespart werden.
- Umweltbelastungen können kontrolliert und vermieden werden.
- Eine Industrienation muß immer neue und bessere Produkte entwickeln, um vom Erlös auf dem Weltmarkt Einfuhren bezahlen zu können.
- Nur wenn der Absatz auf dem Weltmarkt gewährleistet ist, sind die Arbeitsplätze gesichert.
- Eine Industrienation braucht eine leistungsfähige Infrastruktur, die ohne Mikroelektronik nicht möglich ist.

Doch wo liegen die Grenzen des Wachstums? Was geschieht, wenn die Grenzen überschritten sind? Zur Antwort auf diese Fragen sind besonders die Naturwissenschaftler und die Politiker gefordert, denn vor allem militärische Forderungen haben die rasante Entwicklung der Mikroelektronik beeinflußt. Auch wenn die letzte Entscheidung beim Menschen liegt, sind wir von Informationen und Daten der Maschine abhängig. Fehler können unsere gesamte Existenz in Frage stellen.

Beispiel Am 3. Juni 1980 um 0.26 Uhr meldet der Computer in der NORAD-Zentrale an das Strategische Luftkommando in Omaha, daß sich zwei von U-Booten gestartete Flugkörper im Anflug auf die USA befinden. Kurz darauf zeigt der Computer weitere Flugkörper an. 100 Bomberbesatzungen stürzen zu ihren Flugzeugen. Mit laufendem Motor warten sie auf den Startbefehl. Erst als plötzlich die Alarmmeldungen nicht mehr auf dem Bildschirm erscheinen, wird ein Computerfehler vermutet. Ursache dieses Fehlers war ein kleiner Schaltkreis im Wert von 46 Cent!

1.1 Definition, Anwendung und Geschichte

Die Mikroelektronik ist eine Technologie zur Informationsverarbeitung, die elektrische Impulse als Informationsträger benutzt. Sie übertrifft die mechanische Informationsverarbeitung (z. B. Uhrwerk, Verbrennungsmotor) weit in Leistungsfähigkeit, Zuverlässigkeit und Anwendungsvielfalt.

Die Aufgaben der Mikroelektronik beschränken sich im wesentlichen auf die drei Grundfunktionen

- Daten abrufen,
- Daten verarbeiten,
- Verarbeitungsergebnisse ausgeben.

Die Anwendungsgebiete der Mikroelektronik sind außerordentlich vielfältig. Jede Branche, jeder Bereich ist von ihr betroffen, in dem Aufgaben der Informationsverarbeitung zu lösen sind (**1.2**).

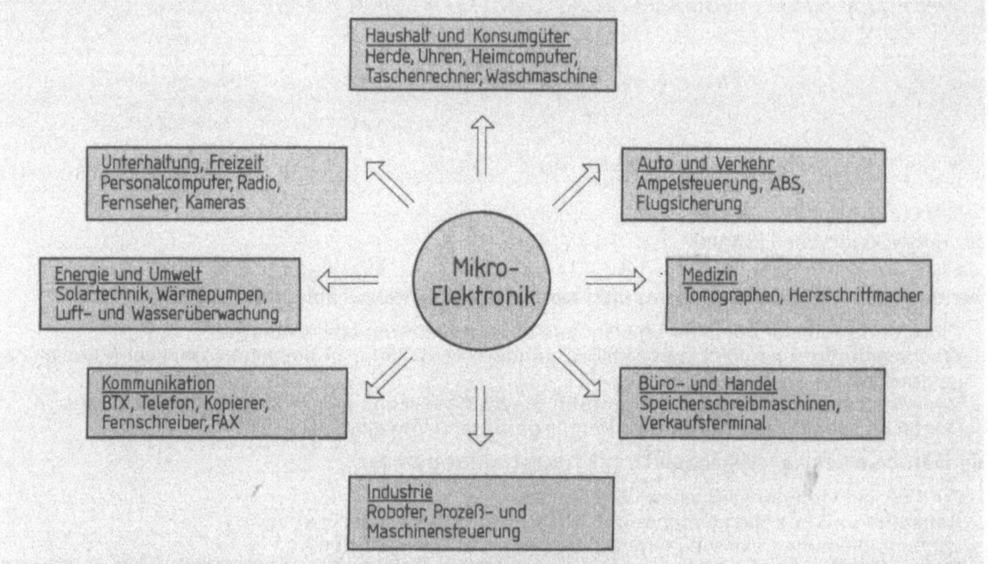

1.2 Anwendungsgebiete der Mikroelektronik (Beispiele)

Die Entwicklung der Mikroelektronik ist eng mit der Geschichte des Rechenautomaten verbunden. Das älteste uns bekannte Rechengerät ist der Abakus, der um 1100 v. Chr. erfunden wurde. Ähnlich der „Rechenhilfe" unserer ABC-Schützen waren bewegliche Kugeln auf mehreren Stabreihen angebracht. Mit Hilfe ihrer unterschiedlichen Anordnung waren Additionen und Subtraktionen möglich. Im Laufe der Jahrhunderte wurden diese Rechengeräte erweitert und verfeinert. Namhafte Wissenschaftler wirkten daran mit:

- Wilhelm Schickard (1592–1635): Rechenmaschine mit den vier Grundrechenarten
- Blaise Pascal (1623–1662): Rechenmaschine ähnlich der Schickardschen.
- Gottfried Wilhelm Leibniz (1646–1716): Rechenmaschine auf der Grundlage des Dualsystems
- Matthias Hahn: 1774 Serienproduktion der ersten Rechenmaschinen
- Charles Babbage: 1883 Rechenmaschine nach EVA-Prinzip (Eingabe-Verarbeitung-Ausgabe)
- Hermann Hollerith: 1890 Anwendung der Lochkarte
- Konrad Zuse: 1910 erster programmgesteuerter Rechenautomat
- I. P. Eckert/J. W. Mauchly: 1945 Großcomputer ENIAC (**1.3**)

Damit war einer der ersten Computer (engl. to compute = rechnen) geboren, auch wenn er in Volumen, Leistungsfähigkeit und Preis den Anforderungen nicht genügen konnte.

Der Transistor wurde kurz nach dem ENIAC (**1.3**) in den Bell-Laboratien (USA) entwickelt. Damit war man nicht mehr auf die voluminösen und fehleranfälligen Vakuumröhren angewiesen. Transistoren bestehen heutzutage meist aus Silicium. Durch geringe Zugaben von Fremdatomen – Dotierstoffen (z. B. Bor, Phosphor) – wird es leitend, und zwar je nach dem Dotierstoff für positive oder negative Ladungsträger. Die Transistoren arbeiten wie kleine Schalter, die den Stromfluß entweder unterbrechen oder durchlassen.

> Der Transistor hat nur zwei Spannungszustände: Strom an und Strom aus.

1.3 ENIAC

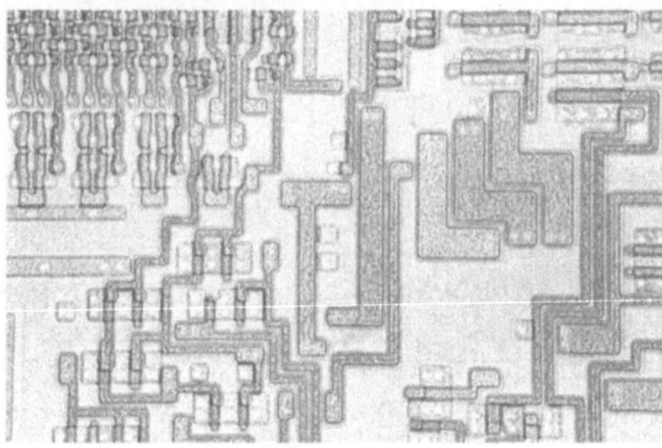

1.4 4-Megabit-Chip

Da anfangs alle Transistoren einer Schaltung miteinander verdrahtet werden mußten, war die Herstellung immer noch aufwendig, unzuverlässig und kostspielig. Erst als es Jack S. Kilby 1958 gelang, mehrere Transistoren und deren Verbindungen auf einem einzigen Siliciumplättchen (Chip) herzustellen, waren die Voraussetzungen für den Siegeszug der Mikroelektronik geschaffen (**1.4**).

> Das Chip ist ein Siliciumplättchen, auf dem sich Transistoren mit allen ihren Verbindungen befinden.

Die Integrationsdichte, d. h. die Anzahl der Transistoren je Chip, wurde durch verbesserte Fertigungsmethoden kontinuierlich erhöht. Alle 2 bis 3 Jahre verdoppelte sich die Anzahl der Transistorbausteine (**1.5**). Gleichzeitig wurden die Chips kleiner und durch Massen- und Serienproduktion billiger. Dieser Prozeß ist noch keineswegs abgeschlossen.

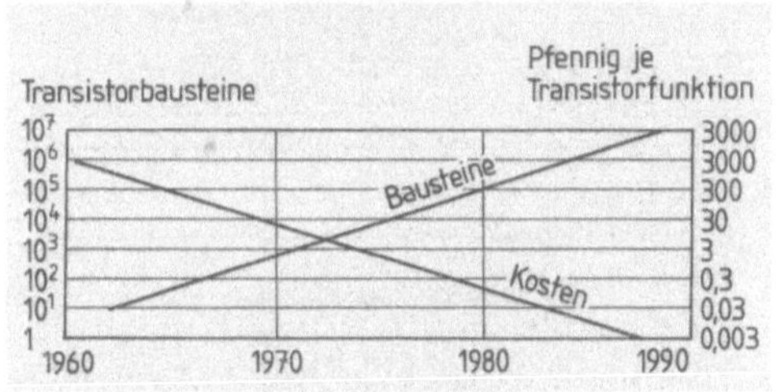

1.5 Entwicklung der Integrationsdichte und Kosten je Transistoreinheit

> Moderne Fertigungsmethoden erhöhen die Integrationsdichte. Höhere Leistungsfähigkeit und Kostensenkung sind die Folgen.

1.2 Auswirkungen auf die Arbeitswelt

Am häufigsten wird die Frage nach den Auswirkungen der Mikroelektronik auf den Arbeitsplatz gestellt. Eine einfache Antwort ist nicht möglich, da zwei gegenläufige Faktoren zu berücksichtigen sind:

- die Produktinnovation (Erzeugung verbesserter und neuer Produkte),
- die Verfahrensinnovation (leistungsfähigere, schnellere und wirtschaftlichere Herstellungsverfahren).

Die Produkt- und Verfahrensinnovation wirken sich direkt auf die Schaffung und den Verlust von Arbeitsplätzen aus. Bessere und neue Produkte erschließen neue Absatzmärkte. Produktinnovation bedeutet damit neue Arbeitsplätze. Moderne Herstellungsverfahren z. B. mit numerisch gesteuerten Werkzeugmaschinen rationalisieren dagegen Arbeitsplätze weg. Die Kostensenkung in der Herstellung und damit die Verbilligung der Produkte erhöhen andererseits den Absatz und verringern so den Verlust an Arbeitsplätzen.

Gewerkschafter kritisieren, daß die Wirtschaftlichkeit des Unternehmens wichtiger sei als der Mensch, dessen Arbeitsplatz verlorengeht. Unternehmer argumentieren dagegen, daß ein Verzicht auf den Einsatz neuer Technologien künftig noch viel mehr Arbeitsplätze vernichten würde.

> Produktinnovation bedeutet Schaffung von Arbeitsplätzen, Verfahrensinnovation bedeutet Verlust von Arbeitsplätzen.

Nach Zahlen der Bundesanstalt für Arbeit gab es in den 50er Jahren dreimal soviel Arbeiter wie Angestellte. 1987 überflügelte erstmals die Zahl der Angestellten (10,2 Mio.) die der Arbeiter (10 Mio.). Dieser Trend hält als Zeichen eines tiefgreifenden Strukturwandels unvermindert an.

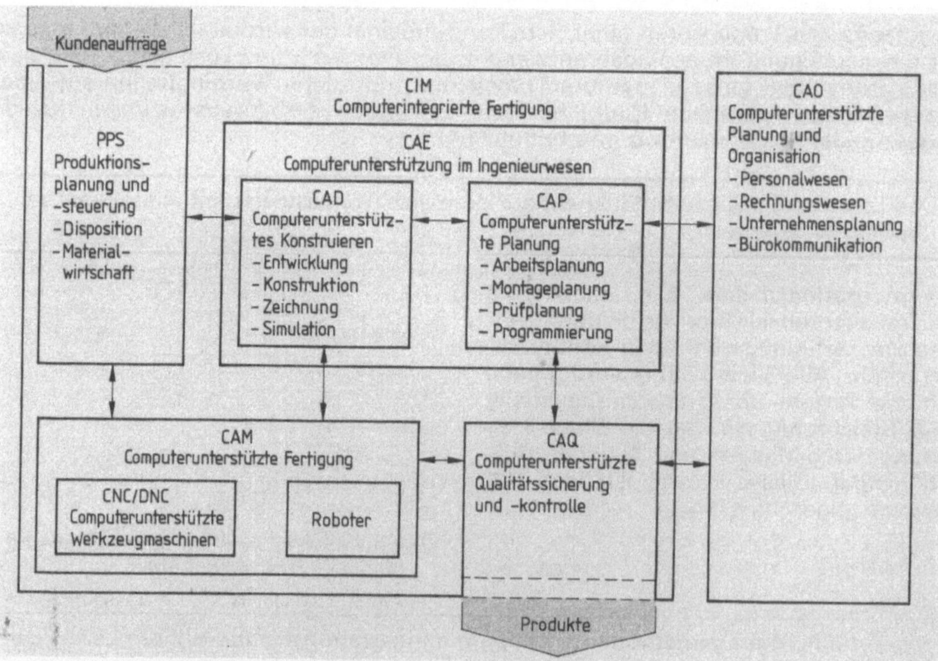

1.6 CAI – die computerunterstützte Industrie

Schlagworte wie CAI (Computer Aided Industry), CIM (Computer Integrated Manufactoring), CAE (Computer Aided Engeneering) kennzeichnen die aktuelle Diskussion. Vereinfacht ausgedrückt geht es um Betriebe, bei denen nach Eingabe der Kundenaufträge
mit Hilfe von Produktions- und Maschinendaten eine automatische Verarbeitung statt-
findet (1.6). Am Ende des Produktionsprozesses steht das fertige Produkt. Noch ist CAI
eine Zielvorstellung.

Auswirkungen auf die Bautechnik. Der steigende Anspruch an die Qualität einer Planung ist mit dem traditionellen Zeichnen/Konstruieren nur noch schwer zu erfüllen. Einzelne Bauträger verlangen bereits die EDV-mäßige Erfassung eines Bauwerks. Sicher
werden durch die zwei- bis dreifache Arbeitsbeschleunigung Arbeitsplätze frei, doch
wiederum andere neu geschaffen. Denn CAD bedeutet nicht nur Zeitersparnis, vielmehr ein optimales Verhältnis zwischen Aufwand und Ergebnis durch bessere Konstruktion und genauere Dokumentation.

Ein Bauwerk besteht aus einer sehr großen Anzahl kompliziert geformter Einzelteile.
Beim traditionellen Zeichnen werden sie in den Konstruktionsplänen in Genauigkeit
und Anzahl nur stark vereinfacht dargestellt. Da Qualität und Herstellungsverfahren
eines Bauwerks durch die Konstruktion beeinflußbar sind, bedeutet eine detaillierte Planung geringere Herstellungskosten, geringeres Gewicht, geringeren Materialverbrauch,
weniger Mängel, genauere Kalkulation und Mengenermittlung, geregelten Bauablauf,
präzisere Ausschreibung und damit weniger Mißverständnisse und Nachforderungen.
Da CAD die Qualitätsanforderungen an die Planung steigert, erhöht sich der Personal-
einsatz. In Einzelfällen können jedoch erhebliche Auswirkungen spürbar werden und
Bedarfsverschiebungen auftreten.

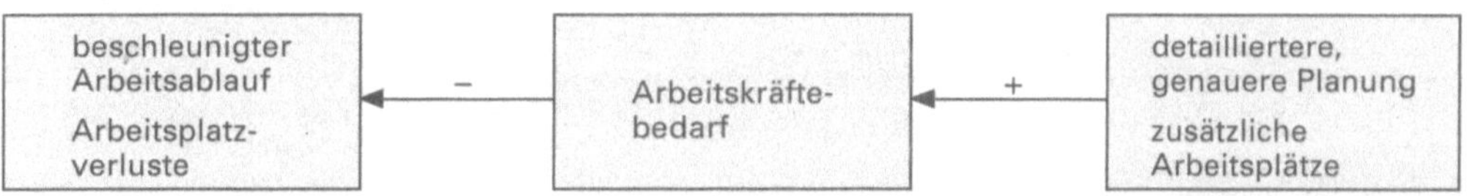

Der CAD-Einsatz hängt von der Leistungsfähigkeit sowohl des Systems als auch des
Anwenders ab. Wenn heute praxisgerechte, wirtschaftliche CAD-Bauprogramme unbe-
nutzt in der Ecke liegen, liegt die Schuld jedoch oft weniger beim Anwender als bei den
Werbeversprechen einiger Softwarehäuser.

- Von vielen Programmen wird behauptet, sie seien praxisgerecht und CAD-baufähig, während
  tatsächlich nur sehr wenige diesem Anspruch genügen.
- Der Rechner bzw. das CAD-Programm wird aufgrund „getürkter Vorführungen" als ein Wun-
  derwerk betrachtet, das mit ein paar Tastendrucken alle Arbeiten in Windeseile verrichtet. In
  Wirklichkeit dauert es manchmal Monate, bis der Anwender ein komplexes CAD-Bauprogramm
  wirtschaftlich einsetzen kann.

1.3 Anforderungen an den Anwender

CAI bedeutet keine menschenleeren Fertigungshallen oder Büros, wohl aber höher-
wertige Arbeit, andere Berufsbilder und neue Berufe. Einfache Schreib- und Zeichen-
tätigkeiten werden abnehmen, Fähigkeiten zum verantwortlichen Umgang mit der
Datenverarbeitung immer mehr gefragt sein.

Die Dialoge mit dem Rechner orientieren sich dabei fast ausschließlich an konventionellen
Arbeitsweisen. Ein Landwirt, der eine computergesteuerte Fütterungsmaschine bedient, wird deshalb nie ein CAD-System anwenden können, während ein Zeichner am CAD-System nie die Arbeit
des Landwirts übernehmen kann. Wie bisher wird eine traditionelle Ausbildung im Mittelpunkt

stehen, weil ohne sie Anwendungen eines EDV-Systems nicht denkbar sind. Jeder, der eine solche Ausbildung absolviert hat, ist „EDV-geeignet". Allerdings werden sich die Ausbildungsschwerpunkte verschieben.

Wie weit ein Anwender über spezielle Systemkenntnisse verfügen muß, hängt von der Bürosituation und der Software ab. Beschränkt sich sein Wissen jedoch ausschließlich auf die Anwendung des Programms, treten spätestens Probleme auf, wenn der Rechner nicht wie gewünscht reagiert oder wenn Korrekturen notwendig werden. Ohne ein grundlegendes Datenverarbeitungswissen und Kenntnis des Betriebssystems ist es nicht möglich, weiterführende Programme zu verstehen. So ist es auch zu erklären, daß viele Systeme zur Zeit nur unzureichend genutzt werden.

> Eine traditionelle Ausbildung und grundlegendes Datenverarbeitungswissen sind Voraussetzungen zum Anwenden weiterführender Programme (z. B. CAD, **1.7**).

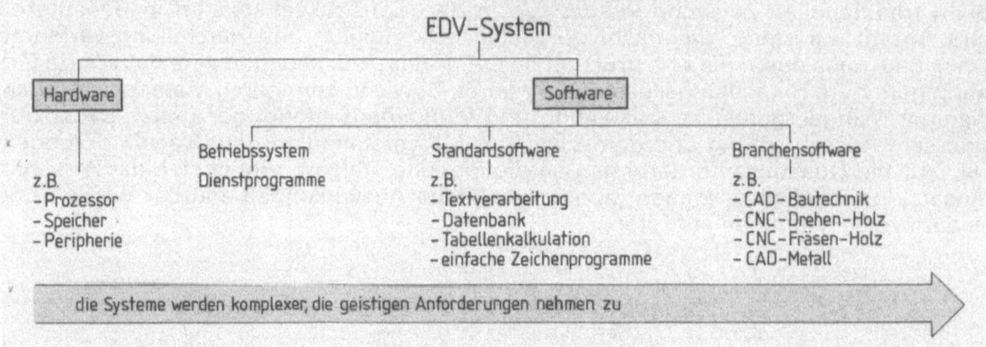

1.7 Das EDV-System

Immer wieder wird in der Ausbildung und der Praxis der Fehler gemacht, sofort mit der Branchensoftware zu beginnen. Beherrschen und verstehen kann man sie aber nur, wenn man die vorangehenden Programme erlernt hat.

Beispiele Software muß auf der Hardware lauffähig sein und angepaßt werden.

Standardsoftware baut auf vielfältigen Betriebssystem-Routinen auf.

CAD-Programme bestehen im Kern aus umfangreichen Datenbanken.

Textverarbeitungssysteme sind meist in die Branchensoftware integriert.

Innerhalb der Standard- und Branchensoftware müssen häufig Dateien von der Betriebssystemebene aus geladen oder gesichert werden.

Angesichts der rasanten technischen Entwicklung hilft in der Praxis nur eine konsequente und stetige Weiterbildung, um am Arbeitsplatz zu bestehen bzw. die Arbeitskraft flexibel einzusetzen. Immer mehr und höhere Qualifikationen und damit einhergehende Überforderungen verlangen aber nicht nur von den Beschäftigten, sondern auch von Lehrern, Ausbildern und Führungskräften verantwortliches Handeln.

> Die neuen Technologien verlangen immer mehr und höhere Qualifikationen, die nur in einer stetigen Fortbildung zu erwerben sind.

1.4 Arbeitsbedingungen am Bildschirm

Leistungsbereitschaft, Leistungsfähigkeit, körperliches Wohlbefinden und damit die Arbeitsqualität hängen von einer guten Abstimmung zwischen Mensch und Technik ab. Bis zum Ende dieses Jahrhunderts werden rund zwei Drittel aller Beschäftigten entweder ganz im Büro tätig sein oder einen wesentlichen Teil ihrer Arbeit an entsprechenden Arbeitsplätzen verrichten. Erfolg und Mißerfolg eines Unternehmens hängen in zunehmendem Maß von der Anpassung der Arbeitsmittel, Arbeitsplatzumgebung und Arbeitsabläufe an die Fähigkeiten und Bedürfnisse des Menschen ab (**1.8**).

a)

b)

1.8 CAD-Arbeitsplatz in der Schule und im Büro

Beeinträchtigungen durch ungenügende Arbeitsplätze am Bildschirm sind möglich.

im physischen Bereich durch
- unnötige Belastung des Sehvermögens,
- Fehlhaltungen,
- Energiefelder und Strahlungen.

im psychischen Bereich durch
- falsche Bildschirmgröße,
- unzureichende Software,
- zu hohe Erwartungshaltung.

Belastung des Sehvermögens. Die „Sicherheitsregeln für Bildschirmarbeitsplätze im Bürobereich" der Verwaltungs-Berufsgenossenschaft schreiben Überprüfungen des Sehvermögens durch einen ermächtigten Arzt vor. Als Bildschirmarbeitsplatz gilt, wenn die Arbeitsaufgabe mit und die Arbeitszeit am Bildschirm bestimmend für die gesamte Tätigkeit sind. Schädigungen am gesunden Auge wurden bisher zwar nicht festgestellt, doch sollen Beschwerden infolge nicht erkannter Mängel des Sehvermögens durch die Untersuchungen ausgeschlossen werden. Entscheidend zur Entlastung der Augen ist die richtige Wahl des Bildschirms.

Als Darstellungsart sollte man grundsätzlich dunkle Zeichen auf hellem Untergrund wählen (Positivdarstellung), um
- hohe Belastungen der Augen bei Blickwechseln zwischen heller Vorlage und dunklem Bildschirm zu reduzieren,
- störende Reflexionen und Spiegelungen zu vermeiden,
- die Lesbarkeit zu verbessern,
- die Geräte unabhängig von Fenstern und Beleuchtungskörpern aufstellen zu können.

Der Kontrast zwischen der Leuchtdichte des Zeichenuntergrunds zu den dunklen Zeichen sollte mindestens 3 : 1 betragen. Fast alle angebotenen Schirme lassen solche Einstellungen zu, doch werden sie aus Unwissenheit nicht immer individuell genutzt.

Die Flimmerfreiheit ist abhängig von der Leuchtdichte, dem Leuchtstoff und der Bildelement-Folgefrequenz. Diese sollte mindestens 70 Hertz betragen.

1.9 Zeichen für geprüfte Sicherheit

Spiegelungen und Reflexionen durch Tageslicht und Beleuchtungskörper sind grundsätzlich zu vermeiden. Deshalb sind entspiegelte Schirme vorzuziehen.

Die geometrische Zeichengestaltung muß eine optimale Lesbarkeit gewährleisten. Sie darf weder durch geometrische Verzerrungen beeinträchtigt werden, noch dürfen die Zeichen ineinander verlaufen. Eine Beurteilung der Bildschirme durch den Nichtfachmann ist nur eingeschränkt möglich. Bildschirme mit dem GS-Zeichen (geprüfte Sicherheit, **1.9**) einer anerkannten Prüfstelle bieten jedoch die Gewähr, daß die Gestaltungsanforderungen weitgehend erfüllt sind.

> Die Belastung des Sehvermögens kann durch die richtige Bildschirmwahl minimiert werden. Trotzdem sollte der Anwender seine Augen regelmäßig untersuchen lassen.

Fehlhaltungen am Bildschirmplatz sind für die meisten Schädigungen verantwortlich. Falsches und verkrampftes Sitzen führt genau so wie ständiges Stehen am Arbeitsplatz schnell zur Ermüdung und auf Dauer zu Langzeitschäden. Oft ist die Sitzhaltung Ursache für unheilbare Schädigungen, obwohl sie durch einwandfreie Zuordnung von Sitzhöhe, Arbeitshöhe und Abstellfläche der Füße zu vermeiden sind. Höhenverstellbare Stühle und Tische gleichen unterschiedliche Körpergrößen aus (**1.10**). Die Möblierung muß ein „dynamisches Sitzen" ermöglichen. Gehen, kurzfristiges Stehen und ein Wechsel der Sitzposition entlasten den Anwender.

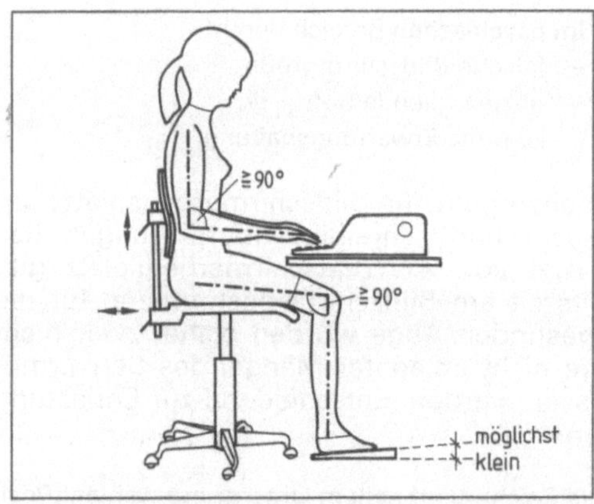

1.10 Richtige Sitzhaltung

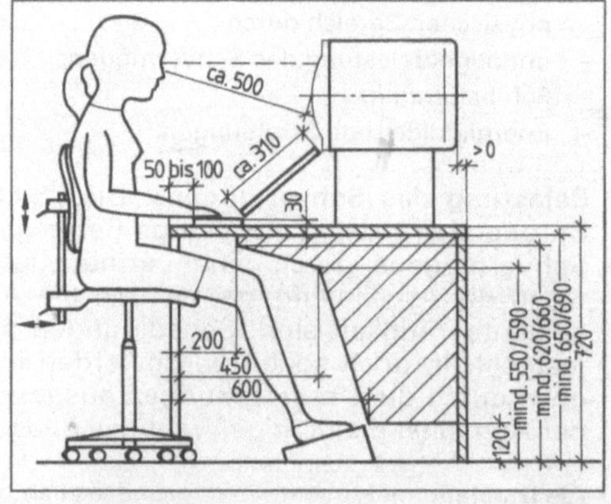

1.11 Abmessungen eines Bildschirmarbeitsplatzes mit einem nicht höhenverstellbaren Tisch

Der Arbeitstisch muß ausreichend groß und eben sein, um alle Arbeitsmittel flexibel anordnen zu können. Fixierte Arbeitsmittel (z. B. Schwenkarme, Drehteller) führen nachweislich zu erhöhten Belastungen. Hersteller von EDV-Anlagen ordnen deshalb schon seit längerem die Tastatur separat an. Die Tastaturhöhe sollte 3 cm nicht überschreiten, der Neigungswinkel der Tastaturfläche maximal 15° betragen, um Fehlhaltungen auszuschließen (**1.11**).

14

Energiefelder und Abstrahlungen entstehen bei Bildschirmen mit Kathodenstrahlröhren, die heute noch rund 90 % des Marktes beherrschen (**1.12**). Wir unterscheiden

- das elektrostatische Feld durch die Hochspannung,
- das elektromagnetische Feld der Ablenkspulen,
- die Röntgenstrahlung der Bildröhre.

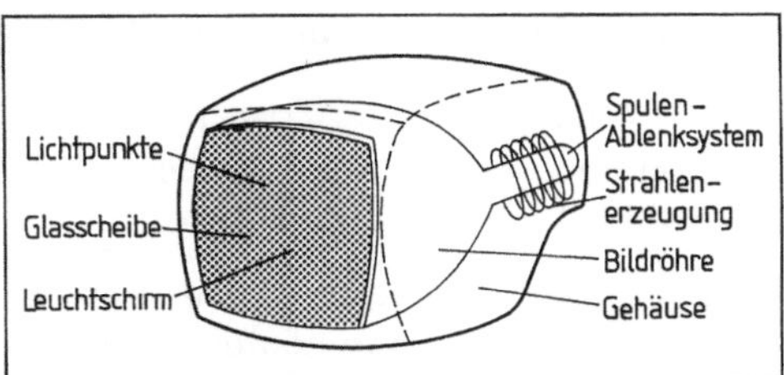

1.12 Bildschirmgerät mit Kathodenstrahlröhre

Das elektrostatische Feld entsteht durch den Elektronenstrahl, der die einzelnen Lichtpunkte (Pixel) zum Leuchten bringt. Negativ elektrostatisch aufgeladene Luftteilchen werden zum Bildschirm geleitet, positiv geladene (z. B. Staub) dagegen zum Anwender. Vereinzelt hat man dies mit vorübergehenden Hautentzündungen und -ausschlägen in Verbindung gebracht, doch fehlt bis heute ein schlüssiger Nachweis. Da das elektrostatische Feld wesentlich von der Umgebungsatmosphäre, vor allem von der Luftfeuchtigkeit abhängt, kann man überdies leicht vorsorgen. Bei einer Luftfeuchtigkeit ab 50 % ist das Feld nur minimal. Weil jedoch (besonders im Winter) die Luftfeuchtigkeit oft unter 30 % absinkt, kann man durch Pflanzen, Luftbefeuchter oder die Klimaanlage eine evtl. Gefährdung ausschließen.

Das elektromagnetische Feld entsteht hauptsächlich durch die Auswirkungen des Spulen-Ablenksystems, das rings um die Bildröhre angeordnet ist. Solche Felder gibt es übrigens auch bei vielen Haushaltsgeräten; Baubiologen sprechen in diesem Zusammenhang vom „Elektrosmog". Die Intensität der Feldstärke (gemessen in Milli-Tesla/Sekunde) hängt von der Entfernung der Strahlungsquelle ab.

Beispiele
Handbohrmaschine bei 10 cm Abstand	80 mT/s
Bildschirmgerät bei 30 cm Abstand	50 mT/s
Rasierapparat	40 mT/s
Haartrockner bei 10 cm Abstand	40 mT/s
Bildschirmgerät bei 60 cm Abstand	12 mT/s

Befürchtungen einiger Wissenschaftler, daß diese Strahlungsart für das werdende Leben und schwangere Frauen schädlich sein könne, haben sich bisher nicht bestätigt. Langzeituntersuchungen dazu laufen jedoch noch.

Röntgenstrahlung wird durch die im Bildschirmglas enthaltenen natürlichen radioaktiven Stoffe wie Blei-214, Wismut-214 und Kalium-40 freigesetzt, wenn der Elektronenstrahl über die Phosphorschicht der Bildröhre streicht und Teilbereiche zum Leuchten bringt. Doch selbst wenn dabei der zulässige Grenzwert erreicht würde, ist die Strahlenbelastung mit 1 mrem vernachlässigbar klein, zumal sie von außen auf den Körper einwirkt und nicht durch die Nahrung aufgenommen wird. Beim Aufenthalt in der Natur ergeben sich eindeutig höhere Strahlenwerte für den Menschen als bei der Arbeit am Bildschirm.

Die Bildschirmgröße wird manchmal von den Softwareherstellern vorgeschrieben, liegt jedoch meist im Ermessen des Anwenders. Bildschirme werden in den Größen 12, 14,

16, 20 und 24 Zoll angeboten, bezogen auf die Bildschirmdiagonale. Je nach Anwendungsgebiet und Schwierigkeitsgrad der Software können zu große und auch zu kleine Bildschirme zu unnötigen Belastungen führen. Wichtigstes Kriterium ist die Anwendungsart. So reicht z. B. für die meisten Textverarbeitungs- und Datenbanksysteme ein 12- bzw. 14-Zoll-Schirm aus. Die Benutzung eines 20-Zoll-Schirms verschlechtert die Lesbarkeit.

Noch problematischer sind zu kleine Schirme beim CAD. Beim 14-Zoll-Schirm liegen die Zeichnungslemente oft so dicht beieinander, daß die Linien ineinander verlaufen und nicht eindeutig zu identifizieren sind. Folge: Bemaßungen und Beschriftungen sind nicht mehr lesbar. Selbst Vergrößern (Zoomen) schafft nur selten Abhilfe. Der Anwender weiß nicht mehr, an welcher Stelle der Zeichnung er sich befindet, Konstruktionsfehler und Fehleingaben häufen sich. Die erhöhte Konzentration führt schnell zu Ermüdung, die Unzufriedenheit und Streß infolge Konstruktions- und Eingabefehlern noch verstärken. Die Mindestgröße für CAD-Bildschirme sollte deshalb 20 Zoll betragen.

> Die Bildschirmgröße hängt von der Anwendung ab. Für CAD sollte sie mindestens 20 Zoll betragen.

Die Anforderungen an Softwaresysteme steigen von Jahr zu Jahr. Entsprechend rasant ist die Entwicklung. Immer neue Anwendungen sind möglich, immer mehr Funktionen werden in die Programme eingebaut. Die Dialoge zwischen System und Anwender werden komplexer, eine Vielzahl von Zuweisungen ist zu treffen. Damit wachsen die Anforderungen an das Konzentrationsvermögen. Um so wichtiger ist es deshalb, daß sich der Informationsgehalt des Bildschirms nur auf die aktuelle Anwendung bezieht. Jede zusätzliche und unnütze Information erhöht die Belastung.

Kein Anwender ist vor Fehleingaben gefeit. Softwaresysteme müssen deshalb auch Fehler „verzeihen" können, d. h. Fehleingaben programmintern mit einem zusätzlichen Bildschirmhinweis abfangen. Jeder Systemabsturz, jeder Rechnerausfall, jeder Datenverlust „nervt" den Anwender. Der steigenden Komplexität der Softwareprogramme kann man nur durch einfachere Bedienung, gleichmäßigere und schnellere Antwortzeiten sowie eindeutige Dialoge begegnen. Trotz wachsender Anwenderfreundlichkeit liegt hier noch vieles im argen. Mit Ausnahme stereotyper Arbeiten am Rechner ist das Konzentrationsvermögen der meisten Anwender je nach Schwierigkeitsgrad der Tätigkeit nach 4 bis 6 Stunden erschöpft.

> Anwenderfreundliche Softwaresysteme erhöhen die Dauer der Konzentrationsfähigkeit, beugen Unzufriedenheit und Streß vor.

Die Erwartungshaltung übertrifft oft die Wirklichkeit. Der Computer wird als Wundermittel betrachtet, das auf Knopfdruck ein fertiges Ergebnis ausdruckt oder ausplottet. Hat ein Unternehmer investiert, erwartet er auch einen Gewinn, sei es in Form einer Personaleinsparung oder größeren Quantität bzw. Qualität der Arbeitsergebnisse. Standardsoftware läßt sich verhältnismäßig schnell an den Betrieb/das Büro anpassen. Bei komplexen Systemen wie z. B. im CAD-Bereich kann es u. U. ein halbes Jahr bis zur bürospezifischen Anwendung dauern. Diese Einarbeitungs- und Anpassungsphase wird bei der Kalkulation oft nicht berücksichtigt. Damit ist der Beschäftigte einem Erwartungsdruck des Arbeitgebers oder Chefs ausgesetzt, dem er nicht immer standhalten kann.

> Man sollte keine zu hohen Erwartungen in die EDV setzen, sondern sich lieber positiv überraschen lassen.

1.5 Datenschutz

Die Vorteile der EDV liegen in der Speicherung, Verwaltung und Übermittlung großer Datenmengen. Immer mehr Datenbanken werden deshalb geschaffen, immer mehr Daten des Bürgers gespeichert. Da die Speicherung und Auswertung persönlicher Daten die Privatsphäre des Menschen berührt, sollen das Bundesdatenschutzgesetz (BDSG) und die Landesdatenschutzgesetze jeglichen Mißbrauch damit ausschließen. Die Einhaltung dieser Gesetze wird von Datenschutzbeauftragten des Bundes und der Länder überwacht. Nach einem Urteil des Bundesverfassungsgerichts hat allein der Bürger über die Verwendung und Preisgabe seiner persönlichen Daten zu entscheiden. Die Verwendung dieser Daten ist nur statthaft,

- wenn der Betroffene schriftlich einwilligt,
- wenn es eine Rechtsvorschrift erlaubt.

Jedermann zugängliche Daten wie z. B. Anschriften aus dem Telefonbuch fallen nicht darunter. Um einen Datenmißbrauch und unrichtige Daten auszuschließen, sind öffentliche Stellen verpflichtet, die Art der gespeicherten Daten bekanntzugeben. Private Stellen müssen die Bürger benachrichtigen, wenn Daten von ihnen gespeichert sind.

> Durch die Veröffentlichungspflicht der Behörden bzw. die Benachrichtigungspflicht privater Stellen sollte der Bürger wissen, wo welche Daten von ihm gespeichert sind.

Jede Stelle, die personenbezogene Daten speichert, muß dem Bürger Auskunft darüber geben (Auskunftspflicht). Die Auskünfte sind jedoch meist gebührenpflichtig. Bei unrichtigen Daten kann der Bürger eine Berichtigung verlangen (Berichtigungspflicht), im Streitfall die Daten bis zur Klärung sperren. Sind die Daten zu Unrecht eingegeben, steht dem Bürger das Recht auf Löschung zu.

Pflichten der Stellen, die personenbezogene Daten speichern	**Rechte der Bürger**
Veröffentlichungspflicht der Behörden	Recht auf Auskunft
Benachrichtigungspflicht der privaten Stellen	Recht auf Benachrichtigung
Auskunftspflicht auf Anfrage	Recht auf Sperrung strittiger Daten
Berichtigungspflicht bei unrichtigen Eingaben	Recht auf Löschung unzulässig eingegebener Daten

> Die Pflichten der speichernden Stellen und die Rechte der Bürger nach dem Bundesdatenschutzgesetz sollen die mißbräuchliche Verwendung personenbezogener Daten verhindern.

Aufgaben zu Abschnitt 1

1. Was versteht man unter Mikroelektronik?
2. Welche positiven Entwicklungen, aber auch Gefahren sind mit dieser neuen Technologie verbunden?
3. Nennen Sie zu jedem der in Bild **1.2** genannten acht Anwendungsgebiete der Mikroelektronik drei weitere Beispiele.
4. Warum wurde erst mit dem Transistor der Siegeszug der Mikroelektronik möglich?
5. Welche Spannungszustände kennt der Transistor?
6. Was ist ein Chip?
7. Welche Auswirkungen hat die Mikroelektronik auf den Arbeitskräftebedarf?
8. Beschreiben Sie den Weg vom Auftrag bis zum fertigen Produkt bei der CAI.
9. Warum sind traditionelle Ausbildung und grundlegendes Datenverarbeitungswissen

Voraussetzung zum Erlernen z. B. der CAD-Technik?

10. Welchen physischen und psychischen Belastungen kann ein Anwender am Bildschirmarbeitsplatz ausgesetzt sein?

11. Wie lassen sich die Belastungen des Sehvermögens reduzieren?

12. Welche Vorteile bieten Bildschirme mit dunklen Zeichen auf hellem Untergrund?

13. Was bedeutet das GS-Zeichen?

14. Wie können Sie Schädigungen durch Fehlhaltungen verhindern?

15. Wie wirken sich Abstrahlungen und Energiefelder auf den Anwender aus?

16. Wie lassen sich Belastungen durch das elektrostatische und elektromagnetische Feld verringern?

17. Worauf ist bei der Auswahl des Bildschirms zu achten?

18. Skizzieren Sie einen optimalen Bildschirmarbeitsplatz.

19. Nennen Sie Stellen, die personenbezogene Daten von Ihnen gespeichert haben.

20. Was unternehmen Sie, wenn Sie wissen wollen, welche Daten von Ihnen bei Behörden gespeichert sind? Was tun Sie, wenn sich darunter unrichtige Daten befinden?

2 Grundlagen der EDV

2.1 Computer

Als Computer bezeichnet man eine elektronische Datenverarbeitungsanlage mit den drei Grundfunktionen Dateneingabe, Datenverarbeitung und Datenausgabe. Nach der Leistungsfähigkeit teilt man Computer in drei Klassen ein (2.1).

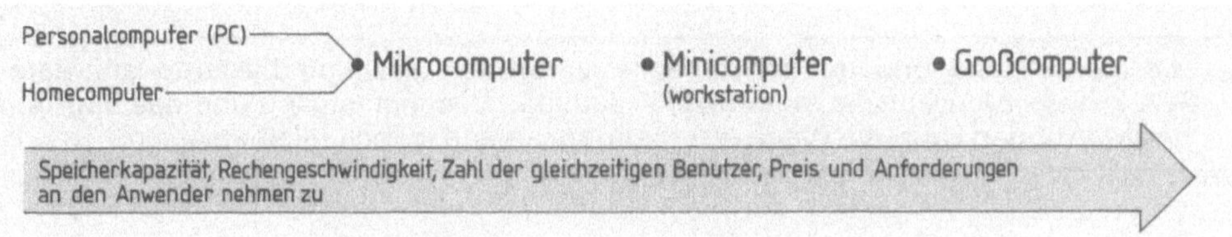

2.1 Groß-, Mini- und Mikrocomputer

Die zunehmende Integrationsdichte der Chips und die laufende Kostenverringerung verändern ständig die Grenzen dieser Einteilung und auch der Einsatzgebiete. Personalcomputer (PC) von heute leisten etliches mehr als Minicomputer vor 10 Jahren.

2.2 EVA-Prinzip (Eingabe – Verarbeitung – Ausgabe)

Das Funktionsprinzip einer Datenverarbeitungsanlage läßt sich mit den Verarbeitungsabläufen beim Menschen vergleichen (2.2).

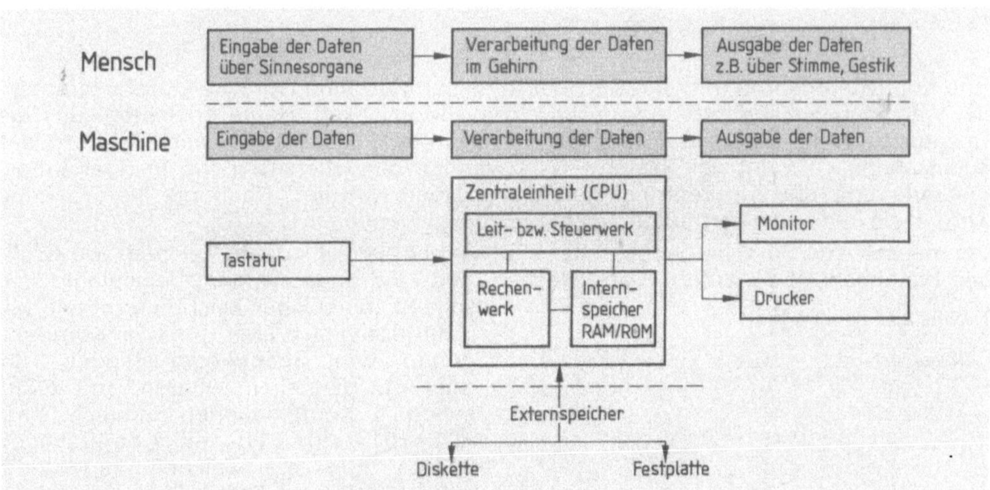

2.2 EVA-Prinzip bei Mensch und Maschine

Dieser direkte Vergleich stimmt jedoch nur bedingt, denn kein Rechner kann die Phantasie, Kreativität und Visionsfähigkeit sowie das Beurteilungsvermögen unseres Gehirns ersetzen, auch wenn Begriffsbildungen wie „Elektronengehirn" und „Computerintelligenz" zu diesem Schluß verleiten können.

Der Vorteil der Datenverarbeitungsanlage im Vergleich zum Menschen liegt vor allem in der Fähigkeit, erheblich größere Datenmengen in einem wesentlich kürzeren Zeitraum zu verarbeiten. Vergleichbar sind Mensch und Maschine im EVA-Prinzip. Nach Eingabe über die Tastatur werden die Daten in der Zentraleinheit (**C**entral **P**rocessing **U**nit, CPU), der Maschine verarbeitet. Die Maschinenarbeit setzt stets Eingabedaten und vom Menschen geschriebene Programme voraus. Kleinere Datenmengen können in Speichern innerhalb der Zentraleinheit (RAM/ROM) gespeichert werden. Werden die Datenmengen zu groß oder sind sie vor dem Ausschalten aus dem RAM zu sichern, werden sie zu Speichern außerhalb der Zentraleinheit (Externspeicher) transportiert.

> Der menschliche und der maschinelle Verarbeitungsablauf basieren auf dem EVA-Prinzip. Menschliche Phantasie, Kreativität, Visionsfähigkeit und das Beurteilungsvermögen kann die Datenverarbeitungsanlage jedoch nicht ersetzen.

2.3 Rechnersprache – Zahlen und Codes

Computer arbeiten in ihrer eigenen Sprache, die ähnlich dem Lichtschalter aus nur zwei Spannungszuständen besteht: Spannung ein <1> und Spannung aus <0>.

> Ein Spannungszustand ist die kleinste Informationseinheit in der Datenverarbeitung. Sie wird mit Bit (**b**inary dig**it** = Zweierschritt) bezeichnet.

2.3 Von der Tastatur zum Bildschirm

Eine Kontaktaufnahme mit dem Rechner in dieser Maschinensprache ist sehr zeitintensiv, war aber vor etwa 40 Jahren die einzige Möglichkeit. Heute erleichtern uns die Tastatur bzw. der Übersetzer (Compiler, Interpreter) diese Arbeit. Nach Drücken des Buchstabens <m> auf der Tastatur (**2.3**) wandelt der Übersetzer ihn in Spannungszustände um, die zur Zentraleinheit transportiert werden. Nach der Verarbeitung werden sie in die uns vertrauten Zeichen zurückgewandelt.

Die menschliche Sprache benutzt aber eine Vielzahl verschiedener Zeichen, wie Groß- und Kleinbuchstaben, Ziffern, Satz-, Rechen- und Währungszeichen. Überschlägig sind schnell 150 solcher Zeichen ermittelt. Mit 1 Bit lassen sich aber nur zwei Kombinationen von Spannungszuständen <0> oder <1> darstellen, während mit 2 Bits schon 4 Kombinationen möglich sind: <00> <01> <10> <11>. Jeder Kombination könnte nun ein Zeichen zugeordnet werden, doch reichen 4 Zeichen nicht für die menschliche Verständigung aus. Ein Blick auf das Dualsystem zeigt uns, daß 8 Bits mit 256 Kombinationsmöglichkeiten notwendig sind, um alle Zeichen der menschlichen Sprache darzustellen (**2.4**).

Tabelle **2.4 Dualsystem**

Anzahl der Bits	Kombinationen/Zeichen		
1	2^1	=	2
2	2^2	=	4
3	2^3	=	8
4	2^4	=	16
5	2^5	=	32
6	2^6	=	64
7	2^7	=	128
8	2^8	=	256
9	2^9	=	512
10	2^{10}	=	1024

Tabelle **2.5**   **ASCII-Zeichensatz**

DEC	HEX	CHARACTER
000	00	BLANK (NULL)
001	01	☺ (SOH)
002	02	☻ (STX)
003	03	♥ (ETX)
004	04	♦ (EOT)
005	05	♣ (ENQ)
006	06	♠ (ACK)
007	07	• (BEL)
008	08	▪ (BS)
009	09	○ (HT)
010	0A	◎ (LF)
011	0B	♂ (VT)
012	0C	♀ (FF)
013	0D	♪ (CR)
014	0E	♫ (SO)
015	0F	☼ (SI)

DEC	HEX	CHARACTER
016	10	► (DLE)
017	11	◄ (DC1)
018	12	↕ (DC2)
019	13	‼ (DC3)
020	14	¶ (DC4)
021	15	§ (NAC)
022	16	▬ (SYN)
023	17	↨ (ETB)
024	18	↑ (CAN)
025	19	↓ (EM)
026	1A	→ (SUB)
027	1B	← (ESC)
028	1C	∟ (FS)
029	1D	↔ (GS)
030	1E	▲ (RS)
031	1F	▼ (US)

DEC	HEX	CHARACTER
032	20	BLANK (SPACE)
033	21	!
034	22	"
035	23	#
036	24	$
037	25	%
038	26	&
039	27	'
040	28	(
041	29	)
042	2A	*
043	2B	+
044	2C	,
045	2D	—
046	2E	.
047	2F	/

DEC	HEX	CHARACTER
048	30	0
049	31	1
050	32	2
051	33	3
052	34	4
053	35	5
054	36	6
055	37	7
056	38	8
057	39	9
058	3A	:
059	3B	;
060	3C	<
061	3D	=
062	3E	>
063	3F	?

DEC	HEX	CHARACTER
064	40	@
065	41	A
066	42	B
067	43	C
068	44	D
069	45	E
070	46	F
071	47	G
072	48	H
073	49	I
074	4A	J
075	4B	K
076	4C	L
077	4D	M
078	4E	N
079	4F	O

DEC	HEX	CHARACTER
080	50	P
081	51	Q
082	52	R
083	53	S
084	54	T
085	55	U
086	56	V
087	57	W
088	58	X
089	59	Y
090	5A	Z
091	5B	[
092	5C	\
093	5D	]
094	5E	^
095	5F	_

DEC	HEX	CHARACTER
096	60	`
097	61	a
098	62	b
099	63	c
100	64	d
101	65	e
102	66	f
103	67	g
104	68	h
105	69	i
106	6A	j
107	6B	k
108	6C	l
109	6D	m
110	6E	n
111	6F	o

DEC	HEX	CHARACTER
112	70	p
113	71	q
114	72	r
115	73	s
116	74	t
117	75	u
118	76	v
119	77	w
120	78	x
121	79	y
122	7A	z
123	7B	{
124	7C	¦
125	7D	}
126	7E	~
127	7F	△

DEC	HEX	CHARACTER	DEC	HEX	CHARACTER	DEC	HEX	CHARACTER	DEC	HEX	CHARACTER
000	00	BLANK (NULL) (NULL)	016	10	► (DLE)	032	20	BLANK (SPACE)	048	30	0
001	01	☺ (SOH)	017	11	◄ (DC1)	033	21	!	049	31	1
002	02	☻ (STX)	018	12	↕ (DC2)	034	22	"	050	32	2
003	03	♥ (ETX)	019	13	‼ (DC3)	035	23	#	051	33	3
004	04	♦ (EOT)	020	14	¶ (DC4)	036	24	$	052	34	4
005	05	♣ (ENQ)	021	15	§ (NAC)	037	25	%	053	35	5
006	06	♠ (ACK)	022	16	▬ (SYN)	038	26	&	054	36	6
007	07	• (BEL)	023	17	↨ (ETB)	039	27	'	055	37	7
008	08	◘ (BS)	024	18	↑ (CAN)	040	28	(	056	38	8
009	09	○ (HT)	025	19	↓ (EM)	041	29	)	057	39	9
010	0A	◎ (LF)	026	1A	→ (SUB)	042	2A	*	058	3A	:
011	0B	♂ (VT)	027	1B	← (ESC)	043	2B	+	059	3B	;
012	0C	♀ (FF)	028	1C	∟ (FS)	044	2C	,	060	3C	<
013	0D	♪ (CR)	029	1D	↔ (GS)	045	2D	—	061	3D	=
014	0E	♫ (SO)	030	1E	▲ (RS)	046	2E	.	062	3E	>
015	0F	☼ (SI)	031	1F	▼ (US)	047	2F	/	063	3F	?

DEC	HEX	CHARACTER	DEC	HEX	CHARACTER	DEC	HEX	CHARACTER	DEC	HEX	CHARACTER
064	40	@	080	50	P	096	60	`	112	70	p
065	41	A	081	51	Q	097	61	a	113	71	q
066	42	B	082	52	R	098	62	b	114	72	r
067	43	C	083	53	S	099	63	c	115	73	s
068	44	D	084	54	T	100	64	d	116	74	t
069	45	E	085	55	U	101	65	e	117	75	u
070	46	F	086	56	V	102	66	f	118	76	v
071	47	G	087	57	W	103	67	g	119	77	w
072	48	H	088	58	X	104	68	h	120	78	x
073	49	I	089	59	Y	105	69	i	121	79	y
074	4A	J	090	5A	Z	106	6A	j	122	7A	z
075	4B	K	091	5B	[	107	6B	k	123	7B	{
076	4C	L	092	5C	\	108	6C	l	124	7C	|
077	4D	M	093	5D	]	109	6D	m	125	7D	}
078	4E	N	094	5E	^	110	6E	n	126	7E	~
079	4F	O	095	5F	_	111	6F	o	127	7F	△

Zur Darstellung aller Zeichen der menschlichen Sprache sind 8 Bits mit 256 Kombinationsmöglichkeiten erforderlich. 8 Bits faßt man zu 1 Byte zusammen.

8 Bits	= 1 Byte		
1024 Bytes	= 1 Kilobyte	= 1 KByte	$(2^{10}$ Byte)
1024 Kilobytes	= 1 Megabyte	= 1 MByte	$(2^{10}$ Kilobyte)

Der ASCII-Code (**A**merican **S**tandard **C**ode for **I**nformation **I**nterchange) legt fest, welche Kombinationsmöglichkeiten der 8 Nullen und Einsen (Bitmuster) welches Zeichen darstellt (2.5, S. 21–22). Würde jeder Anwender diese Entscheidung individuell treffen, wäre ein Datenaustausch unmöglich. Kein Rechner könnte die Sprache des anderen verstehen.

Fast jede Sprache hat jedoch spezielle Buchstaben. So sieht der ASCII-Code z. B. für deutsche Anwender keine Umlaute und kein <ß> vor. Der Code muß also für jedes Land angepaßt werden. DIN 2137 legt ihn für den deutschen Zeichensatz (keyboard germany/Keybgr) fest.

Ein einheitlicher Code mit einheitlichen Bitmustern ist Voraussetzung für den Datenaustausch. Der Code muß an das jeweilige Land angepaßt werden.

2.4 Hardware

Unter Hardware versteht man alle Teile des EDV-Systems, die man anfassen kann. Je nach Anwendungsgebiet sind die Anforderungen an die Hardware unterschiedlich. Die Leistungsfähigkeit und die Anzahl der Ein- und Ausgabegeräte variieren sehr stark. Die Mindestausstattung eines Bildschirmarbeitsplatzes besteht aus der Zentraleinheit mit den Peripheriegeräten Tastatur, Monitor und Externspeicher (2.2). Doch auch alle anderen an die Zentraleinheit angeschlossenen Geräte sind Peripheriegeräte und zählen zur Hardware.

2.4.1 Verarbeitung: Zentraleinheit, Internspeicher, Schnittstelle

Der Mikroprozessor ist der wichtigste Baustein der Zentraleinheit (2.6). Er steuert den Datenfluß, nimmt Befehle entgegen, führt Berechnungen aus und verwaltet die Daten.

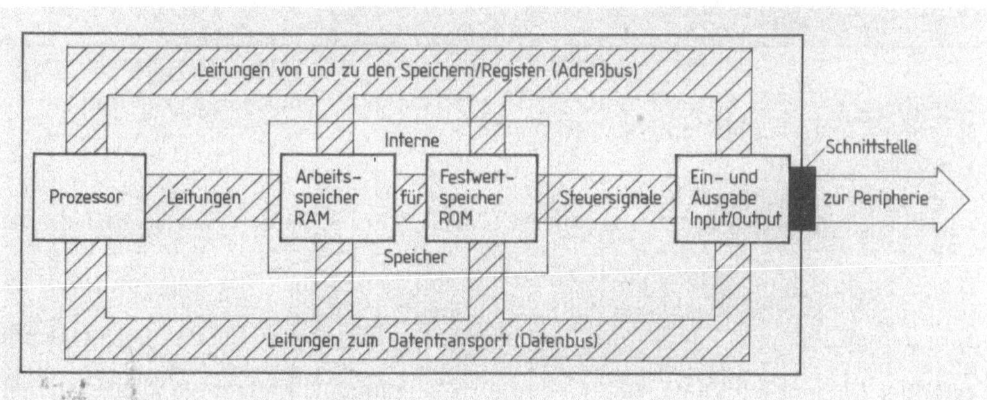

2.6 Schematischer Aufbau der Zentraleinheit (CPU)

Seine Leistungsfähigkeit hängt ab

– von der Schnelligkeit (Taktfrequenz), mit der die Daten bearbeitet werden,
– von der Anzahl der „Leitungen" (Busse), die zum Datentransport zur Verfügung stehen.

Jedes Bit erfordert eine Datenleitung (Bus). Rechner mit 8 Leitungen (8-Bit-Prozessoren) können z. B. ein Zeichen (1 Byte) als ganzes verarbeiten. Die steigende Komplexität der CAD-Bauprogramme und die kontinuierliche Entwicklung der Prozessoren wird in den nächsten Jahren die Anforderungen an die Hardware erweitern (2.7).

Tabelle **2.7 Prozessorentwicklung am Beispiel des Intel**

Prozessor	Busse im Prozessor	Busse aus dem Prozessor heraus	Taktfrequenz	Durchbruch am Markt
8088	8	8	≈ 1 MHz	1980
8086	16	8	≈ 4,5 MHz	1981
80186	16	16	≈ 6 MHz	1982
80286	32	16	≈ 12 MHz	1984
80386	32	32	≈ 16 MHz	1987
80486	64	32		≈ 1991

> Die Taktfrequenz und die Anzahl der Busse bestimmen die Leistungsfähigkeit des Prozessors.

Internspeicher speichern Daten mittels elektronischer Schaltkreise. Zu unterscheiden sind Festwertspeicher (ROM) und Arbeits- bzw. Hauptspeicher (RAM).

– **Der ROM** (**R**ead **O**nly **M**emory = Nur-Lese-Speicher) hat nur geringe Speicherkapazität. Bei der Fertigung werden Daten in ihn eingebrannt, die nicht mehr zu löschen sind. Im wesentlichen sind es Informationen, die der Rechner zum Startvorgang braucht. Da die Daten immer erhalten bleiben, nennt man den ROM auch Langzeitgedächtnis.
– **Der RAM** (**R**andom **A**ccess **M**emory = Schreib- und Lese-Speicher) ist das Kurzzeitgedächtnis, da beim Ausschalten des Rechners alle seine Daten gelöscht werden. Je größer die zu verarbeitende Datenmengen sind, desto größer muß die Speicherkapazität des RAM sein und desto schneller muß der Prozessor auf den RAM zugreifen können.

> Internspeicher sind Nur-Lese-Speicher (ROM) oder Schreib- und Lese-Speicher (RAM). Die RAM-Kapazität entscheidet darüber, welche Programme der Rechner verarbeiten kann.

Schnittstellen oder Adapter (Interfaces) sind die physikalischen Verbindungen zwischen der Zentraleinheit und der Peripherie.
Wir unterscheiden

– **die parallele Schnittstelle** (Centronix), die gleichzeitig alle 8 Bits eines Bytes übertragen;
– **die serielle Schnittstelle** (V24 oder RS232C), die die 8 Bits aufgliedert und nacheinander überträgt.

Die parallele Schnittstelle überträgt die Informationen deshalb schneller und wird gern für Drucker benutzt. Meist kann ein Peripheriegerät an beide Schnittstellen angeschlossen werden. Peripheriegerät und Zentraleinheit müssen aber an die gleiche Schnittstelle angepaßt (konfiguriert) sein. Zu beachten ist dabei die Geschwindigkeit (baudrate) der Datenübertragung. Bei der seriellen Schnittstelle beträgt sie 4800, 9600 oder 19200 Bits/s.

24

Da auch innerhalb vieler Programme die Schnittstelle abgefragt wird, über die z. B. gedrukt oder geplottet werden soll, sollte man wissen, ob die Daten parallel oder seriell übertragen werden.

> Daten können über die serielle oder die parallele Schnittstelle übertragen werden.

2.4.2 Eingabe: Tastatur

Das wichtigste Eingabegerät ist die Tastatur. Je nach Anwendungsbereich gibt es noch weitere Eingabegeräte: Maus, Digitalisiertablett, Lichtgriffel, Joy-stick und Scanner, die wir in Abschn. 5 behandeln.

Die Tastatur hat die Anforderungen des deutschen Zeichensatzes (DIN 2137 Teil 2) zu erfüllen. Die 102 Tasten sind in 4 Bereiche aufgeteilt (**2.8**):

- **Das alphanumerische Tastaturfeld** (Buchstaben und Zahlen) ist ähnlich aufgebaut wie die Schreibmaschinentastatur. Über die <SHIFT>-Taste können Großbuchstaben und die Sonderzeichen über die Ziffertasten eingegeben werden (2.9 auf S. 26).

- **Das numerische Tastaturfeld** (Zahlenblock) ähnelt dem Taschenrechner. Die Ziffern sind meist mit anderen Sondertasten kombiniert. Durch Umschalten der <NUM-LOCK>-Taste werden diese Sonderzeichen aktiviert.

- **Der Steuerungsblock** dient zum Steuern des Cursors. Der Cursor ist das Blinkzeichen, das die aktuelle Position auf dem Bildschirm anzeigt.

- **Der Funktionstastenblock** enthält Funktionstasten, denen je nach Programm eine beliebige Zeichenfolge oder Systembefehle zugeordnet sind.

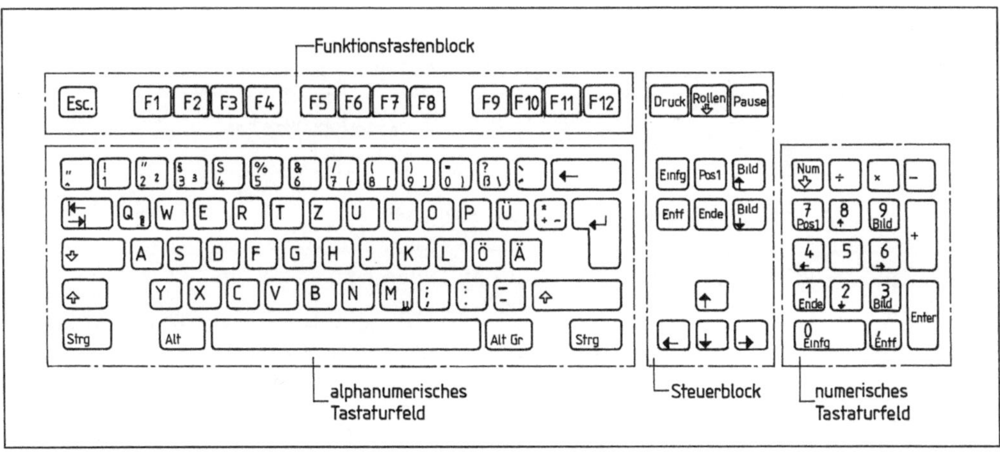

2.8 MF-Tastatur Deutschland

Je nach Rechnergeneration kann die Tastaturbelegung unterschiedlich sein (XT-, AT- und MF-Tastatur). Die neuen Rechnergenerationen verwenden fast ausschließlich die MF-Tastatur.

> Die Tastatur besteht aus 4 Blöcken: dem alphanumerischen und dem numerischen Tastaturfeld, dem Steuerungs- und dem Funktionstastenblock.

Tabelle **2.9 Bedeutung wichtiger Sondertasten**

	Beim Betätigen der <LEERTASTE> springt der Cursor eine Position weiter; ausgegeben wird ein unsichtbares Zeichen (space, blanc).
	<ENTER> oder auch <RETURN> bewirkt die Übergabe der zuvor eingegebenen Zeichen an die Zentraleinheit; gleichzeitig springt der Cursor an den Anfangspunkt der nächsten Zeile.
	<SHIFT> aktiviert die Großbuchstaben bzw. die obere Tastaturabbildung der Zifferntasten des alphanumerischen Tastaturfelds.
	<CAPS-LOCK> ähnelt dem <SHIFT>, nur daß permanent auf Großbuchstaben umgeschaltet ist.
	<TABULATOR> bewegt den Cursor auf den nächsten definierten Tabulator.
	<BACK-SPACE> löscht das Zeichen vor dem Cursor; gleichzeitig bewegt sich der Cursor eine Position nach links.
Esc	<ESCAPE> löscht die Zeile, in der sich der Cursor befindet. In vielen Programmen bricht es die laufende Funktion ab.
Num	<NUM LOCK> schaltet innerhalb des numerischen Blocks von den Ziffern zu den Sonderzeichen/Steuertasten um.
	Die <CURSOR>-Tasten steuern den Cursor. Der Cursor bewegt sich eine Position nach links bzw. rechts. Der Cursor bewegt sich eine Zeile nach oben bzw. unten.
Bild / Bild	<BILD↑>, <BILD↓> oder <Page up>, <Page down> ermöglichen ein Blättern; der Cursor springt eine Bildschirmseite weiter bzw. zurück.
Pos 1	<POS 1> oder auch <HOME> bewegt den Cursor auf die Position 1 der obersten Zeile.
Ende	<ENDE> läßt den Cursor auf das letzte Zeichen der jeweiligen Seite springen.
Entf	<ENTFERNE> oder <DEL> (delete = löschen) löscht das Zeichen an der aktuellen Cursorposition.
Einfg	<EINFUEG> oder <INS> (insert = einfügen) fügt beliebige Zeichen an der aktuellen Cursorposition ein.
Strg	<STRING> oder <CONTROL> aktiviert bei gleichzeitigem Drücken weitere Tasten Systembefehle.
Alt	<ALT> (alternativ) hat wie <STRING> nur eine Funktion im Zusammenhang mit anderen Tasten.
Pause	<PAUSE> hält einen durchrollenden Bildschirm an.
AltGr	<ALTGR> aktiviert die dritte Belegung einer Taste, z. B. <ALTGR> <\>.

2.4.3 Ausgabe: Bildschirm, Drucker

Für Standardanwendungen braucht ein Bildschirmarbeitsplatz einen alphanumerischen 12- bzw. 14-Zoll-Bildschirm und einen Drucker.

Bildschirme (Monitore, Displays, Consolen) geben die Texte oder Grafiken wieder. Durchgesetzt haben sich die Rasterbildschirme, da die Wartezeiten bzw. die Flimmerwerte bei Speicher- und Bildwiederholschirmen zu groß sind. Die Anforderungen sind unterschiedlich. Qualitätsmerkmale sind die Auflösung und die Farben.

Auflösung. Wie beim Fernseher ist die Bildfläche zeilenweise in Bildpunkte aufgeteilt. Man nennt sie Pixel (**pic**ture **el**ement). Der Elektronenstrahl der Bildröhre überstreicht die Bildfläche und erhellt die Pixel, die den berechneten Koordinaten des Zeichens am nächsten liegen. Ein Buchstabe besteht deshalb nicht wie beim traditionellen Schreiben aus Linienelementen, sondern aus einer unterschiedlichen Anzahl von Pixeln (Bildpunkte/Lichtpunkte auf dem Bildschirm). Je mehr Pixel vorhanden sind, je dichter sie liegen, desto genauer wird die Darstellung (2.10). Die Anzahl der Pixel und die Genauigkeit der Wiedergabe heißt Auflösung. Eine unzureichende Auflösung erschwert die Lesbarkeit. Die Auflösungen am normalen Bildschirmarbeitsplatz reichen von 320 x 200 über 640 x 350 bis zu 640 x 480 Bildpunkten. Bald werden 1024 x 768 Standard sein.

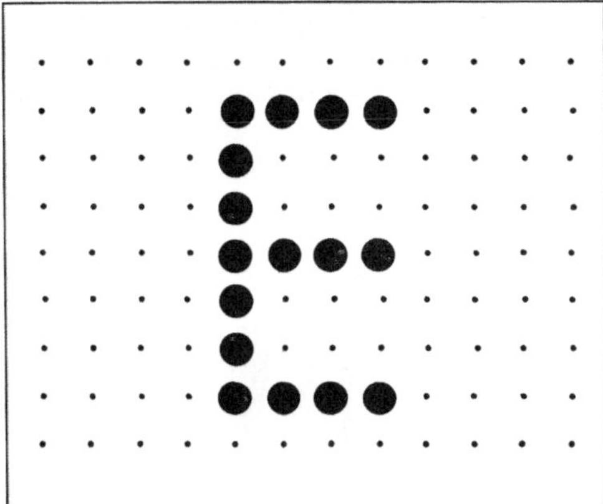

2.10 Pixeldarstellung des E

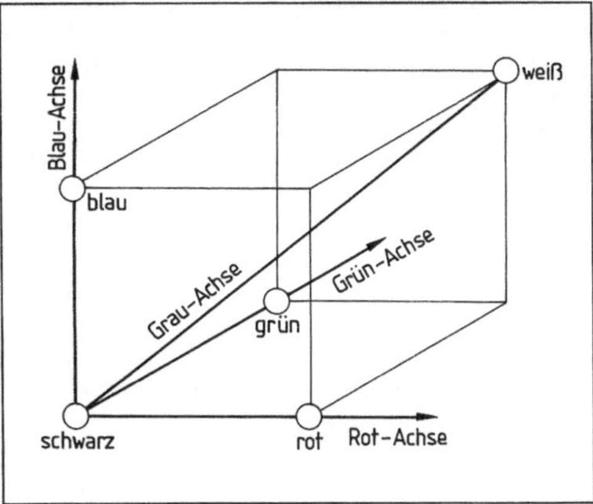

2.11 Farbwürfel

Farbdarstellungen sind bei vielen Anwendungen hilfreich und verbessern die Lesbarkeit. Die Anzahl der Farben (4, 16, 256, 4096) hängt von der Speicherkapazität ab. Theoretisch lassen sich 32768 Farben erzeugen, doch reichen die Speicherkapazitäten nur für die gleichzeitige Nutzung von 4096 Farben.

Die Farben der Pixel entstehen durch eine Überlagerung von Rot, Grün und Blau (RGB-Monitore) in präziser Dosierung. An einem Farbwürfel verdeutlichen wir uns die Zusammenhänge (2.11). Jede der drei Raumachsen entspricht einer Grundfarbe. Am Ursprungsort liegt Schwarz, am diagonal gegenüberliegenden Punkt Weiß. Die Hauptdiagonale ist die Grauachse. Je weiter ein Punkt von ihr entfernt liegt, desto größer wird die Sättigung der Farbe. Anspruchsvolle Systeme lassen auf jeder Achse 32 Farbabstufungen zu. Damit beträgt die zur Zeit maximale Gesamtzahl $32^3 = 32768$ Farben.

> Die Auflösung und die Anzahl der Farben bestimmen Qualität und Leistungsfähigkeit eines Bildschirms.

Drucker dienen zur Ausgabe von Texten und Zeichnungen. Nach dem Druckverfahren unterscheiden wir

- Impactdrucker, die den Ausdruck mechanisch durch Anschlag erzeugen,
- Non-Impactdrucker, die ihn berührungslos erzeugen (**2.12**).

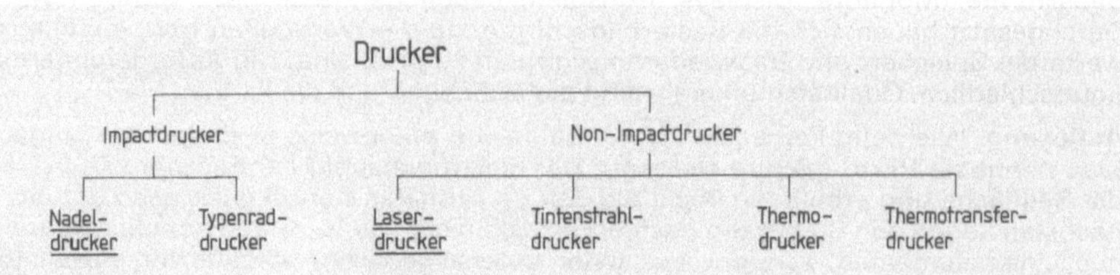

2.12 Druckerarten

Nadeldrucker. Da Typenraddrucker nur über einen kleinen Zeichensatz verfügen, langsam und nicht grafikfähig sind, werden sie nur selten eingesetzt. Weit verbreitet ist dagegen der Nadeldrucker (**2.13**). Er erzeugt die Buchstaben bzw. Grafiken, indem Nadeln durch Magnetspulen gegen ein Farbband und das Papier geschlagen werden. Die Anzahl der Nadeln (9, 18, 24, 48) bestimmt die Qualität des Schriftbilds – mit größeren Nadelzahlen werden die Punkte nicht mehr nebeneinander, sondern teilweise übereinander gedruckt (**2.14**). Das mechanische Prinzip verursacht eine nicht unerhebliche Geräuschkulisse.

2.13 24-Nadel-Matrixdrucker

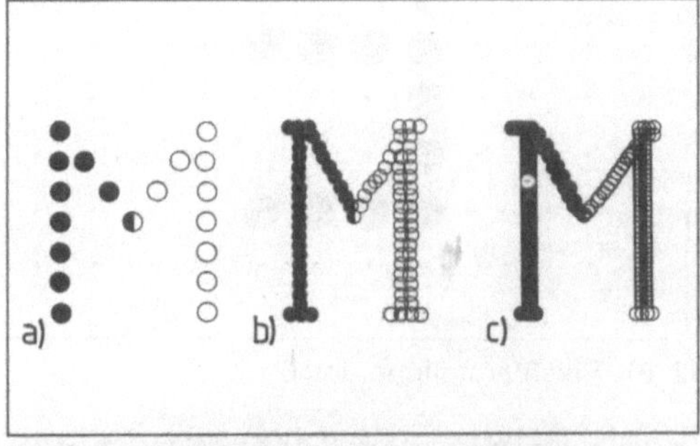

2.14 Schriftbilder von Nadeldruckern

2.15 Laserdrucker

Laserdrucker. Unter den wesentlich leiser arbeitenden Non-Impactdruckern hat sich der Laserdrucker weitgehend durchgesetzt (**2.15**). Er arbeitet ähnlich wie ein Fotokopierer, ist sehr schnell und geräuscharm. Da er die Daten für eine ganze Druckseite speichert, braucht er genügend Arbeitsspeicher (bei Grafiken 1 MByte).

Drei Arten werden angeboten: Laserdrucker,

- die nur Schrift drucken können,
- denen eine Grafik als Punktmuster übermittelt werden muß,
- die die Daten des Rechners selbständig in ein Punktmuster umwandeln.

Nach den bürospezifischen Erfordernissen, teilweise auch nach der speziellen Software ist deshalb stets zu prüfen, ob der Laserdrucker den Anforderungen entspricht und ob er von der Software unterstützt werden kann.

> Nadeldrucker sind billig und grafikfähig, aber auch sehr laut. Laserdrucker sind leiser und schneller, ergeben ein besseres Schriftbild, sind allerdings wesentlich teurer.

2.4.4 Externspeicher / Massenspeicher

Die Kapazität des Arbeitsspeichers ist nur begrenzt. Nur selten kann er alle Daten und Programme des Anwenders speichern. Zudem sind die Daten nur so lange vorhanden, wie Strom fließt (flüchtige Daten). Deshalb müssen Computer mit externen Speichern ausgerüstet sein, die

- die Daten des Arbeitsspeichers sichern,
- die Programme speichern, auf die der Arbeitsspeicher immer wieder zurückgreifen muß.

Dazu eignen sich Disketten und Festplatten.

Disketten sind runde Kunststoffscheiben mit einer magnetisierbaren Oberfläche. Darauf lassen sich Daten in Form von gerichteten Magneten als Ja-/Nein-Entscheidungen aufbringen. Die biegsamen Kunststoffscheiben (Floppies) stecken in einer Schutzhülle, um die Gefahr der Beschädigung und des Datenverlusts zu verringern (**2.16**). Trotzdem muß man sorgfältig mit ihnen umgehen, weil schon kleinste Staubpartikel und Druckstellen wichtige Daten vernichten können.

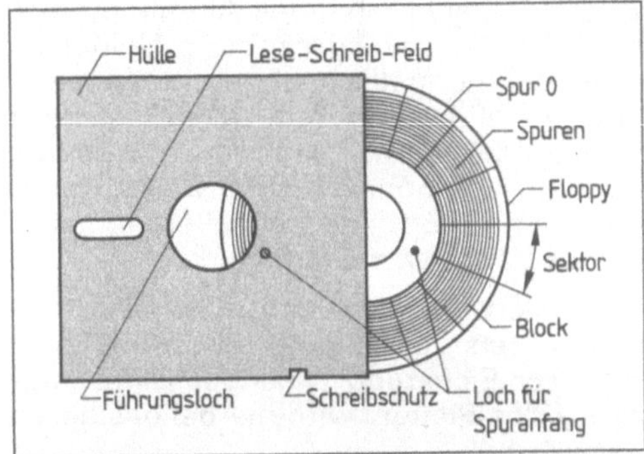

2.16 Aufbau einer Diskette (Terminologie uneinheitlich, manchmal Sektor = Segment, Block = Sektor)

Tabelle 2.17 **Vorteile des 3 1/2- gegenüber der 5 1/4-Zoll-Diskette**

5 1/4-Zoll-Diskette	3 1/2-Zoll-Diskette
Kapazität bei niedrigerer Aufzeichnungsdichte (DD = Double Density)	
40 Spuren x 9 Sektoren x 2 Seiten = 720 Blöcke 720 x 512 Bytes/Block = 368640 Bytes (360 kB)	40 Spuren x 18 Sektoren x 2 Seiten = 1440 Blöcke 1440 x 512 Bytes/Block = 737280 Bytes (720 kB)
Kapazität bei hoher Aufzeichnungsdichte (HD = High Density)	
80 Spuren x 15 Sektoren x 2 Seiten = 2400 Blöcke 2400 x 512 Bytes/Block = 1228800 Bytes (1,2 MB)	80 Spuren x 18 Sektoren x 2 Seiten = 2880 Blöcke 2880 x 512 Bytes/Block = 1474560 Bytes (1,44 MB)
Empfindlich, da flexible Hülle, offene Flächen (Verschmutzung)	Relativ unempfindlich und robust, da starre Hülle, völlig geschlossen

Vor dem Gebrauch wird die Diskette formatiert, in Spuren und Sektoren eingeteilt (2.16). Das erlaubt eine eindeutige Zuordnung der Daten. Je nach Anzahl der Spuren und Sektoren entsteht eine unterschiedliche Anzahl von Blöcken, die jeweils 512 Bytes speichern können. Während sich die Diskettenformate ständig verkleinern, vergrößert sich die Anzahl der Spuren und Sektoren. Damit verkleinern sich die Abstände der Spuren bzw. Sektoren untereinander. Nicht jede Diskette kann deshalb auf jedem Rechner gelesen werden. 8-Zoll-Disketten wurden von den 5 1/4-Zoll-Disketten verdrängt. Inzwischen verarbeiten neuere Systeme fast ausschließlich 3 1/2 Zoll-Disketten (2.17).

Disketten werden beim Formatieren in Spuren, Sektoren und Blöcke eingeteilt.

3 1/2-Zoll-Disketten haben ein größeres Speichervermögen und sind wesentlich unempfindlicher als 5 1/4-Zoll-Disketten.

Mit dem Externspeicher Diskette lassen sich Daten beliebig transportieren und sichern. Nachteilig ist allerdings die geringe Speicherkapazität. Zwar werden schon Disketten mit 12 MB angeboten, doch reicht diese Kapazität für komplexe Programme nicht aus.

Festplatten sind ähnlich wie Disketten in Spuren und Sektoren aufgeteilt; auch die Daten werden auf der Metalloxidschicht der Plattenoberfläche gespeichert. Jedoch sind es starre plangeschliffene Aluminiumplatten (Hard-Disks), die auf einer Achse befestigt sind. Der Schreib-Lesekopf ist kleiner und präziser, er schwebt auf einem Luftpolster über der hermetisch abgeschlossenen Platte. Da Verschmutzungen ausgeschlossen sind, ist eine hohe Informationsdichte möglich, zumal mehrere Platten übereinander angeordnet werden können und so Speicherkapazitäten von 10 MB bis 500 MB erreichen. Die höheren Drehzahlen der Platten verringern die Zugriffszeiten. Deshalb kann eine Festplatte schneller und mehr Informationen aufnehmen, speichern und abrufen als Diskettenlaufwerke.

Normalerweise kann man Festplatten nicht wie Disketten wechseln. Darum sind ihre Daten stets zu sichern (z. B. auf Disketten). Neuerdings gibt es Wechselplatten, die sich zur Sicherung wichtiger Daten eignen. Im Gegensatz zu älteren Wechselplatten (Cartridge-Platten) wird hierbei das gesamte abgekapselte Laufwerk ausgetauscht.

Festplatten haben erheblich größere Speicherkapazitäten und geringere Zugriffszeiten als Disketten. Eine Verschmutzung ist bei ihnen ausgeschlossen.

2.5 Software

Die Software (engl. = weiche Ware) ist neben der Hardware der zweite Hauptbestandteil des EDV-Systems. Sie besteht aus bereits eingegebenen Daten, die der Prozessor in der vom Programmierer vorgegebenen Reihenfolge abarbeitet. Der Rechner ist von diesen Daten/Befehlen abhängig, ohne sie ist er nicht arbeitsfähig.

Die Softwareentwicklung kann mit der Hardwareentwicklung nicht Schritt halten. Nicht jede Software ist auf jeder Hardware lauffähig. Während man sich früher zunächst die Hardware und anschließend die Software anschaffte, sollte man heute den umgekehrten Weg nehmen. Zwar gelingt es meist, die Software trotzdem einzusetzen, doch kann damit ein großer zeitlicher und finanzieller Aufwand verbunden sein, da entsprechende Anpassungsprogramme (Treibersoftware) zu schreiben sind.

Der hierarchische Aufbau 2.18 macht deutlich, daß die Hardware die Grundvoraussetzung für die EDV bildet. Wie eine Schale (shell) umschließt die Systemsoftware sie.

Nur über diese Schale kann die Anwendersoftware (z. B. Textverarbeitung, CAD) auf die Hardware zugreifen. Die Anwendersoftware ist das Bindeglied zwischen Mensch und Datenverarbeitungsanlage. Direkten Zugriff auf ein Programm hat der Mensch nur über die Programmiersprache, mit der die System- und die Anwendersoftware erstellt sind. Meist kommuniziert er aber nur mit der Programmoberfläche. Ihre Anwenderfreundlichkeit entscheidet darüber, wie schnell ein Programm erlernt bzw. wie intensiv es genutzt werden kann.

Während der normale Anwender nie innerhalb der Systemsoftware programmieren wird, kann ein Schreiben, Verändern oder Ergänzen von Programmen der Anwendersoftware in Einzelfällen sinnvoll und notwendig sein.

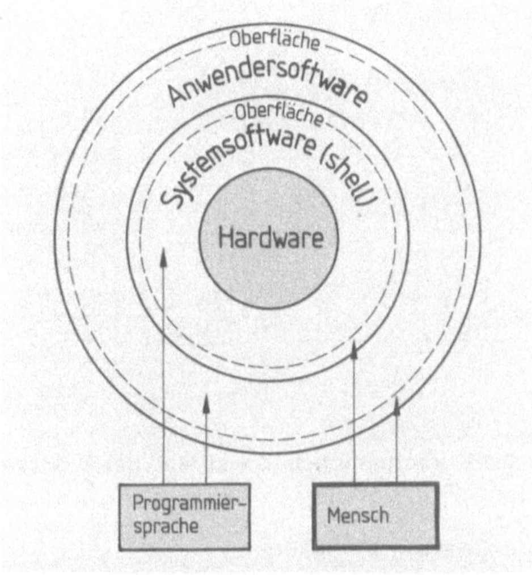

2.18 Hierarchischer Aufbau eines EDV-Systems

2.5.1 Programme und Programmiersprachen

Programme bestehen aus einer Anzahl kleinster Arbeitsschritte/Anweisungen, mit denen der Rechner bestimmte Aufgaben zu lösen hat (Algorithmus). Diese Arbeitsschritte werden dem Rechner in einer Programmiersprache eingegeben. Genauso wie bei den Menschen unterschiedliche Sprachen mit verschiedenen Dialekten vorkommen, gibt es unterschiedliche Programmiersprachen.

Je nach Anwendungszweck und Schwierigkeitsgrad kann man Programme

- selbst schreiben, was Kenntnis der Programmiersprache verlangt (zeitintensiv),
- „von der Stange kaufen", wenn es sich um allgemeine Anwendungen handelt (billig),
- schreiben lassen, wenn mit ihnen spezielle Probleme zu lösen sind (teuer).

> Ein Programm besteht aus einer Reihung kleinster Arbeitsschritte, mit denen der Rechner das Problem zu lösen hat.

Programmiersprachen sind die Voraussetzung zum Schreiben von Programmen. Früher konnte man dem Rechner Anweisungen nur in der Maschinensprache (0 und 1) eingeben. Die Grundidee der später entwickelten höheren Programmiersprachen liegt darin, die Programmierung der menschlichen Sprache anzugleichen. Am Beispiel der Flächenberechnung eines Rechners könnte ein solches Programm so aussehen:

- Laß dir den Wert für die Länge eingeben.
- Laß dir den Wert für die Höhe eingeben.
- Multipliziere die Länge mit der Höhe.
- Zeig das Ergebnis auf dem Bildschirm an.

Der Informationsfluß während des Programmablaufs ist damit vorbestimmt (2.19). Bezieht man das Rechteckprogramm auf die Programmiersprache BASIC, reichen 3 Befehle (Vokabeln der Sprache), um das Programm zu schreiben.

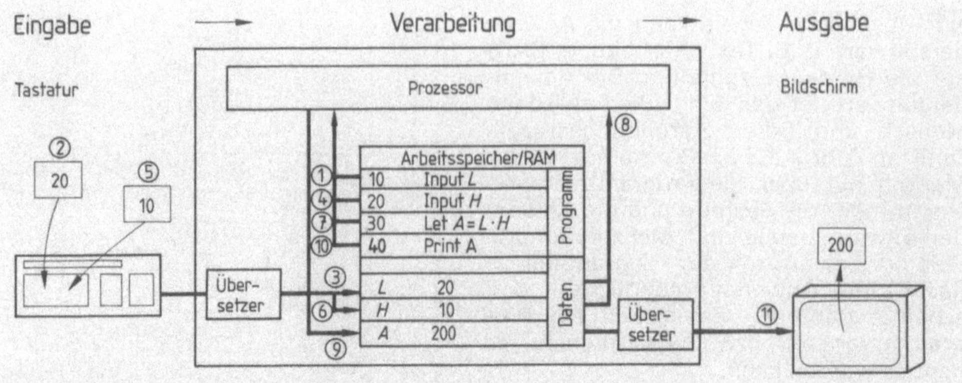

2.19 Informationsfluß während des Programmablaufs

Befehl	Erläuterung
Input	Es werden Daten von der Tastatur gelesen.
Let	Der Wert eines Ausdrucks wird einer Variablen zugeordnet.
Print	Die Variable (Daten) wird auf dem Bildschirm angezeigt.

Hat der Anwender das Programm gestartet, holt sich der Prozessor die einzelnen Anweisungen aus dem Arbeitsspeicher <1>. Auf den Befehl <INPUT> hält er an und wartet auf eine Tastatureingabe, z. B. 20 <2>. Unter der Adresse <L> wird diese Eingabe gespeichert <3>. Durch den zweiten Inputbefehl wartet er auf eine weitere Tastatureingabe <4>, z. B. 10 <5>, und speichert sie wieder ab <6>. Der Prozessor liest die Let-Anweisung <7>, ermittelt den Wert für A <8>, indem er die gespeicherten Inputwerte anhand der Rechenvorschrift verknüpft, und speichert den Wert A ab, z. B. 200 <9>. Er liest die letzte Printanweisung <10> und gibt den Wert A auf dem Bildschirm aus <11>.

Eine Programmiersprache muß streng formalisiert und für den Menschen leicht lesbar sein sowie ein Übersetzungsprogramm haben, das die Programmiersprache in die Maschinensprache umwandelt.

Die Programmiersprachen haben sich kontinuierlich weiterentwickelt. Schon seit 10 Jahren wird an den Programmiersprachen der 5. Generation, der „künstlichen Intelligenz", gearbeitet.

1. Generation: Maschinensprache. Programmierung im Dualcode; eine Umwandlung in den Maschinencode ist nicht erforderlich.

2. Generation: Assemblersprache. Die Struktur der Maschinensprache bleibt erhalten. Der Programmierer hat direkten Zugriff auf den Speicher. Da er sich aber selbst um die Speicherplatzeinteilung und -organisation kümmern muß, ist die Programmierung sehr aufwendig und umständlich. Andererseits führt der direkte Speicherzugriff zu einer hohen Geschwindigkeit der Assemblerprogramme. Besonders bei zeitkritischen Programmen wendet man sie deshalb heute noch an.

3. Generation: höhere Programmiersprachen. Die Struktur ist weitgehend unabhängig von der Maschinensprache und der Umgebung. Die Sprachen haben eine eigene Befehlsstruktur, losgelöst von allen anderen Programmen. Je nach Zweck und Anwendungsbereich (kaufmännisch, mathematisch, naturwissenschaftlich) wählt man die Sprache aus. Am einfachsten strukturiert ist BASIC, die man deshalb auch als Anfängersprache bezeichnet. Vorteile im mathematisch-naturwissenschaftlichen Bereich bieten PASCAL und C. Deshalb sind auch viele CAD-Programme in diesen beiden Sprachen geschrieben. Die eingegebenen Befehle und Anweisungen werden über Interpreter oder Compiler in die Maschinensprache umgewandelt.

4. Generation: deskriptive Programmiersprachen (z. B. Kommando-, Datenbank-, Grafiksprachen). Sie beziehen sich auf bereits bestehende Programme. Gibt man z. B. im CAD-Bereich bei der Variantenkonstruktion den Befehl <DX=100> (Draw/zeichne in X-Richtung 100 Einheiten) ein, greift man auf das bestehende Linienprogramm (Modul) des CAD-Programms zurück. Der Anwender muß also nicht mehr erläutern, wie, sondern nur was gemacht werden soll.

5. Generation: künstliche Intelligenz (KI), Expertensysteme. Der Begriff künstliche Intelligenz ist irreführend, denn Programme in KI (z. B. Lisp, Prolog) sind zwar künstlich, haben aber keine eigene Intelligenz. Sie können Fakten speichern, sind aber weder kreativ, noch können sie eigenmächtig Entscheidungen treffen. Man simuliert mit ihnen lediglich die Regeln menschlichen Problemlösungsverhaltens. So können sie Lösungen aufzeigen, an die der Anwender noch nicht gedacht hat. Die Programmsymbole stehen nicht wie bisher nur für Zahlen, sondern können auch Objekte der wirklichen Welt in Beziehungen zueinander setzen.

Während zum Beginn der Entwicklung Schachspiele im Vordergrund standen, gewinnt die Entwicklung von Expertensystemen immer mehr an Bedeutung. Es sind Programme, die spezielle Fachkenntnisse von Experten speichern und verwalten. Der Experte muß kein Mensch sein. Es kann sich auch um ein Fachbuch, eine DIN-Norm oder ähnliches handeln. Damit werden diese Programme die CAD-Technik nachhaltig verändern. Überall wo Probleme durch Regeln beschreibbar sind, wird man künftig Expertensysteme einsetzen, z. B. werden

- Konstruktionsabläufe oder Konstruktionen (Bewehrungsführungen, Anschlüsse im Stahlbau) weitgehend automatisch erstellt;
- Normen und Richtlinien automatisch berücksichtigt;
- die Regeln der VOB automatisch bei Mengenermittlungen angewendet.

> Der Programmierer wählt die Programmiersprache je nach der Problemstellung und dem Anwendungsgebiet aus. Die Programmiersprachen der 5. Generation werden die CAD-Technik nachhaltig verändern.

2.5.2 Programmierung

Die Programmierung durch den Anwender ist ein vieldiskutiertes Thema. Sehr hilfreich ist das Beherrschen der umgebungsabhängigen Sprachen, besonders der Kommandosprachen. Jeder Rechner wird über Stapeldateien gestartet und an die Peripherie angepaßt. Da jedes Büro andere Anforderungen an ein System und die Hardware stellt, müssen diese Daten laufend geändert werden. Zudem kann man sich die Arbeit am Rechner mit Hilfe der Kommandosprachen stark vereinfachen (s. Abschn. 3.2.8).

Das gleiche trifft auf die Grafiksprachen zu. Mit ihnen kann man z. B. Bauteile (Makros) variabel erstellen, speichern und jederzeit wieder abrufen (s. Abschn. 10.2). Standardisierte Makros kann man zwar für viel Geld kaufen, doch sollte man sie selbst programmieren können, weil jedes Büro spezielle Makros braucht. Illusorisch ist es, ein CAD-Programm zu schreiben. Große Softwarehäuser haben dies in teilweise jahrzehntelanger Arbeit getan. Einige CAD-Programme stellen dem Anwender eine Prozedursprache zur Verfügung, mit der man Unterprogramme zum eigentlichen CAD-Programm schreiben kann. Prozeduren ähneln den Variantenmakros, sind jedoch wesentlich flexibler einsetzbar. Erforderlich ist aber in der Regel die Kenntnis der Programmiersprache, in der das CAD-Programm erstellt ist. Bei komplexen Bauteilen (z. B. Treppen in 3D) ist man auf Prozeduren angewiesen.

Das Verständnis vom Wesen und Aufbau eines Programms und einer Programmiersprache erleichtert es überdies, sich in die Logik und Philosophie eines Programms hineinzudenken. Der Anwender kann es dann schneller und intensiver nutzen.

> Jeder Anwender sollte die Grundlagen der Programmierung beherrschen.

Ziel des Programmierens ist stets die Lösung einer Aufgabe mit ständig wechselnden Zahlen (Variablen). Dies erfordert eine Reihe von Arbeitsschritten: Aufgabenstellung → Problemanalyse → Ablaufplan → Codierung → Programmtest → Dokumentation.

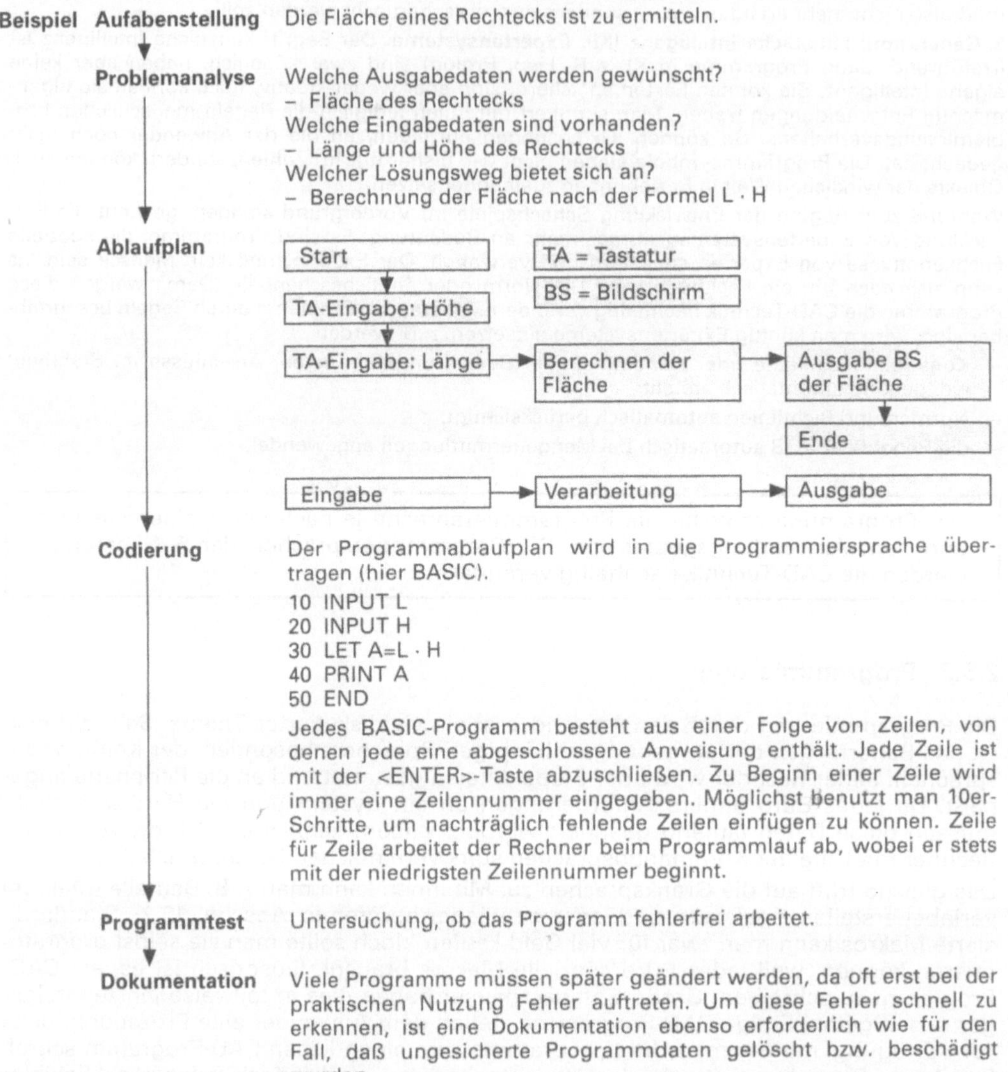

Eine Programmerstellung besteht aus Problemanalyse, Ablaufplan, Codierung, Programmtest und Dokumentation.

BASIC, die am einfachsten strukturierte und am schnellsten zu erlernende Programmiersprache, wollen wir benutzen, um uns in einfache Programmstrukturen einzuarbeiten. Die folgenden Übungen/Programme lassen sich aber auch in jeder anderen Programmiersprache erstellen.

Wie jede Programmiersprache verfügt BASIC über einen Befehlssatz. Die in Tab. **2**.20 erfaßten Befehle reichen für unsere Belange aus. Die vollständigen Befehlssätze können in Handbüchern nachgelesen werden.

Tabelle **2**.20 **Auswahl von BASIC-Befehlen**

Befehl	Erläuterung
CLS	löscht den Bildschirm (clear screen)
DELETEzeile	löscht die angegebene Programmzeile
EDITzeile	zeigt eine Programmzeile für eine Änderung an
END	stoppt ein Programm; kehrt zur Befehlsebene zurück
FIX(x)	bricht x zu einer ganzen Zahl ab
GOTOzeile	verzweigt zu einer angegebenen Zeile
INPUT	liest Daten von der Tastatur
INT(x)	übergibt die größte ganze Zahl kleiner als oder gleich x
LET	ordnet den Wert eines Ausdrucks einer Variablen zu
LIST	listet Programmzeilen auf dem Bildschirm auf
LOAD	lädt eine Programmdatei
LPRINT	gibt Daten auf dem Drucker aus
NAME	gibt einer Programmdatei einen neuen Namen
NEW	löscht das laufende Programm aus dem Arbeitsspeicher
PRINT	gibt Daten auf dem Bildschirm aus
RUN	führt ein Programm aus
SAVEdatei	speichert ein im Arbeitsspeicher befindliches Programm
SYSTEM	beendet BASIC; kehrt zur Betriebssystemebene zurück

Übung 1 Programmiersprachen: Rechteckprogramm

a) Starten Sie BASIC und geben Sie das Rechteckprogramm ein.
b) Testen Sie das Programm <RUN>.
c) Sichern Sie das Programm auf einer Diskette <SAVE RECHTECK>.

Übung 2 Programmiersprachen: Erweiterung des Rechteckprogramms

Beim Programmlauf haben Sie gesehen, daß als Abfragesymbol nur ein <?> auf dem Bildschirm erschien. Ein Außenstehender könnte mit diesem Programm nicht arbeiten, weil er die Bildschirmabfrage nicht interpretieren könnte. Das Programm muß erweitert werden, damit am Bildschirm eine Abfrage (Display) erscheint, die beschreibt, welche Eingabe der Rechner erwartet bzw. welches Ergebnis angezeigt wird. Dies erreicht man in BASIC, indem man die anzuzeigenden Zeichen (Stringkonstante) in Anführungszeichen setzt und die Variable mit einem Semikolon abtrennt (z. B. 10 INPUT "Länge Rechteck"; L).

a) Erweitern Sie das Rechteckprogramm, so daß die Abfragen und das Ergebnis mit einer Stringkonstanten angezeigt werden.
b) Bauen Sie weitere Zeilen in das Programm ein, damit der Umfang des Rechtecks gleichzeitig mit angezeigt wird.
c) Bauen Sie am Ende mit <GOTO> eine Schleife ein, damit das Programm immer wieder von vorn beginnt und eine Vielzahl von Rechtecken berechnn kann, ohne daß Sie das Programm immer wieder neu starten müssen.

Übung 3 Programmierung: Zylinder

Versuchen Sie als nächstes, ein Programm einschließlich Problemanalyse und Ablaufplan zu entwickeln, mit dem Sie Volumen, Mantel- und Oberfläche eines Zylinders berechnen und ausgeben können.

Übung 4 Programmierung: Treppe

Hat bisher alles geklappt, können Sie sich an umfangreichere Programme heranwagen und versuchen, ein Programm für eine vollständige Treppenberechnung zu entwickeln (Steigungsverhältnis, Lauflänge, Treppenloch, lichte Durchgangshöhe). Der Befehlssatz **2**.20 reicht hierfür aus.

Aufgaben zu Abschnitt 2

1. Unterscheiden Sie die Begriffe Mikroelektronik und EDV-Anlage.

2. Wodurch unterscheiden sich Mikro-, Mini- und Großcomputer? Welche Computer werden in Ihrem Büro eingesetzt?

3. Warum läßt sich das EVA-Prinzip der EDV nicht uneingeschränkt auf den Menschen übertragen?

4. Informieren Sie sich über die Begriffe Daten, Datei und Datenbank (s. Baufachkunde 1, Abschn. 16).

5. Aus wieviel Bits besteht ein Byte?

6. Warum wurde der ASCII-Code geschaffen?

7. Ergänzen Sie die Tabelle, indem Sie vom Dezimal- ins Dualsystem bzw. umgekehrt umrechnen. Bei Schwierigkeiten hilft Tab. **2.5.** Zur Darstellung des ASCII-Zeichens sind Sie auf dieser Tabelle angewiesen.

12. Was versteht man unter der Auflösung eines Bildschirms?

13. Welche Druckerarten setzt man in der Praxis vorwiegend ein? Worin liegen die Unterschiede?

14. Informieren Sie sich über das Funktionsprinzip eines Disketten- und Festplattenlaufwerks (z. B. Baufachkunde 1, Abschn. 16).

15. Welche Vorteile bieten 3 1/2-Zoll-Disketten?

16. Beschreiben Sie den Aufbau einer Diskette.

17. Warum reichen Diskettenlaufwerke allein nicht aus?

18. Welche Vorteile bietet das Festplattenlaufwerk?

19. Was ist ein Programm?

Dezimalsystem			Dualsystem								ASCII-Zeichen
10^2	10^1	10^0	2^7	2^6	2^5	2^4	2^3	2^2	2^1	2^0	
100	10	1	128	64	32	16	8	4	2	1	
		2	0	0	0	0	0	0	1	0	
	4	0	0	0	1	0	1	0	0	0	(
1	1	2									
			1	0	0	0	0	0	0	0	
											L
1	9	6									
			1	1	0	0	1	1	0	1	
											I

8. Wodurch wird die Leistungsfähigkeit des Prozessors bestimmt?

   Welche Leistungsfähigkeit hat der Prozessor Ihres Rechners?

9. Was ist das entscheidende Leistungsmerkmal des RAM?

10. Auf welchen Internspeicher greift der Rechner beim Einschaltvorgang zurück?

11. In welche Blöcke ist die Tastatur unterteilt? Verschaffen Sie sich Klarheit über die Bedeutung der Sondertasten.

20. Welche Vorteile bieten höhere Programmiersprachen gegenüber einer Maschinensprache?

21. Unterscheiden Sie Daten und Programm am Beispiel des Informationsflusses beim Programmlauf.

22. Muß der Anwender auch programmieren können? Begründen Sie Ihre Meinung.

23. Beschreiben Sie den Ablauf beim Erstellen eines Programms.

24. Warum ist die Dokumentation wichtig?

3 Betriebssystem und Betriebsarten

3.1 Definition und Entwicklung

Betriebssystem. Als 1972 die ersten Mikroprozessoren vollständig auf einem Silikon-plättchen (Chip) Platz fanden, fehlte die Software für diesen „Ein-Chip-Computer". Da sie den Betrieb des Prozessors/Rechners steuerte, nannte man sie das Betriebssystem.

Die Programme für den Betrieb dieser Chips bestanden aus endlosen Papierlochstreifen, weil man noch jedes Zeichen manuell als Folge von Nullen und Einsen eingeben mußte. Mit den immer besseren Laufwerken und Prozessoren stiegen die Anforderungen an das Betriebssystem. Mit der Einführung des Diskettenlaufwerks 1975 wurde ein entsprechendes Plattenbetriebssystem vorge-stellt, das CP/M (Control Program für Mikrocomputer), das bald zur Standardausrüstung gehörte. 1978 kam mit dem verbesserten 8086-Mikroprozessor das Programm 86-DOS (Disk-Operating-System) auf den Markt. Zur gleichen Zeit entwickelte IBM den Personal-Computer. Die Firma Microsoft verbesserte in Zusammenarbeit mit IBM das 86-DOS, das zum Standard-Betriebssystem MS-DOS (**Micro-S**oft-**D**isk-**O**perating-**S**ystem) für Personalcomputer wurde. Immer größere, schnellere Laufwerke und die leistungsstarken 32-Bit-Prozessoren (z. B. 80386) erforderten die Weiterentwicklung der Betriebssysteme. Die Hardware ermöglichte nun den gleichzeitigen Ablauf mehrerer Programme (Mehrprozeßfähigkeit) und den gleichzeitigen Zugriff mehrerer Anwender auf den Rechner (Mehrbenutzerfähigkeit).

> Mehrprozeßfähigkeit (multi-tasking) = gleichzeitiges Verarbeiten mehrerer Pro-gramme.
>
> Mehrbenutzerfähigkeit (multi-user) = gleichzeitige Zugriffsmöglichkeit mehrerer Anwender auf einen Prozessor/Rechner.

Inzwischen ist MS-DOS eingeschränkt mehrprozeßfähig, reicht aber an UNIX nicht heran. Der ungleich höhere Aufwand bei UNIX wird aber die vorherrschende Rolle von MS-DOS nicht mindern, zumal dort ab Version 6.0 auch die Mehrbenutzerfähig-keit erwartet wird. Oft machen Softwarehäuser durch „Kunstgriffe" mehrere Betriebs-systeme auf einem Rechner lauffähig.

> Personalcomputer benutzen vorwiegend MS-DOS, Mini- und Großcomputer dagegen UNIX als Betriebssystem.

Die Betriebsart ist nach Bild **3.1** abhängig von der Hardware und vom Betriebssystem. Maßgebend sind jedoch stets die Betriebsorganisation und die Anwendersoftware

	8-Bit-Rechner	16-Bit-Rechner	32-Bit-Rechner		
vorherrschendes Betriebssystem	CP/M	MS-DOS	MS-DOS ab Version 3.1	OS/2 (BS/2)	UNIX
Merkmale	ein Benutzer	ein Benutzer	eingeschränkt mehrprozeß-fähig	eingeschränkt mehrbenutzer- und mehrprozeßfähig	voll mehrbenutzer- und mehrprozeß-fähig

Die Schaffung der optimalsten Betriebsorganisation wird ermöglicht. Rechnerorganisation und Anwendung der Systemsoftware werden komplexer.

3.1 Entwicklung der vorherrschenden Betriebssysteme auf Personalcomputern

(z. B. CAD-Bautechnik). Zur Entscheidung für eine Hardware und ein Betriebssystem sind deshalb diese Fragen zu klären:

– Welche Anwendersoftware soll verarbeitet werden? Welche Anforderungen stellt sie an die Hardware?
– Wieviel Softwareprogramme werden gleichzeitig benutzt (**3.2**)?
– Muß auf mehreren Arbeitsplätzen mit der gleichen Software gearbeitet werden? Müssen diese Arbeitsplätze Daten austauschen (**3.3**)?

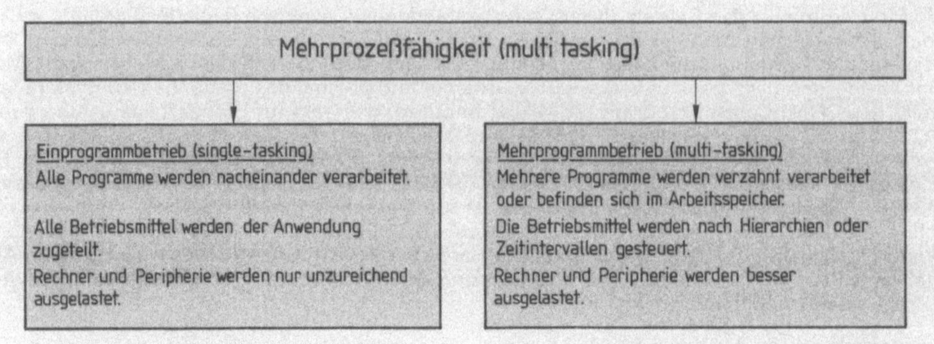

3.2 Mehrprozeßfähigkeit

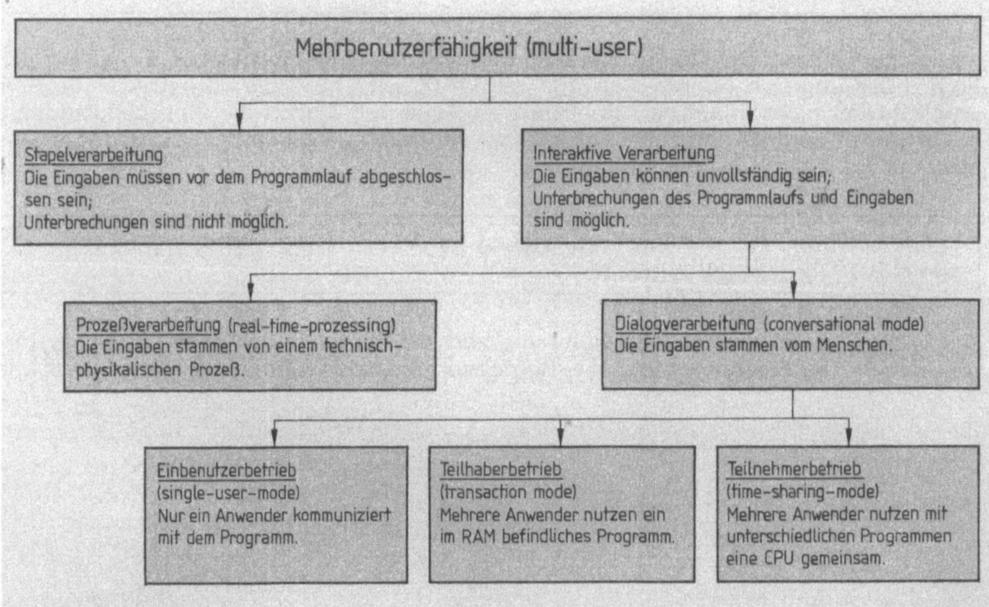

3.3 Mehrbenutzerfähigkeit

Zur optimalen Betriebsart führt die Verknüpfung der Mehrprozeß- und Mehrbenutzerfähigkeit (**3.4**).

Tabelle **3.4 Verknüpfung der Mehrprozeß- und Mehrbenutzerfähigkeit**

	Einprogrammbetrieb	Mehrprogrammbetrieb
Stapelverarbeitung	nicht sinnvoll	sinnvoll
interaktive Verarbeitung Prozeßverarbeitung Dialogverarbeitung	sinnvoll	möglich, Zeitprobleme
– Einbenutzerbetrieb	sinnvoll	möglich, aber selten
– Teilhaberbetrieb	sinnvoll	sinnvoll
– Teilnehmerbetrieb	nicht sinnvoll	sinnvoll

> Die angestrebte Betriebsart (Mehrprozeß- und Mehrbenutzerfähigkeit) bestimmt die Hardware und das Betriebssystem.
>
> Teilhaber- und Teilnehmerbetrieb sind hinsichtlich Datenaustausch, Hardware- und Softwareauslastung die optimale Betriebsart.

Die Vernetzung, eine Sonderform der Betriebsarten, ist weit verbreitet. Bei Mikro- und Minirechnern können durch Vernetzung mehrere Rechner gemeinsame Datenbestände nutzen (Netzbetriebssysteme). Im Idealfall merkt der Benutzer gar nicht, daß er die Grenzen seines Rechners überschreitet.

Lokale Vernetzung. Bei der Planung von Bauobjekten muß man ständig auf bestehende Daten zurückgreifen und arbeiten mehrere Anwender am gleichen Objekt. Datenaustausch und -übertragung sind daher unabdingbar. Beschränkt sich das Netz auf ein Büro/Unternehmen, spricht man von einer lokalen Vernetzung (LAN = **L**ocal **A**rea **N**etwork). Dabei speichert und verwaltet ein leistungsstarker Rechner (File-Server) mit großem Massenspeicher die Daten. Die anderen Arbeitsplätze brauchen nur Eingabe- und Ausgabegeräte. Entscheidend ist die Sicherung der Daten des File-Servers, weil ein Datenverlust weitreichende Folgen hat. Wir unterscheiden drei Arten von Netzwerken (**3.5**):

- **Token Ring (Ringstruktur)** verbindet die Rechner zu einem Ring. Zugriffsberechtigungen (Token) auf bestehende Daten werden von Rechner zu Rechner weitergereicht. Daten können auf diese Weise nicht kollidieren. Fällt jedoch ein Rechner aus, wird das gesamte Netz unterbrochen.

- **Arcnet (Sternstruktur)** verbindet die Rechner sternförmig über die Verteiler direkt mit dem File-Server. Da auch hier Zugriffsberechtigungen weitergereicht werden, ist eine Datenkollision ausgeschlossen. Beim Ausfall eines Rechners bleibt das Netz funktionsfähig. Allerdings ist die Übertragungsgeschwindigkeit geringer als beim Token Ring.

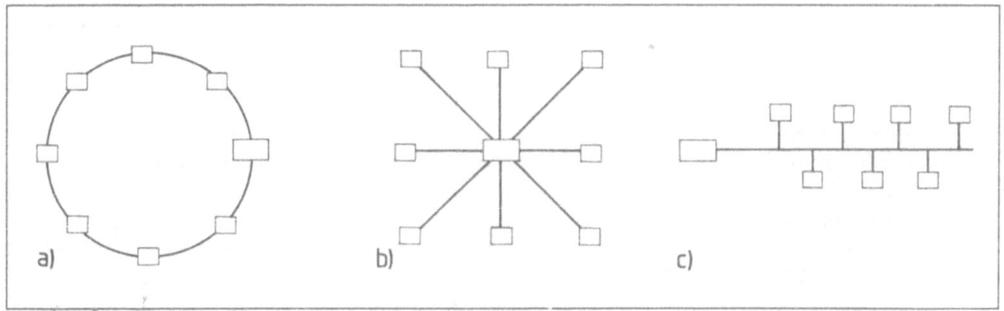

3.5 Netzwerkarten
   a) Token Ring, b) Arcnet, c) Ethernet

- **Ethernet (Busstruktur)** verbindet die Rechner über ein frei endendes Hauptkabel. Jeder Rechner kann seine Daten sofort übertragen, deshalb sind Datenkollisionen möglich. Die vom Netzbetriebssystem durchzuführenden Kollisionsprüfungen können zu Zeitverzögerungen führen.

Lokale Netzwerke (LAN) können als Token Ring, Arcnet oder Ethernet aufgebaut sein.

Überregionale Vernetzung. Der gesamte Planungsablauf eines Bauobjekts ist jedoch nur selten auf ein Büro konzentriert. Selbst beim normalen Einfamilienhaus müssen Daten ständig zwischen Architekt, Statiker, Baubetrieb und Fachingenieuren für Haustechnik ausgetauscht werden, ISDN (**I**ntegrated **S**ervices **D**igital **N**etwork) der Deutschen Bundespost soll bis 1993 funktionsfähig sein. Nicht nur Telefon, Teletext und BTX, sondern auch die Datenübertragung stehen dann jedem Anwender über eine Leitung zur Verfügung. Wie heute das Telefon ist morgen die Datenübertragung möglich – die Kommunikation zwischen Rechnern, die u. U. Hunderte von Kilometern entfernt stehen.

ISDN wird weitreichende Auswirkungen auf Betriebssysteme und Betriebsarten haben.

Aufbau und Aufgaben sind bei allen Betriebssystemen weitgehend gleich, ebenso sind die vielen Funktionen identisch. Nur in der Vielzahl und Komplexität der Funktionen, besonders bei der Multi-tasking- und der Multi-user-Fähigkeit, gibt es Unterschiede.

Systemprogramme. Die Hardware entwickelt sich ständig weiter. Steuerte man alle Aufgaben eines Rechners mit elektronischen Bauelementen, müßte man diese bei Erweiterungen und Verbesserungen laufend austauschen. Technisch einfacher und wesentlich preiswerter ist es, diese Änderungen in Programme einzubauen. Funktionen, die steuern, verwalten, überwachen und organisieren, werden deshalb erst mit Programmen aufbereitet, ehe sie an den Prozessor oder andere Bauelemente weitergeleitet werden. Solche Programme heißen Systemprogramme und bilden in ihrer Gesamtheit das Betriebssystem.

Das Betriebssystem besteht aus mehreren Systemprogrammen.

Diese Programme können ihre Aufgaben erst durchführen, wenn sie sich im Internspeicher befinden. Nur die elementaren Bestandteile der Eingabe- und Ausgabesteuerung befinden sich im ROM. Die anderen Bestandteile der Steuerung werden meist erst beim Einschalten des Rechners in den Schreib-Lese-Speicher (RAM) geladen (Bootload) und übernehmen anschließend die Kontrolle über das gesamte EDV-System. Tabelle **3.6** nennt die wichtigsten Aufgaben der Betriebssystemprogramme.

Steuerprogramme müssen stets vorhanden sein und werden schon beim Einschalten in den Arbeitsspeicher geladen (speicherresident), von dem sie Teilbereiche beanspruchen. Arbeitsprogramme werden seltener benutzt und erst bei Bedarf von der Diskette bzw. Festplatte (extern) geladen.

Das Betriebssystem besteht aus Steuer- und Arbeitsprogrammen.

Tabelle **3.6 Aufgaben der Betriebssystemprogramme**

Steuerprogramme	
Ablaufsteuerung	überwachen und steuern von Programmabläufen anzeigen und beseitigen von Geräte- und Bedienungsfehlern verwalten der Arbeitsplätze mehrerer gleichzeitiger Benutzer (multi-user) verwalten der Daten bei der gleichzeitigen Bearbeitung mehrerer Programme (multi-tasking)
Auftragsteuerung	bearbeiten der Anwenderbefehle
Datensteuerung	steuern und kontrollieren des Datenflusses innerhalb des Rechners steuern und kontrollieren des Datenflusses zwischen Rechner und Peripherie
Arbeitsprogramme	
Übersetzungsprogramme	übersetzen der Befehle einer Programmiersprache (Quellcode) in die Maschinensprache (Objektcode) übersetzen der Anwenderbefehle in die Maschinensprache
Ladeprogramme	Datentransport zwischen Intern- und Externspeicher
Dienstprogramme	Übernahme häufig wiederkehrender Aufgaben (z. B. Formatieren, Kopieren, Löschen, Datenüberprüfung, Datensicherung)

3.2 Standardbetriebssystem MS-DOS

3.2.1 Aufbau

MS-DOS besteht wie alle Betriebssysteme aus mehreren Programmen (3.7). Die Ablauf-, Auftrags- und Datensteuerung übernehmen im wesentlichen zwei Programme (Dateien): IO.SYS(IBMBIO.COM) und MSDOS.SYS (IBMDOS.COM). Zusammen mit dem Kommandoprozessor COMMAND.COM (ein Arbeitsprogramm für die meisten Routinearbeiten) bilden sie das Kernbetriebssystem. Zusätzlich verfügt MS-DOS über viele Dienstprogramme, die seltener gebraucht werden, ohne die ein Betrieb und die Benutzung des Rechners aber nicht möglich sind.

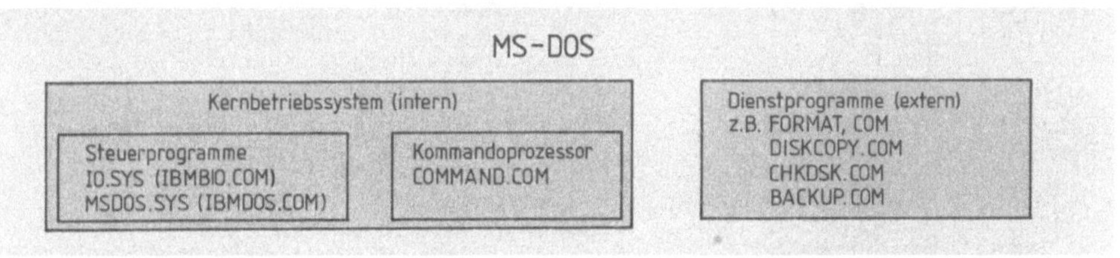

3.7 Aufbau von MS-DOS

Die Steuerprogramme bearbeiten jedes Zeichen, das auf der Tastatur getippt, am Bildschirm dargestellt, von der CPU gesendet oder empfangen wird. Bei der täglichen Arbeit am Rechner werden sie dem Anwender aber nicht auffallen, da sie sich „versteckt" (Hidden Files) auf dem Datenträger oder im Nur-Lese-Speicher (ROM) befinden.

Die elementaren Eingabe- und Ausgabesysteme nennt man BIOS (**B**asic **I**nput **O**utput **S**ystem). Ohne Bios kann der Rechner nicht mit der Peripherie kommunizieren. Es befindet sich zum Teil im ROM, da schon beim Einschalten des Rechners Steuerungsanweisungen erforderlich sind. Eine dieser Anweisungen steuert das Laden der Startdateien IO. SYS und MSDOS.SYS. IO.SYS enthält den überwiegenden Teil des BIOS, MSDOS.SYS ist die Steuerzentrale des Betriebssystems. Es gibt dem BIOS die organisatorischen Aweisungen.

> IO.SYS und MSDOS.SYS sind die Startprogramme des Betriebssystems MS-DOS. Es sind versteckte Dateien (Hidden Files), die die Kommunikation innerhalb des Rechners und zwischen Rechner und Peripherie steuern.

Der Kommandoprozessor (COMMAND.COM) nimmt die Befehle des Anwenders entgegen, gibt dem DOS Anweisungen zur Ausführung, zeigt Fehlermeldungen an und meldet die Betriebsbereitschaft mit dem Bereitschaftszeichen (Prompt) <A:> = Diskettenlaufwerk bzw. <C:> = Festplattenlaufwerk. Er wird beim Einschaltvorgang in den Arbeitsspeicher (RAM) geladen und steht dem Anwender immer zur Verfügung. Alle Befehle des COMMAND.COM sind deshalb jederzeit anwendbar. Da sie sich im Internspeicher befinden, heißen sie interne Befehle.

> Der Kommandoprozessor COMMAND.COM wird beim Einschaltvorgang in den Arbeitsspeicher geladen. Er enthält die internen Befehle (**3.8**).

Tabelle **3.8** **Interne Befehle (Auswahl)**

Befehl	Beispiel	Erläuterung
A:; C:	A>C: -> C>	Laufwerk wechseln
BREAK	BREAK ON	Abbruchmöglichkeit mit <Strg> + <C> (config.sys)
BUFFERS	BUFFERS = XX	Anzahl der Plattenpuffer festlegen (config.sys)
CD	CD CAD	(Change Directory) Verzeichnis wechseln
CLS	CLS	(CLear Screen) Bildschirm löschen
COPY	COPY C: \daten.txt A:	Datei(en) kopieren
DATE	DATE	Datum anzeigen/ändern (Date 24-12-90)
DEL	DEL daten.txt	(DElete = löschen) Datei(en) löschen
DIR	DIR/P A:	(DIRectory) Inhaltsverzeichnis anzeigen
DEVICE	DEVICE = Datei	Gerätetreiberkartei laden (config.sys)
ECHO	ECHO ON	Befehl anzeigen
EXIT	EXIT	DOS verlassen, Rücksprung zum vorigen Programm
FILES	FILES = XX	geöffnete Daten festlegen (config.sys)
MD	MD CAD	(Make Directory) Verzeichnis anlegen
RD	RD CAD	(Remake Directory) Verzeichnis löschen
REM	REM Hallo!	Kommentar anzeigen (Stapeldatei)
REN	REN daten.txt dat.txt	(REName) Dateiname ändern
PATH	PATH \CAD; \text; \DOS	Suchpfade festlegen
PAUSE	PAUSE	Ausführung einer Stapeldatei anhalten
PROMPT	PROMPT PG	Bereitschaftszeichen ändern (Stapeldatei)
TIME	TIME	Uhrzeit anzeigen/ändern (TIME 08:35)
TYPE	TYPE dat.txt	Dateiinhalt anzeigen
VER	VER	(VERsion) DOS-Version anzeigen
VERIFY	VERIFY ON	Jeden Schreibvorgang auf Fehler überprüfen
VOL	VOL	(VOLumen) Name des Datenträgers anzeigen

Dienstprogramme erleichtern die Arbeit mit dem Rechner. Sie organisieren Dateien, überprüfen Datenträger, kopieren Disketten, sichern Daten u.a.m. Bei Bedarf werden sie von der Diskette oder der Festplatte in den Arbeitsspeicher geladen, sind also externe Befehle. Alle Dienstprogramme aufzulisten, ist unmöglich (**3.9**). Sie sind jedoch in der DOS-Dokumentation enthalten, die zusammen mit dem Rechner geliefert wird.

Tabelle **3.9 Externe Befehle (Auswahl)**

Befehl	Beispiel	Erläuterung
ATTRIB	ATTRIB + R daten.txt	Datei(en) durch ein ATTRIBut vor dem Überschreiben sichern (R = read only)
BACKUP	BACKUP C: A:/S	Daten der Festplatte auf der Diskette sichern
CHKDSK	CHKDSK A:	(CHecK DiSK) Datenträger überprüfen
DISKOPY	DISKOPY A: B:	gesamten Disketteninhalt kopieren
FORMAT	FORMAT A:	Datenträger formatieren
LABEL	LABEL A:	Datenträger nachträglich benennen
PRINT	PRINT daten.txt	Datei über den Drucker ausgeben
RESTORE	RESTORE A: C:/S	die mit BACKUP gesicherten Daten einlesen
SYS	SYS A:	Kernbetriebssystem kopieren
TREE	TREE A:	(TREE = Baum) Verzeichnisstruktur am Bildschirm ausgeben
XCOPY	XCOPY C: A:	alle Dateien der Festplatte im Hauptverzeichnis auf einer Diskette sichern

> Dienstprogramme müssen vom Datenträger in den Arbeitsspeicher geladen werden (externe Befehle).

3.2.2 Arbeitsgrundsätze

Dateien sind Ansammlungen von zusammenhängenden Informationen (Bytes), z. B. Programm-, Text- oder Datendateien. Vergleichen kann man sie mit den Ordnern in einem Aktenschrank (der wiederum mit der Diskette bzw. der Festplatte zu vergleichen ist).

Dateinamen sind nötig, damit das Betriebssystem die Datei z. B. zum Laden, Löschen oder Ändern identifizieren kann. Eine vollständige Dateibezeichnung enthält den Dateinamen und eine Erweiterung.

Der Dateiname
- besteht aus maximal 8 Zeichen (1 Byte),
- darf nur einmal vergeben werden, da sonst eine andere Datei gleichen Namens überschrieben werden kann,
- sollte sich auf den Inhalt beziehen.

Die Erweiterung
- beginnt immer mit einem Punkt,
- besteht aus maximal 3 Zeichen,
- klassifiziert die Datei nach bestimmten Typen, z. B. .COM (Hilfsprogramme), .BAT (Stapeldatei), .BAK (Sicherungsdatei), .PAS (Pascaldatei), .BAS (Basicdatei), .TXT (Textdatei).

Bei der Vergabe kann man alle Buchstaben des Alphabets (ohne Umlaute) und alle Ziffern von 0 bis 9 benutzen. Vorsicht bei Sonderzeichen, da nicht alle zugelassen sind! Auch das Leerzeichen ist ein Sonderzeichen.

Grundsätzlich sind bei allen Arbeiten mit Dateien der Dateiname und die Erweiterung anzugeben. Einige Anwenderprogramme ordnen jedoch die Erweiterung programmintern zu und fordern daher nur den Dateinamen. Beachten Sie daher Abfragen und Hinweise auf dem Bildschirm.

> Eine Dateibezeichnung besteht aus dem Dateinamen und der Erweiterung.
> Dateiname   ·   Erweiterung
> max. 8 Zeichen   Punkt   max. 3 Zeichen

Der Aufruf eines DOS-Befehls ist nicht immer erfolgreich. Wie wir vom Programmieren her wissen, muß jede Eingabe durch die <ENTER>- bzw. die <RETURN>-Taste an die Zentraleinheit abgesandt werden.

Jede Eingabe ist mit <ENTER> bzw. <RETURN> zu bestätigen.

Hat man sich vertippt, gibt der Rechner eine Fehlermeldung aus. Das System kann den Befehl nicht ausführen, da er unbekannt ist. Es kehrt unverzüglich zur Eingabebereitschaft zurück, was es durch das Bereitschaftszeichen anzeigt. Der Anwender kann sofort weiterarbeiten.

Beispiel	`A:\>DAET`	= fehlerhafte Befehlseingabe; richtig <DATE>
	`Falscher Befehl oder Dateiname`	= Fehlermeldung
	`A:\>`	= Bereitschaftszeichen

Beim Aufruf externer Befehle ist das Befehlswort gleichzeitig der Dateiname. Externe Betriebssystemprogramme sind meist schon an den Erweiterungen <.COM>, <.BAT> und <.EXE> zu erkennen. Durch Eingabe des Dateinamens werden sie geladen und gestartet.

Beispiele	Datei/Programm	Aufruf
	FORMAT.COM	FORMAT
	AUTOEXEC.BAT	AUTOEXEC
	ATTRIB.EXE	ATTRIB

Zum Laden und Starten externer Programme wird nur der Dateiname eingegeben und mit <ENTER> bestätigt.

Kann das System die Datei(en) nicht finden, erscheint eine Fehlermeldung. Oft befindet sich keine oder eine defekte Diskette im Laufwerk A:. Steckt man die Systemdiskette in den Diskettenschacht und gibt <A> (Abbruch) oder <W> (Wiederholen) ein, erscheint das Bereitschaftszeichen.

Beispiel	`A:\>ATTRIB +R DATEN.TXT`	= Eingabe
	`Nicht bereit.` `Lesefehler Laufwerk A:`	= Fehlermeldung, das System findet die Datei ATTRIB.EXE nicht
	`A(bbruch), W(iederholen), U(ebergehen)? A`	= durch Eingabe von <A> wird der Vorgang abgebrochen
	`A:\>`	= Bereitschaftszeichen

Befehlsstrukturen bestehen aus dem Befehl, Angaben zur Quelle und zum Ziel sowie Parametern, die den Befehl spezifizieren. Befehl, Angaben zur Quelle und zum Ziel werden durch ein Leerzeichen voneinander getrennt, Parameter durch Schrägstrich direkt mit Befehl, Quelle oder Ziel verbunden.

Befehl/Parameter	Leerzeichen	Quelle/Parameter	Leerzeichen	Ziel/Parameter
was?		wo?		wohin?

Zum Beschreiben der Befehlsstrukturen benutzt man folgende Symbole:

[ ] Die Eingaben sind wahlfrei; sie können, müssen aber nicht eingegeben werden;

| von den durch senkrechten Strich getrennten Begriffen darf nur einer eingegeben werden;

.,;: sämtliche Satzzeichen mit Ausnahme der eckigen Klammer oder des senkrechten Striches sind einzugeben.

3.2.3 Starten des Rechners

Wir gehen von einem Standardrechner mit einem Diskettenlaufwerk <A:> und einem Festplattenlaufwerk <C:> aus. Voraussetzung zum Starten des Rechners ist das Betriebssystem. Es befindet sich schon auf der Festplatte oder muß über eine Systemdiskette zugeladen werden.

Zum Starten über die Festplatte schaltet man die Zentraleinheit und den Bildschirm über ihre Netzschalter ein. Danach läuft der eigentliche Startvorgang automatisch ab (**3.10**).

– Der Rechner startet ein Testprogramm und überprüft seine wichtigsten Funktionen.
– Die Systemdateien (IO.SYS, MSDOS.SYS, COMMAND.COM) werden in den Arbeitsspeicher geladen (BOOTLOAD).

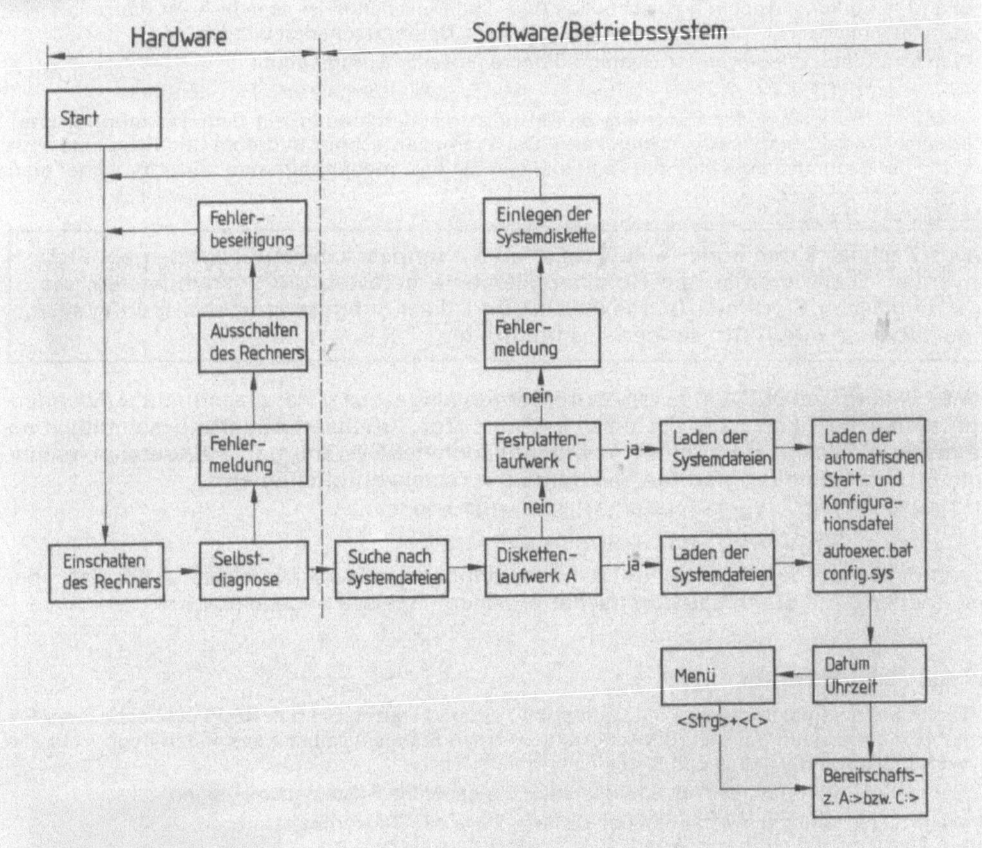

3.10 Startvorgang des Rechners

- Der Rechner sucht nach der automatischen Startdatei (autoexec.bat) und der Konfigurationsdatei (config.sys) und führt ihre Befehle aus (s. Abschn. 3.2.8).
- Der Rechner fragt nach Datum und Uhrzeit. Beide Abfragen können mit <ENTER> übergangen
  werden. Viele Rechner verfügen über eine Echtzeituhr, zeigen also stets Datum und Uhrzeit
  selbst an.
- Auf dem Bildschirm erscheint das Bereitschaftszeichen/PROMPT <C:>, mit dem das System
  seine Betriebsbereitschaft meldet.

War der Startvorgang nicht erfolgreich, zeigt das Betriebssystem (COMMAND.COM)
eine Fehlermeldung auf dem Bildschirm an. Fehlermöglichkeiten:

- Hardwarefehler sind oft nur gelöste Steckverbindungen; sonst muß der Service gerufen werden,
- Der Rechner findet die Systemdateien nicht. Systemdiskette in das Diskettenlaufwerk einlegen
  und Startvorgang über das Diskettenlaufwerk wiederholen.

Das Starten über die Diskette verläuft analog dem Festplattenstart. Die Systemdiskette
wird in den Diskettenschacht eingeführt und der Laufwerkshebel geschlossen. Da der
Rechner die Systemdateien stets zuerst auf dem Laufwerk A: sucht, wird er sie finden
und den Start erfolgreich abschließen.

Zum Neustart hat der Anwender zwei Möglichkeiten:

- **Kaltstart** durch Einschalten des Netzschalters bzw. durch Aus- und Wiedereinschalten. Da die
  Geräte im Normalfall ihre Betriebstemperatur noch nicht erreicht haben, spricht man vom Kalt-
  start. Jeder unnötige Kaltstart ist zu vermeiden, da er die Lebenszeit der Festplatte und der
  Bildröhre verkürzt. Auch ein zu schnelles Aus- und Einschalten ist schädlich. Ist die rotierende
  Festplatte noch nicht zur Ruhe gekommen, können Daten beschädigt werden.
- **Warmstart** im betriebswarmen Zustand durch eine Tastenkombination:

  AT-Tastatur <CTRL> + <ALT> + <DEL>   MF-Tastatur <Strg> + <ALT> + <Entf>

  Gerät der Rechner außer Kontrolle, bleibt meist die Verbindung mit dem Tastaturprozessor
  erhalten, so daß man warm starten kann. Der Warmstart schont Bildröhre und Festplatte. Nur
  wenn der Rechner selbst über die Tastatur keine Befehle mehr annimmt (interrupt), startet man
  kalt.

<blockquote>

Der Rechner kann durch einen Kalt- oder Warmstart neu gestartet (gebootet)
werden. Dabei werden die Hardwareelemente getestet, die Systemdateien, die
automatische Startdatei (autoexec.bat) und die Konfigurationsdatei (config.sys)
geladen und ihre Anweisungen ausgeführt.

</blockquote>

Menü. Je länger die EDV in einem Büro/Betrieb eingesetzt wird, desto mehr Anwenderprogramme befinden sich auf dem Rechner. Zur Arbeitserleichterung schreibt man
Menüs, in die das System direkt nach dem Laden der System- und Startdateien hinein-
läuft. Es sind kleine Programme, die durch die Tastenkombinationen

AT-Tastatur <CTRL> + <C> oder <CTRL> + <BREAK>

MF-Tastatur <Strg> + <C> oder <Strg> + <PAUSE>

abgebrochen werden können. Erst danach befindet sich der Anwender auf der Betriebssystemebene, die durch das Bereitschaftszeichen (Prompt) angezeigt wird.

Übung 1 Betriebssystem

a) Legen Sie die Systemdiskette ins Laufwerk A: ein und starten Sie den Rechner. Beobachten Sie
   dabei die Anzeigen auf dem Bildschirm. Versuchen Sie sie – selbst wenn Ihnen noch nicht alle
   verständlich sind – in das Bild **3.**10 einzuordnen.
b) Geben Sie Datum und Uhrzeit ein. Beachten Sie dabei die Systemanweisungen.
c) Warum erscheint nach Betätigen der <Enter>-Taste das Bereitschaftszeichen <A:>?
d) Entfernen Sie die Systemdiskette und machen Sie einen Warmstart.
   Warum erscheint das Bereitschaftszeichen <C:>?

e) Geben Sie den DOS-Befehl <A:> ein. Denken Sie daran, daß jede Eingabe mit der <ENTER>-Taste an das System abgeschickt werden muß. Begründen Sie, was der Rechner ausführt.

f) Legen Sie eine beliebige Diskette (keine Systemdiskette) in das Laufwerk A: ein und machen Sie einen Warmstart. Warum können Sie den Start nicht erfolgreich abschließen?

3.2.4 Vorbereiten und Überprüfen des Datenträgers

Die Vorbereitung der Datenträger (Disketten, Festplatten) geht jeder erstmaligen Benutzung voran. Aus Abschn. 2.4.4 wissen wir, daß ein Datenträger in Spuren, Sektoren und Blöcke eingeteilt und ein Inhaltsverzeichnis (FAT) für die Blocknummern auf der Spur 0 eingerichtet ist. Nur so kann das System Daten gezielt speichern und wiederfinden. Diesen Vorgang nennt man Formatieren.

Befehls-	Befehl	Quelle
struktur	Format	Laufwerk [/Parameter]
Beispiele	FORMAT	A:
	FORMAT	A:/S/V

> Beim Formatieren wird der Datenträger in Spuren, Sektoren und Blöcke eingeteilt.

Die Laufwerksangabe darf nicht fehlen, weil der Datenträger sonst nicht lokalisiert werden kann. Beachten Sie aber: Tippen Sie zum Formatieren einer Diskette irrtümlich <C:> ein, werden sämtliche Daten auf der Festplatte gelöscht! Ohne Datensicherung kann monatelange Arbeit vernichtet sein!

Parameter spezifizieren und erweitern Befehle. Beim Formatieren sind es besonders:

- /S, wodurch die Systemdateien (IO.SYS, MSDOS.SYS, COMMAND.COM) während des Formatierens automatisch auf den Datenträger kopiert werden;
- /V, wodurch man dem Datenträger eine Volumenkennung / einen Namen zuordnet.

Weitere Parameter, die z. B. die Diskettenkapazität bestimmen (360 KB, 720 KB, 1,2 MB, 1,44 MB), können Sie im Handbuch nachschlagen.

> Beim Formatieren werden alle Daten auf dem Datenträger gelöscht. Überzeugen Sie sich darum, ob das richtige Laufwerk angegeben ist.

Haben Sie beim Formatieren keine Parameter eingegeben, wird nur der Datenträger formatiert. Das Kopieren der Systemdateien und die Namensvergabe können Sie auch nachträglich durchführen.

Befehls-	Befehl	Quelle	
struktur	SYS	[Laufwerk]	
	LABEL	[Laufwerk]	
Beispiele	SYS	A:	= Systemdateien kopieren
	LABEL	A:	= nachträgliche Kennung

Weiß man nicht, ob schon eine Kennung vergeben ist, läßt man sie sich anzeigen.

Befehl-	Befehl	Quelle	
struktur	VOL	[Laufwerk]	
Beispiel	VOL	A:	= Anzeige der Kennung

> Das Kopieren der Systemdateien und die Vergabe einer Datenträgerkennung können während des Formatierens oder nachträglich durchgeführt werden.

```
C:\>FORMAT A:
Neue Diskette in Laufwerk A: einlegen,
anschließend die Eingabetaste betätigen


Formatieren beendet


   1457664 Byte Gesamtspeicherbereich
   1457664 Byte auf Diskette/Platte
                verfügbar


Weitere Dskt./Platte formatieren (J/N)?N
C:\>
```

Nach Abschluß des Formatierens gibt das System automatisch eine Statusmeldung des Datenträgers aus. Es meldet die gesamte Speicherkapazität, den schon durch die Systemdateien belegten Speicherplatz, den noch zur Verfügung stehenden Speicher und etwaige Defekte (**3.11**).

Durch Eingabe von <J> = Ja kann sofort eine weitere Diskette formatiert werden. Mit <N> = Nein wird das Formatieren abgebrochen. Es erscheint das Bereitschaftszeichen, mit dem sich der Rechner betriebsbereit meldet.

3.11   Statusmeldung nach dem Formatieren

Übung 2   Betriebssystem

a) Beschriften Sie eine Diskette mit einem weichen Stift auf dem Etikett als Übdiskette.

b) Formatieren Sie die Diskette, kopieren Sie die Systemdateien nachträglich.

c) Vergeben Sie nachträglich Ihren Namen als Datenträgerkennung (max. 11 Zeichen) und lassen Sie sich die Kennung anzeigen.

d) Formatieren Sie eine weitere Diskette. Während des Formatierens sollen die Systemdateien kopiert und die Kennung vergeben werden.

```
C:\>CHKDSK A:

   1457664 Byte Gesamtkapazität
     52224 Byte in 2 geschützten Dateien
     26112 Byte in 1 Benutzerdatei(en)
   1379328 Byte auf Diskette/Platte
                verfügbar


    654336 Byte Gesamtspeicher
    545472 Byte frei


C:\>
```

Die Überprüfung des formatierten Datenträgers geschieht mit dem externen <CHKDSK>-Befehl (**3.12**). Das Programm muß sich im aktuellen Laufwerk/ Verzeichnis befinden.

Befehls- Befehl   Quelle/Parameter
struktur CHKDSK   [Laufwerk\Dateiname.Erw.
                           /Parameter]

Beispiel CHKDSK   A: = Diskette wird überprüft

Zusätzlich zur Statusmeldung 3.11 werden die Dateien angezeigt. Der überprüfte Datenträger wurde mit /S formatiert. Folglich werden die geschützten Systemdateien IO.SYS und MSDOS.SYS sowie die Benutzerdatei COMMAND.COM

3.12   Überprüfen der Übdiskette mit <CHKDSK>

gemeldet. Hat man zusätzlich eine Kennung /V vergeben, legt das Betriebssystem eine dritte geschützte Datei an.

Die beiden letzten Zeilen zeigen den Status des Arbeitsspeichers (RAM) an. Seine gemeldete Gesamtkapazität beträgt 654336 Bytes (640 KBytes). Da die Systemdateien und der Kommandoprozessor sofort in den Arbeitsspeicher geladen werden und dort permanent zur Verfügung stehen müssen (speicherresident), sind im RAM nur noch 573680 Bytes für künftige Anwendungen zur Verfügung.

Beim <CHKDSK> zeigt das System den Zustand des Datenträgers und des Internspeichers sowie die Anzahl der Dateien an.

Informationen über Dateinamen, Erweiterungen und Kapazität erhält man durch Aufruf des Inhaltsverzeichnisses (DIRectory, 3.13).

Befehls-	Befehl	Quelle/Parameter
struktur	DIR	[Laufwerk\Suchpfad\Datei-name.Erw./Parameter]
Beispiel	DIR	A: = Inhaltsverzeichnis der Diskette wird angezeigt.

Beim DIR-Befehl werden die Dateinamen mit Erweiterung (vergleichbar dem Ordneraufdruck im Aktenschrank), ihre Größe in Bytes sowie Datum und Uhrzeit der Dateierstellung ausgegeben. Versteckte Dateien können nur mit zusätzlichen Programmen sichtbar gemacht werden, die nicht zum Standard-Betriebssystem gehören.

```
A:\>dir

Diskette/Platte, Laufwerk A:, hat den
Namen UEBDISKETTE
Verzeichnis von A:\

COMMAND  COM   25979 18.03.87 12.00
        1 Datei(en)   1379328 Byte frei

A:\>
```

3.13 Inhaltsverzeichnis der Übdiskette

Mit dem <DIR>-Befehl wird das Inhaltsverzeichnis des Datenträgers angezeigt.

Übung 3 Betriebssystem

a) Überprüfen Sie die Übdiskette mit <CHKDSK> und erläutern Sie die einzelnen Zeilen der Bildschirmanzeige.

b) Lassen Sie sich das Inhaltsverzeichnis der Übdiskette mit <DIR> anzeigen.

3.2.5 Datenorganisation und Datenüberprüfung

Beziehen wir die bisherigen Übungen auf das Denkmodell des Aktenschranks, haben wir durch das Formatieren das „Gehäuse" errichtet. Der Schrank hat eine Kennung (Übdiskette) mit <LABEL> bzw. /V erhalten, und drei Ordner mit Namen IO.SYS, MSDOS.SYS und COMMAND.COM sind schon in ihn hineingestellt. Im Büro ordnet man die Ordner aber nicht wahllos oder einfach übereinandergestapelt an. Vielmehr zieht man Regale in den Schrank ein, um die Ordner übersichtlich aufzustellen.

Die Datenorganisation auf den Datenträgern (= Aktenschrank) unterliegt ähnlichen Gründsätzen. Hunderte, teilweise sogar Tausende von Dateien (Ordnern) befinden sich auf einem Datenträger. Sind sie wahllos eingegeben, muß man sie lange suchen. Es sind Vorgänge denkbar, in denen selbst das System Dateien nicht finden kann. Jeder Anwender muß sich deshalb schon bei der Anschaffung eines Rechners überlegen, wie er die Dateien auf der Diskette bzw. Festplatte organisiert.

Wie der Aktenschrank durch Regale wird der Datenträger in Verzeichnisse unterteilt (Directories, 3.14 auf S. 50). Für unsere Übdiskette brauchen wir Verzeichnisse der Betriebssystemdateien, Textdateien, Datenbankdateien und CAD-Dateien. Da unser Schwerpunkt bei den CAD-Anwendungen liegt, wird das CAD-Verzeichnis noch weiter aufgegliedert in Hochbau, Tiefbau und Ingenieurbau – das Verzeichnis (Regal) CAD erhält Unterverzeichnisse (Subdirectories). Das bietet viele Vorteile:

- Das Inhaltsverzeichnis (FAT) des Datenträgers kann nur eine begrenzte Anzahl von Dateinamen verwalten.
- Zuviel Dateien in einem Verzeichnis sind unübersichtlich.
- Durch Unterverzeichnisse kann man Dateien nach Schwerpunkten ordnen.
- Die Zugriffszeiten werden verkürzt.
- Die Verzeichnisse sind untereinander geschützt.

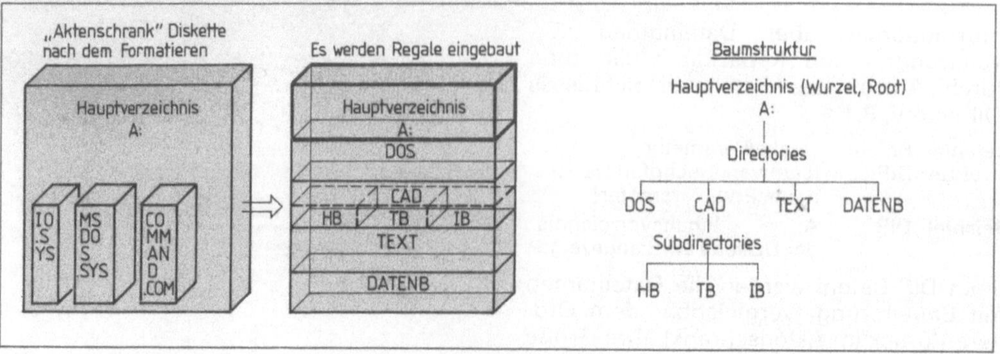

3.14 Aktenschrank und Verzeichnisstruktur der Übdiskette

Datenträger werden in Verzeichnisse (Directories) unterteilt, die man wiederum in beliebig viele Unterverzeichnisse (Subdirectories) aufglieden kann.

Verzeichnisse werden vom Betriebssystem wie Dateien handelt. Bei der Namensgebung kann der Verzeichnisname daher aus 8 Zeichen und einer Erweiterung von 3 Zeichen bestehen. Im Regelfall wird auf die Erweiterung verzichtet. Mit Ausnahme des Hauptverzeichnisses legt DOS für jedes Verzeichnis zwei Dateien an. In der Datei <·> stehen alle Informationen des aktuellen, in der Datei <··> die Informationen des übergeordneten Verzeichnisses (**3.15**).

```
A:\>dir

Diskette/Platte, Laufwerk A:, hat den
Namen UEBDISKETTE
Verzeichnis von A:\

COMMAND  COM    25979   18.03.87  12.00
DOS          <DIR>        27.08.90  12.42
CAD          <DIR>        27.08.90  12.42
TEXT         <DIR>        27.08.90  12.42
DATENB       <DIR>        27.08.90  12.42
        5 Datei(en)    1375744 Byte frei

A:\>
```

```
A:\CAD>dir

Diskette/Platte, Laufwerk A:, hat den
Namen UEBDISKETTE
Verzeichnis von A:\CAD

.            <DIR>        27.08.90  12.42
..           <DIR>        27.08.90  12.42
HB           <DIR>        27.08.90  12.43
TB           <DIR>        27.08.90  12.43
IB           <DIR>        27.08.90  12.43
        5 Datei(en)    1375744 Byte frei

A:\CAD>
```

3.15 Bildschirmausdruck des Hauptverzeichnisses und des Unterverzeichnisses CAD

Das Anlegen, Löschen und Wechseln der Verzeichnisse geschieht durch DOS-Befehle. Da es sich um interne Befehle handelt, sind sie jederzeit anwendbar.

Befehls-struktur	Befehl	Quelle
	MD	[Laufwerk\Suchpfad\]Verzeichnisname = Verzeichnis anlegen
	RD	[Laufwerk\Suchpfad\]Verzeichnisname = Verzeichnis löschen
	CD	[Laufwerk\Suchpfad\]Verzeichnisname = Verzeichnis wechseln

Dabei sind diese Regeln zu beachten:

- Verzeichnisse können nur vom übergeordneten Verzeichnis aus angelegt werden, das Verzeichnis CAD also vom Hauptverzeichnis (Wurzel/Root) und das Unterverzeichnis HB vom Verzeichnis CAD aus (**3.14** und **3.15**).
- Es können nur Verzeichnisse gelöscht werden, in denen sich keine Dateien mehr befinden.
- Ohne Angabe des Suchpfads kann man nur in ein benachbartes Verzeichnis wechseln. Will man Verzeichnisse überspringen (z. B. vom Verzeichnis Text direkt in das Verzeichnis HB), muß man dem Betriebssystem den Pfad weisen, auf dem es dieses Verzeichnis findet. Dieses Pfadzeichen ist der „umgekehrte Schrägstrich" <\> (back slash). Steht es vor dem Verzeichnis, sucht DOS vom Hauptverzeichnis aus, bis es das eingegebene Verzeichnis gefunden hat.

Beispiel   A:\TEXT>CD \ CAD\HB = wechsle über das Verzeichnis CAD in das Verzeichnis HB
           A:\CAD\HB>

Das Pfadzeichen erzeugt man durch eine Tastenkombination:

AT-Tastatur <CTRL> + <ALT> + <\>   MF-Tastatur <ALTGR> + <\>

Steht das Padzeichen auf der Tastatur nicht zur Verfügung, kann man es mit <ALT> + <9> + <2> als ASCII-Zeichen aufrufen (s. Tab. **2.5**).

Das Pfadzeichen <\> weist DOS den Weg zu den gesuchten Verzeichnisnamen.

Eine Eingabehilfe machen wir uns zunutze: Im Normalfall zeigt DOS mit dem Bereitschaftszeichen nur das Laufwerk an. Man weiß nicht immer, in welchem Verzeichnis man sich befindet: Fehleingaben sind die Folge. Mit einer Systemanfrage (PROMPT) können wir jederzeit auch das aktuelle Laufwerk und das Verzeichnis ausgeben lassen. Ist der PROMPT-Befehl nicht in der automatischen Startdatei AUTOEXEC.BAT gesetzt, wird er eingegeben. Bis zum Ausschalten des Rechners bleibt der Befehl erhalten.

Befehls- Befehl   Systemanfrage
struktur PROMPT   [Systemanfrage]
Beispiel PROMPT PG   = Anzeige des aktuellen Verzeichnisses

Die Überprüfung der Verzeichnisstruktur geschieht durch die externen Befehle <CHKDSK> (**3.16**), <TREE> oder über den internen Befehl <DIR>.

<CHKDSK>. Nach erfolgreicher Beendigung der Übung 4 wird dieser Ausdruck mit dem Befehl <CHKDSK A:> ausgegeben. Im Unterschied zu Bild **3.12** werden 7 Verzeichnisse (allerdings ohne Verzeichnisname) entsprechend unserer Struktur gemeldet.

Neben den geschützten Dateien IO.SYS und MSDOS.SYS ist die Kennung der Diskette (Übung 2c) in einer dritten geschützten Datei abgelegt. Lediglich die Datei COMMAND.COM wird als Benutzerdatei gemeldet. Da die Systemdateien beim Startvorgang in den Arbeitsspeicher (RAM) geladen werden, stehen von ursprünglich 654336 Bytes nur noch 545472 Bytes zur Verfügung.

```
A:\>TYPE AUTOEXEC.BAT
ECHO OFF
CLS
SET COMSPEC=A:\COMMAND.COM
PATH A:;A:\DOS;A:\TEXT
KEYB GR,,\DOS\KEYBOARD.SYS
PROMPT $P$G
VERIFY ON
CLS
CHKDSK A:/F
PAUSE
CLS
DATE
TIME

A:\>
```

3.16 Überprüfung der Übdiskette mit <CHKDSK> nach Erstellen der Verzeichnisse

<DIR>. Da das Betriebssystem Verzeichnisse wie Dateien behandelt, können wir auch den DIR-Befehl eingeben. Angezeigt wird dann aber nur das aktuelle bzw. definierte Verzeichnis mit der <·>- und <··>-Datei sowie den Unterverzeichnissen (3.15). Durch Wechseln in die anderen Verzeichnisse (CD) oder durch Angabe des Suchpfads können nacheinander alle Verzeichnisse überprüft werden.

Beispiele a) A>DIR A:\CAD\HB   = Suchpfad
           b) A:\CAD\HB>DIR   = Verzeichniswechsel

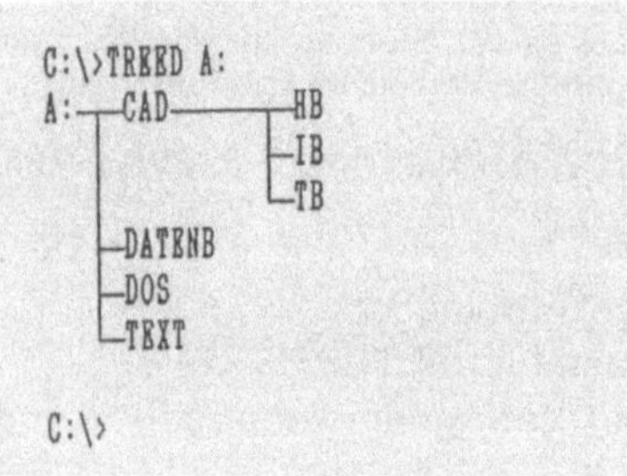

3.17   Verzeichnisstruktur der Übdiskette mit <TREED>

<TREE>. Sollen alle Verzeichnisse mit Namen angezeigt werden, geben wir den Befehl <TREE> ein. Allerdings ist die Ausgabe unübersichtlich. Anwenderfreundlicher ist ein ähnliches externes Programm <TREED>, das aber leider nicht zum Standard-Betriebssystem gehört. Es zeigt die Verzeichnisstruktur grafisch auf dem Bildschirm an (3.17).

Befehls- **struktur**	Befehl TREE	Quelle [Laufwerk/Parameter]
Beispiel	TREE	A: = Verzeichnisse der Diskette werden angezeigt

---

Übung 4 Betriebssystem

a) Geben Sie (falls nötig) den Prompt-Befehl ein, damit immer das aktuelle Verzeichnis angezeigt wird.

b) Organisieren Sie die Übdiskette entsprechend Bild **3.14**.

c) Erzeugen Sie als Subdirectory zu TB ein weiteres Verzeichnis STRASS.

d) Überprüfen Sie mit <CHKDSK> und <TREE> bzw. <TREED> die Verzeichnisstruktur.

e) Löschen Sie das Verzeichnis STRASS.

f) Wechseln Sie mehrfach zwischen den Verzeichnissen. Lassen Sie sich dabei den Inhalt der Verzeichnisse anzeigen.

Das Kopieren von Dateien <COPY> ist vergleichbar mit dem Einräumen des Aktenschranks. Nach unserer Struktur **3.14** werden die Ordner/Dateien in die Regale/Verzeichnisse gestellt.

Befehls- **struktur**	Befehl COPY	Quelle [Laufwerk\Suchpfad\]Dateiname.Erw.	Ziel [Laufwerk\Suchpfad\Dateiname.Erw]
Beispiel	COPY	C:\DOS\COMMAND.COM	A:\DOS\COMMAND.COM

Die Datei COMMAND.COM wird aus dem Verzeichnis DOS der Festplatte in das Verzeichnis DOS der Diskette kopiert.

> Der COPY-Befehl besteht aus Befehl, Quelle und Ziel. Sie werden durch ein Leerzeichen voneinander getrennt.

Die häufigsten Anwenderfehler treten beim Kopieren in Unterverzeichnisse auf, da man dem Betriebssystem den gesamten Suchpfad mitteilen muß, oder wenn man den COPY-Befehl verkürzt.

Beispiele A:> COPY   C:\DOS\COMMAND.COM   A:\CAD\HB\COMMAND.COM

Die Datei COMMAND.COM wird aus dem Verzeichnis DOS der Festplatte auf die Diskette über das Verzeichnis CAD in das Unterverzeichnis HB kopiert. Ist das Verzeichnis CAD nicht angegeben, kann das Betriebssystem den Weg nicht finden.

C:\DOS>COPY COMMAND.COM   A:\CAD\HB\COMMAND.COM

Werden kein Laufwerk und kein Verzeichnis eingegeben, greift das Betriebssystem auf das aktuelle Laufwerk zu. Da in diesem Beispiel das Laufwerk/Verzeichnis der Quelle und das aktuelle Laufwerk/Verzeichnis gleich sind, kann man auf die Eingabe von <C:\DOS> verzichten (s. voriges Beispiel).

A:\CAD\HB>COPY C:\DOS\COMMAND.COM

Sind Ziel und aktuelles Laufwerk identisch, reichen Befehl und Quelle aus. Die Datei COMMAND.COM wird in das Verzeichnis HB der Diskette kopiert.

Der COPY-Befehl ist sehr vielseitig und einer der am häufigsten benutzten Befehle. Einzelne Dateien, Dateigruppen oder alle Dateien eines Verzeichnisses können

- von einer Diskette auf eine andere Diskette,
- von der Festplatte auf die Diskette bzw. umgekehrt,
- auf dem gleichen Datenträger in ein anderes Verzeichnis kopiert werden.

Eine einzelne Datei kann

- unter einem anderen Namen gesichert,
- von einem Peripheriegerät (z. B. Tastatur) auf einen Datenträger übertragen werden.

Mehrere Dateien können

- zu einer gemeinsamen Datei verbunden werden.

Ersatzzeichen (Joker, Wild Carts) fassen Dateien zu Dateigruppen zusammen. Es gibt zwei Ersatzzeichen:

<?> steht für ein einzelnes Zeichen, <*> für eine Zeichenfolge.

Beispiele

.	alle Dateinamen mit allen Erweiterungen
*.COM	alle Dateien mit der Erweiterung .COM
B*.*	alle Dateien, die mit B beginnen
*.	alle Dateien ohne Erweiterung
F????.*	alle Dateien, die mit F beginnen und deren Name aus bis zu 5 Zeichen besteht
Brief?TU.TXT	alle Dateien (Brief1, Brief2, usw.) an „TU"

Mit den Ersatzzeichen <*> und <?> können mehrere Dateien zusammen bearbeitet werden. <*> steht für eine Zeichenfolge, <?> für ein einzelnes Zeichen.

Beispiele für erweiterte Kopierfunktionen

COPY A:\DOS*.*   B:\DOS*.*

Alle Dateien des Verzeichnisses DOS werden ins Verzeichnis DOS der 2. Diskette kopiert.

COPY C:*.*   A:\

Alle Dateien des Hauptverzeichnisses der Festplatte werden in das Hauptverzeichnis der Diskette kopiert.

COPY A:\DOS*.COM   A:\CAD/HB

Alle Dateien mit der Erweiterung .COM werden vom Verzeichnis DOS ins Verzeichnis HB kopiert.

COPY A:\daten.txt   C:\dat.txt

Die Datei DATEN.TXT wird von der Diskette auf die Festplatte mit dem neuen Dateinamen DAT.TXT kopiert.

Beispiele   COPY CON: TEST.TXT

Die Datei TEST.TXT wird von der Tastatur (CONsole) auf das aktuelle Laufwerk kopiert.

COPY A.BAT+B.BAT   AB.BAT

Die Dateien A.BAT und B.BAT werden zur Datei AB.BAT zusammenkopiert.

Ungeübte Anwender sollten jedesmal überprüfen, ob der COPY-Befehl erfolgreich war. Dazu wechselt man in das Zielverzeichnis und läßt sich die kopierten Dateien mit <DIR> anzeigen. Im Verzeichnis DOS sind nach der Übung 5 aber mehr Dateien, als auf der Bildschirmseite ausgegeben werden können, so daß die Anzeige durchrollt. Mit Parametern des <DIR>-Befehls kann man die Bildschirmanzeige anhalten.

- DIR/P (Page Mode) unterbricht die Anzeige nach 23 Bildschirmzeilen; Fortsetzung durch Drükken einer beliebigen Taste;
- DIR/W (Wide Display) zeigt zeilenweise nur den Dateinamen und die Erweiterung an (**3.18**).

```
A:\DOS>DIR/W


   Diskette/Platte, Laufwerk A:, hat den
   Namen UEBDISKETTE
Verzeichnis von A:\DOS


                    ..             AUTOEXEC BAT    ASSIGN   COM    BACKUP   COM
   CHKDSK   COM    COMP     COM    DISKCOMP COM    DISKCOPY COM    EDLIN    COM
   FDISK    COM    FORMAT   COM    GRAFTABL COM    GRAPHICS COM    KEYB     COM
   LABEL    COM    MODE     COM    MORE     COM    PRINT    COM    RECOVER  COM
   RESTORE  COM    SELECT   COM    SYS      COM    TREE     COM    APPEND   EXE
   ATTRIB   EXE    FASTOPEN EXE    FIND     EXE    JOIN     EXE    NLSFUNC  EXE
   REPLACE  EXE    SHARE    EXE    SORT     EXE    SUBST    EXE    XCOPY    EXE
   ANSI     SYS    CONFIG   SYS    COUNTRY  SYS    DASDDRVR SYS    DISPLAY  SYS
   DRIVER   SYS    KEYBOARD SYS    PRINTER  SYS    VDISK    SYS
        44 Datei(en)      990208 Byte frei


A:\DOS>
```

3.18   Anzeige des Verzeichnisses DOS mit <DIR/W>

Übung 5   Betriebssystem

a) Kopieren Sie nacheinander die Dateien CONFIG.SYS und AUTOEXEC.BAT von der Systemdiskette/Festplatte in das Hauptverzeichnis der Übdiskette.

b) Kopieren Sie von der Systemdiskette/Festplatte alle Betriebssystemdateien in das Unterverzeichnis DOS der Übdiskette.

c) Kopieren Sie die Datei BACKUP.COM von der Systemdiskette/Festplatte in das Unterverzeichnis TB der Übdiskette.

d) Kopieren Sie von der Systemdiskette/Festplatte alle Dateien mit der Erweiterung .BAT in das Verzeichnis TEXT der Übdiskette.

e) Kopieren Sie alle Betriebssystemdateien, die mit C beginnen, von der Systemdiskette/Festplatte in das Verzeichnis IB der Übdiskette.

f) Fertigen Sie von den Dateien AUTOEXEC.BAT und CONFIG.SYS eine Sicherungskopie an. Behalten Sie die Dateinamen bei und vergeben Sie als Erweiterung .ALT. Kopieren Sie anschließend diese beiden Dateien in das Verzeichnis TEXT der Übdiskette.

Überprüfen sie jeweils mit dem DIR-Befehl, ob der Kopiervorgang erfolgreich war.

Das Aufräumen des Datenträgers ist ebenso notwendig wie das Ordnen der Aktenschränke im Büro. Auch auf den Datenträgern befinden sich unsinnige und unnütze Dateien, die wertvollen Speicherraum belegen. Bei einigen Dateien weiß man nicht mehr, was sie beinhalten. Doch bevor man Dateien löscht, muß man sich überzeugen, ob ihre Daten wirklich unnütz oder ob sie auf anderen Datenträgern gesichert sind.

Die Anzeige der Dateiinhalte können wir mit der Einsicht in die Ordner des Aktenschranks vergleichen. Weiß man nicht mehr, welche Daten in einer Datei gespeichert sind oder sucht man bestimmte Informationen, kann man sie mit dem TYPE-Befehl auf dem Bildschirm ausgeben lassen.

Befehls-	Befehl	Quelle
struktur	TYPE	[Laufwerk\Suchpfad\]Dateiname.Erw
Beispiel	TYPE	A:\TEXT\AUTOEXEC.ALT

           Der Inhalt der Datei AUTOEXEC.ALT wird auf dem Bildschirm ausgegeben (3.19). Ersatzzeichen sind nicht zugelassen.

Leider können nur Daten gelesen werden, die noch nicht in die Maschinensprache übersetzt worden sind (3.20). <TYPE> versucht, die maschinensprachlichen Daten als ASCII-Zeichen aufzulisten. Die meisten Text- und alle Batchdateien (.bat) sind aber lesbar.

3.19   Inhalt der Datei AUTOEXEC.ALT

3.20   Inhalt einer schon in Maschinensprache übersetzten Datei

---

Der TYPE-Befehl listet Dateiinhalte auf.

Das Entfernen/Löschen überflüssiger Dateien geschieht mit dem DEL-Befehl. Zunächst wird nur der Dateiname auf der Spur 0 gelöscht. Mit vertieften Systemkenntnissen kann man die Datei noch rekonstruieren, weil die Daten in den Blöcken erhalten bleiben. Erst beim Aufbringen neuer Daten auf dem Datenträger werden sie überschrieben.

Befehls-	Befehl	Quelle
struktur	DEL	[Laufwerk\Suchpfad\]Dateiname.Erw
Beispiele	DEL	A:\DOS\COMMAND.COM

           Die Datei COMMAND.COM wird in der Diskette im Verzeichnis DOS gelöscht.
           DEL A:\TEXT*.*
           Die Ersatzzeichen sind zugelassen. Alle Dateien auf der Diskette im Verzeichnis TEXT werden gelöscht. Um irrtümliches Löschen auszuschließen, fragt das Betriebssystem „Sind Sie sicher J/N". Erst nach Bestätigung mit <J> werden die Dateien gelöscht.

Unnütze Dateien werden mit dem DEL-Befehl gelöscht.

Das Umbenennen von Dateien wird notwendig, wenn mißverständliche Namen vergeben wurden oder Dateien zu anderen Zwecken benutzt werden sollen. Es wird mit dem REN-Befehl durchgeführt (REName = umbenennen). Der Dateiinhalt bleibt unverändert.

Befehls-	Befehl	Quelle	Ziel
struktur	REN	[Laufwerk\Suchpfad\]Altname	Neuname
Beispiel	REN	A:\DOS\FORMAT.COM	FORMAT1.COM

Die Datei FORMAT.COM auf der Diskette im Verzeichnis DOS wird umbenannt in FORMAT1.COM.

Dateinamen werden mit <REN> geändert.

Übung 6   Betriebssystem

a) Löschen Sie nacheinander die Dateien AUTOEXEC.BAT, CONFIG.SYS und COMMAND.COM auf der Übdiskette im Verzeichnis DOS. Überzeugen Sie sich vorher, ob sich diese drei Dateien im Hauptverzeichnis befinden.

b) Löschen Sie alle Dateien mit der Erweiterung .BAT im Verzeichnis TEXT der Übdiskette.

c) Löschen Sie alle Dateien im Verzeichnis IB der Übdiskette.

d) Nennen Sie die Datei LABEL.COM im Verzeichnis DOS der Übdiskette um in DISKNAME.COM. Versuchen Sie anschließend, der Übdiskette eine neue Kennung zu geben. Wie muß der Befehl dazu lauten? Gelingt die Kennungsvergabe nicht, sollten Sie nochmals Abschn. 3.2.2 durchlesen.

e) Lassen Sie sich mit <TYPE> mehrere Dateiinhalte anzeigen.

3.2.6 Datensicherung

Immer wieder treten Hardware-, Software- und Bedienungsfehler auf, bei denen Daten zerstört werden. Ohne Datensicherung kann monatelange Arbeit vernichtet werden. Trotzdem werden in der Praxis immer wieder Produktionsabläufe durch unsachgemäße oder unzureichende Sicherungen gestoppt.

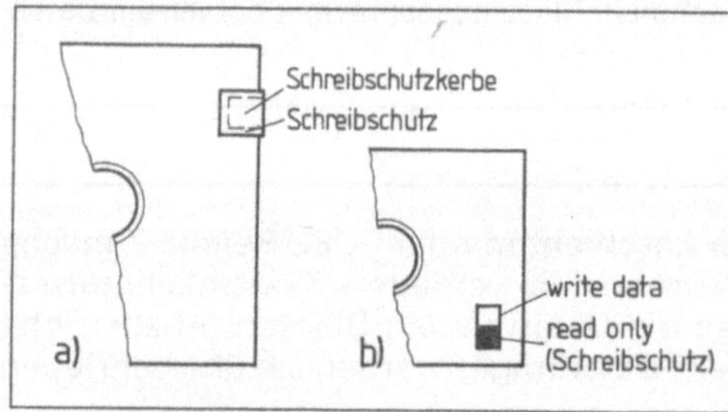

Der Schreibschutz ist die erste Maßnahme zur Datensicherung. Durch Aufkleben des Schreibschutzes bei den 5 1/4-Zoll-Disketten bzw. Drücken des Schreibschutzschiebers (Read Only) bei den 3 1/2-Zoll-Disketten werden die Daten gegen Überkopieren geschützt (3.21) – von der Diskette kann nur noch gelesen werden. Einzelne Dateien eines Datenträgers kann man mit <ATTRIB> schreibschützen.

3.21   Schreibschutz
a) 5 1/4-Zoll-Diskette,
b) 3 1/2-Zoll-Diskette

Befehls-	Befehl	Quelle
struktur	ATTRIB [+R]	[Laufwerk\Suchpfad\]Dateiname.Erw
Beispiele	ATTRIB +R	A:\TEXT\AUTOEXEC.ALT

Durch das Nur-Lese-Attribut- <+R> wird die Datei AUTOEXEC.ALT im Verzeichnis TEXT des Diskettenlaufwerks schreibgeschützt. Mit <–R> wird das Nur-Lese-Attribut wieder aufgehoben. Die Attribute werden durch ein Leerzeichen vom Befehl getrennt.

Beispiele, ATTRIB +R A:\DOS*.*
Fortsetzung Durch Ersatzzeichen werden alle Dateien eines Verzeichnisses schreibgeschützt.
ATTRIB *.*
Weiß man nicht mehr, welche Dateien ein Nur-Lese-Attribut haben, kann man sie sich anzeigen lassen.

> Wichtige Dateien sollten schreibgeschützt werden.

Sicherungskopien werden nicht durch den Schreibschutz ersetzt. Neben der Arbeitsdiskette sollten mindestens zwei Sicherungen angefertigt werden (Großvater-Vater-Enkel-Prinzip). Die Originaldiskette sollte in einem Stahlschrank, die erste Sicherungskopie in der Nähe des Arbeitsplatzes aufbewahrt werden. Auch wenn die Forderung nach zwei Sicherungskopien überzogen erscheinen mag, zeugen Beispiele aus der Praxis für ihre Notwendigkeit.

Beispiel Der Schreib-Lese-Kopf eines Schulrechners war defekt und hatte Daten auf der Diskette zerstört. Da ein Diskettendefekt angenommen wurde, nahm man die erste Sicherungskopie. Auch ihre Daten wurden zerstört. Erst nun merkte man, daß der Fehler vom Laufwerk erzeugt wurde. Ohne die zweite Sicherungskopie wären alle Daten verloren.

> Von wichtigen Dateien sind mindestens zwei Sicherungskopien anzufertigen.

Datenträger für Sicherungskopien sind meist Disketten, doch werden zunehmend auch Streamer mit Magnetbändern (vergleichbar Recordern) eingesetzt. Sie verlangen jedoch bestimmte Treiberprogramme, die vom Standard-Betriebssystem abweichen. Deshalb wollen wir sie hier vernachlässigen.

Die Sicherung einzelner Dateien und Dateigruppen oder eines Verzeichnisses von der Diskette oder Festplatte erfolgt meist mit dem COPY-Befehl und den Ersatzzeichen (s. Abschn. 3.2.5).

Die Sicherung des gesamten Disketteninhalts wird mit <DISKCOPY> durchgeführt. <DISKCOPY> kopiert vollständige Disketten, <COPY> nur Dateien. Festplatten können mit diesem Befehl jedoch nicht gesichert werden.

Bei Rechnern mit zwei Diskettenlaufwerken ist die Befehlsausführung problemlos. Die Quelldiskette wird in das Laufwerk A:, die Zieldiskette in das Laufwerk B: eingelegt. Da der heutige Rechnerstandard nur über ein Diskettenlaufwerk verfügt, muß das Laufwerk B: simuliert werden. Hat man die Quelldiskette ins Laufwerk eingelegt und den Befehl gestartet, liest das System die Daten der Diskette in den Arbeitsspeicher. Sind alle seine Speicherplätze belegt, kommt die Aufforderung zum Einlegen der Zieldiskette, auf die die Daten aus dem Arbeitsspeicher geschrieben werden. Diese Daten werden im Arbeitsspeicher automatisch gelöscht, und die Quelldiskette wird wieder eingelegt. Der Vorgang wiederholt sich, bis alle Daten übertragen sind. Da bei dem häufigen Diskettenwechsel Verwechslungen möglich sind, sollte die Quelldiskette mit einem Schreibschutz versehen sein. Die Zieldiskette braucht nicht formatiert zu sein, da <DISKCOPY> dies bei Bedarf übernimmt.

Befehls-	Befehl	Quelle	Ziel
struktur	DISKCOPY	Laufwerk	Laufwerk[/Parameter]
Beispiel	DISKCOPY	A:	B:

> Einzelne Dateien oder Dateigruppen werden mit <COPY>, vollständige Disketteninhalte mit <DISKCOPY> gesichert.

Sicherungen mehrerer Verzeichnisse von der Diskette oder Festplatte werden mit <XCOPY> durchgeführt.

Befehls-	Befehl	Quelle	Ziel
struktur	XCOPY	Laufwerk[\Suchpfad]	Laufwerk[\Suchpfad/Parameter]
Beispiele	XCOPY	A:\	B:\

Alle Dateien des Hauptverzeichnisses von A: werden auf die Zieldiskette im Laufwerk B: kopiert.

XCOPY   A:\CAD   B:\

Alle Dateien des Verzeichnisses CAD werden nach Laufwerk B: kopiert. XCOPY legt dort automatisch das Verzeichnis CAD an.

XCOPY   A:\   B:/S

Durch den Parameter /S (Subdirectories) wird der gesamte Disketteninhalt mit allen Verzeichnissen auf die Diskette im Laufwerk B: übertragen. Dieser Befehl entspricht damit <DISKCOPY>. Die Daten werden bei <XCOPY> aber besser auf dem Datenträger geordnet, die Verarbeitungsgeschwindigkeit dadurch erhöht, der Speicherplatz verringert. Deshalb ist dieser Befehl vorzuziehen.

XCOPY   A:\CAD   B: /S

XCOPY beginnt immer mit dem aktuellen Verzeichnis. Bezogen auf unsere Übdiskette 3.14 werden nur die Verzeichnisse CAD, HB, TB und IB kopiert.

Mit <XCOPY> lassen sich mehrere Verzeichnisse zugleich sichern.

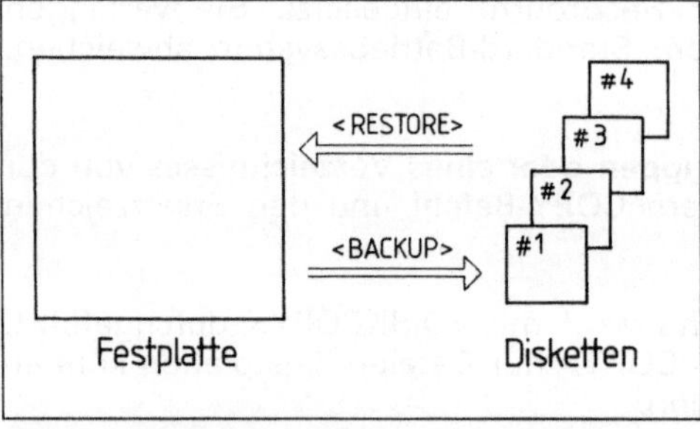

3.22   Datensicherung der Festplatte
<BACKUP> <RESTORE>

Das Sichern einer Festplatte ist mit <XCOPY> aber nur bis zur Kapazität der Zieldiskette möglich. Bei mehreren Zieldisketten muß man den BACKUP-Befehl eingeben. Während bei <COPY>, <DISKCOPY> und <XCOPY> Duplikate von Dateien erstellt werden, enthalten BACKUP-Dateien Steuerdaten, die nur der RESTORE-Befehl lesen kann. COPY-Dateien kann der Anwender jederzeit lesen, BACKUP-Dateien müssen erst mit <RESTORE> zurückgespeichert werden **(3.22)**.

Regeln zum <BACKUP>

- Die Sicherungsdisketten müssen formatiert sein.
- Auf den Etiketten ist eine aufsteigende Numerierung anzubringen, da die Daten in der gleichen Reihenfolge wieder eingelesen werden müssen.
- Die Disketten sollten mit einer Datumsangabe versehen sein, damit man stets auf die neueste Sicherung zurückgreifen kann.
- Vorhandene Daten werden auf den BACKUP-Disketten gelöscht. Deshalb ist immer zu prüfen, ob nicht wichtige Daten überkopiert werden.

Wichtige Parameter

/S sichert außer den Dateien des aktuellen Laufwerks auch die Dateien der Unterverzeichnisse.

/M sichert nur die seit der letzten Sicherung geänderten Dateien.

/A erhält die auf der Sicherungsdiskette bestehenden Dateien und fügt nur neue an.

/D sichert Dateien, die an oder nach einem angegebenen Datum geändert wurden.

Befehls-	Befehl	Quelle		Ziel
struktur	BACKUP	Laufwerk[\Suchpfad\Dateiname.Erw		Laufwerk[/Parameter]
Beispiele	BACKUP	C:		

Alle Dateien der Festplatte C: werden auf Disketten im Laufwerk A: gesichert. Dazu sind genügend formatierte Disketten bereitzuhalten. Selbst wenn man nur eine 40-MByte-Platte sichert, ergibt es z. B. 29 1,4-MByte-Disketten.

BACKUP   C:\CAD   A:/S

Es werden nur die Dateien des Verzeichnisses CAD und der Unterverzeichnisse gesichert, keine über- und nebengeordneten.

BACKUP   C: A:/D:20.07.1990

Alle Dateien, die am oder nach dem 20.7.1990 erstellt wurden, werden auf Disketten gesichert.

BACKUP   A:\CAD\HAUS1.OBJ   C:\CAD

Die Datei HAUS1.OBJ wird auf der Festplatte im Verzeichnis CAD gesichert.

Zum Einlesen der Sicherungsdisketten mit <RESTORE> können nur BACKUP-Disketten in der richtigen Reihenfolge benutzt werden.

Befehls-	Befehl	Quelle	Ziel/Parameter
struktur	RESTORE	Laufwerk	Laufwerk[\Suchpfad\Dateiname.Erw/Parameter]
Beispiel	RESTORE	A:	C:/S

Die BACKUP-Dateien werden auf die Festplatte zurückgeschrieben.

> Festplatteninhalte oder Dateien mit Kapazitäten größer als die Speicherkapazität der Zieldiskette sichert man mit <BACKUP>. Mit <RESTORE> werden die BACKUP-Dateien zurückgespeichert.

Übung 7   Betriebssystem

a) Wenn Sie die Übungen 1 bis 6 durchgeführt haben, besitzen Sie eine „Systemdiskette", über die Sie den Rechner starten können. Sichern Sie sie mit einem Schreibschutz.

b) Fertigen Sie mit <DISKCOPY> eine erste Sicherungskopie an.

c) Erstellen Sie die zweite Sicherungskopie mit <XCOPY>.

d) Sichern Sie das Verzeichnis CAD mit den Unterverzeichnissen der Übdiskette.

e) Sichern Sie mit <BACKUP> einige Unterverzeichnisse Ihrer Festplatte. Halten Sie genügend formatierte Disketten bereit.

f) Sichern Sie Ihre gesamte Festplatte.

g) Schreiben Sie die BACKUP-Dateien auf die Festplatte zurück.

3.2.7 Dokumentation

Wichtige Daten müssen dokumentiert werden. Werden sie geändert oder beschädigt, kann man auf die Dokumentation zurückgreifen. Wie beim TYPE-Befehl erläutert (Abschn. 3.2.5), können nur alphanumerische Dateien ausgedruckt werden, in Maschinensprache übersetzte Daten werden dagegen als undefinierbare ASCII-Zeichen erzeugt (**3.20**). Der Ausdruck erfolgt über die Funktionstasten oder den PRINT-Befehl.

Die Dokumentation über die Funktionstasten heißt Hardcopy, da der Drucker den Bildschirm kopiert.

Der Druck des laufenden Bildschirminhalts ist besonders bei der Arbeit mit dem Betriebssystem nützlich. Jede Eingabe, jede Fehlermeldung wird protokolliert. Bei Übungen und Programmtests sollte diese Funktion deshalb aktiviert sein. Das gilt vor allem bei Änderungen der Systemkonfiguration. Fehlerursachen werden schnell erkannt. Während der Druck des aktuellen Bildschirminhalts nach dem Ausdruck automatisch deaktiviert wird, muß man den Druck des laufenden ausschalten. Der gleiche Befehl wirkt als Ausschalter. Ist der Drucker nicht angeschaltet und auf ON-LINE gestellt, treten Fehler auf. Das System will die Daten an den Drucker abschicken, doch erreichen sie das Ziel nicht, und der Rechner „hängt sich auf". Wenn man den Drucker zuschaltet oder einen Kalt- bzw. Warmstart durchführt, kann man weiterarbeiten.

Der Ausdruck des aktuellen und des laufenden Bildschirminhalts wird als Hardcopy über Funktionstasten durchgeführt. Der Drucker muß zugeschaltet sein.

Kleinere alphanumerische Dateien (z. B. .BAT-Dateien) lassen sich mit <TYPE> auf dem Bildschirm anzeigen und anschließend dokumentieren. Werden sie größer, kann man zwar den laufenden Bildschirmausdruck benutzen, blockiert aber für die Zeit des Druckvorgangs den Rechner.

Der PRINT-Befehl hat gegenüber dem Ausdruck über die Funktionstasten zwei Vorteile:

- Eine Datei kann „im Hintergrund" gedruckt werden, während das System im Vordergrund" weiterarbeitet. Es benutzt dazu Pausenzeiten, arbeitet daher langsamer.
- Mehrere Dateien lassen sich mit einer Warteschlange in einem <PRINT> bündeln und ausdrucken. Ein nachträgliches Einreihen und Entfernen von Dateien ist möglich.

Befehls-	Befehl	Quelle	Ziel
struktur	PRINT	[Laufwerk\Suchpfad\Dateiname.Erw/Parameter]	[Schnittstelle]

Beispiele   PRINT   C:\AUTOEXEC.BAT

Die Datei AUTOEXEC.BAT wird ausgedruckt.

PRINT   C:\AUTOEXEC.BAT CONFIG.SYS ...   COM1

Die Dateien AUTOEXEC.BAT und CONFIG.SYS werden in einer Warteschlange nacheinander ausgedruckt. Das Ziel, hier die 1. serielle Schnittstelle, muß nur angegeben werden, wenn standardmäßig ein anderes Ziel voreingestellt ist.

PRINT

Die Dateien der Warteschlange werden angezeigt.

Wichtige Parameter

/P (Print) reiht eine Datei in die Warteschlnage ein: <Print Dateiname.Erw/P>.

/C (Cancel) entfernt eine Datei aus der Warteschlange: <Print Dateiname.Erw/C>.

/T (Terminate) bricht den Druckvorgang ab: <Print/T>.

Protokollierungen und kurze Dateien werden mit den Funktionstasten, lange und mehrere Dateien mit dem PRINT-Befehl ausgedruckt.

Überlegen Sie jeweils vor dem Ausdruck, welcher Druckbefehl der sinnvollste ist.

a) Drucken Sie die Datei AUTOEXEC.BAT aus.

b) Drucken Sie die Dateien AUTOEXEC.BAT und CONFIG.SYS in einer Warteschlange aus.

c) Drucken Sie das Inhaltsverzeichnis des Verzeichnisses DOS der Übdiskette insgesamt, seitenweise und breit (wide-display) aus.

d) Löschen Sie den Bildschirm. Schreiben Sie einige beliebige Sätze und drucken Sie sie aus.

e) Erzeugen Sie die Verzeichnisse TEST1 und TEST2 auf der Übdiskette und löschen Sie sie anschließend wieder, wobei der Vorgang protokolliert werden soll.

3.2.8 Stapeldateien

Stapeldateien bestehen aus einer Folge von DOS-Befehlen. In einer einzigen Datei sind sie „übereinandergestapelt". Wird die Datei gestartet, führt das Betriebssystem diese Befehle zeilenweise aus, als wenn man sie über die Tastatur eingegeben hätte. Es sind Programme, in denen die DOS-Befehle als „Programmiersprache" benutzt werden. Ihre Vorteile sind vielfältig:

- Lästige Eingabearbeit entfällt,
- Routinearbeiten werden automatisiert,
- Fehleingaben werden vermieden,
- die oft vergessene Datensicherung kann das System selbständig übernehmen,
- individuelle Systemeinstellungen werden während des Startvorgangs automatisch vorgenommen (AUTOEXEC.BAT),
- das System läßt sich automatisch an die Geräteausstattung anpassen (CONFIG.SYS).

Regeln für Stapeldateien

- Der Name einer Stapeldatei unterliegt den gleichen Anforderungen wie alle anderen Dateinamen (s. Abschn. 3.2.2), die Erweiterung lautet aber <.BAT> (BATch-file).
- Der Dateiname darf nicht mit einer Programmdatei oder einem internen Befehl identisch sein, da DOS dann nicht weiß, ob es den Befehl oder die Stapeldatei ausführen soll.
- Alle DOS-Befehle können in der Stapeldatei angewendet werden.
- Eine Stapeldatei wird über ihren Namen ohne Erweiterung gestartet. Soll die Datei START.BAT ausgeführt werden, gibt man nur <START> über die Tastatur ein.
- Die Abarbeitung einer Stapeldatei kann mit <Ctrl> + <C> und <Ctrl> + <BREAK> (AT-Tastatur) bzw. <Strg> + <C> und <Strg> + <Pause> (MF-Tastatur) abgebrochen werden.
- Eine zweite Stapeldatei kann über ihren Namen am Ende der ersten gestartet werden.
- DOS weiß nach dem Start der Stapeldatei, in welchem Verzeichnis sie sich befindet. Das Verzeichnis kann deshalb jederzeit gewechselt werden. Auch ein Aufruf von Anwenderprogrammen wird dadurch möglich. Verläßt man das Programm, kehrt DOS zur Stapeldatei zurück und arbeitet die restlichen Befehle ab.

> Stapeldateien sind Programme, in denen DOS-Befehle übereinandergestapelt sind. Nach dem Programmstart arbeitet das System diese Befehle nacheinander ab.

Beispiel Auf der Festplatte im Verzeichnis TEXT befindet sich ein Anwenderprogramm, das mit <BEGINN> gestartet wird. Eine Stapeldatei <START.BAT> soll dieses Programm aufrufen, nach Arbeitsende die Daten automatisch auf Diskette sichern und wieder zum Hauptverzeichnis zurückkehren.

Beispiel,   C:> START   = Aufruf der Stapeldatei
Fortsetzung   CD TEXT   = Verzeichniswechsel
                BEGINN   = Programmaufruf, Arbeit im Programm
                COPY *.* A: = Datensicherung
                CD ..   = Rückkehr zum Hauptverzeichnis

Die Erzeugung von Stapeldateien hängt von ihrer Größe ab. Kleine, leicht überschaubare Dateien gibt man über <COPY CON:> ein (s. Abschn. 3.2.5).

Beispiel COPY CON: A:\START.BAT = Die Datei START.BAT wird eingerichtet.
          CD TEXT   = Die DOS-Befehle werden über die Tastatur eingetippt.
          BEGINN   Jede Zeile ist mit <ENTER> abzuschließen.
          COPY *.* A:
          CD ..
          <Strg> <Z>   = Dateiendezeichen (bei AT-Tastatur: <Ctrl> <Z>)

<COPY CON:> hat zwei entscheidende Nachteile:

- Hat man sich vertippt oder sind Änderungen notwendig, muß man die gesamte Datei neu eingeben.
- Besteht schon eine Datei mit gleichem Namen, wird sie überschrieben.

Der Texteditor ist anwendungsfreundlicher. Es ist ein einfaches Textbearbeitungsprogramm, mit dem man Text-, Programm-, Daten- und Stapeldateien erstellen kann. Angeboten wird eine Vielzahl von Texteditoren. Auf fast jeder Betriebssystemdiskette finden wir z. B. den Texteditor <EDLIN>. Die Grundfunktionen stellt jeder Editor zur Verfügung. Unterschiede gibt es in der Tastaturbelegung, Befehlsstruktur und Funktionsvielfalt. Selbst die komplexesten Textverarbeitungsprogramme bestehen im Kern aus einem Editor. Deshalb kann man Stapeldateien auch mit den meisten Textverarbeitungsprogrammen erstellen, vorausgesetzt, es werden keine Formatierungszeichen benutzt. (Näheres hierzu s. Abschn. 4.)

Stapeldateien können über <COPY CON:> oder einen Editor eingegeben werden.

Übung 9 Betriebssystem

a) Erstellen Sie eine Stapeldatei <INHALT.BAT>, mit der nacheinander alle Verzeichnisse der Übdiskette angezeigt werden. (DIR/P, CD TEXT, DIR/P, CD .., CD DOS, DIR/P usw.)

b) Erweitern Sie die Datei so, daß sich die Übdiskette am Ende selbst überprüft <CHKDSK>.

Bei dieser Übung merken Sie, daß die meisten Bildschirmanzeigen durchrollen, ohne daß man sie lesen kann, und daß auch die Befehle der Stapeldatei angezeigt werden, die den Anwender beim Überprüfen der Diskette nur verwirren.

Stapelbearbeitungsbefehle erweitern und vereinfachen die Stapeldateien und verbessern ihre Anwendungsfreundlichkeit. Dazu zählen das Unterdrücken nichtgebrauchter Anzeigen <ECHO>, das Einblenden von Kommentartexten/Hilfen <REM> und das Anhalten der Anzeige <PAUSE>, um die Bildschirminhalte lesen zu können.

Befehls- Befehl   Parameter
struktur ECHO   [ON|OFF|MELDUNGSTEXT]
Beispiel ECHO   OFF

          Der Systemstandard ist ON, bei OFF wird die Befehlsanzeige der Stapeldatei unterdrückt.

Befehls- Befehl   Kommentartext
struktur REM   [Kommentartext]
Beispiel REM   **ÜBDISKETTE**   Der Kommentartext wird angezeigt.

Befehls- Befehl   Meldungstext
struktur PAUSE   [Meldungstext]
Beispiel PAUSE

Die Abarbeitung der Stapelbefehle wird angehalten. Durch Drücken einer beliebigen Taste wird fortgefahren.

Die Stapelbearbeitungsbefehle <ECHO>, <REM> und <PAUSE> erhöhen die Anwendungsfreundlichkeit der Stapeldateien.

Übung 10 Betriebssystem

Erweitern Sie die Stapeldatei <Inhalt.Bat>.

a) Es soll eine Kommentarzeile am Anfang eingebaut werden, worin der Name des Anwenders und das Wort „Übdiskette" erscheinen.

b) Die Befehle der Stapeldatei sollen unterdrückt werden.

c) Nach der Anzeige jedes Verzeichnisses soll der Ablauf angehalten werden.

d) Es soll immer nur ein Verzeichnis auf dem Bildschirm angezeigt werden. Benutzen Sie dazu <CLS>.

e) Testen Sie die Stapeldatei und korrigieren Sie gegebenenfalls.

Die automatische Startdatei <AUTOEXEC.BAT> ist ebenfalls eine Stapeldatei. Sie befindet sich auf jedem Rechner, der mit MS-DOS als Betriebssystem arbeitet. Am Ende des Startvorgangs greift das System auf diese Datei zu und arbeitet die in ihr gestapelten Befehle ab. Da jeder Anwender andere Anforderungen an sein System stellt, befindet sich auf der Systemdiskette nur eine Grundversion (3.19), die der Anwender an seine Bedürfnisse anzupassen hat. Außer der individuellen Arbeitsweise sind hierbei auch die Anwenderprogramme von Bedeutung. Zwei Grundsätze sind bei Änderungen von Startdateien unbedingt zu beachten:

– Ändern darf nur derjenige, der für den Rechner verantwortlich ist!

– Vor jeder Änderung muß eine Sicherungskopie erstellt werden!

Die in der automatischen Startdatei <AUTOEXEC.BAT> gestapelten Befehle werden beim Startvorgang vom System abgearbeitet.

In die AUTOEXEC.BAT 3.19 sollen außer dem PROMPT-Befehl (s. Abschn. 3.2.5) weitere Befehle eingebaut werden (3.23 auf S. 64).

Die automatische Schreibprüfung wird mit <VERIFY> eingeschaltet. Alle Daten werden z. B. bei Kopieroperationen auf richtige Übertragung geprüft.

Befehls- Befehl   Parameter
struktur VERIFY   [ON|OFF]
Beispeiel VERIFY   ON

Die Schreibprüfung ist eingeschaltet.

VERIFY

Der gegenwärtige Status wird angezeigt. Das System steht standardmäßig auf <OFF>.

```
A:\>TYPE AUTOEXEC.BAT
ECHO OFF
CLS
SET COMSPEC=A:\COMMAND.COM
PATH A:;A:\DOS;A:\TEXT
KEYB GR,,\DOS\KEYBOARD.SYS
PROMPT $P$G
VERIFY ON
CLS
CHKDSK A:/F
PAUSE
CLS
DATE
TIME

A:\>
```

Automatische Suchpfade richtet man mit dem PATH-Befehl ein. Sind die externen Befehle/Dienstprogramme nicht im aktuellen Laufwerk zu finden, wird DOS zum Durchsuchen der angegebenen Verzeichnisse veranlaßt.

Befehls- struktur	Befehl/Parameter PATH [Laufwerk\Suchpfad; Laufwerk\Suchpfad; ...]
Beispiel	PATH C:\; C:\DOS; C:\TEXT

Wird ein Befehl aufgerufen und nicht im aktuellen Verzeichnis gefunden, werden das Hauptverzeichnis der Festplatte sowie die Unterverzeichnisse DOS und TEXT nach der Befehlsdatei abgesucht.

3.23 Beispiel einer automatischen Startdatei
      AUTOEXEC.BAT

Die Anzeige des aktuellen Verzeichnisses, die automatische Schreibprüfung und die automatischen Suchpfade erleichtern die Arbeit mit dem System. <PROMPT>, <VERIFY> und <PATH> sollten deshalb Bestandteile der AUTOEXEC.BAT sein.

Übung 11 Betriebssystem

Erweitern Sie die AUTOEXEC.BAT der Übdiskette. Benutzen Sie zunächst die Sicherungsdatei AUTOEXEC.ALT im Verzeichnis TEXT.

a) Es soll immer das aktuelle Verzeichnis angezeigt werden.

b) Aktivieren Sie die Schreibprüfung.

c) Setzen Sie Suchpfade zum Hauptverzeichnis und zu den Unterverzeichnissen DOS und TEXT.

d) Testen Sie AUTOEXEC.ALT, indem Sie sie über ihren Dateinamen aufrufen. Treten keine Fehler auf, kopieren Sie AUTOEXEC.BAT im Hauptverzeichnis mit AUTOEXEC.ALT über. Vergessen Sie nicht, die alte AUTOEXEC.BAT zu sichern.

e) Machen Sie einen Warmstart und testen Sie AUTOEXEC.BAT. Bei den bisherigen Übungen konnte das System externe Programme nur aufrufen, wenn sie sich im aktuellen Verzeichnis befanden bzw. der Suchpfad angegeben war. Rufen Sie nun aus beliebigen Verzeichnissen die externen Befehle auf.

f) Überlegen Sie, welche Befehle noch sinnvoll in der AUTOEXEC.BAT angeordnet sein könnten, und bauen Sie sie ein.

Die Konfigurationsdatei CONFIG.SYS macht das EDV-System erst einsatzfähig. Sie ist eine Textdatei im Hauptverzeichnis der Systemdiskette bzw. Festplatte. Ihre Befehle verbessern und modifizieren die Leistungs- und Anpassungsfähigkeit des Rechners; einige Peripheriegeräte (z. B. Grafikbildschirme) könnten ohne solche Befehle und Dateien nicht mit dem Rechner kommunizieren. Angepaßt werden die Geräte mit Treiberprogrammen. MS-DOS stellt ein eigenes Programm ANSI.SYS bereit, das bei komplexen Systemen jedoch nicht ausreicht. Hardware- und Softwarehersteller liefern deshalb eigene Treiberprogramme, die über CONFIG.SYS geladen werden (3.24 und 3.25).

Tabelle 3.24 Konfigurationsbefehle

Befehl	Erläuterung
DEVICE = Treiber- programm	Die Standardtreiber der Peripheriegeräte sind in den Dateien IO.SYS und MSDOS.SYS angeordnet. Braucht ein Peripheriegerät einen anderen Treiber, wird er über den DEVICE-Befehl in der CONFIG.SYS geladen.
BUFFER = Anzahl	Für den Datenaustausch zwischen Rechner und externen Speichern sind Zwischenspeicher (Datenpuffer) erforderlich, die über die Geschwindigkeit des Datentransports entscheiden. Die Anzahl der Puffer (1 bis 99) hängt von den Anwenderprogrammen ab.
FILES = Anzahl	Die Anzahl der gleichzeitig in einem Anwenderprogramm geöffneten Dateien (Files) wird angegeben (8 bis 255).
BREAK = ON/OFF	Die erweiterte Abbruchfunktion wird mit <ON> eingeschaltet. Ein Abbruch mit <Strg> <C> ist jederzeit möglich. Bei der normalen Abbruchfunktion <OFF> ist ein Abbruch <Strg> <C> nur möglich, wenn gerade Daten bearbeitet werden.

```
A:\>TYPE CONFIG.SYS
BREAK = ON
BUFFERS = 40
FILES = 15
DEVICE = A:\DOS\ANSI.SYS

A:\>
```

3.25
Beispiel einer Konfigurationsdatei
CONFIG.SYS

> Die CONFIG.SYS ist eine Startdatei, die die Leistungs- und Anpassungsfähigkeit des Rechners verbessert und die Kommunikation mit einigen Peripherigeräten erst ermöglicht.

Aufgaben zu Abschnitt 3

1. Was ist ein Betriebssystem?
2. Warum ist MS-DOS das beherrschende Betriebssystem auf Personalcomputern?
3. Worin liegen die wesentlichen Unterschiede zwischen MS-DOS und UNIX?
4. Wovon hängt die Wahl der bestmöglichen Betriebsart ab?
5. Warum werden sich Transaction-mode und Time-sharing-mode als Betriebsart durchsetzen?
6. Welche Abhängigkeit besteht zwischen Hardware, Betriebssystem und Betriebsart?
7. Warum ist eine Vernetzung bzw. Datenübertragung zwischen Rechnern in der Bautechnik Grundvoraussetzung für ökonomisches Arbeiten?
8. Unterscheiden Sie die drei Arten lokaler Netzwerke.
9. Warum wird ISDN weitreichende Auswirkungen auf Betriebssysteme und Betriebsarten haben?
10. Unterscheiden Sie die Steuerprogramme, den Kommandoprozessor und die Dienstprogramme von MS-DOS.
11. Wodurch unterscheiden sich interne und externe Befehle?
12. Was müssen Sie bei der Vergabe von Dateinamen beachten?
13. Beschreiben Sie die Befehlsstruktur von MS-DOS.
14. Wie verläuft der Startvorgang des Rechners?

15. Was geschieht, wenn ein Datenträger mit den Parametern /S und /V formatiert wird?

16. Wie können Sie Disketten und ihre Daten überprüfen?

17. Warum unterteilt man Datenträger in Verzeichnisse?

18. Wozu braucht man das Pfadzeichen?

19. Wie überprüft man Verzeichnisse?

20. Welche Anwendungen sind mit dem COPY-Befehl möglich?

21. Ein Diskette soll die Verzeichnisstruktur 3.26 erhalten. Welche Befehle müssen Sie eingeben,

a) um die Verzeichnisstruktur zu erzeugen?

b) um das Verzeichnis Sigrid zu löschen?

c) um vom Verzeichnis Kurt ins Verzeichnis Heinz zu wechseln?

d) um vom Verzeichnis Heinz in den Hauptpfad zu wechseln?

e) um die Datei HAUS.OBJ im Verzeichnis ALMA in das Verzeichnis KLARA zu kopieren?

f) um alle Daten der Diskette zu sichern?

g) um die Dateien der Verzeichnisse KURT einschließlich Unterverzeichnissen zu sichern?

22. Wie können Sie den Inhalt einer Datei überprüfen?

23. Wie lassen sich wichtige Dateien vor dem Überschreiben schützen?

24. Welche Dokumentationsmöglichkeiten bietet das Betriebssystem?

25. Was ist eine Stapeldatei? Wie kann sie erzeugt werden?

26. Erstellen Sie eine Stapeldatei zur Datensicherung Ihrer Anwenderprogramme.

27. Welche Aufgabe hat die Datei AUTOEXEC.BAT? Welche Systemeinstellungen sollten in ihr vorgenommen werden?

28. Welche Aufgabe hat die Datei CONFIG.SYS? Welche Systemeinstellungen sollten in ihr vorgenommen werden?

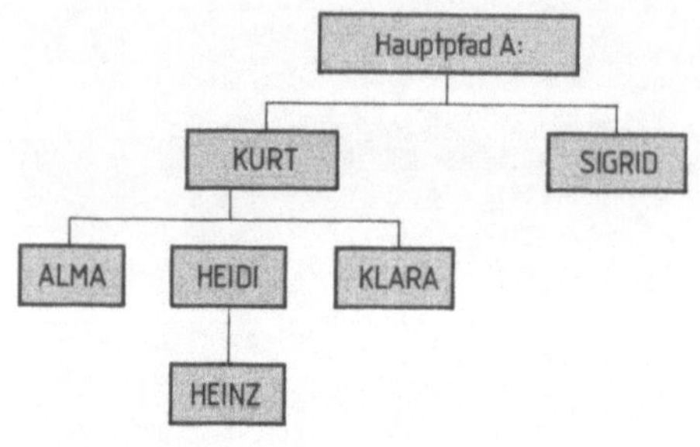

3.26 Verzeichnisstruktur

4 Standardsoftware

Von Jahr zu Jahr steigt die Leistungsfähigkeit der Hardware bei sinkenden Preisen. In der Vergangenheit waren die Softwarepreise unverhältnismäßig hoch, da nur hochspezialisierte Fachkräfte in teilweise mehrjähriger Arbeit Programme für die verschiedensten Problemlösungen entwickeln konnten. Hier setzt die Standardsoftware an, denn im Geschäftsleben gibt es viele Tätigkeiten, die nach dem gleichen Schema ablaufen:

- (unterschiedliche) Texte werden erstellt,
- Daten (Adressen, Preise, Lagerbestände usw.) sind zu verwalten,
- vielfältige Rechenoperationen (Kalkulation, Statistik usw.) sind durchzuführen.

Sobald Programme für die unterschiedlichsten Anwendungen einsetzbar waren und in entsprechend großer Stückzahl verkauft wurden, sanken die Preise. Programme zur Textverarbeitung, Datenverwaltung und Tabellenkalkulation gehören heute zur Grundausstattung der meisten Büros und Betriebe, sind Standardsoftware.

> Zur Standardsoftware zählen Programme zur Textverarbeitung, Datenverwaltung und Tabellenkalkulation.

Zur Standardsoftware gehören weitere Anwendungen wie z. B. Grafikprogramme (business grafic), einfache Zeichenprogramme, Finanzbuchhaltung (Fibu), Terminüberwachung und Netzplantechnik. Je weiter diese Programme entwickelt, je billiger sie werden und größer ihre Verbreitung ist, desto schwieriger ist die Abgrenzung zwischen Standardsoftware und fachspezifischer bzw. Branchensoftware.

Die integrierte Standardsoftware bietet neue Möglichkeiten. In einem Programmpaket kann sie Texte erstellen, Daten verwalten und Rechenoperationen durchführen. Doch reicht ihre Leistungsfähigkeit noch nicht an die spezialisierte Standardsoftware heran.

Die Datenorganisation (Verwaltung, Archivierung) von Dateien der Standardsoftware verläuft nach den Gesetzmäßigkeiten des Betriebssystems. In jedem Büro/Betrieb werden die Schreiben/Akten nach einem einheitlichen Schema sortiert. Eine durchdachte Struktur der „Ablage" spart nicht nur Zeit, sondern ist oft auch Voraussetzung für künftige Tätigkeiten. Auch bei der Arbeit mit Standardsoftware sollte sich jeder Anwender überlegen, nach welchem Schema er seine Dateien archiviert.

Beim Programmaufruf wird nach dem Text- bzw. Dateinamen gefragt. Will man einen neuen Text/eine neue Datei erstellen, ist wie beim Betriebssystem (s. Abschn. 3.2.2) bei der Vergabe des Dateinamens zu beachten,

- daß der Dateiname nicht doppelt vergeben wird,
- daß er nur aus maximal 8 Buchstaben bestehen darf,
- daß man vom Namen auf den Inhalt schließen sollte.

Bei Voreinstellungen oder mit dem Dateiaufruf gibt man an, wo die Datei archiviert (abgespeichert) werden soll. Dazu sollte der Datenträger (Festplatte, Diskette) nach dem Aktenschrankmodell **4.1** organisiert sein und ein Verzeichnis angelegt werden.

		Diskette/Festplatte
		Hauptverzeichnis
persönliche Schreiben	im Verzeichnis PERS	pers
betriebliche Schreiben	im Verzeichnis BETR	betr
Standardbriefe	im Verzeichnis STAND	stand
Adressdateien	im Verzeichnis ADR	adr
Textbausteine	im Verzeichnis TBAU	tbau

4.1 Beispiel einer Datenorganisation für die Textverarbeitung

Bei einfachen Programmen wird die Datenträgerorganisation auf der Betriebssystemebene durchgeführt (s. Abschn. 3.2.5). Anwendungsfreundliche Programme verfügen innerhalb des Programms über diese Funktion. Gelegentlich organisiert der Anwender seine Daten neu, legt neue Verzeichnisse an <MD>, kopiert Dateien in diese Verzeichnisse <COPY>, löscht sie <DEL> oder benennt sie um <REN>. Soll eine Datei aufgerufen werden, weiß man nicht immer den Dateinamen und das Verzeichnis. Innerhalb des Programms werden die Verzeichnisse gewechselt <CD> und das Inhaltsverzeichnis <DIR> aufgerufen. Ist die Datei gefunden, wird sie zum Bearbeiten in den Arbeitsspeicher <COPY> geladen. Nach der Bearbeitung ist die Datei zu dokumentieren <PRINT> und zu sichern <COPY>, <XCOPY>, <BACKUP>.

Alle diese Funktionen sind grundsätzlich auf Betriebssystemebene möglich. Viele Programme bieten sie programmintern an.

Datenorganisation und -überprüfung, Dokumentation und Datensicherung der Standardsoftware-Dateien sind Funktionen des Betriebssystems.

4.1 Textverarbeitungsprogramme

Ursprünglich hatte der Computer Daten zu verarbeiten und zu verwalten. Da zum Programmieren eine Tastatur nötig ist, setzte man sie schon frühzeitig auch zum Eingeben von Texten ein. Die ersten Programme enthielten nur einfachste Funktionen der Texteingabe und -korrektur (Abschn. 3.2.8). Auf dieser Grundlage entwickelten sich zahlreiche Textverarbeitungsprogramme.

Vorteile der Textverarbeitung

– Die eingegebenen Zeichen erscheinen nur auf dem Bildschirm und lassen sich ohne Korrekturflüssigkeit, Schere und Klebstoff korrigieren.

– Die Gestaltung einer Seite kann nachträglich verbessert werden.

– Immer wiederkehrende Texte werden abgespeichert und bei Bedarf weiterbearbeitet.

– Die Arbeit ist ohne Papier durchzuführen.

– Der Text läßt sich beliebig oft bearbeiten und ausdrucken.

– Wörter und Zeichenfolgen können ohne Durchlesen ausgetauscht werden.

– Die Seiten werden automatisch numeriert (paginiert).

– Der Seitenumbruch geschieht automatisch.

– Die Silbentrennung kann automatisch durchgeführt werden.

– Wörter lassen sich mit systeminternen Wörterbüchern korrigieren.

In der Bautechnik hat die Textverarbeitung inzwischen einen festen Stellenwert. Nicht nur die tägliche Korrespondenz zwischen Planungsbüro, ausführendem Betrieb, Baustofflieferanten, Bauherren und Behörden, sondern vor allem die Ausschreibung wird erleichtert.

Die Texteingabe unterscheidet sich nicht von der Arbeit an der Schreibmaschine. Nach dem Programmaufruf und der Vergabe des Dateinamens wird die Datei angelegt und in den Arbeitsspeicher (RAM) geladen. Wie beim Editor erscheint ein „leeres Blatt" auf dem Bildschirm, in das man beliebige Texte eingeben kann. Die in der oberen und unteren Befehlszeile bzw. Status- oder Formatzeile angezeigten Informationen können wir zunächst vernachlässigen.

Das Programm kennt aber keine Worte, sondern nur Zeichenfolgen (4.2). Trennzeichen ist der <LEERSCHRITT>. Geht eine Zeichenfolge über die eingestellte

Tabelle **4.2 Zeichenfolgen**

eine Zeichenfolge	zwei Zeichenfolgen
Silben-trennung einzugeben.Aus Worte,sondern	Silben- trennung einzugeben. Aus Worte, sondern

Zeilenlänge hinaus, wird sie automatisch umbrochen. Hat das Programm keine automatische Silbentrennung, flattert der rechte Rand (Flattersatz). In diesen Fällen kann ein langes Wort in zwei Zeichenfolgen getrennt werden. Nach dem Trennstrich ist nur ein Leerschritt einzugeben. Aus dem gleichen Grund ist hinter jedem Satzzeichen ein Leerschritt vorgeschrieben.

> Ein Textverarbeitungsprogramm kennt keine Wörter, sondern nur Zeichenfolgen. Sie werden durch den <LEERSCHRITT> getrennt.

Auf eine automatische Silbentrennung sollte man sich nicht verlassen. Sie ist zwar hilfreich, aber korrekturbedürftig. Die schwierigen Trennregeln der deutschen Sprache bereiten allen Programmen Probleme. Bekannte Beispiele sind U-rin-stinkt statt Ur-in-stinkt und Bäcker-ei statt Bäcke-rei.

Zeilen können auch mit der <ENTER>-Taste abgeschlossen werden. Wie beim Wagenrücklauf der Schreibmaschine springt der Cursor dabei auf die Pos. 1 der nächsten Zeile. Im normalen Text sollte man <ENTER> allerdings nur beim Absatz betätigen. Es bedeutet gleichzeitig eine Zeilenverkürzung. Bei späteren Korrekturen (z. B. Einfügungen und Ausrichtungen am rechten Rand) behält die Zeile ihre Zeilenlänge.

> Zeilen sollte man nur am Absatzende mit der <ENTER>-Taste abschließen.

Übung 1 Textverarbeitung <TEXT01>

Schreiben Sie den folgenden Text ab. Haben Sie sich verschrieben und bemerken den Fehler sofort, verwenden Sie die <RÜCKSCHRITT>-Taste. Sie löscht das Zeichen vor dem Cursor. Sonst sollten Sie den Fehler noch nicht beachten, da wir die Textkorrektur anschließend behandeln.

> 012 9 m^3 Fundamentgräben der Garage, b/d = 30/90, Bodenklasse 4, scharfkantig ausheben und seitlich nach Angabe der Bauleitung lagern. Einheitspreis Gesamtpreis

Die Befehlsstrukturen der Textverarbeitung ähneln denen des Betriebssystems (4.3). Nachdem der Cursor, das Blinkzeichen auf dem Bildschirm, an der Stelle positioniert ist, an der die Funktion auszuführen ist, sind Befehle einzugeben, Quellen und evtl. Ziele zu definieren. Nur die Reihenfolge zwischen Befehl und Quelle kann sich bei den einzelnen Programmen unterscheiden.

Tabelle **4.3 Befehlsstrukturen der Textverarbeitung**

1. Wo beginnt die Funktion?	Der Cursor wird positioniert.
2. Was soll mit dem Text geschehen? <BEFEHL>	Die entsprechende Funktionstaste – z. B. <KOPIE> – wird gedrückt.
3. Was soll bearbeitet werden? <QUELLE>	Textteil über die Cursorsteuerung identifizieren/markieren.
4. Wohin soll der Textteil? <ZIEL>	Ziel der Funktion mit der Cursorsteuerung bestimmen.

> Auch die Befehlsstrukturen der Textverarbeitung bestehen aus Befehl, Quelle und Ziel.

Die Cursorsteuerung ist damit von entscheidender Bedeutung. Auch die im folgenden beschriebenen Korrektur-, Formatierungs-, Manipulations- und Gestaltungsfunktionen beginnen mit der Cursorpositionierung. Alle Tastaturen haben dazu Cursortasten, mit denen der Cursor zeichen- und zeilenweise bewegt werden kann. Für größere Sprünge benutzt man spezielle Funktionstasten wie <Bild↑> und <Bild↓>, <POS1> und <ENDE>. Texte können mehrere Bildschirm- und Textseiten lang sein. Etwa 2 1/2 Bildschirmseiten entsprechen einer ausgedruckten Textseite. Je nachdem, ob man den Cursor zwischen Bildschirm- oder Textseiten bewegt, unterscheiden sich die Befehle (4.4).

Tabelle **4.4 Möglichkeiten der Cursorpositionierung**

auf der Bildschirmseite		über die Bildschirmseite hinaus	
eine Position nach rechts	<→>	auf die nächste Bildschirmseite	< >
eine Position nach links	<←>	auf die vorige Bildschirmseite	< >
eine Position nach oben	<↑>	zum Anfang der Textseite	< >
eine Position nach unten	<↓>	zum Ende der Textseite	< >
ein Wort nach links	< >	zum Anfang der Seite XX	< >
ein Wort nach rechts	< >	zum Ende der Seite XX	< >
an den Zeilenanfang	< >	zur letzten Textseite	< >
an das Zeilenende	< >		
zum nächsten Absatz	< >		
zum vorigen Absatz	< >		
zum Anfang der Bildschirmseite	< >		
zum Ende der Bildschirmseite	< >		

Die Leerfelder zeigen an, daß die Belegung der Funktionstasten bei den einzelnen Textverarbeitungsprogrammen unterschiedlich und im jeweiligen Handbuch nachzuschlagen ist.

> Textverarbeitungsprogramme erfordern eine Vielzahl von Steuerungsmöglichkeiten des Cursors. Je mehr Positionierungsmöglichkeiten zur Verfügung stehen, desto schneller und einfacher erreicht man Textstellen.

Das Identifizieren/Markieren von Texten (Zeichen/Zeichenketten) wird bei den meisten Funktionen der Textverarbeitung verlangt. Dem Programm werden die Zeichen mitgeteilt, die es weiterbearbeiten soll. Die identifizierten Zeichen erscheinen in einer anderen Darstellungsform, meist erhellt (bold) oder kursiv, auf dem Bildschirm.

Auch hier gilt das Prinzip des schnellen und einfachen Arbeitens. Die entsprechenden Identifizierungsbefehle sind in Tab. **4.5** aufgelistet. Da die Steuerbefehle von Programm zu Programm variieren, kann man in die Leerfelder wieder die spezifischen Programmbefehle eintragen.

Tabelle **4.5 Identifizierungsbefehle** (Leerfelder = unterschiedliche Tastenbelegung)

Identifizierung					
eines Zeichens	<→>	eines Absatzes	< >	des gesamtes Textes	< >
eines Wortes	< >	einer Bildschirmseite	< >	Aufhebung	<ESC>
einer Zeile	< >	einer Textseite	< >		

Übung 2 Textverarbeitung <TEXT01>

Rufen Sie <TEXT01> oder einen beliebigen anderen Text auf.

a) Üben Sie die Cursorsteuerung. Stellen Sie fest, über welche Möglichkeiten der Positionierung Ihr Programm verfügt.

b) Üben Sie das Identifizieren von Zeichen und Zeichenfolgen. Stellen Sie fest, über welche Identifizierungsbefehle Ihr Programm verfügt.

70

Textkorrekturen sind das Überschreiben, Einfügen, Löschen und Ersetzen von Zeichen (**4.6**).

Tabelle **4.6** **Textkorrekturen**

<ÜBERSCHREIBEN>	Cursor positionieren →	Überschreibmodus	→ Texteingabe
<EINFÜGEN>	Cursor positionieren →	Einfügmodus	→ Texteingabe
<LÖSCHEN>	Cursor positionieren →	Zeichen identifizieren	
<ERSETZEN>	Cursor positionieren →	Zeichen identifizieren	→ Texteingabe

Beim Überschreiben und Einfügen ist zu prüfen, ob sich das Programm standardmäßig im Überschreib- oder Einfügmodus befindet. Die <Einfg>-Taste dient dabei als Umschalter. Ein veränderter Cursor, eine Diode auf der Tastatur, zumindest aber ein Bildschirmhinweis zeigt den jeweiligen Modus an. Wenn Sie den Cursor an der entsprechenden Stelle positioniert haben, können Sie das Zeichen überschreiben bzw. neue Zeichen einfügen.

Zum Löschen von Zeichen ist zunächst wieder der Cursor zu positionieren. Mit der <Entf>-Taste wird das Zeichen an der Cursorposition gelöscht. Längere Zeichenfolgen sind zu identifizieren. Nach Betätigen der <Entf>-Taste wird die identifizierte Zeichenfolge gelöscht.

Das Ersetzen von Zeichen erfordert ein Identifizieren der auszutauschenden Zeichenfolge. Nach Aktivieren des ERSETZ-Befehls und Eingabe der neuen Zeichenfolge erfolgt der Austausch. Viele Programme verfügen über eine erweiterte Ersetzfunktion, mit der man eine Zeichenfolge im gesamten Text ersetzen kann. Ändert sich z. B. im Ausschreibungstext die Betongüte von B15 in B25, braucht man sie nicht mehrfach zu überschreiben. Bei solchen Operationen ist eine einheitliche Eingabe wichtig, da z. B. B 25 und B25 für das Programm unterschiedliche Zeichenfolgen sind.

Übung 3   Textverarbeitung <TEXT01>

Rufen Sie <TEXT01> wieder auf.

a) Überschreiben Sie die Positionsnummer 012 mit 023. Der Aushub entspricht Bodenklasse 5.

b) Fügen Sie „innen und außen scharfkantig" ein. Trennen Sie Boden- klasse.

c) Löschen Sie „seitlich".

d) Ersetzen Sie „nach Angabe der Bauleitung lagern" durch „zur Kippe abfahren einschließlich Kippgebühren".

Nach diesen Übungen sieht der <TEXT01< so aus:

```
Ø23 9 m3 Fundamentgräben der Garage, b/d = 3Ø/9Ø, Boden-
klasse 5, innen und außen scharfkantig ausheben und zur
Kippe abfahren einschließlich Kippgebühren. Einheitspreis
Gesamtpreis
```

Das Formatieren von Texten entscheidet über das Erscheinungsbild. Zeilenränder, -länge und -abstände sowie Anzahl der Zeilen je Seite sind wesentliche Kriterien. Meist legt man sie schon bei Planung und Strukturierung des Textes fest, kann sie aber auch nachträglich ändern. Fast alle Programme bedienen sich des Zeilenlineals, das oberhalb des Textes angezeigt wird (**4.7**).

4.7   Beispiel eines Zeilenlineals

Die Zeilenränder sind in DIN 5008 festgelegt und abhängig von der Schriftart (Schriftweite der Zeichen) einzustellen. Die Schriftweite der Standardschriften beträgt 2,54 mm (10 Zeichen je Zoll). Teilt man die Breite des DIN-A4-Blattes durch die Schriftweite (210 : 2,54), erhält man maximal 82 Zeichen je Zeile. Bei einem linken Heftrand von 2,5 cm beginnt die Zeile 10 Zeichen vom Rand entfernt. Standardbriefe haben 60 Zeichen je Zeile, so daß der rechte Rand 12 Zeichen (3 cm) breit ist.

Neben der 10er Schriftweite (Pica) sind auch 12er (Elite) und 15er Schriftweiten (Micro) üblich (**4.13**). Um effektiv mit dem Textverarbeitungsprogramm zu arbeiten, sollten Sie die entsprechenden Einstellungen kennen.

Der Zeilenabstand beträgt 4,2 mm (6 Zeilen je Zoll). Dividiert man die Höhe des DIN-A4-Blattes durch den Zeilenabstand (294 : 4,2), erhält man 70 Zeilen. Ein Standardschreiben beginnt in der 5. Zeile von oben und endet 6 Zeilen vor dem unteren Rand. Dies entspricht einer Standardeinstellung von 61 Zeilen je Seite. Neben 1 1/2-, 2- und 3-zeilig lassen einige Programme auch Einstellungen im Abstand von 1/10 mm zu (z. B. 2,2 oder 1,8). Entsprechend ändert sich die Anzahl der Schreibzeilen.

Randeinstellung, Zeilenlänge und Zeilenabstand prägen das Erscheinungsbild der Texte. Sie sind nach DIN 5008 im Zeilenlineal einzustellen.

Die Ausrichtung der Texte gehört ebenfalls zu den Formatierungsfunktionen. Man kann Zeilen und Textteile am linken und rechten Rand und zentriert anordnen (**4.8**).

<table>
<tr><td>Dieser Text
ist am linken Rand
ausgerichtet.</td><td>Dieser Text
ist
zentriert.</td><td>Dieser Text
ist am rechten Rand
ausgerichtet.</td></tr>
</table>

4.8 Ausrichtung der Texte

Normalerweise ist nur eine dieser Funktionen je Zeile anwendbar. Eine Ausnahme bildet der Blocksatz (**4.9b**). Beim normalen Schreiben flattert der rechte Rand (Flattersatz, **4.9a**), da die Wörter und Silbentrennungen selten mit der Zeilenlänge übereinstimmen. Wird die Funktion Blocksatz aktiviert, verteilt das Programm den „Zeilenrest" über die ganze Zeile, so daß sich die Schriftweiten der Zeichen unmerklich vergrößern. Zeitungen, Zeitschriften und Bücher stellt man im Blocksatz her.

linker Rand	aaaaaaaaaaaaaaaaaaaaaaaaa bbbbbbbbbbbbbbbbbbbbb ccccccccccccccccccccc dddddddddddddddddddd	rechter Rand		linker Rand	aaaaaaaaaaaaaaaaaaaaaaaaa bbbbbbbbbbbbbbbbbbbbbbbbb ccccccccccccccccccccccccc ddddddddddddddddddddddddd	rechter Rand

a)   b)

4.9 a) Flattersatz, b) Blocksatz

Texte können linksbündig, rechtsbündig oder zentriert angeordnet werden.

Tabulatoren ermöglichen die schnelle links- und rechtsbündige Ausrichtung innerhalb einer Zeile (**4.10**). Gesetzt werden die Tabulatoren (▾) im Zeilenlineal, Textkolonnen lassen sich problemlos eingeben.

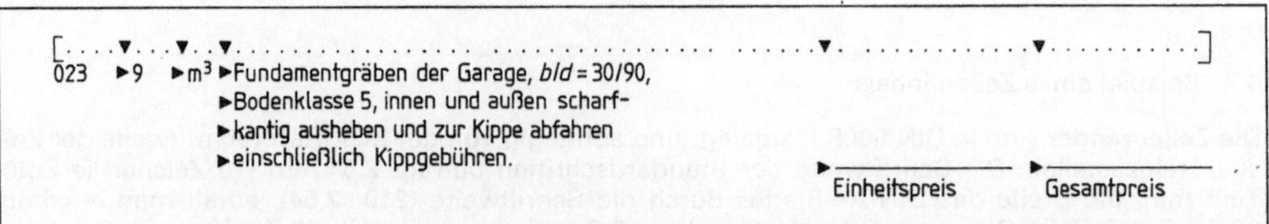

4.10 Tabulatoren

Die Einrückfunktion (→) ist eine Besonderheit der linksbündigen Anordnung (**4.11**). Während der Cursor beim Zeilenumbruch immer auf die Pos. 1 der nächsten Zeile springt und erst durch Drücken der Tabulatortaste auf den folgenden Tabulatoren positioniert wird, springt er beim Einrücken sofort auf den definierten Tabulator.

Linker Rand	aaaaaaaaaaaaaaaaaaaaaaaaaaaaaaaaaaaa ━ bbbbbbbbbbbbbbbbbbbbbbbbbbbbb ━ bbbbbbbbbbbbbbbbbbbbbbbbbbbbb	rechter Rand

4.11 Einrückfunktion

Der Dezimaltabulator hilft beim Schreiben von Zahlenkolonnen (**4.12**). Sie werden am definierten Dezimalzeichen (meist der Punkt) ausgerichtet. Die ganzen Zahlen werden nach links, die Dezimalzahlen nach rechts verschoben.

```
Sehr geehrte Damen, sehr geehrte Herren,

ich danke Ihnen für Ihr Angebot und bestelle zur Lieferung in den nächsten Tagen:

<Einrücken>                   <Tabulator>          <Dezimaltabulator>
    ━ 1 Zeichentisch Nr. 3       ▶ zum Preis von      ▶1130,50 DM
    ━ 1 Zeichenplatte A3         ▶ zum Preis von      ▶ 79,60 DM
    ━ 1 Kunststoffradierer       ▶ zum Preis von      ▶  3,15 DM
    ━ 1 Satz Feinminenstifte     ▶ zum Preis von      ▶ 12,40 DM

Hochachtungsvoll
```

4.12 Bestellung von Zeichengerät und Zeichenmaterial

> **Tabulatoren dienen zur Zeilenformatierung. Man unterscheidet die links- und rechtsbündige Anordnung, das Einrücken und den Dezimaltabulator.**

Übung 4 Textverarbeitung

Steuerzeichen weisen das System an, wie die Zeichen zu bearbeiten sind. Erzeugt werden sie durch Drücken der Funktionstasten, sind aber in der Regel standardmäßig unsichtbar. Bei den meisten Programmen kann man sie sichtbar aufrufen und sich dadurch besonders als Anfänger die Textverarbeitung erleichtern.

a) Rufen Sie <TEXT01> wieder auf und stellen Sie das Zeilenlineal ein. Ändern und korrigieren Sie den Ausschreibungstext entsprechend Bild **4.10**. Benutzen Sie dabei die Tabulatorfunktionen.

b) Rufen Sie eine neue Datei <TEXT02> auf. Schreiben Sie eine Bestellung nach Bild **4.12**. Nehmen Sie als Briefkopf Ihre Anschrift. Benutzen Sie die Tabulatoren, die Einrückfunktion und den Dezimaltabulator.

c) Erstellen Sie weitere Ausschreibungstexte. In Ihrem Büro und im Abschn. 17 unseres Buches finden Sie Vorlagen. Schreiben Sie die Texte getrennt nach Gewerken in unterschiedlichen Dateien und benennen Sie die Dateien nach den Gewerken.

Unter Textgestaltung versteht man Formatierungsfunktionen, die sich auf die Gestaltung einzelner Zeichen oder Zeichenketten beziehen. Die wichtigsten sind der Fettdruck, das einfache und doppelte Unterstreichen sowie das Hoch- und Tiefstellen der Zeichen. Unterschiedliche Schriftarten wie z. B. Pica, Elite, Micro und Kursiv (Italic) ergänzen die Gestaltungsfunktionen. Abhängig von der Hardware, den gelieferten Zeichensätzen und den Druckertreibern kann man die Schriftarten zusätzlich in unterschiedlichen Schrifthöhen (Schriftgraden) ausdrucken (**4.13**). Die Zeichenformate können bei der Texteingabe oder nachträglich definiert werden. Es ändert sich dabei nur die Reihenfolge der Eingabe.

– Gestaltung bei Texteingabe: Funktion aufrufen → Texteingabe
– nachträgliches Gestalten: Text identifizieren → Funktion aufrufen

Mit **Fettdruck**, einfachem <u>Unterstreichen</u> und <u>doppeltem</u> <u>Unterstreichen</u> können Textstellen hervorgehoben werden.
Das Hochstellen und Tiefstellen wird vor allem bei mathematischen Formeln benötigt.

SCHRIFTGRADE:
Dieser Satz ist in PICA (10 Zeichen/Zoll) geschrieben.
Elite ist kleiner, da 12 Zeichen/Zoll gedruckt werden.
Noch kleiner ist MIKRO mit 15 Zeichen/Zoll.

SCHRIFTARTEN
KURSIVSCHRIFT eignet sich zum Hervorheben wichtiger Textstellen.
Die verbreitetsten Schriftarten sind ROMAN, DRAFT und SANSSERIF.

4.13   Beispiele für Gestaltungsfunktionen

Gestaltungsfunktionen sind Fettdruck, einfaches und doppeltes Unterstreichen sowie Hoch- und Tiefstellen. Unterschiedliche Schriftarten in verschiedenen Schrifthöhen (-graden) ergänzen die Funktionen.

Das WYSIWYG-Prinzip (What you see is what you get ≈ Sie sehen das Ergebnis) sollte man bei allen komfortablen Textverarbeitungsprogrammen finden. Der Text auf dem Bildschirm wird wie das später ausgedruckte Dokument gestaltet. Einfache Programme arbeiten mit Steuerzeichen. Alle Zeichen auf dem Bildschirm haben das gleiche Format. Erst beim Ausdruck kann man die Textgestaltung kontrollieren. Das bedeutet einen ungleich höheren Zeitaufwand und Papierverbrauch.

Die Gestaltungsfunktionen sollten auf dem Bildschirm dargestellt werden (WYSIWYG).

Übung 5 Textverarbeitung

a) Rufen Sie <TEXT01> wieder auf. Fügen Sie oberhalb des Ausschreibungstextes die folgende Zeile ein, die Sie doppelt unterstreichen sowie zusätzlich fett und kursiv ausdrucken sollen.

POS. ANZ. Gegenstand   Einh.-Preis   Ges.-Preis

b) Schreiben Sie oberhalb der Position im Fettdruck die Gewerkbezeichnung Erdarbeiten. Verwenden Sie dazu eine andere Schriftart und -höhe.

c) Stellen Sie fest, über welche weiteren Gestaltungsfunktionen Ihr Programm verfügt.

Textmanipulationen sind das Verschieben und Kopieren von Texten. Besonders die Variationen der Kopierfunktion bieten viele Vorteile (Textbausteine/Makros, Serienbriefe).

Das Verschieben ist die einfachste Manipulationsfunktion mit vielfältigen Anwendungsmöglichkeiten. Während früher Texte „in Kladde" vorgeschrieben und erst anschließend zu Papier gebracht wurden, verbessert man bei der Textverarbeitung nur die „Kladde". Die Niederschrift wird strukturiert und in logischer Reihenfolge geordnet. Zwangsläufig müssen dabei Texte verschoben werden. Benutzt man die Ausschreibung eines zurückliegenden Objekts, muß die Reihenfolge der Positionen neu gegliedert und damit verschoben werden. Die Befehlsstruktur entspricht dem COPY des Betriebssystems.

Befehls-		Befehl	Quelle	Ziel
struktur	Cursor positionieren	Funktionsaufruf	Text identifizieren	Ziel markieren
		Verschieben	Text von ... bis ...	nach Zeile/Pos.

Das Kopieren hat die gleiche Befehlsstruktur wie das Verschieben. Allerdings bleibt der Text an der Quelle erhalten. Ausschreibungen lassen sich mit dieser Funktion aus Gewerkdateien oder zurückliegenden Objekten zusammenkopieren. Umfangreiche Leistungskataloge (Standardleistungsbuch, freie Texte) werden ebenfalls für solche Zwecke in vielfältiger Form angeboten (s. Abschn. 17).

> Textmanipulationen sind das Verschieben und Kopieren.

Werden Textteile aus einer Datei in die aktuelle Datei verschoben bzw. kopiert, muß die Quelle genauer definiert werden. Laufwerk, Verzeichnis und Dateiname sind dem Programm mitzuteilen. Eine Ausnahme bilden die Textbausteine.

Textbausteine sind Textteile, die immer wieder für die Routinekorrespondenz gebraucht werden. Adressen, Grußformeln, häufig vorkommende Absätze, selbst vollständige Schreiben werden bestmöglich formuliert und unter einer Kennung in der Textbausteindatei gespeichert. Die Kennung sollte sich stets auf den Inhalt des Textbausteins beziehen (**4.14**).

Tabelle **4.14 Beispiele für Kennungen von Textbausteinen**

Kennung	Text
mfg	Mit freundlichen Grüßen
ha	Hochachtungsvoll
sgdh	Sehr geehrte Damen und Herren,

Sinnvoll ist eine Gliederung getrennt nach Sachgebieten in mehrere Textbausteindateien. Das verbessert nicht nur die Übersichtlichkeit. Vielmehr laden einige Programme die aktuelle Textbausteindatei in den Arbeitsspeicher. Da er nur eine begrenzte Kapazität hat, können umfangreiche Dateien zu Fehlermeldungen führen.

> Textbausteine sind in einer Bausteindatei unter einer Kennung abgespeicherte Routinetexte. Anhand der Kennung kann man sie jederzeit wieder abrufen/kopieren.

Übung 6 Textverarbeitung

a) Rufen Sie <TEXT01> wieder auf und verschieben Sie den Ausschreibungstext um 3 Zeilen nach unten.

b) Legen Sie die Seite 2 an und kopieren Sie die Kopfzeile aus Übung 5 auf die Seite 2.

c) Haben Sie in der Übung weitere Ausschreibungstexte eingegeben, kopieren Sie sie auf die Seite 2.

d) Erstellen Sie Textbausteine für das Schreiben „Mengenüberschreitung" (**4.15**). Die zu verwendenden Kennungen sind in eckigen Klammern angegeben. Speichern Sie die Bausteine in einer Textbausteindatei „VOB" ab. Erstellen Sie das Schreiben „Mengenüberschreitung" einschließlich Anschrift. Auch hierfür können Sie Textbausteine erstellen.

```
<SGH>
Sehr geehrte Herren,
<UEBER10A>
während der Ausführung der Bauleistung hat sich herausgestellt, daß in folgenden Positionen des Leistungsverzeichnisses
der ursprünglich vorgesehene Mengenansatz um mehr als 10 % überschritten worden ist. Hierbei handelt es sich um fol-
gende Positionen:
<UEBER10B>
                                  (Pos?)        um (%?) %
                                  (Pos?)        um (%?) %
                                  (Pos?)        um (%?) %
                                  (Pos?)        um (%?) %
<UEBER10C>
Es ist deshalb gem. § 2 Nr. 3 Abs. 2 VOB/B ein neuer Preis unter Berücksichtigung der Mehr- und Minderkosten zu verein-
baren. Durch diese Mengenüberschreitung ergibt sich eine Preisminderung für die genannten Positionen. Wir bitten Sie
deshalb, uns bis zum (Datum?) ein Nachtragsangebot über die ausgeführten Positionen für eine neue Preisvereinbarung
zu übersenden.
Sollten Sie die Frist nicht einhalten, werden wir eine Neuberechnung vornehmen und Ihnen die entstehenden Kosten
berechnen.
<MFG>
Mit freundlichen Grüßen
```

4.15 Übungstext Mengenüberschreitung

Programmierte Textbausteine sind wie die Textbausteine aufgebaut, bieten jedoch zusätzlich variable Texteingaben. Am Beispiel des Textes Mengenüberschreitung wären
dies die 4 Positionsnummern und %-Angaben sowie das Datum. Wird der Textbaustein
aufgerufen, hält er bei jeder Variablen an (Haltepunkte) und erwartet eine Eingabe.
Damit der Anwender immer weiß, welche variablen Eingaben erwartet werden, kann
man bei einigen Programmen Bildschirmabfragen einbauen, die die Variablen beschreiben. Nach der Eingabe baut das Programm den Text weiter auf bis zum nächsten
Haltepunkt. Textkorrekturen entfallen.

Programmierte Textbausteine enthalten Haltepunkte für variable Eingaben.

Übung 7 Textverarbeitung

Erstellen Sie den Übungstext Mengenüberschreitung als programmierten Baustein.

Serienbriefe verlassen fast täglich das Büro. Es handelt sich um identische Schreiben,
die sich in nur einer Variablen – meist Name und Anschrift des Empfängers – unterscheiden. Für mehrere Variable reicht ein Textverarbeitungsprogramm nicht mehr aus;
es muß mit einem Datenverwaltungsprogramm gekoppelt werden (s. Abschn. 4.2).
Serienbriefe verknüpfen zwei Dateien, z. B. eine Adreßdatei und eine Textdatei. Einige
Programme benutzen statt „verknüpfen/kopieren" den Ausdruck „mischen" und entsprechend „Mischdruck" für den Serienbrief. Auch hier gilt die Befehlsstruktur
<COPY>.

Befehls-	Befehl	Quelle	Ziel
struktur	<COPY>	<DATEI1.ERW+DATEI2.ERW>	<DATEIX.ERW>

Beim Serienbrief werden jedoch stets nur Teile der Datei kopiert. Programmspezifische
Trennzeichen steuern die Auswahl. Der COPY-Befehl wird selbständig so oft wiederholt, wie sich Adressen in der Variablendatei befinden.

Beispiel Alle Baubetriebe, die ein Angebot für ein Bauvorhaben abgegeben haben, werden zum Submissionstermin eingeladen (4.16).
   a) Soweit die Textdatei nicht schon besteht, wird sie mit Textbausteinen erstellt.
   b) Eine Adreßdatei der Firmen wird angelegt. Oft ist sie bereits von früheren Bauvorhaben vorhanden.
   c) Die Daten werden miteinander verknüpft und automatisch ausgedruckt.

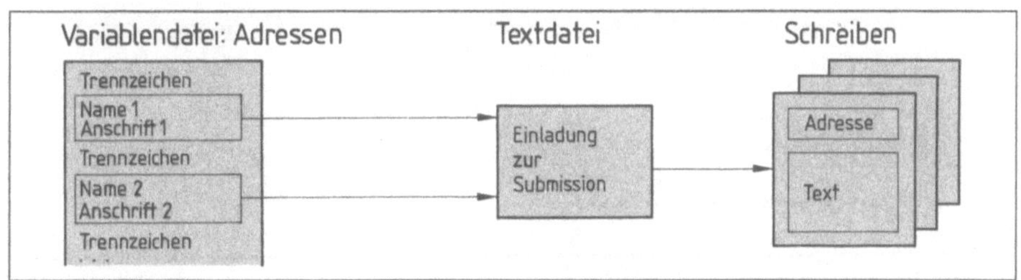

4.16 Serienbrief

Beliebig viele Adressen können mit dem gleichen Text zusammenkopiert werden. Wir alle kennen die Briefe von Großversandhäusern. Durch die persönliche Anrede wird der Empfänger zum Kauf motiviert. Auch dies sind Serienbriefe.

> Bei Serienbriefen verknüpft man eine Variablendatei und eine Textdatei. Die Elemente der Variablendatei werden durch ein Trennzeichen gegliedert.

Weitere Textverarbeitungsfunktionen werden von vielen Programmen angeboten. Suchfunktionen beschleunigen das Auffinden definierter Zeichen oder Zeichenketten. Formularvordrucke können erstellt und bearbeitet werden. Eine mehrspaltige Textanordnung ist möglich. Textelemente werden nach Sortierkriterien z. B. alphabetisch auf- und absteigend oder numerisch geordnet. Einfache Rechenoperationen können durchgeführt, einfache Grafiken eingebunden werden.

Auf automatische Rechtschreibkorrekturen mit integrierten Wörterbüchern sollte man sich nicht verlassen. Unsinnige Zeichenfolgen erkennen sie zwar, doch weiß das Wörterbuch nicht, ob in der Schule „gelehrt" oder „geleert" wird.

Übung 8 Textverarbeitung

a) Entwerfen und erstellen Sie eine Textdatei, mit der zur Submission eingeladen wird.
b) Erstellen Sie eine Adreßdatei von Baubetrieben.
c) Verknüpfen Sie beide Dateien zu einem Serienbrief und drucken Sie die Schreiben aus.

4.2 Datenverwaltungsprogramme

Gleichartige Daten werden konventionell in Listen gesammelt (Telefonbuch, Adreßbuch, Ausschreibungstexte, Baustoffe). Wenn sie zu umfangreich werden, benutzt man Karteikästen (Kunden-, Personal-, Lagerkartei). Eine gute Strukturierung erleichtert die Datenauswahl. Sortiert sind die Karteikarten meist alphabetisch nach dem Verwendungszweck. Weicht das Suchkriterium von der Sortierung ab, ist die Kartei weitestgehend nutzlos. Datenverwaltungsprogramme sind wesentlich flexibler. Hier werden Daten nach beliebigen Kriterien eingegeben, gesucht, geändert und ausgegeben.

Die Datensätze (Karteikarten) sind in einer Datei gesammelt. Mehrere Dateien werden zu Datenbanken verknüpft (**4.17**).

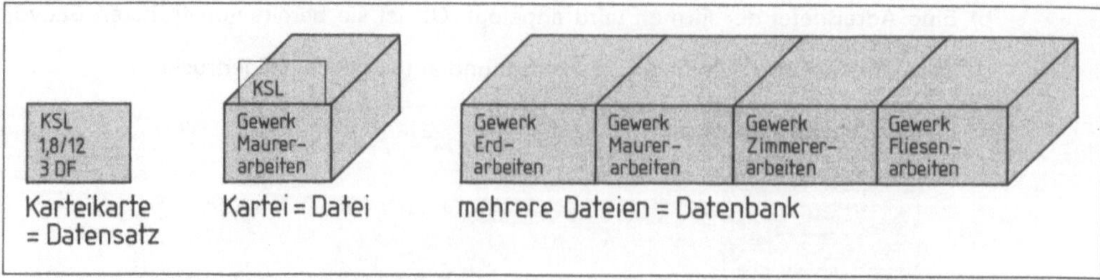

4.17 Von der Karteikarte zur Datenbank

> Mit Datenverwaltungsprogrammen lassen sich Daten nach beliebigen Kriterien eingeben, suchen, ändern und ausgeben.

4.2.1 Datenbankstrukturen

Zuordnung und Verknüpfung der Daten und Dateien können unterschiedlich organisiert sein. Die Auswirkungen auf die Flexibilität und Anwendungsmöglichkeiten sind erheblich. Wir unterscheiden hierarchische, Netzwerk- und relationale Modelle.

Hierarchische Modelle sind mit der Verzeichnisstruktur eines Datenträgers vergleichbar (**4.18**). Zwischen den Dateien bestehen Unterordnungen (Hierarchien), die schon beim Erstellen definiert werden. Höhere Hierarchien haben mehr Rechte und können erst gelöscht werden, wenn keine untergeordneten mehr bestehen. Zu den Daten über Mauerziegel gelangt man nur über die Datei künstliche Steine. Die Möglichkeiten der Datenverknüpfung sind deshalb gering bzw. mit erheblichem Mehraufwand verbunden. In der Büropraxis werden hierarchische Modelle darum kaum benutzt.

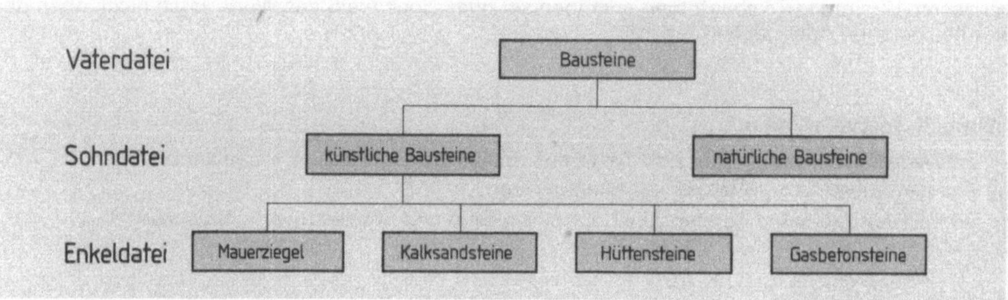

4.18 Hierarchisches Modell

Netzwerkmodelle finden wir bei älteren CAD-Programmen im Programmkern (**4.19**). Die Verbindungen (Zeiger) zwischen den Daten aus verschiedenen Dateien und Datensätzen werden schon beim Anlegen der Datei festgelegt und auch bei Änderungen beibehalten. Im Gegensatz zum hierarchischen Modell lassen sich beliebig viele Daten und Dateien miteinander verknüpfen. Die direkten Verknüpfungen machen viele Anwendungen erst möglich. Ändern sich z. B. die Anfangs- und Endpunkte, können sich auch Bemaßung und Menge automatisch ändern.

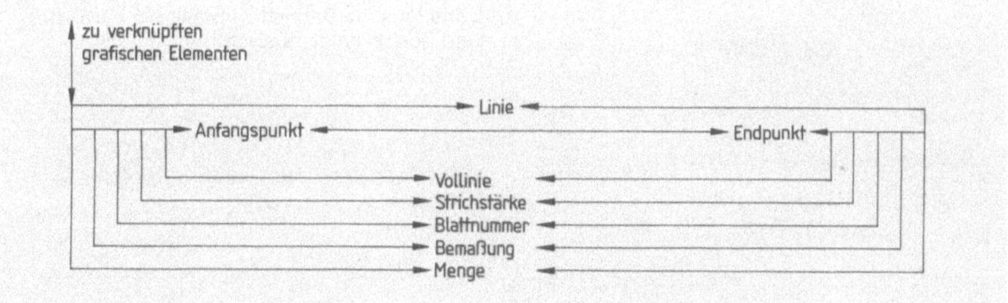

4.19 Netzwerkmodell

Relationale Modelle haben die Struktur einer Tabelle. Datensätze und Dateien werden über gemeinsame Feldnamen verbunden (**4.20**). Erst bei Bedarf wird die Verknüpfung hergestellt, während sie beim hierarchischen und beim Netzwerkmodell schon beim Aufbau definiert sein muß. Relationale Modelle sind dadurch sehr flexibel und lassen sich problemlos erweitern. Der Aufbau der Datensätze und die Länge der Datenfelder müssen aber identisch sein.

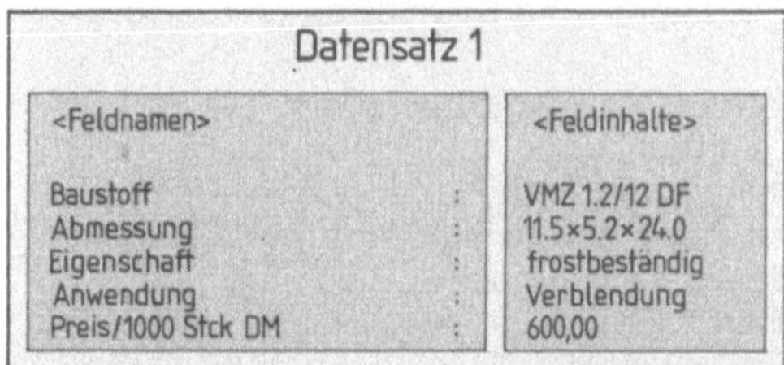

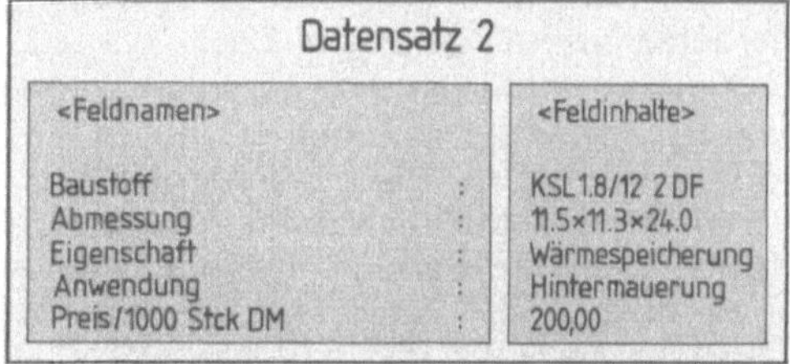

4.20 Relationales Modell

Bild **4.20** verdeutlicht einen Nachteil: Je Datenfeld ist nur ein Eintrag möglich. Für jede weitere Anwendung und Eigenschaft muß ein neuer Datensatz angelegt werden. Doch reicht das Modell für die meisten Anwendungen aus. In der Betriebspraxis wird es bei Standardanwendungen fast ausschließlich genutzt. Auch Teile von CAD-Bau-Programmen sind relationale Datenbanken.

> Datenverwaltungsprogramme verknüpfen Daten nach dem hierarchischen Modell, Netzwerkmodell oder relationalen Modell.

4.2.2 Arbeit mit relationalen Datenverwaltungsprogrammen

Aufbau und Planung einer Datenbank unterliegen Gesetzmäßigkeiten, damit die automatische Bearbeitung der Daten gewährleistet ist. Wie bei der Karteikarte ist die erste Überlegung, welche Angaben gebraucht und wie sie angeordnet werden sollen: Die Bildschirmmaske ist zu erstellen (**4.21**). Dabei ist eine vertikale oder horizontale tabellarische Ausrichtung möglich.

Nachname	Vorname	Geb.dat.	Straße	Nr.	PLZ	Ort
Hansen	Peter	25.03.61	Kaiserstr.	25	2370	Rendsburg

Ein Datensatz besteht aus Datenfeldern (Feldnamen + Feldinhalte). Nur in den definierten Feldern können Zeichen (Feldinhalte) eingetragen werden.

Die Bildschirmmasken können tabellarisch vertikal und horizontal ausgerichtet sein.

Die Feldnamen sind nach ihrem Anwendungszweck zu wählen und zu ordnen. Adreß- und Personaldateien sind unproblematisch (**4.21**), Lager- und Baustoffdateien erfordern eine detailliertere Planung (**4.22**).

Die Bildschirmmasken **4.22** beziehen sich auf einen Kalksand-Lochstein. Der Schwerpunkt bei Variante 1 liegt beim Baustoff, bei Variante 2 in der Ausführung. Der Baustoffhandel wird folglich die erste Möglichkeit wählen, während Planungsbüros und Baubetriebe für Mengenermittlung, Kalkulation und Abrechnung die Variante 2 brauchen. Im folgenden wird Variante 1 näher erläutert, da sie Vorteile bei Sortier- und Suchfunktionen bietet. Die Variante 2 werden wir beim Bauteilkatalog wieder aufgreifen (s. Abschn. 16.1).

<Variante 1> Baustoff	Abmessung	Eigenschaft	Anwendung	Preis/1000 Stck.	
KSL 1.8/12 2DF	11.5×11.3×24.0	Wärmespeicherung	Hintermauerung	200,00	

<Variante 2> Lfd. Nr.	Einh.	Material	Leistung	Preis	Gewerk
27	m³	KSL 1.8/12 2DF	Innenmauerwerk $d=24,0$	340,00	Maurer

4.22   Bildschirmmasken für Baustoffdateien

Aufbau und Planung einer Datenbank hängen vom Verwendungszweck ab.

Übung 9   Datenbanken

Planen Sie eine Datenbank entsprechend Variante 1. Erweiterungen und Änderungen sind in vielfacher Hinsicht möglich. Bild **4.22** bietet nur einen Anhalt.

Das Erstellen der Bildschirmmaske ist sorgfältig zu planen, denn nachträgliche Änderungen kosten viel Zeit. Außer der Feldlänge ist bei jedem Datenfeld das Eingabeformat (Datentyp) des Eintrags zu bestimmen. Die Datenverwaltungsprogramme bieten bis zu 6 Möglichkeiten an (**4.23**).

Tabelle **4.23 Eingabeformate (Datentypen)**

Eingabeformat	Erläuterung
TEXT	Texteingaben sind alle Buchstaben des Alphabets und Zahlen, soweit sie nicht Gegenstand von Berechnungen sind.
NUMERISCH	Numerische Eingaben sind Ziffern, die zu Berechnungen herangezogen werden. Meist dienen nur die Ziffern bis zum ersten nichtnumerischen Zeichen zur Berechnung (25/4 $\Rightarrow$ 25).
DATUM	Die Eingaben werden in zeitlicher Reihenfolge nach Tagen, Wochen, Monaten und Jahren sortiert (25/4 $\Rightarrow$ 25. April).
UHRZEIT	Die Eingaben werden in zeitlicher Reihenfolge nach Stunden, Minuten, Sekunden und Zehntelsekunden sortiert.
LOGISCH	Logische Bedingungen werden nur durch ein Zeichen (Ja/Nein bzw. True/False) definiert.
FORMEL	Berechnungen werden schon bei der Eingabe durchgeführt (25/4 $\Rightarrow$ 6,25).

Meist reichen die Formate <TEXT> und <NUMERISCH> aus. <DATUM> und <UHRZEIT> sind bei zeitabhängigen Daten erforderlich, die regelmäßig fortgeschrieben und sortiert werden sollen (Rechnungseingänge, Termine). Das Format <LOGISCH> benutzt man z. B. bei der Abfrage nach bezahlten/nicht bezahlten Rechnungen. <FORMEL> zählt eigentlich schon zur Tabellenkalkulation. Die Daten werden bereits bei der Eingabe umgerechnet.

Eingabeformate legen die Struktur und die programminterne Bearbeitung der Daten fest. Unterschieden werden <TEXT>, <NUMERISCH>, <DATUM>, <UHRZEIT>, <LOGISCH> und <FORMEL>.

Die Längen und Eingabeformate der „Beispiel-Datenbank" können nun festgelegt werden (**4.24**). Sinnvoll ist eine Abkürzung der Feldnamen, um Schreibarbeit und Speicherplatz zu sparen. Zudem ist die Länge der Feldnamen meist begrenzt. Eine Gestaltung der Feldnamen ist bei vielen Programmen ebenfalls möglich. Es gelten die Regeln der Textverarbeitung. Lediglich der Preis erhält ein numerisches Eingabeformat. Preissteigerungen und Aufschläge können automatisch eingerechnet werden.

Tabelle **4.24 Festlegen der Eingabeformate und Längen**

Feldname	Eingabeformat	Länge
B_stoff	TEXT	16
Abmesg	TEXT	24
Eigensch	TEXT	20
Anwendg	TEXT	18
Preis/1000	NUMERISCH	8

Die Cursorsteuerung in der Bildschirmmaske und der gesamten Datei entscheidet wie bei der Textverarbeitung über anwenderfreundliches Arbeiten. Schnelles Wechseln zwischen Feldern und Datensätzen muß möglich sein (**4.25**). Je nach Tastenbelegung werden die Befehle in die Leerfelder eingefügt.

Tabelle 4.25 Grundfunktionen der Cursorsteuerung

zum ersten Feld im Datensatz	< >		zum ersten Datensatz	< >
zum letzten Feld im Datensatz	< >		zum letzten Datensatz	< >
zum vorigen Feld	< >		zum vorigen Datensatz	< >
zum nächsten Feld	< >		zum nächsten Datensatz	< >

Übung 10 Datenbank

a) Richten Sie eine Datei mit Namen <BAUSTOFF> ein. Den entsprechenden Programmbefehl (z. B. CREATE) schlagen Sie im Handbuch nach.

b) Prüfen Sie, welche Eingabeformate Ihr Programm bietet.

c) Erstellen Sie die Eingabemaske, legen Sie Eingabeformat und Länge fest. Schlagen Sie im Handbuch nach, mit welchen Befehlen die Datenfelder festgelegt werden. Speichern Sie dann die Eingabemaske ab.

d) Geben Sie mindestens 10 Datensätze ein. Nehmen Sie dabei Ihre Fachkunde zur Hilfe. Jeder Eintrag ist mit <ENTER> abzuschließen. Schlagen Sie im Handbuch nach, mit welchem Befehl ein Datensatz abgeschlossen bzw. ein neuer aufgerufen wird.

e) Speichern Sie die Datei ab.

Die Korrekturfunktionen sind umfangreicher als bei der Textverarbeitung (**4.26**). Innerhalb der Datenfelder werden zunächst nach den Regeln der Textverarbeitung die einzelnen Zeichen überschrieben, eingefügt und gelöscht. Außer der Zeichenkorrektur muß bei Datenbanken auch eine Korrektur der einzelnen Datenfelder und des gesamten Datensatzes möglich sein. <LÖSCHEN> hat dabei zwei Bedeutungen: Zum einen können die Zeichen innerhalb des Datenfelds bzw. des gesamten Datensatzes entfernt werden, so daß nur noch Leerfelder (Bildschirmmaske) angezeigt werden <LEEREN>. Zum anderen kann das Feld bzw. der gesamte Datensatz aus der Datei entfernt werden <LÖSCHEN>.

Tabelle 4.26 Korrekturfunktionen

Zeichen	überschreiben	<	>
	löschen	< Entf	>
	einfügen	< Einfg	>
Datenfeld	Feldlänge verändern	<	>
	Feldnamen korrigieren	<	>
	Datenfelder einfügen	<	>
	Datenfeld leeren	<	>
	Datenfeld löschen	<	>
Datensatz	einfügen	<	>
	leeren	<	>
	löschen	<	>

Bei den Korrekturfunktionen der Datenverwaltungsprogramme unterscheidet man Zeichen-, Datenfeld- und Datensatzkorrekturen.

Übung 11 Datenbank

a) Rufen Sie die Datei <BAUSTOFF> auf und verändern Sie die Feldlänge des Datenfelds <B_STOFF> auf 18 Zeichen.

b) Die Angabe nur einer Eigenschaft reicht nicht aus. Ändern Sie den Feldnamen <EIGENSCH> in <E_SCH1> und fügen Sie ein Datenfeld <E_SCH2> ein.

c) Leeren Sie ein Datenfeld und einen Datensatz.

d) Löschen Sie anschließend einen Datensatz.

Das Sortieren <SORT> der Datensätze ist abhängig vom Eingabeformat alphabetisch, numerisch oder temporal (zeitlich) möglich (**4.27**).

82

Tabelle 4.27 **Sortierung der Datensätze**

alphabetisch	aufsteigend	von A nach Z
	absteigend	von Z nach A
numerisch	aufsteigend	von der kleinsten zur größten Ziffer
	absteigend	von der größten zur kleinsten Ziffer
Datum (Uhrzeit)	aufsteigend	vom frühesten zum spätesten Datum
	absteigend	vom spätesten zum frühesten Datum

Diese Grundfunktionen werden meist über einen Menüaufruf <SORTIEREN> oder den Befehl <SORT> aktiviert. Jedes Datenfeld (Sortiermerkmal) kann sortiert werden. Die Eingabedatei (Quelldatei) wird kopiert, und die Datensätze der Zieldatei werden in der gewünschten Reihenfolge geordnet. Gute Datenverwaltungsprogramme ordnen neu eingegebene Datensätze in schon sortierte Dateien automatisch ein.

Da für jedes Sortierkriterium eine neue Datei angelegt wird, verdoppelt sich die Datenmenge. Damit erhöhen sich die Anforderungen an die Speicherkapazität. Um den Speicherbedarf in Grenzen zu halten, bieten einige Programme die Funktion <INDIZIEREN> an. Hierbei wird zwar auch eine neue Datei erzeugt, doch handelt es sich nicht um eine Kopie der ursprünglichen Datei, sondern nur um eine Verzeichnis. Von jedem Datensatz werden nur das Sortierkriterium (Schlüsselbegriff) und die Satznummer gespeichert.

Für weitergehende Sortierfunktionen muß man die Kommandosprache (Datenmanipulationssprache) des Programms beherrschen.

> Datensätze können alphabetisch, numerisch und temporal sortiert werden.

Das Suchen <SEEK> nach Daten ist der eigentliche Anwendungsbereich der Datenverwaltungsprogramme. Säumige Zahler oder preiswerte Baustoffe mit bestimmten Eigenschaften für bestimmte Anwendungen lassen sich schnell ermitteln. Die Ersatzzeichen <?> und <*> können eingesetzt werden. Sucht man z. B. in einer Personendatei einen <Maier?>, sind die unterschiedlichsten Schreibweisen möglich. Wird der Feldname <Nachname> aber mit Ersatzzeichen definiert <M??ER>, befindet sich die gesuchte Person bei den ausgegebenen Daten.

> Daten werden mit dem <SUCH>-Befehl ausgegeben. Jedes Datenfeld und auch jedes Zeichen eines Feldinhalts können als Suchkriterium bestimmt werden.

Filter erlauben ein genaues Suchen nach mehreren Auswahlkriterien. In den Suchbefehl werden die Filterformeln eingebaut. Angewendet werden vergleichende und logische Filter (**4.28**).

Tabelle 4.28 **Filter (Operatoren)**

Vergleichende Filter		Logische Filter	
>	größer als	AND	alle definierten Bedingungen haben den Wert „wahr"
<	kleiner als		(treffen zu)
=	gleich	OR	mindestens eine Bedingung hat den Wert „wahr" (trifft zu)
> =	größer oder gleich	NOT	die Bedingung muß den Wert „falsch" haben, damit das
< =	kleiner oder gleich		Ergebnis wahr ist
< >	ungleich		

Beispiele   Der im Datenfeld eingetragene „Preis/1000" Wert soll weniger als 400,00 betragen.

Preis/1000<400,00

Die Eigenschaft soll „wärmedämmend" sein und der „Preis/1000 nicht mehr als 400,00 betragen.

AND (Eigensch=wärmedämmend, Preis/1000 < 400,00)

Es soll nur eine der beiden Bedingungen zutreffen.

OR (Eigensch=wärmedämmend, Preis/1000 < 400,00)

Der Baustoff soll nicht „wärmedämmend" und nicht „Baustahl" sein.

NOT (Eigensch=wärmedämmend, B_stoff=Baustahl)

> Mit Filtern definiert man Vergleiche und logische Bedingungen, denen die zu suchenden Daten entsprechen müssen.

Die Suchfunktionen und besonders die Filter verdeutlichen nochmals die Wichtigkeit einer durchdachten und gut strukturierten Bildschirmmaske und Datensatzeingabe. Suchen und finden kann das Programm nur bereits eingegebene Zeichenfolgen in den definierten Datenfeldern. Schon die Schreibweise kann Probleme bereiten. Die Groß- und Kleinschreibung ist zwar beliebig, „wärmedämmend" und „waermedaemmend" sind aber unterschiedliche Eigenschaften bzw. Zeichenfolgen für das Programm. Positive oder negative Baustoffeigenschaften können eingegeben, unterschiedliche Eigenschaften für die verschiedensten Anwendungsbereiche definiert werden. Für viele Anwendungen reicht eine Datei deshalb oft nicht aus.

Übung 12 Datenbank

a) Rufen Sie die Datei <BAUSTOFF> auf und sortieren Sie sie
   - alphabetisch aufsteigend nach Baustoffen,
   - numerisch aufsteigend nach Preis/1000.

b) Suchen Sie alle Baustoffe,
   - die wärmedämmend sind,
   - die mehr als 450,– DM/1000 kosten,
   - die eine hohe Festigkeit haben und weniger als 300,– DM/1000 kosten,
   - die nicht schalldämmend sind.

Erst das Arbeiten mit mehreren Dateien ist praxisgerecht. Nur wenn Daten aus mehreren Dateien (Karteikästen) miteinander verknüpft und neu zusammengestellt werden können, handelt es sich um eine Datenbank.

> Eine Datenbank besteht aus mehreren Dateien, deren Daten verknüpft und neu zusammengestellt werden können.

Die einzelnen Daten werden dazu aus ihrem Verband herausgelöst und für sich abgespeichert. Eine komplizierte Struktur von Indizes und Schlüsseln ist notwendig, um die Ansammlung von Datenfeldern zu verwalten und logische Zusammenhänge zwischen ihnen herzustellen. Bis vor kurzem konnten Datenbanken nur auf Großrechnern verarbeitet werden. Erst die neuen Rechnergenerationen mit höheren Verarbeitungsgeschwindigkeiten und größeren Internspeichern machen die Verarbeitung auch im PC möglich. Einige „Karteikastenprogramme" bezeichnen sich mißbräuchlich als Datenbank.

Dateien relationaler Datenbanken werden über ein gemeinsames Datenfeld, ein Schlüsselfeld, verknüpft. In der Übungsdatei ist es das Datenfeld <B_stoff>. Es lassen sich die unterschiedlichsten Baustoffdateien mit verschiedenen Bildschirmmasken bzw. Datenfeldern wie beschrieben erstellen, von Dateien über Mauersteine mit Eigenschaften, Anwendungen und Ausführungen (4.22) über Wärmedämmstoffe mit ihren Wärmeleitzahlen bis hin zu Stahlprofilen mit Widerstands- und Trägheitsmomenten. Tabellenbücher lassen sich auf diese Weise in einer Datenbank erfassen. Mit den entsprechenden Suchbefehlen entfällt das Blättern, auf Knopfdruck erscheinen die gewünschten Informationen auf dem Bildschirm.

Werden komplexe Befehle häufig gebraucht, kann man sie ähnlich den Stapeldateien des Betriebssystems unter einer Kennung ablegen und beliebig aufrufen. Die Verknüpfungsbefehle gehören der Kommandosprache des Datenbankprogramms an. Da jedes Programm über eine andere Sprache verfügt, sind sie im Handbuch nachzuschlagen.

Datenbanken sind die Voraussetzung für fast alle Anwendungen im Baubereich. Die Koordination und Zuweisungen der grafischen Elemente eines CAD-Programms, Baustoffwerte für Berechnungsprogramme, VOB-Vorschriften für Mengenermittlung und Abrechnung sowie Ausschreibungstexte werden in Datenbanken verwaltet und bearbeitet.

Fast alle EDV-Anwendungen im Bauwesen, von der CAD-Technik über Mengenermittlung und Ausschreibung bis hin zur Abrechnung, beruhen auf Datenbankprogrammen.

Übung 13 Datenbanken

a) Erstellen Sie weitere Datendateien für Baustoffe, schlagen Sie dazu in einem Tabellenbuch nach. Planen und geben Sie die Bildschirmmaske für die jeweilige Tabelle ein. Ein Datenfeld sollte dabei mit <B_stoff> bezeichnet werden.

b) Verknüpfen Sie die Dateien anhand des Schlüsselfelds <B_stoff>.

c) Lassen Sie nach mehreren Baustoffwerten suchen. Benutzen Sie dabei die Filter.

Aufgaben zu Abschnitt 4

1. Welche Programme zählen zur Standardsoftware?

2. Welche Gemeinsamkeiten bestehen in der Datenorganisation, -überprüfung und -sicherung zwischen Standardsoftware und Betriebssystem?

3. Nennen Sie die Vorteile der Textverarbeitungsprogramme im Vergleich zum traditionellen Schreiben.

4. Was ist bei der Texteingabe zu beachten? Warum muß auf jedes Wort und Satzzeichen ein Leerschritt folgen?

5. Welche Probleme können bei der automatischen Silbentrennung und der automatischen Rechtschreibkorrektur auftreten?

6. Welche Gemeinsamkeiten bestehen in der Befehlsstruktur der Textverarbeitung und des Betriebssystems?

7. Warum sind die Funktionen der Cursorsteuerung und des Identifizierens Voraussetzung für fast alle Textverarbeitungsfunktionen?

8. Über welche Möglichkeiten der Cursorsteuerung und Identifikation können Textverarbeitungsprogramme verfügen?

9. Beschreiben Sie die Funktionen der Textkorrektur.

10. Welche Einstellungen kann man im Zeilenlineal vornehmen?

11. Berechnen Sie die Einstellungen des Zeilenlineals für die 10er-, 12-, 15er- und 20er-Schriftweite.

12. Welche Einstellungen verlangt die Seitenformatierung?

13. Wie kann man Texte zeilenweise ausrichten?

14. Wodurch unterscheiden sich Block- und Flattersatz?

15. Welche Möglichkeiten bieten Tabulatoren?

16. Welcher Unterschied besteht zwischen Tabulator- und Einrückfunktion?

17. Unterscheiden Sie die Gestaltungsfunktionen in Zeichenformate, Schriftarten und Schrifthöhen.

18. Welcher Qualitätsunterschied besteht bei den Textverarbeitungsprogrammen beim WYSIWYG-Prinzip?

19. Was haben Textmanipulationen und Betriebssystem gemeinsam?

20. Worin unterscheiden sich Verschiebe- und Kopierfunktion?

21. Was sind Textbausteine? Welche Vorteile bieten sie?

22. Wo lassen sich programmierte Textbausteine sinnvoll in Ihrem Büro einsetzen?

23. Wie erstellt man Serienbriefe? Wo können sie eingesetzt werden?

24. Unterscheiden Sie einfache Datenverwaltungsprogramme und Datenbanken.

25. Wo würden Sie Datenverwaltungsprogramme und Datenbanken in Ihrem Büro/Betrieb sinnvoll einsetzen?

26. Welche Vorteile bieten Datenbanken gegenüber der konventionellen Datenverwaltung?

27. Beschreiben Sie die Strukturen der Datenverwaltung.

28. Warum setzt man fast ausschließlich relationale Modelle für Standardanwendungen ein?

29. Erläutern Sie die Begriffe Datensatz, Datenfeld, Feldname und Feldinhalt.

30. Worauf ist bei der Planung einer Datendatei und der Bildschirmmaske zu achten? Warum wählt man unterschiedliche Eingabeformate?

31. Worin liegen die Unterschiede der Korrekturfunktionen bei Datenverwaltungs- und Textverarbeitungsprogrammen?

32. Welche Anforderungen werden an die Sortierfunktionen gestellt?

33. Warum sind Filter bei Suchaktionen erforderlich?

34. Ein Serienbrief soll anhand einer Adreßdatei der Datenbank und einer Textdatei erstellt werden. Es sind nur säumige Zahler des Ortes PLZ 9999 anzuschreiben. Welche Filterformel ist einzugeben?

35. Warum ermöglicht erst die Verknüpfung mehrerer Datendateien ein praxisgerechtes Arbeiten?

5 Grundlagen der CAD-Technik

5.1 Hardware und Software

Was ist CAD? Die Abkürzung CAD wurde Ende der 50er Jahre in den USA für **C**omputer **A**ided **D**esign geprägt. Dieser Begriff bezeichnet die Fähigkeit, mit Hilfe des Computers zu entwerfen bzw. zu konstruieren. Das CAD-Programm ist also ein modernes Werkzeug des Zeichners/Konstrukteurs. Das Eingabegerät (z. B. Tastatur) übernimmt dabei die Aufgabe des Zeichenstiftes, das Ausgabegerät (z. B. Bildschirm) die des Reißbretts.

Obwohl die Grundlagen branchenneutral entwickelt wurden, verwendete man CAD zunächst vorwiegend im Flugzeug- und Maschinenbau. Erst in den 80er Jahren wurden praxisgerechte CAD-Systeme auch für die Bautechnik geschaffen. Seitdem setzen immer mehr Architektur- und Ingenieurbüros die neuen Technologien ein.

5.1.1 Hardware – der CAD-Arbeitsplatz

Wie der Standard-Bildschirmarbeitsplatz (s. Abschn. 2.4) dient auch der CAD-Arbeitsplatz zur Eingabe, Verarbeitung und Ausgabe alphanumerischer Daten (EVA-Prinzip). Die Einbeziehung grafischer Daten erhöht die Anforderungen an die Hardware und verlangt weitere Ein- und Ausgabegeräte (**5.1**).

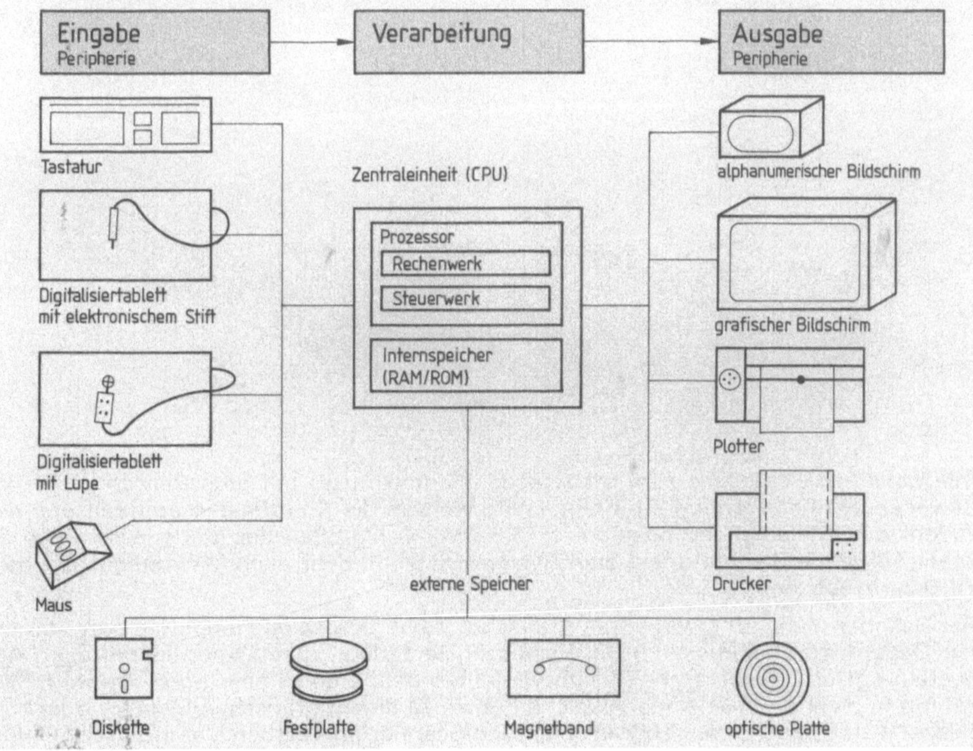

5.1 Schema eines CAD-Arbeitsplatzes

Die Zentraleinheit (CPU) verarbeitet auch beim CAD die eingegebenen Daten und Befehle. Im Vergleich zu den Standardanwendungen hat sie jedoch höhere Anforderungen zu erfüllen. Auf PC-Ebene verlangen CAD-Bauprogramme z. Z. mindestens einen 32-Bit-Prozessor (z. B. 80386), d. h. einen Prozessor mit 32 Bussen innerhalb des Prozessors und 32 Bussen für den Datentransport von und zu den Peripheriegeräten. Zur Unterstützung der umfangreichen Rechenoperationen im CAD-Bau braucht aber selbst diese neue Prozessorgeneration einen mathematischen Koprozessor (z. B. 80387). Auch die Anforderungen an den Internspeicher (RAM) steigen stetig. Reichten bis vor wenigen Jahren noch 512 KBytes aus, fordern einige Programme heute schon 8 MBytes.

CAD-Bauprogramme verlangen zumindest einen 32-Bit-Prozessor mit 16 MHz. Die geforderte Speicherkapazität des RAM kann bis zu 8 MBytes betragen.

Die Eingabegeräte übernehmen viel mehr Aufgaben als bei der Standardsoftware. Sie wandeln nicht nur numerische (Ziffern) und alphanumerische Zeichen (Buchstaben) in Bits um, sondern auch die Koordinatenwerte von Punkten auf dem Bildschirm. Die Tastatur reicht nur noch bedingt aus. Die meisten CAD-Systeme bevorzugen eine Kombination von Tastatur und Digitalisiertablett bzw. Maus. Lichtgriffel und Steuerknüppel finden wir selten.

Das Digitalisiertablett hat ein feines Leiternetz (5.2). Durch die Spule der Lupe oder des Digitalisierstifts werden Ströme induziert. Aus der Stromstärke berechnen Mikroprozessoren im Tablett das Koordinatenpaar, in dem sich Lupe oder Stift befinden. Der Rechner setzt die Koordinatenpaare um und benutzt sie zur Steuerung des Fadenkreuzes auf dem Bildschirm, zur Übernahme grafischer Vorlagen, bei Tablettmenüs auch zur Befehlsübermittlung.

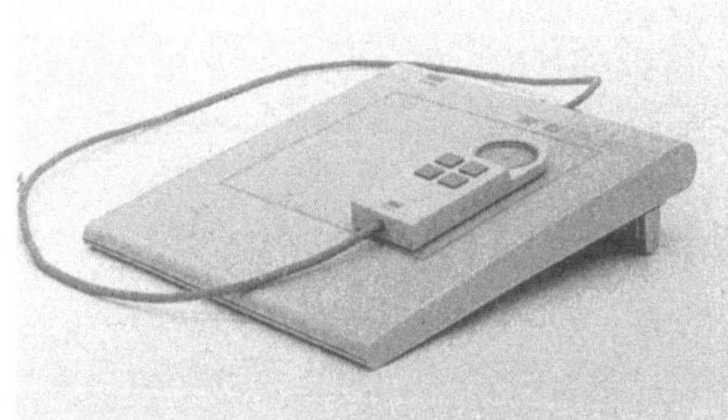

5.2 Digitalisiertablett mit Lupe

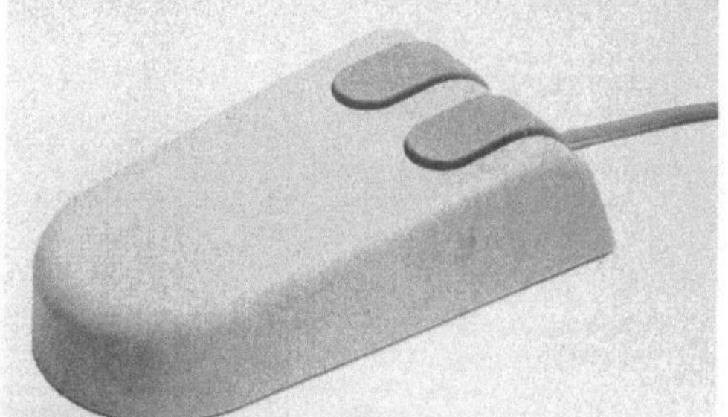

5.3 Maus

Die Maus dient ebenfalls zum Steuern des Fadenkreuzes auf dem Bildschirm. Durch Bewegen der Rollkugel an ihrer Unterseite werden die Koordinaten ermittelt und das Fadenkreuz entsprechend positioniert (5.3). Mit den Tasten der Maus lassen sich oft wiederkehrende Befehle direkt dem System mitteilen oder auch Mausmenüs auf dem Bildschirm aufrufen.

Der Scanner dient zur Übernahme grafischer Texte und Darstellungen in den Computer. Dabei wird die Darstellung in Rasterpunkte zerlegt, deren Koordinaten das CAD-System umsetzt. Wesentliche Zusammenhänge gehen dabei aber noch verloren. Man kann z. B. nicht mehr erkennen, welche Punkte zu einem grafischen Element oder zum Buchstaben eines Textes gehören. Während Scanner im Textbereich erfolgreich eingesetzt werden, sind die technischen Probleme im Grafikbereich noch nicht ganz gelöst.

Ausgabegeräte dokumentieren Texte und Zeichnungen. Zusätzlich zum alphanumerischen 14-Zoll-Bildschirm und zum Drucker braucht man am CAD-Arbeitsplatz einen Grafikbildschirm 20 bzw. 24 Zoll und einen Plotter.

Bildschirme geben die Zeichnung wieder, führen mit den vom System gesteuerten Abfragen durch das Programm, listen Befehlsfolgen, Menüs, Mengenermittlungen, Kalkulationen, Ausschreibungen, Preisspiegel, Berechnungen usw. auf. Wegen dieser Funktionsvielfalt verteilen die meisten CAD-Bauprogramme die Aufgaben auf zwei Bildschirme (Zweibildschirmsystem, **1**.9): Alle numerischen und alphanumerischen Abfolgen laufen über den kleineren 14-Zoll-Schirm, der Grafikschirm bleibt der Konstruktion vorbehalten.

Bevorzugt werden auch im CAD-Bereich die Rasterbildschirme. An ihre Auflösung und Farbdarstellung werden höhere Anforderungen gestellt als bei den Bildschirmen für Standardanwendungen (s. Abschn. 2.4.3). Die minimalste Auflösung sollte 1024 x 768, besser aber 1280 x 1024 Bildpunkte (Pixel) betragen. Eine unzureichende Aufösung führt zum Treppeneffekt (**5**.4). Farbgrafikschirme sind inzwischen Standard. Um unterschiedliche Strichstärken oder Ebenenzuweisungen sofort auf dem Schirm darstellen zu können, sollten mindestens 16 Farben zur Verfügung stehen.

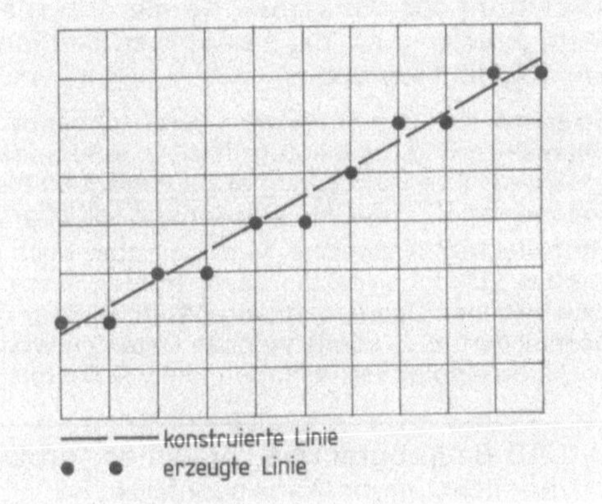

5.4 Treppeneffekt

Wegen der Funktionsvielfalt der CAD-Bauprogramme dominieren die Zweibildschirmsysteme. Der Grafikbildschirm sollte mindestens 20 Zoll groß sein, eine Auflösung von 1280 x 1024 (minimal 1024 x 768) und 16 (256) Farben zur Verfügung stellen.

Plotter sind direkt von der Zentraleinheit gesteuerte Zeichenmaschinen. In der Baupraxis verwendet man meist Stiftplotter und elektrostatische Plotter. Stiftplotter dienen vor allem als Trommelplotter (**5**.5). Der Zeichenstift führt dabei nur Bewegungen in einer Richtung aus, während das Zeichenpapier unter dem Stift entgegengesetzt bewegt wird. Damit die Zeichnung vom CAD-Programm auf den Plotter übertragen werden kann, wird das Zeichenblatt gerastert. Die dadurch entstandenen Koordinaten werden vom CAD-Programm angesteuert. Die Rasterschrittweite bestimmt die Zeichengenauigkeit (0,1 bis 0,025 mm). Elektrostatische Plotter sind den Stiftplottern in der Geschwindigkeit und Genauigkeit überlegen, allerdings auch teurer. Trotzdem werden sie die Trommelplotter in absehbarer Zeit verdrängen.

5.5 Trommelplotter

Die Plottergröße (A4 bis A0) hängt von den Anwendungen ab. Während im Hoch- und Ingenieurbau A1-Plotter bedingt ausreichen, sind im Tiefbau A0-Plotter mit Endlospapier unabdingbar.

> Plotter sind Zeichenmaschinen. Ihre Qualitätsmerkmale sind Blattgröße, Zeichengenauigkeit und Geschwindigkeit.

Externe Speicher verwalten eine erheblich größere Datenmenge als bei den Standardprogrammen (s. Abschn. 2.4.4). Die Festplatten anspruchsvoller Programme fordern schon bis zu 500 MByte. Disketten – selbst mit Speicherfähigkeit von 12 MByte – eignen sich daher nur zum Datentransport und zur Datensicherung einzelner Programmteile. Zum Sichern des gesamten Programms benutzt man austauschbare Festplatten (Wechselplatten) oder Streamer. Da die Anforderungen an die Speicherkapazität stetig zunehmen, werden auch die Festplatten bald an ihre Grenzen stoßen und von optischen Platten abgelöst werden.

Streamer sind Bandlaufwerke, vergleichbar den Kassettenrecordern. Sie dienen ausschließlich zur Datensicherung, da die Zugriffzeiten auf Bändern wegen der langen Such- und Umspulzeiten sehr groß sind. Ihre Speicherkapazität beträgt 60 bis 150 MByte, doch verfügen neueste Bandlaufwerke schon über 1,2 GigaByte und können selbst größte Platten sichern.

Optische Massenspeicher verfügen über noch höhere Speicherkapazitäten als Festplatten. Ähnlich wie bei CD-Platten tasten Laserstrahlen einen 12 cm großen optischen Datenträger ab (CD-ROM) bzw. brennen Daten in ihn ein (WORM). Sehr große Datenmengen werden so auf kleinstem Raum gespeichert. Z. Z. können jedoch Daten entweder nur gelesen oder gespeichert werden. In der Entwicklung sind optische Platten, die wie Festplatten Daten löschen und erneut aufzeichnen können.

> CAD-Bauprogramme brauchen große Externspeicher, mindestens 70 MByte, möglichst mehr Plattenspeicher.

5.1.2 Software

Das Softwareangebot kann man nach dem Grad der Spezialisierung unterscheiden:

- allgemeine CAD-Systeme, die nicht auf eine bestimmte Branche ausgerichtet sind, aber den Anspruch erheben, für alle Ingenieurdisziplinen geeignet zu sein;
- allgemeine CAD-Systeme, die durch einen branchenspezifischen Teil (Applikation) erweitert wurden;
- CAD-Systeme, die eigens für die Bautechnik entwickelt wurden und deren spezielle Anforderungen erfüllen.

> Berechnung, Konstruktionsmethoden und Darstellungsformen unterscheiden sich in den einzelnen Ingenieurdisziplinen. Sollen CAD-Systeme wirtschaftlich und qualitätssteigernd eingesetzt werden, müssen sie deshalb auf den Anwendungszweck hin entwickelt sein. CAD in der Bautechnik ist nicht vergleichbar mit dem CAD im Maschinenbau oder in der Elektrotechnik.

Der Anwender muß sich unter Berücksichtigung seiner Bürosituation, Aufgaben und Zielsetzung für eines von vielen CAD-Systemen entscheiden. Dabei ist er meist überfordert. Es gibt ja nicht das CAD-System, sondern jedes hat bestimmte Schwerpunkte, ist in Teilbereichen leistungsfähiger als ein anderes. Ist ein System besonders leistungsfähig im Statikbereich, hat ein zweites Vorteile in der Grafik, während ein drittes in der Mengenermittlung und Kalkulation führend sein kann.

Die Dimensionalität (2D, 2 1/2 D, 3D) ist ein entscheidendes Qualitätsmerkmal für CAD-Bauprogramme. Die Unterschiede liegen in der Einbeziehung der dritten Raumkoordinate, der Z-Achse.

90

Das wirkt sich aus auf die

– automatische Erzeugung von Ansichten, Schnitten, Isometrien und Perspektiven,
– automatische Weiterverarbeitung von Geometriedaten (z. B. Mengenermittlung, Kalkulation).

2D-Modelle beschränken sich auf die X- und Y-Achse. Im einfachsten Fall entspricht jeder Punkt auf dem Bildschirm einem Wertepaar *x, y*. Hinter jedem Grafikbild stehen immer diese Wertepaare, die Koordinaten. Die Computergrafik geht von ihnen aus, das Programm berechnet anhand mathematischer Gleichungen etwaige Zwischenwerte, und die Abbildung erscheint auf dem Bildschirm. Der Dialog wird bildlich gemacht, die Zahlen bleiben im Hintergrund (**5.6**).

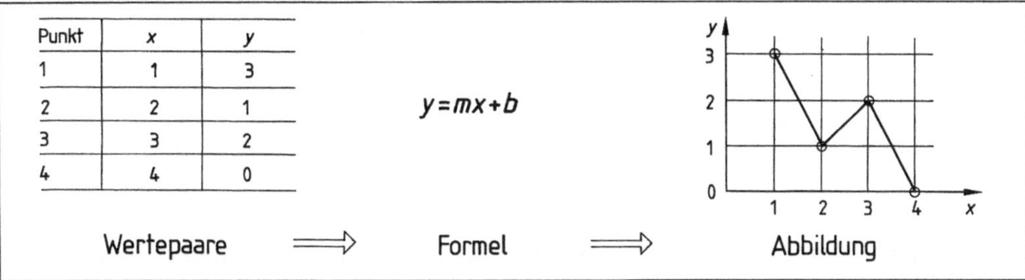

5.6   2D-Geometrie

Die Beschränkung des 2D-Modells auf die Darstellung von 2 Raumkoordinaten schließt die automatische Erzeugung von Ansichten, Schnitten, Isometrien und Perspektiven aus. Mengen können aus den Geometriedaten allein nicht berechnet werden.

2 1/2D-Modelle bildeten lange Zeit einen Kompromiß zwischen den preisgünstigen 2D- und den teuren 3D-Modellen. Sie beziehen die Z-Achse bei symmetrischen Körpern bedingt ein (**5.7**). Isometrien und Ansichten lassen sich erzeugen, doch ist die Darstellung von Körpern mit unterschiedlichen Grund- und Deckflächen nicht möglich. Mengen können aus den Geometriedaten allein nicht ermittelt werden.

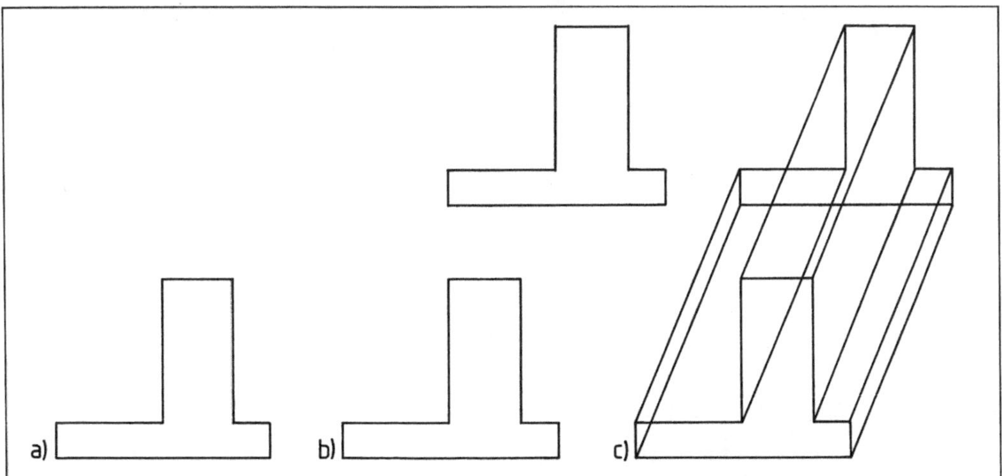

5.7   Erzeugen eines „dreidimensionalen Körpers" mit 2 1/2D
a) Erzeugen einer zweidimensionalen Grundfläche, b) die Tiefe wird eingegeben; das System dupliziert die Grundfläche, indem es alle Punkte der Fläche um die Tiefe verschiebt, c) das Programm erzeugt die Verbindungslinien zwischen gleichartigen Punkten

Da jedes Bauwerk dreidimensional ist, reichen weder das 2D- noch das 2 1/2D-Modell für die Bautechnik aus. Ebenso ist die Beschränkung auf Längenberechnungen unbefriedigend. Diese Problematiken behandeln wir im Abschn. 11 weiter. Wesentliche Elemente einer Zeichnung sind jedoch immer zweidimensional: die grafischen Grundelemente Linie, Kreis usw., Bemaßung, Beschriftung, Schraffur. D. h., 2D-Programme bilden die Grundlage für dreidimensionales Konstruieren. Selbst bei der Konstruktion mit komplexen 3D-Programmen braucht man immer wieder den 2D-Bereich. Um ein erstes Verständnis für CAD zu erlangen und Voraussetzungen für das dreidimensionale Konstruieren zu schaffen, müssen Sie deshalb zunächst den 2D-Bereich erlernen.

Überblick über das zweidimensionale Konstruieren. Alle Eingaben beim rechnerunterstützten Zeichnen beziehen sich auf ein Koordinatensystem. Durch die Definition der Abstände zu den Achsen können alle Konstruktionspunkte bestimmt werden. Durch Positionieren des Fadenkreuzes (Cursor) teilt man dem System den Punkt in der Ebene (2D) bzw. im Raum (3D) mit. Dann muß es wissen, was es auszuführen hat:

– neue grafische Elemente <erzeugen/generieren> oder
– bestehende Elemente <weiterverarbeiten>. Dazu werden die grafischen Elemente definiert, damit das System sie erkennen, <identifizieren> kann. Es folgt die Information, welche Operationen mit den definierten Elementen durchzuführen sind: <löschen/korrigieren>, <manipulieren>, <schraffieren>, <spezifizieren>, <bemaßen>, <beschriften>.

Sind die grafischen Elemente fertiggestellt, werden die Geometriedaten weiterverarbeitet (**5.8**).

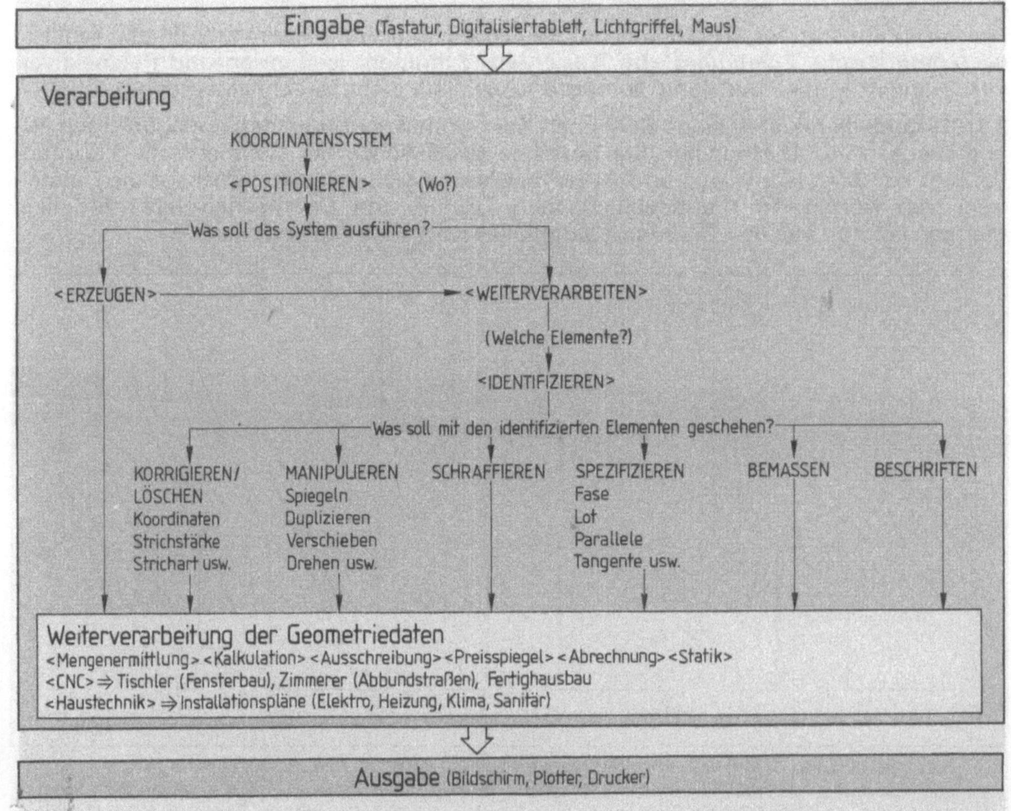

5.8 Überblick über das zweidimensionale Konstruieren

5.2 Koordinatensysteme und Koordinatentransformation

Die Koordinatensysteme dienen beim Konstruieren mit dem Rechner zum Festlegen von Punkten in der Ebene und im Raum. Sie sind ein Bezugssystem, das Positionen eindeutig festlegt. Wir unterscheiden das kartesische und das polare Koordinatensystem.

Beim kartesischen Koordinatensystem werden durch einen frei gewählten Anfangspunkt drei senkrecht aufeinanderstehende Geraden (Achsen) gelegt – die X-, Y- und Z-Achse. Liegt auf den Achsen eine Maßeinteilung (Scalierung), ist jeder Punkt im Raum durch 3 Zahlen eindeutig angegeben. Bei zwei Achsen (X-, Y-Achse) spricht man von 2D, bei drei Achsen von 3D (zwei- bzw. dreidimensionale Anwendung, **5.9**).

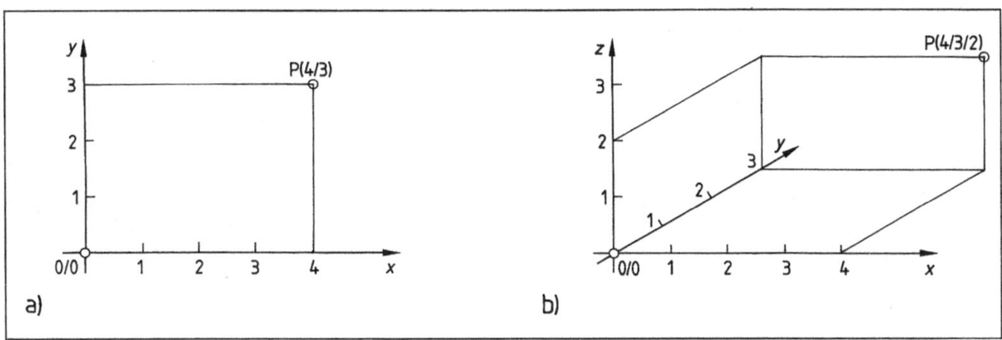

5.9   Kartesisches Koordinatensystem
     a) zweidimensional: Punkt in der Ebene, b) dreidimensional: Punkt im Raum

Beim polaren Koordinatensystem bestimmt man einen Punkt in der Ebene (2D) durch den Abstand R des Punktes zum Nullpunkt und den Winkel, den die Strecke zur positiven X-Achse einschließt. Ein Punkt im Raum (3D) erfordert zusätzlich den Abstand des Punktes P zur XY-Ebene (**5.10**).

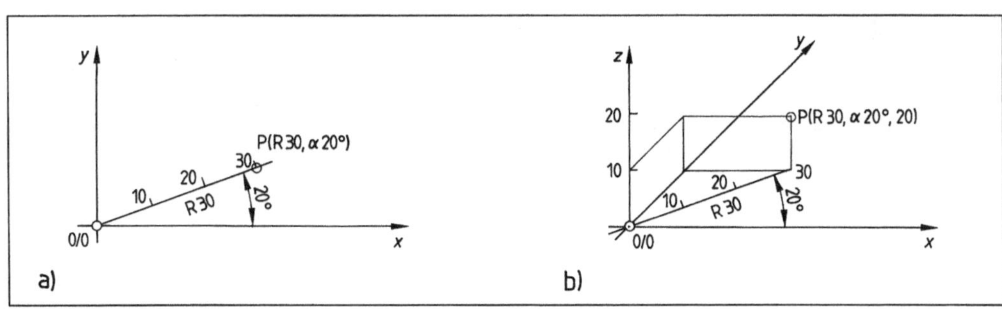

5.10   Polares Koordinatensystem
     a) zweidimensional: Punkt in der Ebene, b) dreidimensional: Punkt im Raum

Koordinaten. Die Position auf dem Bildschirm wird mit Hilfe von Zahlenpaaren (2D) x-Wert/y-Wert bzw. Zahlentripeln (3D) festgelegt. Um Punkte frei auf dem Bildschirm zu positionieren, benutzt man

- **absolute Koordinaten,** die sich auf den Nullpunkt des Koordinatensystems beziehen,
- **relative Koordinaten,** die sich auf den zuletzt eingegebenen Koordinatenpunkt beziehen (inkrementale Koordinaten).

Übung 1   CAD 2D

Ergänzen sie die Tabelle **5.11.**

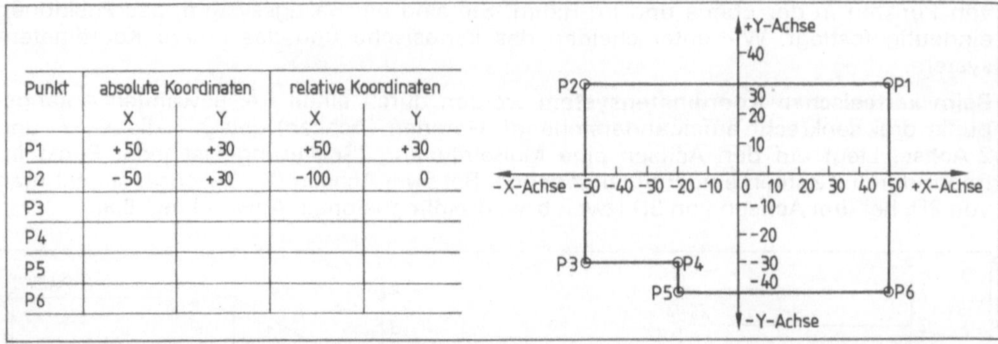

Punkt	absolute Koordinaten		relative Koordinaten	
	X	Y	X	Y
P1	+50	+30	+50	+30
P2	−50	+30	−100	0
P3				
P4				
P5				
P6				

5.11

Bei der Koordinatentransformation wird entweder der absolute Nullpunkt verschoben (Parallelverschiebung, Translation, **5.12**) oder das Koordinatenkreuz um den Nullpunkt gedreht (Rotation, **5.13**). Die Transformation kann an vielen Stellen vorteilhaft sein, dem Anwender die Arbeit erleichtern bzw. erst ermöglichen.

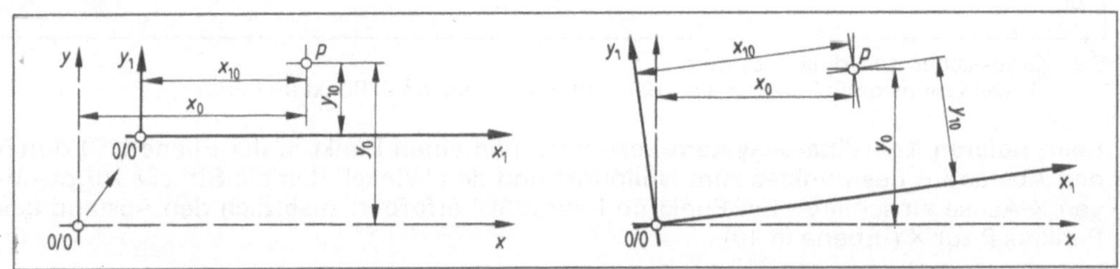

5.12   Translation   **5.13**   Rotation

Beispiele   Ein Detail ist zu bearbeiten. Es wird innerhalb der Gesamtzeichnung definiert, der neue Nullpunkt der Zeichnung ermittelt und die Translation durchgeführt (**5.14a**).

Zeichnet man einen Dachfußpunkt, wird das Koordinatenkreuz im Dachneigungswinkel gedreht (Rotation). Abmessungen können ohne Nebenrechnungen eingegeben werden (**5.14b**).

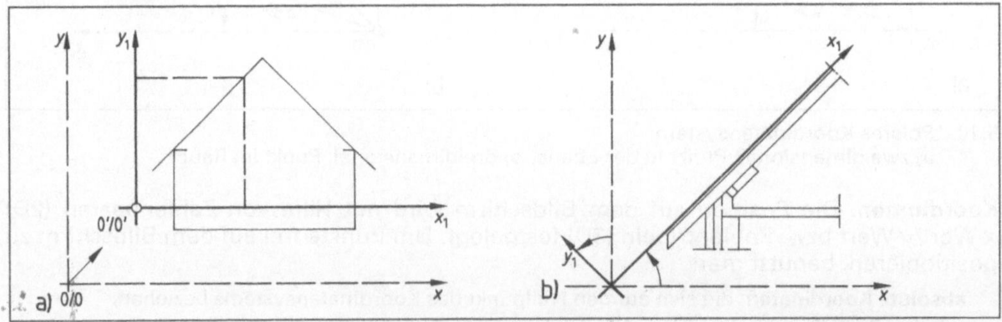

5.14   Koordinatentransformation a) Detailkonstruktion (Translation), b) Dachfußpunkt (Rotation)

94

5.3 Positionierungsfunktionen

Beim Positionieren (Lokalisieren) teilt man dem System die Position (Koordinaten) eines Punktes im Koordinatensystem mit. CAD-Systeme bieten vielfältige Positionierungsmöglichkeiten.

Beim freien Positionieren wird das Fadenkreuz (der Cursor) mit den Pfeiltasten der Tastatur, mit Stift bzw. Lupe des Digitalisiertabletts oder mit der Maus gesteuert. Die Genauigkeit der Positionierung hängt damit von der Cursorschrittweite oder der ruhigen Hand des Anwenders ab. Das fortwährende Ändern der Cursorschrittweite oder das „Hinwackeln" des Stifts, Lupe oder Maus ist sehr zeitaufwendig, die Fehlerquote sehr hoch. Deshalb positioniert man nur frei, wenn z. B. der Cursor in der Nähe eines Koordinatenpunktes plaziert werden soll.

Beim Positionieren mit Stift, Lupe oder Maus ist die <ORTHO-Funktion> sehr hilfreich. Wenn sie eingeschaltet (aktiviert) ist, sind nur Eingaben in horizontaler oder vertikaler Richtung möglich, Fehlermöglichkeiten durch „Verwackeln" damit geringer.

Beim Positionieren im Raster wird der Bildschirm mit einem Netz von Punkten überzogen, deren Abstand der Anwender sowohl in X- als auch in Y-Richtung frei wählt (**5.15**). Zusätzlich kann bei den meisten Systemen das Raster gedreht werden (Rotation, **5.16**). Ist die Funktion Raster angewählt, springt der Cursor immer auf den nächstliegenden Rasterpunkt. Beim Plazieren von Texten oder beim Zeichnen und Schreiben von Tabellen ist diese Funktion nützlich, beim Konstruieren weniger, da kein Positionieren zwischen den Rasterpunkten möglich ist.

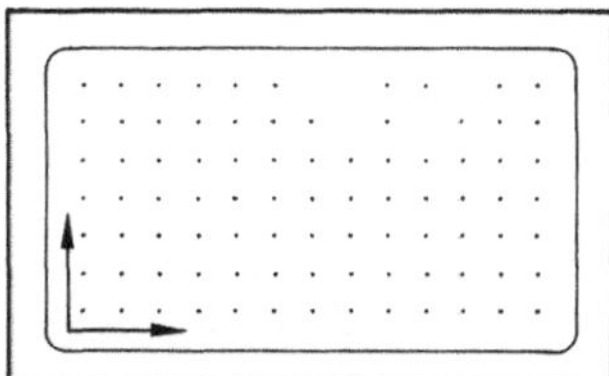

5.15 Punktraster

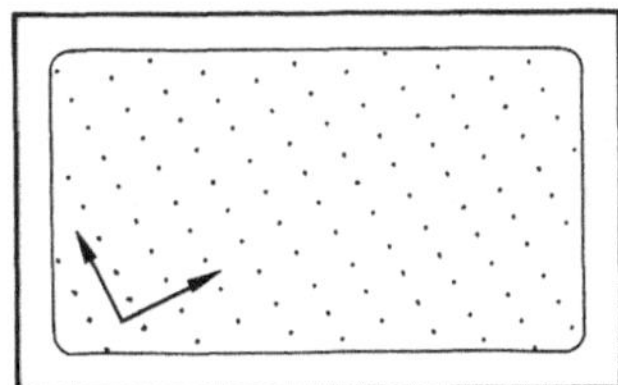

5.16 Raster gedreht

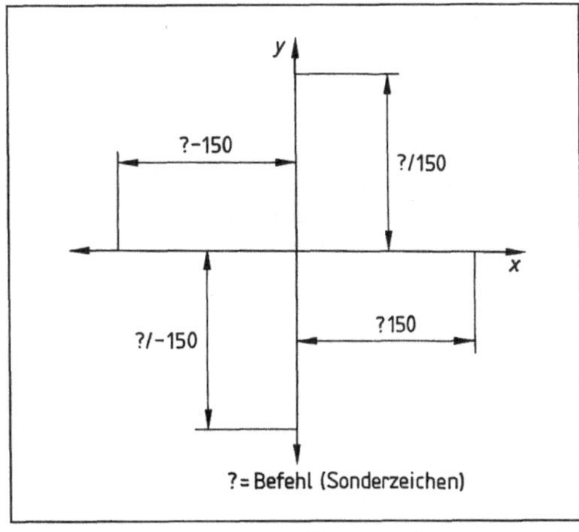

5.17 Positionieren über Zielkoordinateneingabe

Beim Positionieren über Zielkoordinateneingabe sind die relativen und absoluten Koordinaten zu unterscheiden (s. Abschn. 5.2). Die Befehlsstruktur ist bei allen Systemen ähnlich:

Befehl x-Wert/y-Wert   (z. B. *100/200 oder §100.200)

Durch den Befehl (meist ein Sonderzeichen wie <*>, <#>, <§> weiß das System, ob es die Koordinateneingabe auf den relativen (REL) oder absoluten (ABS) Nullpunkt zu beziehen hat. x- und y-Koordinaten werden ebenfalls durch Sonderzeichen (meist </> oder <,>) getrennt (**5.17**). Wenn der Anwender die Nullpunkte kennt, ist ein präzises und schnelles Positionieren möglich.

Das Positionieren auf grafischen Elementen ist neben der Zielkoordinateneingabe die wichtigste und häufigste Möglichkeit. Gerade im Baubereich bezieht man sich immer wieder auf bestehende Elemente (Bauteile). Hierbei gibt es zwei Wege:

- **Über einen Objektfang** wird innerhalb eines definierten Fangradius der nächstliegende Koordinatenpunkt angesprungen. Der Fangradius verhindert, daß die Koordinaten aller in der Datenbank gespeicherten Elemente überprüft werden. Je kleiner er definiert ist, desto schneller wird der nächstliegende Koordinatenpunkt identifiziert. Angezeigt wird der Fangradius meist durch ein Quadrat, das rings um den Cursor plaziert ist.
  Zusätzlich kann man diese Befehlsroutine weiter spezifizieren, indem man den nächstliegenden Anfangs-, End-, Mittel- oder Schnittpunkt eines Zeichnungselements anspringt (5.18).

- **Über eine Elementnummer** (Zählnummer) wird der Anfangs-, End- oder Mittelpunkt eines Zeichnungselements direkt angesprungen. Voraussetzung für diese Routine ist die Kenntnis der Elementnummern, die sichtbar auf dem Schirm erscheinen müssen (5.19).

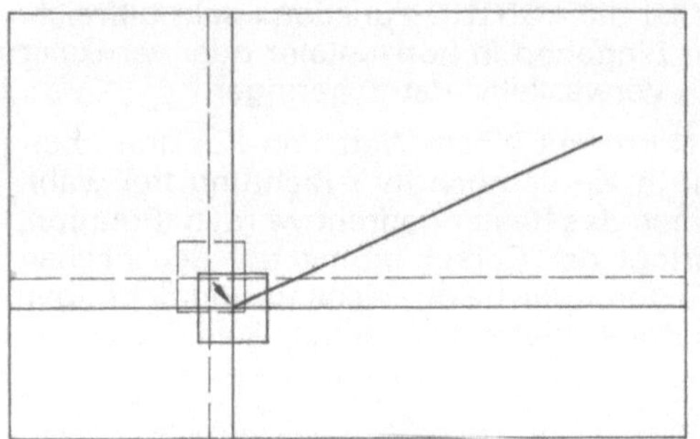

5.18 Positionieren über den Objektfang

5.19 Positionieren über die Elementnummer <Raste auf dem Anfangspunkt Element 17>

Beim Positionieren unterscheidet man das freie Positionieren, das Positionieren im Raster, über die Zielkoordinateneingabe und auf bestehenden grafischen Elementen über den Objektfang bzw. die Elementnummern.

Übung 2 CAD 2D: Positionierung

Die Positionierungsmöglichkeiten der Programme sind unterschiedlich. Unsere Übungen sind deshalb nicht mit allen Programmen durchzuführen. Sie sollen Ihnen aber auch die Möglichkeiten und Grenzen Ihres Programms zeigen.

Rufen Sie eine neue Zeichnung <POSI> auf, positionieren Sie den Cursor nach der Aufgabenstellung und tragen Sie die Befehle bzw. Koordinaten ein.

a) Positionieren Sie den Cursor in der Bildschirmmitte. Befehl ?

b) Positionieren Sie ihn am absoluten Nullpunkt. Befehl ?

c) Bewegen Sie den Cursor mit absoluten Koordinaten auf 1200/200. Befehl ?

d) Von hier aus bewegen Sie den Cursor um – 400/600 mit relativen Koordinaten. Befehl ? $x = ?$, $y = ?$

e) Mit relativen Koordinaten soll der Cursor nun zum Punkt 1400/300. Befehl ?

f) Erzeugen Sie ein Konstruktionsraster 100/50 und blenden Sie es ein. Befehle?

g) Stellen Sie die Cursorschrittweite auf 12,5. Befehl ? Wenn Sie jetzt den Cursor durch viermaliges Betätigen der Pfeiltasten jeweils in X- und Y-Richtung bewegen, erhalten Sie $x ? =$ und $y = ?$

h) Drehen Sie das Koordinatensystem um 40° (Rotation). Befehl ? Nach fünfmaligem Betätigen der Pfeiltasten in X-Richtung befindet sich der Cursor bei $x = ?$ und $y = ?$

Übung 3 CAD 2D: Positionierung

Rufen Sie eine beliebige Zeichnung mit grafischen Grundelementen (Linien, Kreise) auf. Vielleicht gibt es auf Ihrem Rechner schon eine Zeichnung <POSIUEB>. Positionieren Sie den Cursor nach der Aufgabenstellung und tragen Sie die Befehle bzw. Koordinaten ein.

a) Springen Sie den 1. Endpunkt am absoluten Nullpunkt an. Befehl ?, $x = ?$, $y = ?$

b) Der nächste Punkt in X-Richtung hat die Koordinaten $x = ?$, $y = ?$ Verändern Sie dabei die Größe des Objektfangs.

c) Springen Sie die Mitte des Elements 7 an. Befehl ?, $x = ?$, $y = ?$

d) Springen Sie den Kreismittelpunkt an, der der Bildschirmmitte am nächsten liegt. Befehl ?, $x = ?$, $y = ?$

e) Welchen Radius hat dieser Kreis? Befehl ?, Radius ?

f) Der Abstand zum nächsten Punkt in X-Richtung beträgt ? Einheiten. Befehl ?

5.4 Identifizierungsfunktionen

Beim Identifizieren (auch Aktivieren, Selektieren, Auswählen) wählt man Zeichnungselemente (Linien, Kreise usw.) am Bildschirm aus, die weiterbearbeitet werden sollen. Meist erscheint das identifizierte Element dann in einer aktivierten (gepunkteten) Darstellung auf dem Schirm. In der Datenbank werden die aktivierten Elemente gekennzeichnet. Alle folgenden Eingaben bezieht das Programm nur auf diese Elemente.

Die Identifizierungsfunktionen haben eine identische Befehlsstruktur:

      <Befehl>   <Hilfsmittel>   <Quelle>
z. B. <Identifizieren>   <über den Objektfang>   <angesprungenes Element>

Befehle und Hilfsmittel können über eingegebene Zeichen, An-/Ausschalter oder Menüaufrufe aktiviert werden.

Das direkte Anspringen mit dem Objektfang ist die einfachste Form. Der Objektfang dient aber zum Positionieren und Identifizieren. Der Identifizierungsbefehl muß deshalb vorangehen. Das anschließende Anspringen der Elemente geschieht je nach Programm über die Anfangs-, End- oder Mittelpunkte der Elemente (5.20).

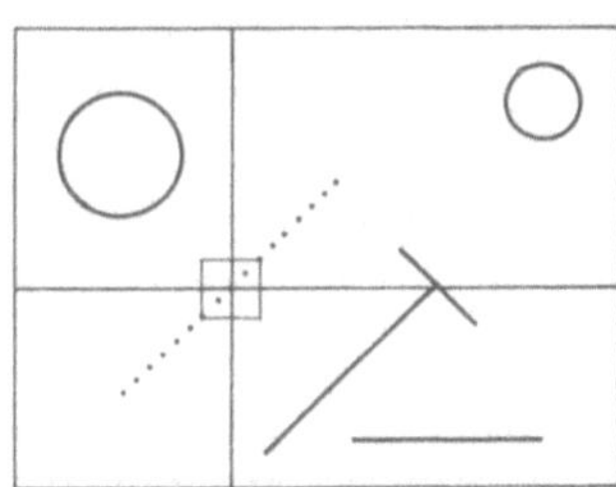

5.20 Identifikation durch direktes Anspringen (Objektfang, Mittelpunkt)

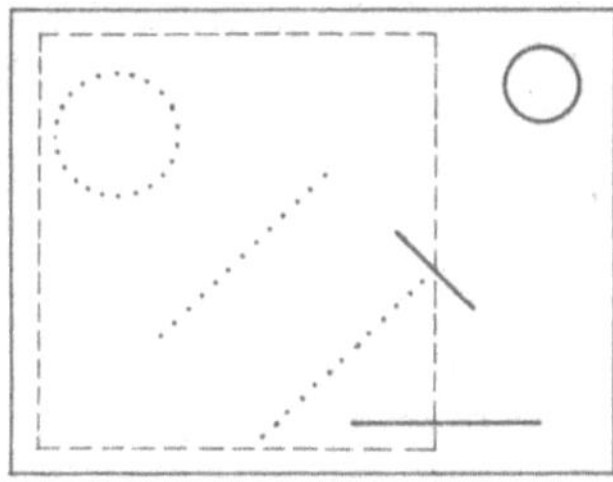

5.21 Identifikation durch Fenster, Elemente innerhalb

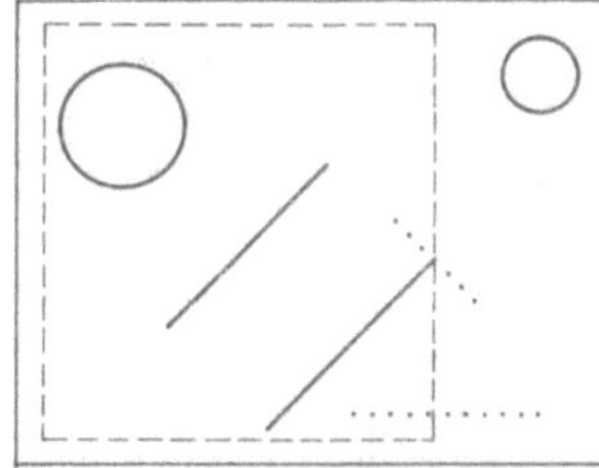

5.22 Identifikation durch Fenster, Elemente kreuzen

Das Fenster/Rechteck ist das gebräuchlichste Hilfsmittel. Über die zu identifizierenden Elemente wird mit Hilfe zweier Eckpunkte ein Rechteck gelegt. Je nach Programm werden bis zu drei Spezifikationen angeboten. Identifiziert werden alle Elemente,

– die vollständig innerhalb des Fensters liegen (5.21),
– die das Fenster kreuzen (5.22),
– die vollständig außerhalb des Fensters liegen (5.23).

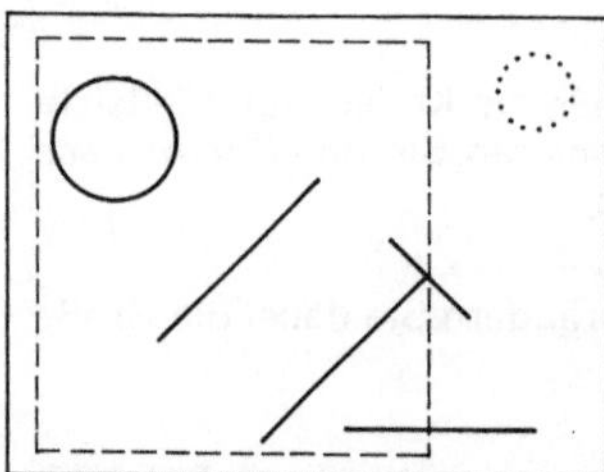

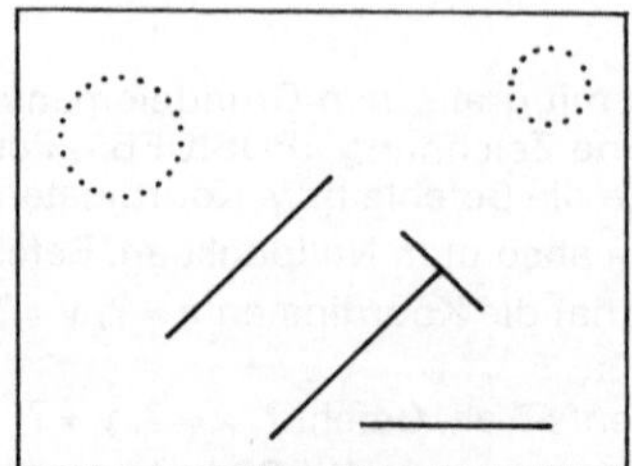

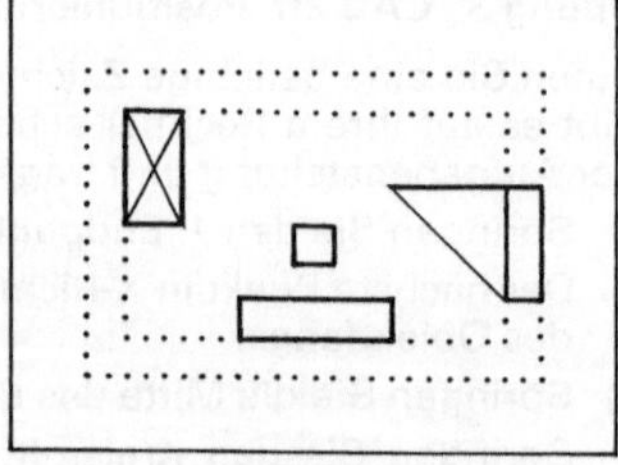

5.23 Identifikation durch Fenster, Elemente außerhalb

5.24 Identifikation durch Elementfilter <Kreis>

5.25 Identifikation durch Ebenenfilter <Wand>

Filter erlauben eine weitere Auswahl. Oft liegen die grafischen Elemente so dicht beieinander, daß das gewünschte Element nicht identifiziert wird. Filter schränken die Identifikation auf einzelne Zeichnungslemente ein. Wir unterscheiden Element- und Ebenenfilter.

– **Über Elementfilter** teilt man dem Programm mit, daß z. B. nur Linien oder Kreise identifiziert werden sollen (**5.24**).

       <Befehl>   <Hilfsmittel>   <Quelle>
z. B. <Identifizieren> <Elementfilter> <Kreise>

– **Über Ebenenfilter** kann man alle Zeichnungselemente identifizieren, die auf einer bestimmten Ebene (layer) liegen (**5.25**).

       <Befehl>   <Hilfsmittel>   <Quelle>
z. B. <Identifizieren> <Ebenenfilter> <Name bzw. Nummer der Ebene>

Ebenen sind vergleichbar mit Folien, auf denen einzelne Zeichnungselemente erzeugt werden. Eine Zeichnung kann aus Hunderten von Ebenen bestehen, z. B. aus den Ebenen <Wand>, <Öffnung>, <Bemaßung>, <Möblierung> (s. Abschn. 5.5.3).

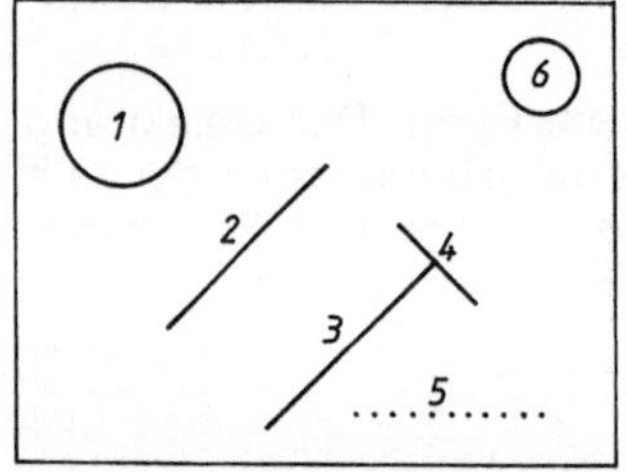

5.26 Identifikation durch Elementnummer <5>

Die Elementnummern (Zählnummern, tags, labels) kann man ebenfalls zum Identifizieren heranziehen – eine anwenderfreundliche Funktion, die allerdings nur wenige Programme bieten (**5.26**).

z. B.
<Befehl>   <Hilfsmittel>   <Quelle>
<Identifiziere> <Elementnummer> <Nummer (von – bis)>
<identifiziere> <Elementnummer> <5>
Element>

Sonderfunktionen der Identifizierung

Das Erzeugen grafischer Elemente im identifizierten Zustand ist mit einem <AKTIV-SCHALTER> möglich. Bei vielen Arbeiten am Bildschirm (z. B. bei der Schraffur) ist dies vorteilhaft und erspart das nachträgliche Identifizieren. Mit dem <DEAKTIV-SCHALTER> schaltet man in die normale Eingabe zurück.

Laden im identifizierten Zustand. Abgespeicherte Zeichnungen (z. B. Symbole und Makros) lassen sich im identifizierten Zustand aufrufen und sofort manipulieren.

Prüfung der identifizierten Elemente. Zeichnungen können sehr unübersichtlich sein, die Linien so dicht zusammenliegen, daß der Anwender nicht immer weiß, ob die richtigen Elemente identifiziert sind. Zum Prüfen mittels einer Funktion müssen die identifizierten Elemente separat auf dem Schirm darstellbar sein.

Rückgängigmachen der Identifizierung. Sind die falschen Elemente identifiziert worden, werden sie mit einem Schalter wieder deaktiviert.

Sollen bereits erzeugte grafische Elemente weiterverarbeitet werden, müssen sie identifiziert sein.
Identifiziert wird über direktes Anspringen mit dem Objektfang, über eine Fensterfunktion, den Element- bzw. Ebenenfilter oder über die Elementnummer.

Übung 4   CAD 2D: Identifizierung

Wie die Positionierungsfunktionen unterscheiden sich auch die Identifikationsmöglichkeiten der Programme. Unsere Übung kann deshalb nur dazu dienen, grundlegende Identifikationsfunktionen zu erfassen und die Funktionen Ihres Programms kennenzulernen. Ist eine Funktion nicht verfügbar, wählen Sie darum eine beliebige andere. Vielleicht hat Ihr Programm Funktionen, die wir nicht darstellen. Lesen Sie deshalb im Handbuch nach.

a) Rufen Sie eine beliebige Zeichnung auf. Vielleicht besteht auf Ihrem Rechner schon eine Zeichnung <IDENT>. Prüfen Sie jedesmal, ob die Identifizierung erfolgreich war. Dann sind die Elemente zu deaktivieren.

b) Identifizieren Sie die Linie, die dem absoluten Nullpunkt am nächsten liegt. Identifizieren Sie den Kreis, der der Koordinate 800/1200 am nächsten liegt.

c) Identifizieren Sie alle Elemente
   - innerhalb des Fensters 400/200 – 1200/1000,
   - die das Fenster 500/100 – 800/1200 kreuzen,
   - die außerhalb des Fensters 100/100 – 500/500 liegen.

d) Identifizieren Sie alle Linien mit einem Filter.

e) Identifizieren Sie alle Elemente der Ebene 2.

f) Identifizieren Sie die Elemente 3, 8 und 12.

5.5 Hilfsfunktionen

Hilfsfunktionen unterstützen und erleichtern die Arbeit des Anwenders am Bildschirm. Zu den wichtigsten Hilfsfunktionen zählen:

- die Einstellung der Systemparameter,
- das Zoom,
- die Definition der Zeichnungsebenen,
- die Berechnungsfunktionen,
- die Definition und Erstellung der Textzeichen (Charaktersatzgenerierung, s. Abschn. 8),
- die Makroerstellung: 2D, 3D, Varianten, Prozeduren (s. Abschn. 10).

5.5.1 Programmparameter

Bei jedem CAD-Programm sind vor und während des Konstruierens Einstellungen (Parameter) vorzunehmen. Parameter sind Veränderliche. Verändern können sich Einstellungen, die

- die gesamte Zeichnungsdarstellung auf dem Bildschirm regeln ⇒ Darstellungsparameter,
- die Arbeitsweise des Anwenders betreffen ⇒ handhabungsbezogene Parameter,
- sich auf das dargestellte Element beziehen ⇒ elementbezogene Parameter.

Darstellungsparameter

Die Bildschirmscalierung (Darstellungsmaßstab, Limiten) legt fest, wieviel Einheiten auf dem Schirm gezeichnet werden können. Sie ist vergleichbar mit der Auswahl des Blattformats beim traditionellen Zeichnen (DIN A0, DIN A4). Diese Einstellung ist abhängig von der Objektgröße und der Einheit (m, cm, mm). Ein Objekt mit der Größe 1200 x 1200 erfordert demnach eine Mindestscalierung von 1200 Einheiten. Bei Bauzeichnungen braucht man aber zusätzlich Raum für Bemaßung, Legenden und Schriftfeld. Als Faustregel sollte man daher bei der Schirmscalierung etwas weniger als die doppelten Objektabmessungen wählen – in diesem Fall also etwa 2000 Einheiten (5.27).

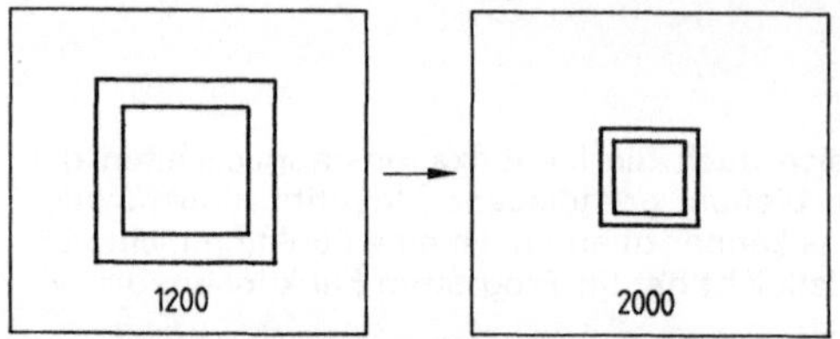

5.27 Bildschirmscalierung 1200 → 2000
      Einheiten

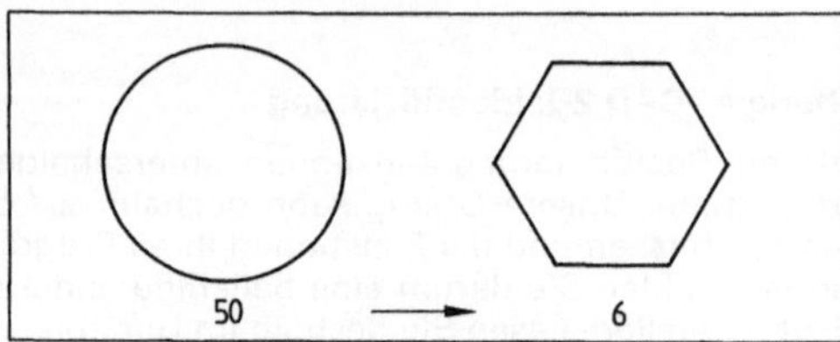

5.28 Darstellungsgenauigkeit: „Kreis" mit 6
      und 50 Zwischenpunkten

Die Darstellungsgenauigkeit weist das System an, wieviel Zwischenpunkte (Koordinaten) je Element in der Datenbank zu speichern und auf dem Bildschirm darzustellen sind (5.28). Besonders beim Erzeugen von Kreisen ist diese Einstellung wichtig (s. Abschn. 6.4).

Die Dezimalstellenanzeige (Nachkommastellen, Signifikanz) legt fest, wieviel Stellen nach dem Komma bei Anzeigen auf dem Schirm dargestellt werden sollen (5.29).

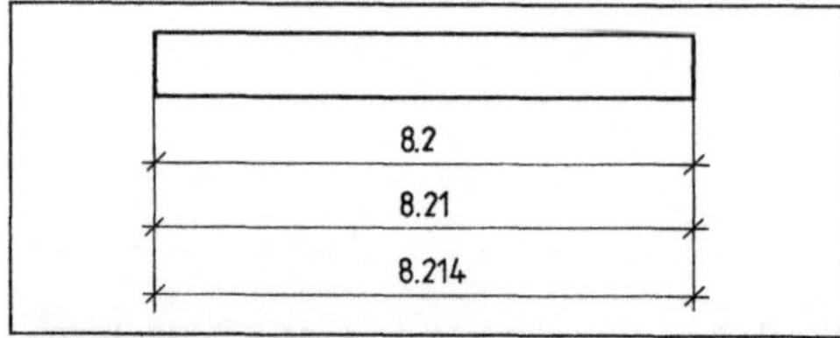

5.29 Dezimalstellenanzeige

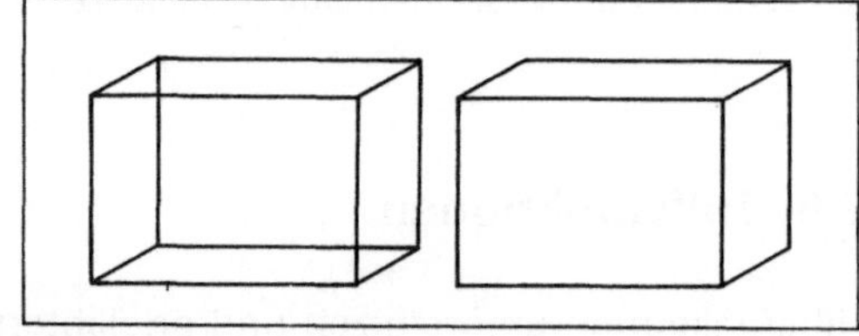

5.30 Hidden-Line

Das Ausblenden verdeckter Kanten (Hidden-Line) kann man bei einigen Programmen ebenfalls durch Parameter steuern (5.30). Meist wird diese Funktion allerdings gesondert, z. B. über das Bildschirmmenü aufgerufen, da sie lange Rechenzeiten erfordert.

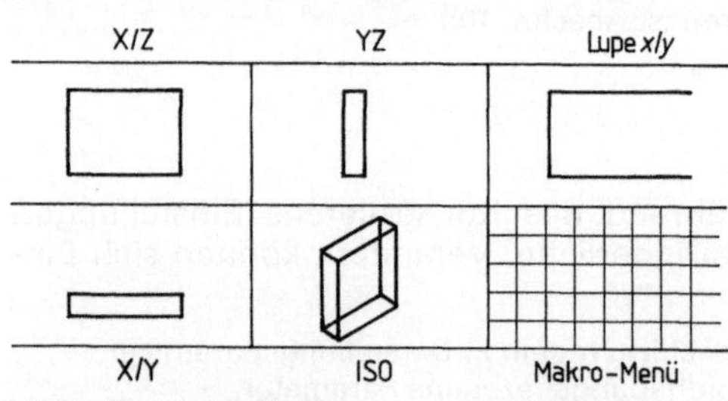

5.31 Fensterdefinition

Mit der Fensterdefinition lassen sich mehrere Zeichnungen gleichzeitig auf dem Bildschirm darstellen (5.31). Vor allem in der 3D-Konstruktion ist dies vorteilhaft, da Änderungen im Grundriß sofort in den Ansichten und Schnitten kontrolliert werden können. Zusätzlich kann man in weitere Fenster Makrokataloge und eine permanente Lupe einblenden. Voraussetzung sollte aber ein 20"-Schirm sein.

Handhabungsbezogene Parameter

Die Maßeinheit (m, cm, mm), in der konstruiert werden soll, ist festzulegen, das Raster einzustellen. <Raster ein> oder <Raster aus> sowie die Abstände der Rasterpunkte in X- und Y-Richtung sind zu bestimmen (s. Abschn. 5.2).

Viele Hilfsanzeigen können ein- und ausgeblendet werden. Die Abstände zum absoluten Nullpunkt sollten immer kontrollierbar sein. Das Einblenden der Relativkoordinaten *x/y*, der Höhenkoordinaten *z*, Elementnummern, Menüerläuterungen usw. hängt von der Konstruktion und vom Kenntnisstand des Anwenders ab.

Kontrollabfragen können vom Programm gefordert werden. Sinnvoll sind sie z. B. beim Identifizieren, um zu prüfen, ob das angesprungene Element das gewünschte ist.

Elementbezogene Parameter

Die Linienart ist einzugeben. Gebräuchliche Abkürzungen sind <LTyp>, <Typ>, <T>. Die Linien sind nach DIN 15 genormt. Die 6 Linienarten reduzieren sich auf 5, da die Freihand- der Zickzacklinie entspricht. Meist wird die Linienart über eine Ziffer zugewiesen.

Beispiel <0> = Vollinie
          <1> = Strichlinie
          <2> = Strich-Punktlinie
          <3> = Zickzacklinie
          <4> = Strich-Zweipunktlinie

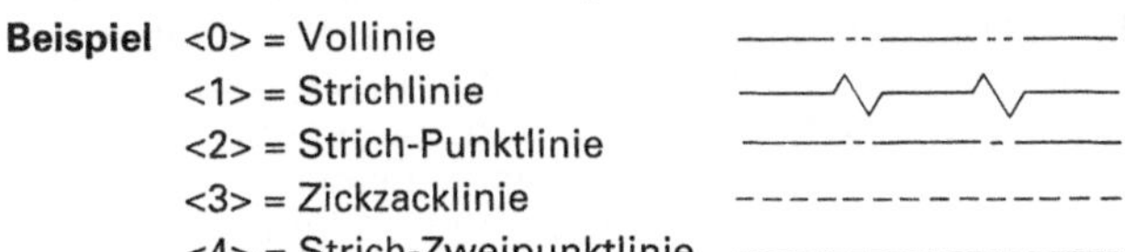

Ein Programm sollte mindestens über diese fünf genormten Linien verfügen. Wünschenswert sind die gestrichelten und die Strichpunktlinien in unterschiedlichen Abständen. Bei einigen Programmen kann der Anwender spezielle Linienarten (z. B. für Baulinien und Baugrenzen) selbst erzeugen, abspeichern und wieder abrufen.

Die Linienbreiten wurden ebenfalls 1984 in DIN 15 neu festgelegt. In technischen Zeichnungen sollen danach nur noch zwei Linienbreiten im Verhältnis 2 : 1 verwendet werden. Zu bevorzugen sind die Linienbreiten 0,5 : 0,25 bzw. 0,7 : 0,35. Die geplotteten Linienbreiten sind von den Plotterstiften abhängig. Bei der Konstruktion wird einem Element nämlich nicht die Linienbreite, sondern ein Stift des Plotters zugewiesen. Die Stiftaufhängung im Stiftbehälter (Plotterkarussel) ist numeriert. Um die Linienbreiten DIN-gerecht zu erzeugen, muß die Stiftanordnung geplant sein.

Beispiel Stift Bestückung
        <1>   0,7
        <2>   0,25
        <3>   0,35
        <4>   0,5

Bei Tuschestiften ist die kontinuierliche Reihenfolge nicht immer einzuhalten. In unserem Beispiel ist der 0,7-Stift als Stift 1 angeordnet, da die innere Blattumrandung systemintern mit Stift 1 und die äußere mit Stift 2 gezeichnet werden. Man muß sein System also genau kennen und immer wieder im Handbuch nachschlagen.

Farben erleichtern das Unterscheiden von Objekten. Beim Konstruieren mit dem Farbbildschirm kann man durch genaue Dosierung der drei Grundfarben rot, grün und blau 16 bis 4096 verschiedene Farben zuweisen. Künftig werden schon auf PC-Ebene 262144 Farben möglich sein! Über den Befehl <FARBE> oder <F> weist man den Elementen bestimmte Farben zu, meist zusammen mit dem Stift oder der Ebene (s. Abschn. 2.4.3). Wählt man <FARBE1>, weist man also gleichzeitig den Plotterstift 1 oder die Ebene 1 zu.

Weitere elementbezogene Parameter sind auf bestimmte Anwendungen bezogen. Diese Parameter für Bemaßung, Beschriftung, Massenzuweisung und spezielle Zuweisungen für 3D-Elemente erläutern wir in den entsprechenden Abschnitten.

Darstellungsparameter → Bildschirmscalierung, Dezimalstellenanzeige, Hidden-Line, Fensterdefinition

Handhabungsbezogene Parameter → Maßeinheit, Raster, Hilfsanzeigen, Kontrollabfragen

Elementbezogene Parameter → Linienart, Linienbreite, Farbe

Rufen Sie die Zeichnung <IDENT> wieder auf und ändern Sie wie folgt:

a) Ändern Sie die Bildschirmscalierung auf 3000 in der Einheit <m>.

b) Schalten Sie das Raster ein. Abstände X = 100, Y = 50.

c) Die Koordinaten sollen mit 2 Dezimalstellen angezeigt werden.

d) Prüfen Sie mit Hilfe des Handbuchs, welche weiteren Einstellungen Ihr Programm verlangt.

5.5.2 Zoomfunktion

Die Bildschirmscalierung erlaubt die Darstellung von Zeichnungen mit einer Größe von mehreren Quadratkilometern. Die Bildschirmgröße beträgt aber meist 20 Zoll in der Diagonalen. Da größere Schirme die Arbeitsbedingungen nicht verbessern, stellen die Systeme die Funktion der Bildausschnittsänderung <ZOOM> zur Verfügung. Der Zoom-Befehl ermöglicht eine Vergrößerung oder Verkleinerung, ohne daß sich die gezeichnete (generierte) Größe des Elements ändert. Durch mehrmaliges Vergrößern lassen sich Teile eines Hauses oder einer Straße sogar im Maßstab 1 : 1 konstruieren.

Beispiele <ZOOM-Fenster> ist der häufigste Zoom-Befehl. Der zu vergrößernde Bildausschnitt wird mit einem Fenster identifiziert und vergrößert (**5.32**).

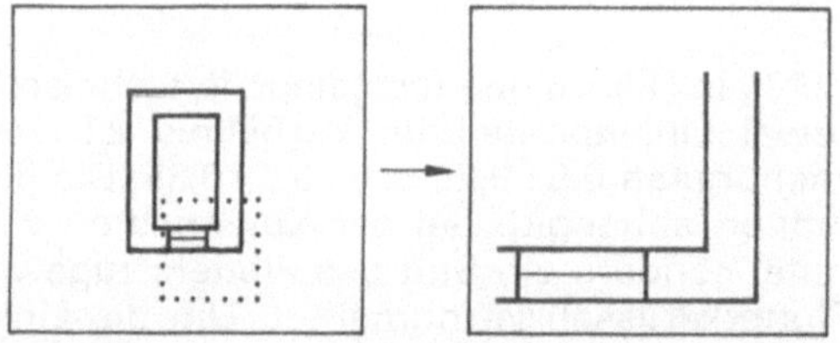

5.32 Zoom-Fenster

<ZOOM-Grenze> vergrößert das identifizierte Objekt bildschirmfüllend (**5.33**).

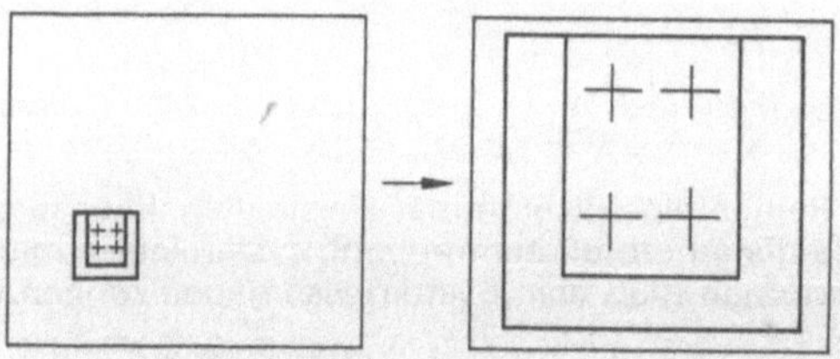

5.33 Zoom-Grenzen

<ZOOM-Mitte> ähnelt dem Befehl <ZOOM-Grenze>, doch wird hierbei ein identifizierter Punkt des Objekts in die Bildschirmmitte verschoben und das zugehörige Objekt bildschirmfüllend vergrößert (**5.34**).

<PANNING> (auch Panoramafunktion) erlaubt das Verschieben und Schwenken eines gezoomten Objekts meist über die Pfeiltasten in jeder Richtung auf dem Bildschirm (**5.35**).

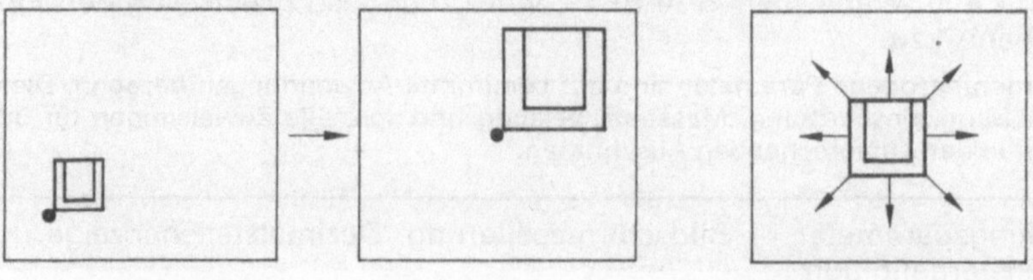

5.34 Zoom-Mitte   5.35 Panning

Während der Konstruktion muß der Anwender regelmäßig zwischen einzelnen gezoomten Bildschirmausschnitten und der Gesamtzeichnung wechseln. Damit man nicht fortwährend zoomen muß, kann man bei einigen Programmen die Bildschirmausschnitte unter einem Programmbefehl abspeichern und wieder aufrufen.

> Beim Zoomen werden Ausschnitte der Gesamtzeichnung in einer beliebigen Vergrößerung bzw. Verkleinerung auf dem Bildschirm dargestellt. So werden die Augen geschont, Fehleingaben vermieden und ein genaues Konstruieren teilweise erst möglich.

5.5.3 Ebenentechnik

Ebene. Die Ebenentechnik (Folien, Layer) ist unerläßlich zum Strukturieren einer Zeichnung. Ebenen kann man mit einzelnen Zeichenblättern vergleichen. Unterschiedliche Zeichnungselemente werden auf unterschiedlichen Blättern (Ebenen) erzeugt. Je nach Bedarf kann man die Blätter übereinanderlegen und so eine spezielle Zeichnung zusammenstellen. Ein Vernachlässigen dieser Funktion macht aus zwei Gründen das rechnerunterstützte Konstruieren unmöglich oder schränkt es zumindest stark ein:

– Der Grundriß eines Gebäudes kann aus den unterschiedlichsten Elementen bestehen: tragende und nichttragende Wände, Öffnungen, Bemaßung 1 : 100 bzw. 1 : 50, Beschriftungen, Möblierungen, Installationen usw. Der Grundriß wird mit allen diesen Elementen nicht der Ausführungszeichnung oder dem erforderlichen Grundriß des Bewehrungsplans entsprechen. Je nach Bedarf müssen bestimmte Zeichnungselemente eingefügt oder entfernt werden (**5.36**).

– Die Generierung von Ansichten, Schnitten und Perspektiven mit der Berechnung verdeckter Linien ist sehr rechner- und zeitintensiv. Viele für das Objekt bereits erzeugte Daten sind für diesen Arbeitsgang nicht erforderlich (z. B. Fundamente, Möblierungen, Decken und Innenwände). Sind diese Daten auf unterschiedlichen Ebenen abgelegt, spart man durch eine gezielte Auswahl Rechnerzeit und häufig auch Korrekturen.

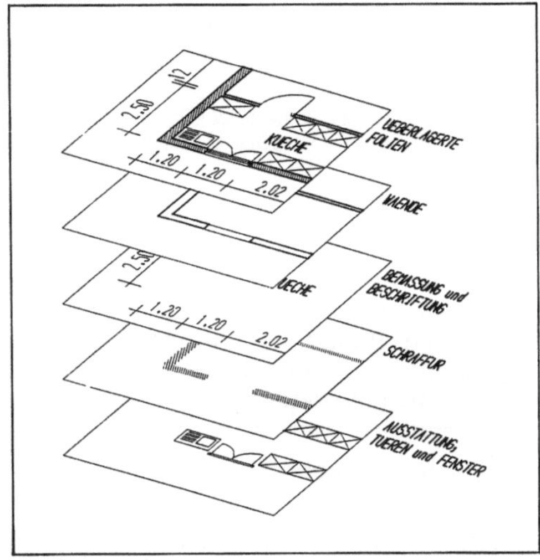

5.36 Aufteilung des EG in die Ebenen Wand, Bemaßung, Schraffur, Öffnungen, Ausstattung,

Im Baubereich werden deshalb z. B. Wände, Öffnungen, Bemaßungen, Beschriftungen, Möblierungen usw. auf unterschiedlichen Ebenen angeordnet. Man kann sich dann bei der Konstruktion am Schirm auf die notwendigen Ebenen beschränken, so daß sich das „Liniengestrüpp" für das Auge entwirrt.

Ebenenplan. Bei CAD-Programmen stehen 3 bis über 60 000 Ebenen zur Verfügung. Benannt werden sie durch Numerierung oder Namenszuweisung. Um nicht den Überblick über die belegten Ebenen zu verlieren und mitarbeitenden Kollegen das Auffinden der abgelegten Zeichnungsteile zu erleichtern, trifft man über die Ebenenbelegung eine Übereinkunft – einen Ebenenplan. Neuerdings legen große CAD-Bauprogramme grundlegende Zeichnungselemente nach einem internen Ebenenplan automatisch ab. Da sie hiermit jedoch nicht alle Elemente erfassen, ersetzen sie nicht den bürointernen Ebenenplan (**5.37**).

Ebenenplan

1. Gliederung Geschosse

Fundamente	1 – 999
Kellergeschoß	1000 – 1999
Erdgeschoß	2000 – 2999
1. Obergeschoß	3000 – 3999
2. Obergeschoß	4000 – 4999
Dachgeschoß	9000 – 9999

2. Gliederung Elementgruppen

Wände/Decke	x 100 – x 199
Fenster/Türen	x 200 – x 299
Bemaßung	x 300 – x 399
Linien/Schraffur	x 400 – x 499
Makros	x 500 – x 599
Texte	x 600 – x 699
Sänitär	x 700 – x 799
Elektro/Heizung	x 800 – x 899
Statik	x 900 – x 999

3. Gliederung Bauabschnitte

1. Bauabschnitt	xx1x
2. Bauabschnitt	xx2x
3. Bauabschnitt	xx3x
4. Bauabschnitt	xx4x

4. Gliederung Wände/Decken

Verblendung	xxx0
Trag. Mauerwerk	xxx2
nichttrag. Mauerwerk	xxx4
Decken	xxx6

4. Gliederung Linie/Bemaßung Text

Grobplanung	xxx0
100stel Planung	xxx2
50stel Planung	xxx4
Detailplanung	xxx6

Ansichtsergänzung

A1	28100 – 28199
A2	28200 – 28299
A3	28300 – 28399
A4	28400 – 28499

Schnittergänzung

S1	27100 – 27199
S2	27200 – 27299
S3	27300 – 27399
S4	27400 – 27499

Lageplan
15000 – 15999

Legende
16000 – 16999

3D-Darstellungen/Perspektiven
20000 – 20999

<u>Anwendungsbeispiele:</u> Tragende Wänd im Erdgeschoß, 1. Bauabschnitt ⟶ 2112
Bemaßung im Kellergeschoß 1:50, 1. Bauabschnitt ⟶ 1314

5.37   Beispiel für einen Ebenenplan mit über 30 000 Ebenen

Ebenen sind Zeichenblätter mit einzelnen Elementen einer Gesamtzeichnung, die je nach Bedarf zusammengefügt werden. Die Zuweisung der Elemente auf bestimmte Ebenen wird in einem Ebenenplan festgelegt. Ein einheitlicher Ebenenplan ist Voraussetzung für die CAD-Arbeit aller Benutzer.

Die Zeichnungsdefinition legt fest, welche Ebenen auf dem Bildschirm dargestellt oder geplottet werden sollen. Grundlage dafür ist der Ebenenplan.

Beispiel Anhand des Ebenenplans 5.37 ist für eine Bauantragszeichnung der Erdgeschoßgrundriß für die Bildschirmdarstellung oder den Plot zu definieren. Eine Definition Ebene 2000–2999 wäre zu umfassend, da hierbei auch 50stel Elemente und Installationen geplottet würden.

Ebene 2110–2114	tragende und nichttragende Wände, Verblendmauerwerk
Ebene 2210–2214	alle Öffnungen
Ebene 2312	Bemaßung 1 : 100
Ebene 2412	Linien und Schraffuren für die 100stel Planung
Ebene 2512	Makros ⇒ Möblierung, Nordpfeil usw. für 100stel Planung
Ebene 2612	Texte und Beschriftung für 100stel Planung

Auf den ersten Blick erscheint ein Ebenenplan und die darauf aufbauende Zeichnungsdefinition etwas verwirrend. Ist der Plan aber logisch durchdacht, leuchtet er sehr rasch ein. Erfahrungen zeigen, daß Bauzeichner in kürzester Zeit problemlos damit arbeiten. Einige Programme speichern die in einer Zeichnungsdefinition zusammengefaßten Ebenen unter einer Kurzbezeichnung (z. B. <GREG> = Grundriß EG) ab. Ruft man diese Kurzbezeichnung auf, werden bei jedem künftigen Objekt die definierten Ebenen auf dem Schirm erzeugt bzw. geplottet.

5.5.4 Berechnungsfunktion

Die hohe Rechengeschwindigkeit des Computers wurde schon vor der CAD-Technik für technische Berechnungen genutzt, vor allem in Statikbüros. Jedes CAD-Programm sollte zumindest über die Taschenrechnerfunktionen verfügen, aktiviert meist über einen Programmbefehl. Die eingegebenen Werte und die Ergebnisse sind in der unteren bzw. oberen Bildschirmzeile abzulesen. Je nach Anwendungsgebiet des Programms sind vielfältige Berechnungen möglich.

Beispiele   **Hochbau:** Wohn- und Nutzflächenberechnung, Mengenermittlung, Wärme- und Schallschutzberechnungen.

Ingenieurbau: Schwerpunkte, Momente, Spannungen und Verformungen

Mit der Finite-Element-Methode (FEM) zerlegt man komplizierte Bauteile (Knoten) in einfachste Grundelemente, wobei Gleichungen mit mehreren tausend Unbekannten entstehen können. Nur der Rechner kann noch an jeder Knotenstelle die Verformungen und Spannungen ermitteln (s. Abschn. 15).

Tiefbau: Mengenermittlungen, Gradienten, Klotoiden, Neigungen und NN-Höhen.

Das anzustrebende Fernziel ist eine vollautomatische Berechnung und Konstruktion von Baukörpern auf der Grundlage der Geometriedaten. Während man heutzutage alles mit dem Computer berechnen und fast alles im CAD-Bereich geometrisch erzeugen kann, gibt es für die Integration Berechnung/CAD einstweilen nur Einzellösungen.

Übung 6   CAD 2D: Zoom, Ebenen, Berechnen

Rufen Sie die Zeichnung <IDENT> oder eine beliebige andere Zeichnung auf.

a) Zoomen Sie Einzelteile der Zeichnung. Benutzen Sie dabei alle Zoom-Funktionen Ihres Programms.

b) Speichern Sie gezoomte Zeichnungsausschnitte ab und rufen Sie sie anschließend wieder auf.

c) Prüfen Sie, auf welchen Ebenen die Zeichnungselemente abgelegt sind. Erstellen Sie eine Zeichnungsdefinition, die diese Ebenen ausschließt. Wenn Sie die Definition aufrufen, müssen alle Zeichnungselemente ausgeblendet sein.

d) Aktivieren Sie die Taschenrechnerfunktion. Führen Sie einige Berechnungen durch!

Aufgaben zu Abschnitt 5

1. Worin liegen die Unterschiede zwischen dem Standard- und dem CAD-Arbeitsplatz?

2. Warum reicht die Tastatur als Eingabegerät in der CAD-Technik nicht aus?

3. Welche Eingabegeräte unterstützen die Tastatur?

4. Warum brauchen Grafikschirme hohe Auflösungen?

5. Womit können die Daten eines CAD-Programms gesichert werden?

6. Nennen Sie Unterscheidungskriterien von CAD-Programmen.

7. Wie erzeugen 2 1/2 D-Programme einen „räumlichen Körper"?

8. Welche Unterschiede in der Erfassung räumlicher Punkte bestehen zwischen dem kartesischen und dem polaren Koordinatensystem?

9. Überlegen Sie, wann die Bildschirmarbeit mit absoluten und wann mit relativen Koordinaten sinnvoller ist.

10. Bei welchen Konstruktionen sollte man sinnvoll mit der Translation und Rotation arbeiten?

11. Unterscheiden Sie die Positionierungsmöglichkeiten nach der Genauigkeit.

12. Warum ist das Identifizieren Voraussetzung für die Weiterbearbeitung bereits eingegebener Elemente?

13. Unterscheiden Sie die Identifizierungsmöglichkeiten.

14. Welche Aufgabe haben die Hilfsfunktionen?

15. Ein Bauwerk hat die Abmessungen 16,49 x 23,99 m. Welche Bildschirmscalierung ist zu wählen?

16. Welchen entscheidenden Vorteil hat die Arbeit mit mehreren Fenstern bei 3D-Konstruktionen?

17. Was versteht man unter handhabungsbezogenen Parametern?

18. Welche Anforderungen an CAD-Programme werden hinsichtlich Linienarten und -breiten gestellt?

19. Wie weist man Linienbreiten einem Element zu?

20. Welche Beziehungen können zwischen Linienbreite, Ebene und Farbe bestehen?

21. Welche Möglichkeiten des Zoomes bieten CAD-Programme an? Warum sollte der Anwender diese Funktionen grundsätzlich nutzen?

22. Was versteht man unter einer Ebene?

23. Auf welche Ebene wird eine Öffnung im Verblender des 3. Obergeschosses (1. Bauabschnitt) in der Ausführungszeichnung nach dem Ebenenplan **5.37** gelegt?

24. Warum ist ein Ebenenplan Voraussetzung für eine praxisgerechte CAD-Arbeit?

25. Über welche Berechnungsfunktionen sollte ein CAD-Programm in Ihrem Anwendungsbereich verfügen?

6 Eingabe und Korrektur grafischer Grundelemente

Beim rechnerunterstützten Konstruieren unterscheidet sich die Art der grafischen Elemente (Operanden) nur unwesentlich vom traditionellen Zeichnen, wie Bild **6.1** zeigt.

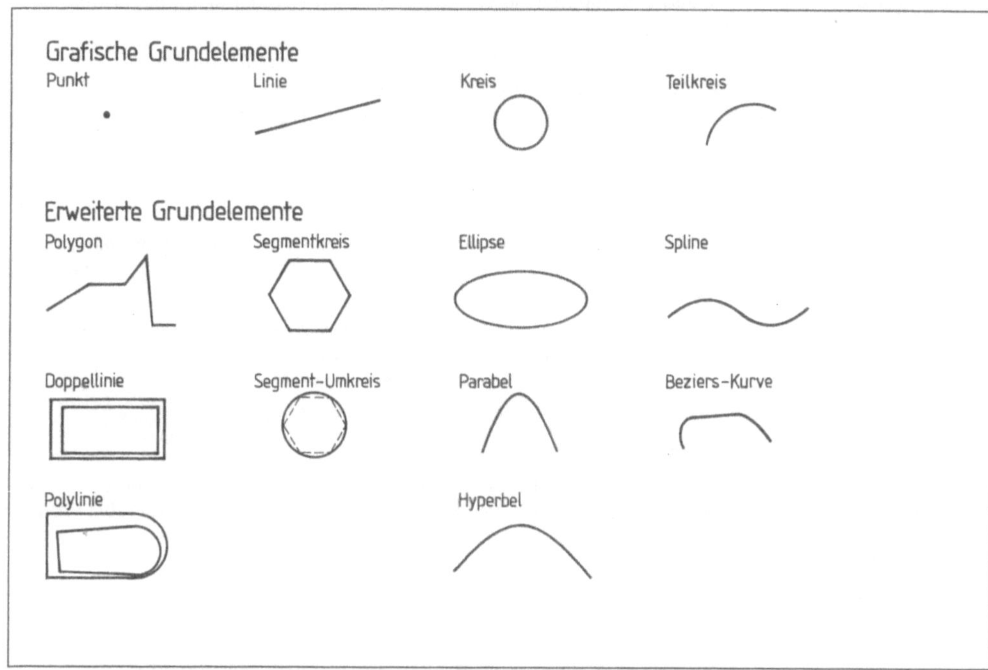

6.1 Grafische und erweiterte Grundelemente

6.1 Punktelement

Der Punkt ist das einfachste grafische Grundelement (Operand). Meist dient er nur als Konstruktionshilfe und wird deshalb selten verwendet. Zusammen mit den Identifizierungsfunktionen kann man ihn z. B. zum Fixieren von Bezugspunkten benutzen.

Ein CAD-System definiert den Punkt durch seine Abstände zur X- und Y-Achse (**6.2**).

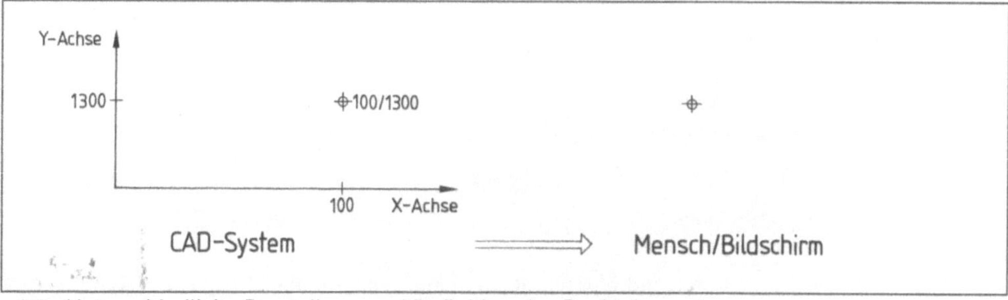

6.2 Unterschiedliche Darstellung und Definition des Punktelements

Nur diese Abstände werden als Koordinatenpaar x/y in der Datenbank gespeichert. Da dies nicht dem menschlichen Verständnis und dem traditionellen Zeichnen entspricht, wird das Koordinatenpaar vom Programm zu einem Lichtpunkt auf dem Bildschirm bzw. „Tupfer" auf dem Plot umgewandelt.

Um Punkte auf dem Bildschirm anwenderfreundlich darzustellen, erzeugen einige Programme Kreise, Kreise mit Achsen, Quadrate usw. Diese Darstellungen sind aber nur bildschirmbezogen und werden nicht geplottet.

Datenbankkontrolle. Kontrolliert man die Eingaben in der Koordinatenliste der Datenbank, sind deshalb nur die x- und y-Koordinaten des Anfangspunkts (Xanf, Yanf) unter der Speichernummer (Sp.Nr.) und Elementnummer (El.Nr.) abgelegt.

Sp.Nr	El.Nr.	Xanf	Yanf	Zanf	Xend	Yend	Zend
1	1	100.000	1300.000	0	0.000	0.000	0

Je nach Programm sind weitere Felder in der Datenbank den jeweiligen Koordinatenpaaren bzw. Speichernummern zugeordnet. Sie sind zu diesem Zeitpunkt jedoch noch alle auf Null gesetzt, da erst weitere Eingaben bzw. Zuweisungen erfolgen müssen.

> Der Punkt wird durch seine x- und y-Koordinaten definiert.

Übung 1   CAD 2D: Grafische Grundelemente

Erstellen Sie eine Zeichnung <GRAF2D> (zweidimensionale grafische Elemente). Scalieren Sie den Bildschirm auf 2500 Einheiten. Erzeugen Sie ein Punktelement mit den Koordinaten 100/1300 und kontrollieren Sie die Eingabe in der Datenbank.

6.2 Linie

Die Linie ist das am häufigsten verwendete grafische Element. Die wichtigsten Eingaberoutinen sind:

Anfangspunkt → Endpunkt

Anfangspunkt → Länge

Anfangspunkt → Länge → Winkel

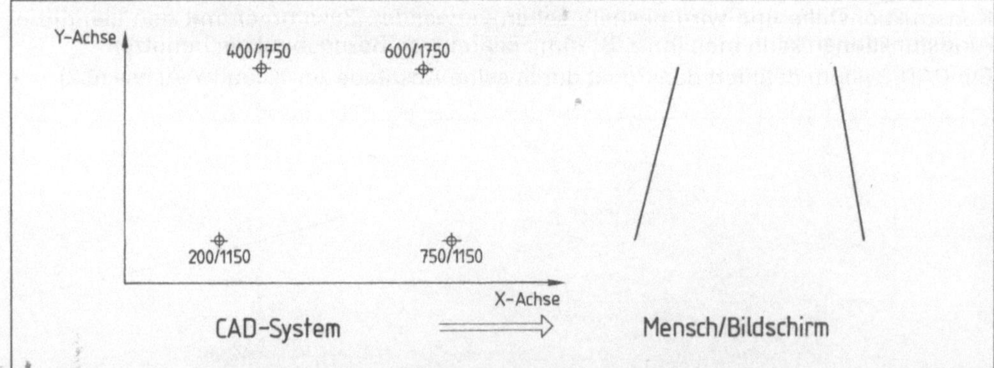

6.3 Unterschiedliche Darstellung und Definition der Linie. Nur für den Menschen werden die definierten Anfangs- und Endpunkte auf dem Bildschirm verbunden

Bei fast allen Programmen sind rechnerintern nur der Anfangs- und der Endpunkt maßgebend. Selbst wenn Anfangspunkt, Länge und Winkel eingegeben werden, ermittelt sich das Programm den Endpunkt und speichert ausschließlich die Koordinaten in der Datenbank (**6.3** auf S. 108). Folglich „sieht" das CAD-Programm Linien mit anderen Augen als der Mensch. Während wir eine Linie als Strich definieren, kennt das Programm nur die Koordinaten.

Die Datenbankkontrolle bestätigt, daß nur Xanf bzw. Yanf und Xend bzw. Yend gespeichert sind.

Sp.Nr	El.Nr.	Xanf	Yanf	Zanf	Xend	Yend	Zend
2	2	200.000	1150.000	0	400.000	1750.000	0
3	3	600.000	1750.000	0	750.000	1150.000	0

> Eine Linie wird durch die x- und y-Koordinaten ihres Anfangs- und Endpunkts definiert.

Übung 2 2D: Grafische Grundelemente

Rufen Sie die Zeichnung <GRAF2D> auf und erzeugen Sie die beiden Linien in Bild **6.3**. Kontrollieren Sie die Eingabe in der Datenbank. Stellen Sie fest, über welche Eingaberoutinen ihr Programm verfügt.

Exkurs: rechnerinterne Erzeugung einer Linie. Wenn das Programm die Koordinaten des Anfangs- und Endpunkts kennt, hat es noch keine Linie auf dem Bildschirm erzeugt. Erst muß es viele Berechnungen durchführen, denn CAD ist angewandte Mathematik.

Beispiel Um die Linie in Bild **6.4** zeichnerisch darzustellen, müssen die Koordinatenpaare der Linie zwischen Anfangs- und Endpunkt nach einem programmintern festgelegten Abstand (Step/Intervall) berechnet werden. Die Koordinaten sind abhängig

- von der Steigung <m> der Linie,
- von der Verschiebung der Linie zum absoluten Nullpunkt auf der Y-Achse <b>,
- vom Abstand des Linienpunkts zum absoluten Nullpunkt auf der X-Achse <x>.

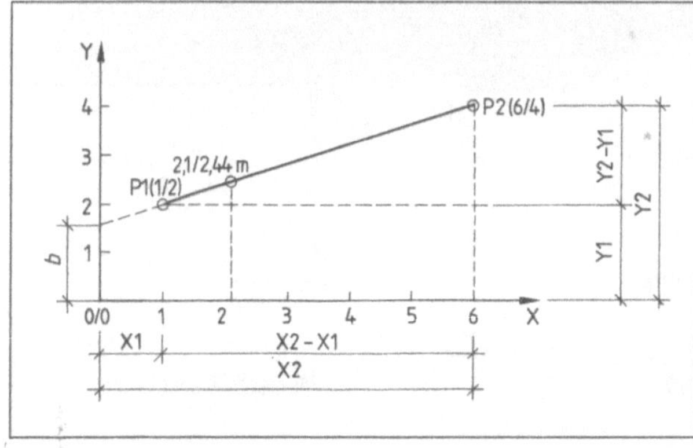

6.4
Rechnerinterne Erzeugung einer Linie

Während die Steigung m und die Verschiebung b immer konstant sind, ändert sich der Abstand auf der X-Achse nach dem vom Programm vorgegebenen Abstand x. Da jeder

<table>
<tr><td>

Beispiel,
Fort-
setzung

</td><td>

Punkt (geometrischer Ort) durch zwei Koordinaten bestimmt wird, berechnet man den y-Wert nach der Formel

</td></tr>
</table>

$$y = mx + b.$$

Berechnen der Steigung m. Jede Steigung wird angegeben durch das Verhältnis ihrer Höhe h zur Länge l. D. h.

$m = (y2 - y1) : (x2 - x1) = (4 - 2) : (6 - 1) = 2 : 5 = \mathbf{0{,}4}\ (1 : 2{,}5)$

Berechnen der Verschiebung b auf der Y-Achse, bezogen auf P1 (1/2). Legen wir die Formel $y = mx + b$ zugrunde und lösen wir sie nach b auf, ergibt sich:

$b = y - mx = 2 - 0{,}4 \cdot 1 = \mathbf{1{,}6}$

Berechnen der y-**Werte.** Mit Hilfe der beiden Konstanten m und b erhalten wir nach dem festgelegten Abstand auf der X-Achse den jeweiligen y-Wert, z. B. bei x = 2,1:

$y = mx + b = 0{,}4 \cdot 2{,}1 + 1{,}6 = \mathbf{2{,}44}$

Das Programm sucht sich dann den Bildschirmpixel, der dem Koordinatenpaar 2,1/2,44 am nächsten liegt, und erhellt ihn. Je dichter die Pixel liegen (Auflösung) und je mehr Koordinatenpaare berechnet werden, desto genauer wird die Bildschirmdarstellung.

6.3 Polygon, Doppellinie

Beim Konstruieren am Bildschirm ist oft eine zusammenhängende Folge von Linien einzugeben. Um nicht immer den Endpunkt der vorangegangenen Linie als Anfangspunkt der nächsten zu bestimmen, verfügt fast jedes CAD-Programm über einen Befehl, daß der Endpunkt der vorangegangenen Linie automatisch übernommen wird. Jede Linie wird dabei als selbständiges Element behandelt und erhält eine fortlaufende Nummer in der Datenbank.

Das Polygon besteht zwar aus beliebig vielen Linienelementen, und der Endpunkt seiner vorangegangenen Linie bildet gleichzeitig den Anfangspunkt der folgenden, doch werden im Gegensatz zur oben beschriebenen Möglichkeit alle Linien als e i n Element behandelt, für das nur e i n e Elementnummer vergeben wird. Je nach Konstruktion erschweren oder erleichtern sich dadurch Identifikation, Korrektur, Manipulation oder Spezifikation. Geschicklichkeit und Erfahrung des Anwenders sind gefordert!

Das Programm definiert das Polygon wie die Linie, übernimmt also nur die Koordinaten des Anfangs- und Endpunkts (**6.5**).

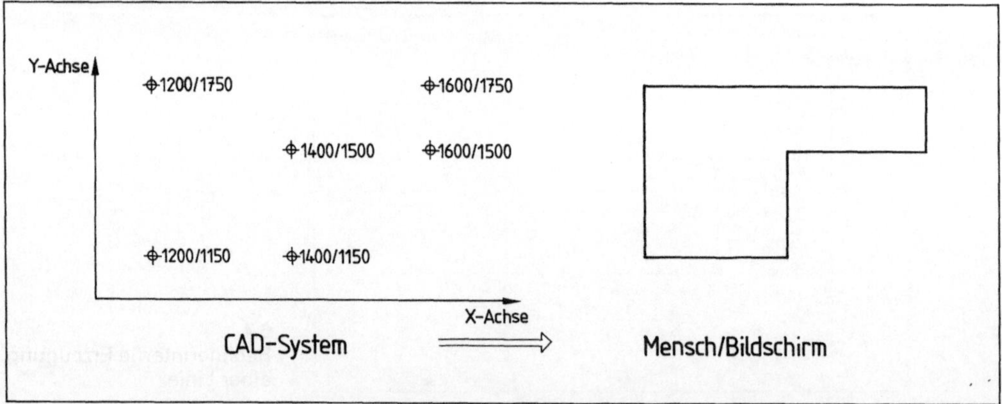

6.5 Unterschiedliche Darstellung und Definition des Polygons. Nur für den Menschen werden die vom Programm koordinatenmäßig erfaßten Punkte verbunden

Datenbankkontrolle

```
Sp.Nr.  El.Nr.  Xanf       Yanf       Zanf   Xend       Yend       Zend
 4       4      1200.000   1150.000   0      1200.000   1750.000   0
 5       4      1200.000   1750.000   0      1600.000   1750.000   0
 6       4      1600.000   1750.000   0      1600.000   1500.000   0
 7       4      1600.000   1500.000   0      1400.000   1500.000   0
 8       4      1400.000   1500.000   0      1400.000   1150.000   0
 9       4      1400.000   1150.000   0      1200.000   1150.000   0
```

> Polygone bestehen aus einer Vielzahl von Linien. Das CAD-Programm speichert
> nur die Koordinaten der Anfangs- und Endpunkte. Dabei werden ab der 2. Linie
> die Koordinaten vom Endpunkt der vorangegangenen Linie automatisch als
> Anfangspunkt der folgenden übernommen.

Um die Linienfolge im Polygon zu schließen, erteilt der Anwender den entsprechenden Befehl, meist <S> = schließen oder <C> = close.

Übung 3   CAD 2D: Grafische Grundelemente

Rufen Sie die Zeichnung <GRAF2D> wieder auf und erstellen Sie den Polygonzug von 1200/1150 nach 1200/1750 nach 1600/1750 nach 1600/1500 nach 1400/1500 nach 1400/1150. Schließen Sie dann den Polygonzug. Prüfen Sie die Richtigkeit der Eingabe in der Datenbank.

Doppellinie (Band, Balken). Oft sind gerade im Baubereich Doppellinien zu erzeugen (z. B. Wände in 2D-Darstellung). Solche Elemente gibt man wie Linien oder Polygone ein, muß aber je nach Programm vor Bestätigen des Anfangs- oder Endpunkts den Abstand (die Wanddicke) der Linien eingeben. Die CAD-Programme unterscheiden sich bei der Eingabe in der Lage der Bezugslinie (**6.6**). Der wesentliche Qualitätsunter-

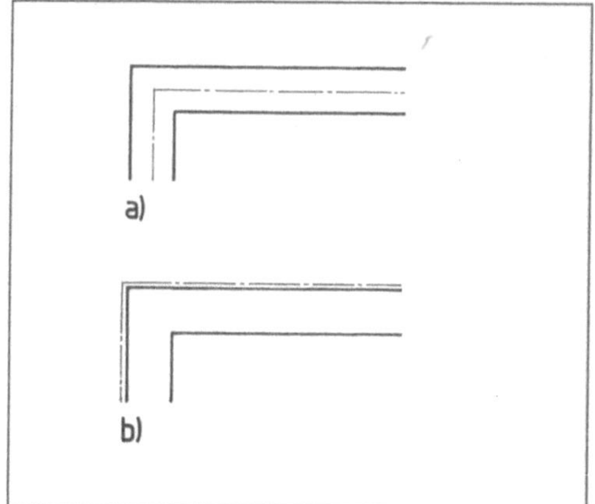

6.6   Bezugslinien bei Eingabe der Doppellinie
    a) mittig,
    b) links außen

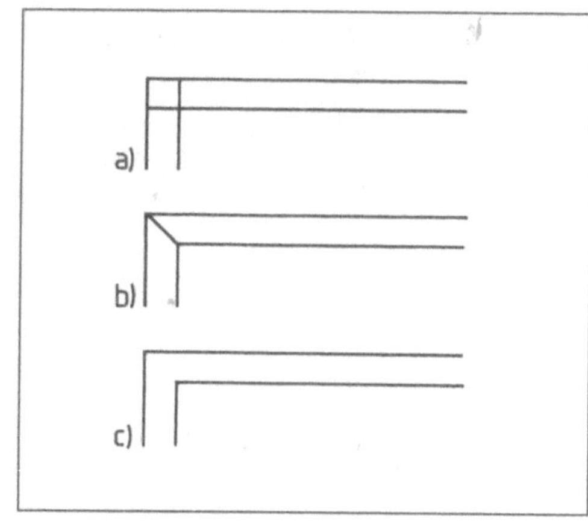

6.7   Bildschirm- und Plotdarstellungen der Doppellinie
    a) mit Überschneidung, b) ohne Überschneidung, aber mit Verbindungslinie,
    c) ohne Überschneidung und ohne Verbindungslinie

schied liegt jedoch in der Schnittpunktberechnung. Doppellinien werden in der Regel als Polygone erzeugt, was zu Überschneidungen an den Ecken führt (**6.7**). Um nicht fortwährend die Schnittpunktfunktionen aufrufen zu müssen, sollte die Schnittpunktberechnung automatisiert sein.

Überschneidungen sind zu vermeiden, da die Massen sonst bei der Weiterverarbeitung zur Massenermittlung, Kalkulation usw. an den Ecken doppelt ermittelt werden. Im Baubereich – besonders bei der Wandeingabe – ist auch die Verbindungslinie zu vermeiden. Optimal sind Programme, bei denen man die Verbindungslinie mit einem Schalter (Befehl oder Voreinstellung) ausschalten kann.

Auch bei der Doppellinie ermittelt sich das Programm ausschließlich die Koordinaten (**6.8**).

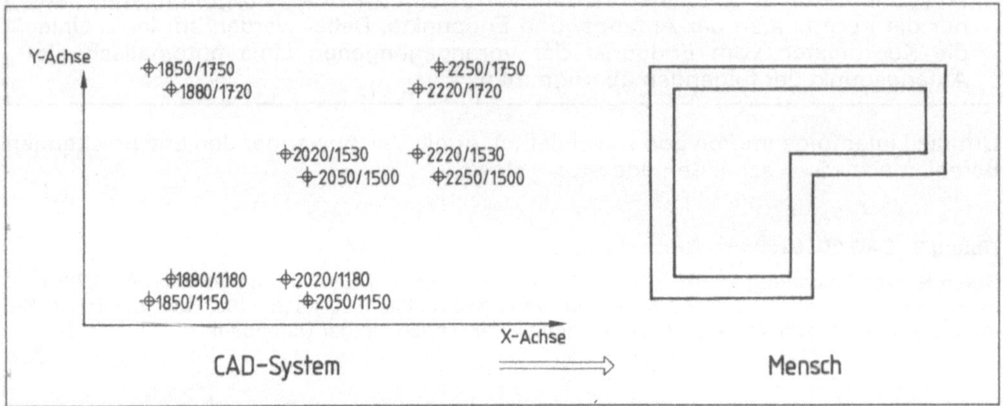

6.8 Unterschiedliche Darstellung und Definition der Doppellinie

Datenbankkontrolle

Sp.Nr.	El.Nr.	Xanf	Yanf	Zanf	Xend	Yend	Zend
10	5	1850.000	1150.000	0	1850.000	1750.000	0
11	5	1880.000	1180.000	0	1880.000	1720.000	0
12	5	1850.000	1750.000	0	2250.000	1750.000	0
13	5	1880.000	1720.000	0	2220.000	1720.000	0
14	5	2250.000	1750.000	0	2250.000	1500.000	0
15	5	2220.000	1720.000	0	2220.000	1530.000	0
16	5	2250.000	1500.000	0	2050.000	1500.000	0
17	5	2220.000	1530.000	0	2020.000	1530.000	0
18	5	2050.000	1500.000	0	2050.000	1150.000	0
19	5	2020.000	1530.000	0	2020.000	1180.000	0
20	5	2050.000	1150.000	0	1850.000	1150.000	0
21	5	2020.000	1180.000	0	1880.000	1180.000	0

Doppellinien werden wie Polygone eingegeben. Nur die Bezugslinie ist vom Anwender koordinatenmäßig zu definieren, während die Koordinaten der Parallellinie anhand der vorgegebenen Breite (Wanddicke) vom Programm berechnet werden.

Rufen Sie die Zeichnung <GRAF2D> wieder auf und erzeugen Sie folgendes 30 cm breites Mauerwerk als 2D-Darstellung mit einer Doppellinie (die Koordinaten beziehen sich auf die Außenecken!): Von 1850/1150 nach 1850/1750 nach 2250/1750 nach 2250/1500 nach 2050/1500 nach 2050/1150. Schließen Sie den Polygonzug. Die Aufgabe entspricht der Skizze und dem Datenbankauszug.

6.4   Kreis

CAD-Programme definieren Linien- und Kreiselemente im Prinzip gleich.

Der Normalkreis ist für das CAD-Programm eine gleichmäßig gekrümmte Linie, deren Anfangs- und Endpunkt auf der gleichen x/y-Koordinate liegen (**6.9a**).

Der Segmentkreis besteht dagegen aus einer Vielzahl von Linien (Segmenten). Beim Segmentkreis aus 6 Linien sprechen wir nach unserem Verständnis von einem Sechseck (**6.9b**). Je mehr Segmente benutzt werden, desto genauer wird die Kreisdarstellung (**6.9c**). In der Praxis erzeugt man deshalb Segmentkreise aus etwa 100 Segmenten.

Umkreis. Noch leistungsfähigere Programme berechnen sich intern aus dem Segmentkreis/-vieleck den Umkreis. Dadurch sind eine exakte Kreisdarstellung gewährleistet und zusätzlich viele Punkte auf dem Kreisumfang koordinatenmäßig erfaßt (**6.9d**).

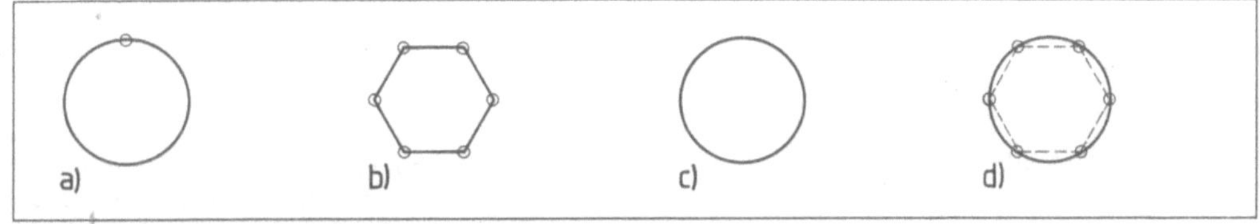

6.9   Erzeugen eines Kreises
    a) Normalkreis, b) Segmentkreis aus 6 Segmenten, c) Segmentkreis mit 50 Segmenten,
    d) Umkreis

Die Eingaberouten sind bei den Programmen meist identisch. Das Programm braucht die gleichen Angaben, die der Zeichner beim herkömmlichen Zeichnen von geometrischen Grundkonstruktionen her kennt (**6.10**):

- Mittelpunkt des Kreises und Durchmesser oder
- Mittelpunkt des Kreises und Radius oder
- mindestens 3 Punkte auf dem Umfang.

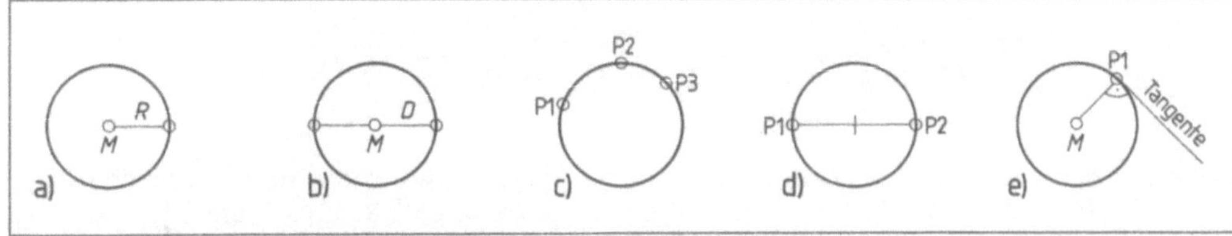

6.10   Eingaberoutinen für Vollkreise
    a) Mittelpunkt und Radius, b) Mittelpunkt und Durchmesser, c) 3 Punkte auf dem Umfang,
    d) 2 Punkte auf dem Umfang, e) Mittelpunkt und Tangente

Einige Sonderkonstruktionen sind noch möglich, z. B.:

- 2 Punkte auf dem Umfang, wenn sie auf einer Achse liegen.
- Mittelpunkt und eine Tangente.

Unabhängig von der Eingaberoutine definiert ein CAD-Programm den Vollkreis immer gleich. Es speichert nur die Koordinaten des Mittelpunkts, des Anfangs- und Endpunkts, zur Unterscheidung vom Teilkreis/Bogen die Winkellänge WL (360° bzw. 400gon) und den Winkelanfang WA.

Um die Arbeitsweise eines CAD-Programms beim Erzeugen eines Kreises, vor allem im Hinblick auf den Winkelanfang, zu verstehen, sind Kenntnisse über die Winkeleingaben erforderlich.

Winkeleingaben. CAD-Programme arbeiten zunächst stets mathematisch positiv, d. h. gegen den Uhrzeigersinn. Winkel 0 befindet sich dabei immer rechts von der aktuellen Cursorposition auf der positiven X-Achse. Nur wenn die Startrichtung nach rechts vorgegeben oder durch ein Minus geändert wird, arbeitet das Programm im Uhrzeigersinn (**6.11**).

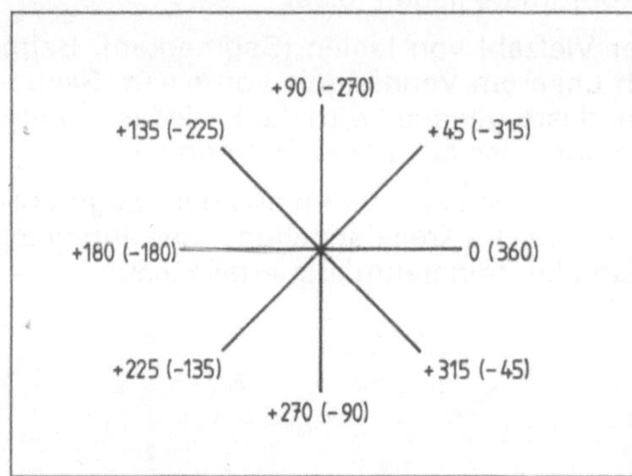

6.11 Winkeldefinition

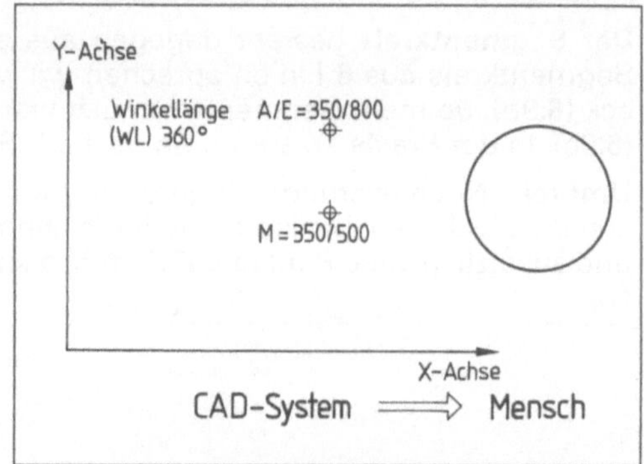

6.12 Unterschiedliche Darstellung und Definition des Kreises. Nur für den Menschen wird der Anfangspunkt, der beim Vollkreis gleichzeitig der Endpunkt der gekrümmten Linie ist, sichtbar mit dem Endpunkt verbunden

Bild **6.12** zeigt die Kreisdarstellung.

> Die Winkelgrade verlaufen mathematisch positiv, das heißt linksherum.

Datenbankkontrolle

Sp.Nr.	El.Nr.	Xanf	Yanf	Zanf	Xend	Yend	Zend	Xmitpkt	Ymitpkt	WA	WL
22	6	350.000	800.000	0	350.000	800.000	0	350.000	500.000	90	360

Wie bei der Linie sind die Koordinaten des Anfangs- und Endpunkts gespeichert. Aus der Differenz der Koordinaten des Mittelpunkts (Xmitpkt, Ymitpkt) und des Anfangs- bzw. Endpunkts kann das Programm jederzeit den Radius bzw. Durchmesser berechnen. Im Beispiel **6.12** ist der Radius 800 − 500 = 300 Einheiten, die Winkellänge WL beträgt 360°. Folglich handelt es sich um einen Vollkreis.

Ein Vergleich des Kreises **6**.12 mit dem zugehörigen Datenbankauszug zeigt, daß dieser Normalkreis durch einen Punkt auf der Y-Achse (WA = 90°) bestimmt wurde. Nur diesen Punkt kann das Programm zunächst identifizieren.

> CAD-Programme definieren Kreise nach den Koordinaten des Anfangspunkts = Endpunkt und nach den Koordinaten des Mittelpunkts.
>
> Unterschieden werden Normalkreise, Segmentkreise und die Segmentkreis/Umkreis-Funktion.

Die Normalkreise haben den Nachteil, daß nur 1 Punkt auf dem Umfang koordinatenmäßig bestimmt ist. Soll der Kreis weiterbearbeitet werden, ist er nur eingeschränkt verwendbar. Identifikationen auf dem Umfang können nicht beliebig durchgeführt, nicht alle Manipulationsfunktionen angewendet werden.

Der Segmentkreis bietet die Voraussetzung zur uneingeschränkten Weiterverarbeitung. Da jedoch viele Linien bzw. Anfangs- und Endpunkte systemintern zu definieren sind, wird erheblich mehr Speicherplatz gebraucht und verlangsamt sich dadurch der Bildaufbau.

Segmentkreis/Umkreis-Funktion. Einige Programme bieten deshalb einen Schalter Normalkreis/Segmentkreis, während andere von vornherein Segmentkreise mit so vielen Linien erzeugen, daß das menschliche Auge keinen Unterschied zwischen den beiden Kreisarten feststellt. Da die Hardwarepreise fallen, die Speicherkapazität zunimmt und die Prozessoren immer leistungsfähiger werden, düften künftig wohl fast alle Programme die Segmentkreis/Umkreis-Funktion verwenden.

Übung 5   CAD 2D: Grafische Grundelemente

Rufen Sie die Zeichnung <GRAF2D> wieder auf und erzeugen Sie diesen Kreis: Mittelpunkt 350/500, Radius 300, Anfangspunkt WA 90°. Prüfen Sie, welche Eingaberoutinen Ihnen zur Verfügung stehen und auf welche Art die Kreise erzeugt (generiert) werden. Prüfen Sie außerdem die Eingabe in der Datenbank.

6.5 Teilkreis/Bogen

Ein CAD-Programm kennt eigentlich nur Teilkreise. Selbst der Vollkreis ist ein Teilkreis – mit der Besonderheit, daß Anfangs- und Endpunkt zusammenfallen. Die Eingaberoutinen orientieren sich am traditionellen Zeichnen, da die gleichen geometrischen Funktionen und Anforderungen zu berücksichtigen sind (**6**.13).

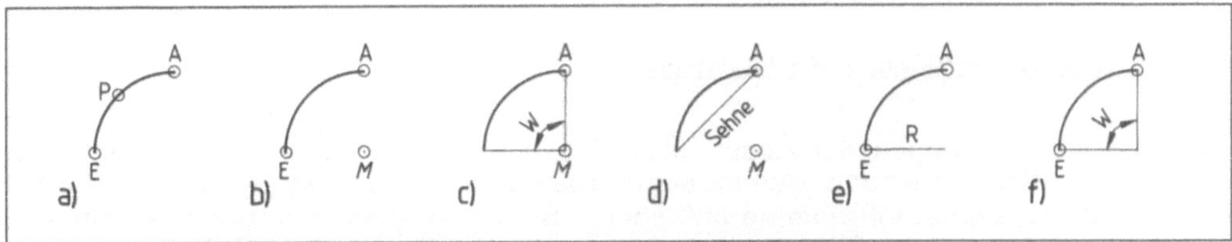

6.13   Eingaberoutinen für Teilkreise
a) Anfangspunkt, Punkt auf Umfang und Endpunkt, b) Anfangspunkt, Mittelpunkt und Endpunkt, c) Anfangspunkt, Mittelpunkt und Winkel, d) Anfangspunkt, Mittelpunkt und Sehne, e) Anfangspunkt, Endpunkt und Radius, f) Anfangspunkt, Endpunkt und Winkel

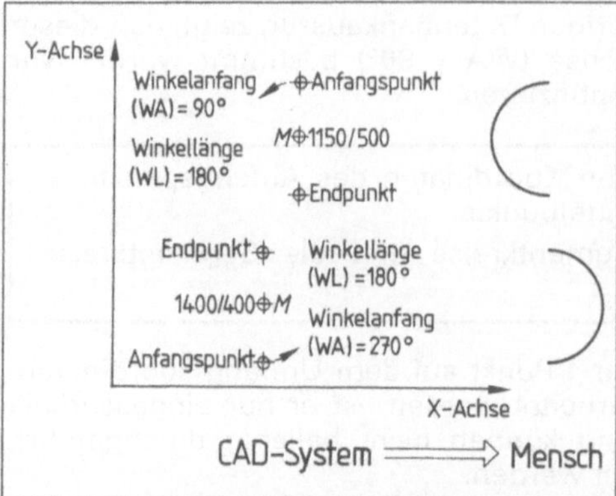

6.14 Unterschiedliche Darstellung und Definition von Teilkreisen. Nur für den Menschen werden die definierten Koordinatenpunkte auf dem Bildschirm verbunden

Normale Eingaberoutinen

- Anfangspunkt, beliebiger Punkt auf dem Umfang und Endpunkt oder
- Anfangspunkt, Mittelpunkt und Endpunkt oder
- Anfangspunkt, Mittelpunkt und Winkel.

Weitere Routinen sind möglich, z. B.:

- Anfangspunkt, Mittelpunkt und Sehne,
- Anfangspunkt, Endpunkt und Radius.
- Anfangspunkt, Endpunkt und Winkel.

Da CAD-Programme mathematisch positiv arbeiten, ist auch bei den Teilkreisen die Laufrichtung linksherum zu beachten (**6.14**).

Datenbankkontrolle

Sp.Nr.	El.Nr.	Xanf	Yanf	Zanf	Xend	Yend	Zend	Xmitpkt	Ymitpkt	WA	WL
23	7	1150.000	800.000	0	1150.000	200.000	0	1150.000	500.000	90	180
24	8	1250.000	200.000	0	1250.000	800.000	0	1250.000	500.000	270	180

Teilkreise/Bögen werden nach den Koordinaten des Mittelpunkts, Anfangs- und Endpunkts sowie nach der Winkellänge (WL) und dem Winkelanfang (WA) definiert.

Übung 6 CAD   2D: Grafische Grundelemente

Rufen Sie die Zeichnung <GRAF2D> wieder auf und erzeugen Sie folgende Teilkreise:

a) Mittelpunkt 1150/500, Radius 300, WA 90°, WL 180°,

b) Mittelpunkt 1250/500, Radius 300, WA 270°, WL 180°

c) Mittelpunkt 2050/500, Radius 300, WA 90°, WL 270°.

6.6 Zusammenfassende Übungen

Wenn Sie die Übungen der Abschnitte 6.1 bis 6.5 am Rechner gelöst haben,ist die Zeichnung <GRAF2D> fertiggestellt; auf dem Bildschirm erscheinen die Elemente **6.**15. Treten bei der Eingabe Probleme auf, sollten Sie diese Abschnitte nochmals aufmerksam durcharbeiten, damit Sie die grundlegende Arbeitsweise eines CAD-Programms beherrschen. Alle anderen Übungen bauen auf diesem Verständnis auf.

Die Datenbankeintragungen könnten das folgende Format haben. Wie schon erwähnt, liegt diesen Eintragungen eine „gedachte Datenbank" zugrunde, die nur die für diese

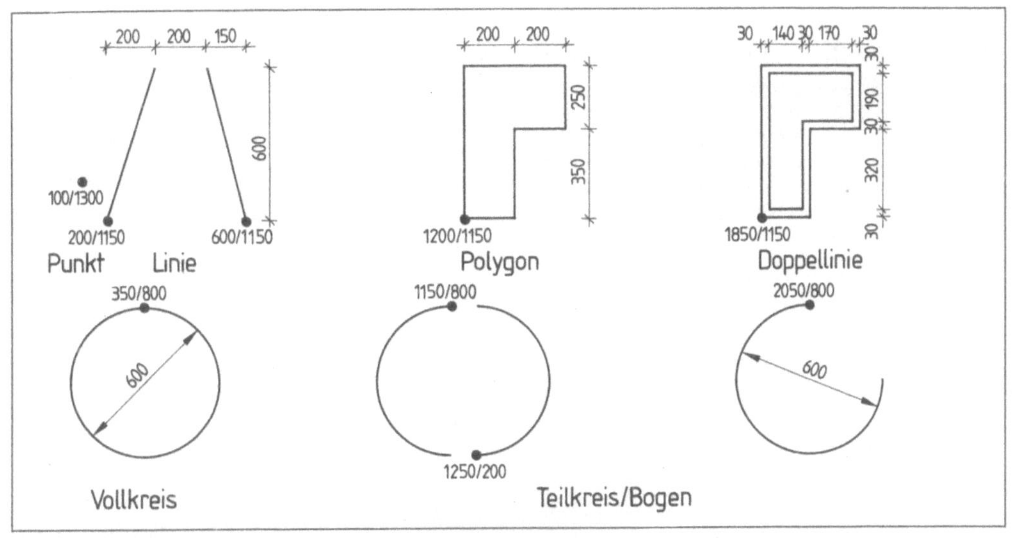

6.15   Zweidimensionale grafische Grundelemente <GRAF2D>

Übung erforderlichen Felder berücksichtigt. Aufteilung und Anordnung sowie Anzahl der Felder unterscheiden sich von Programm zu Programm.

Sp.Nr.	El.Nr.	Xanf	Yanf	Zanf	Xend	Yend	Zend	Xmitpkt	Ymitpkt	WA	WL	
1	1	100.000	1300.000	0	0	0	0	(Punkt)				
2	2	200.000	1150.000	0	400.000	1750.000	0	(Linie)				
3	3	600.000	1750.000	0	750.000	1150.000	0					
4	4	1200.000	1150.000	0	1200.000	1750.000	0	(Polygon)				
5	4	1200.000	1750.000	0	1600.000	1750.000	0					
6	4	1600.000	1750.000	0	1600.000	1500.000	0					
7	4	1600.000	1500.000	0	1400.000	1500.000	0					
8	4	1400.000	1500.000	0	1400.000	1150.000	0					
9	4	1400.000	1150.000	0	1200.000	1150.000	0					
10	5	1850.000	1150.000	0	1850.000	1750.000	0	(Doppellinie)				
11	5	1880.000	1180.000	0	1880.000	1720.000	0					
12	5	1850.000	1750.000	0	2250.000	1750.000	0					
13	5	1880.000	1720.000	0	2220.000	1720.000	0					
14	5	2250.000	1750.000	0	2250.000	1500.000	0					
15	5	2220.000	1720.000	0	2220.000	1530.000	0					
16	5	2250.000	1500.000	0	2050.000	1500.000	0					
17	5	2220.000	1530.000	0	2020.000	1530.000	0					
18	5	2050.000	1500.000	0	2050.000	1150.000	0					
19	5	2020.000	1530.000	0	2020.000	1180.000	0					
20	5	2050.000	1150.000	0	1850.000	1150.000	0					
21	5	2020.000	1180.000	0	1880.000	1180.000	0					
22	6	350.000	800.000	0	350.000	800.000	0	350.000	500.000	90	360	(Kreis)
23	7	1150.000	800.000	0	1150.000	200.000	0	1150.000	500.000	90	180	(Teilkreis)
24	8	1250.000	200.000	0	1250.000	800.000	0	1250.000	500.000	270	180	
25	9	2050.000	800.000	0	2350.000	500.000	0	2050.000	500.000	90	270	

Bild **6**.16 zeigt viele Zeichnungen, die in Grundrissen, Ansichten und Schnitten immer wiederkehren. Versuchen Sie, diese Zeichnungen mit Linien, Polygonen, Doppellinien, Kreisen und Teilkreisen zu erstellen. Dabei müssen Sie sich nicht genau an die Vorlagen halten, sondern können wie beim herkömmlichen Zeichnen nach Ihrem Geschmack oder den Anforderungen und Vorgaben Ihres Büros Änderungen vornehmen.

Nennen Sie die Zeichnung <MAKRO1> und speichern Sie sie sorgfältig, weil wir sie später weiterbearbeiten werden.

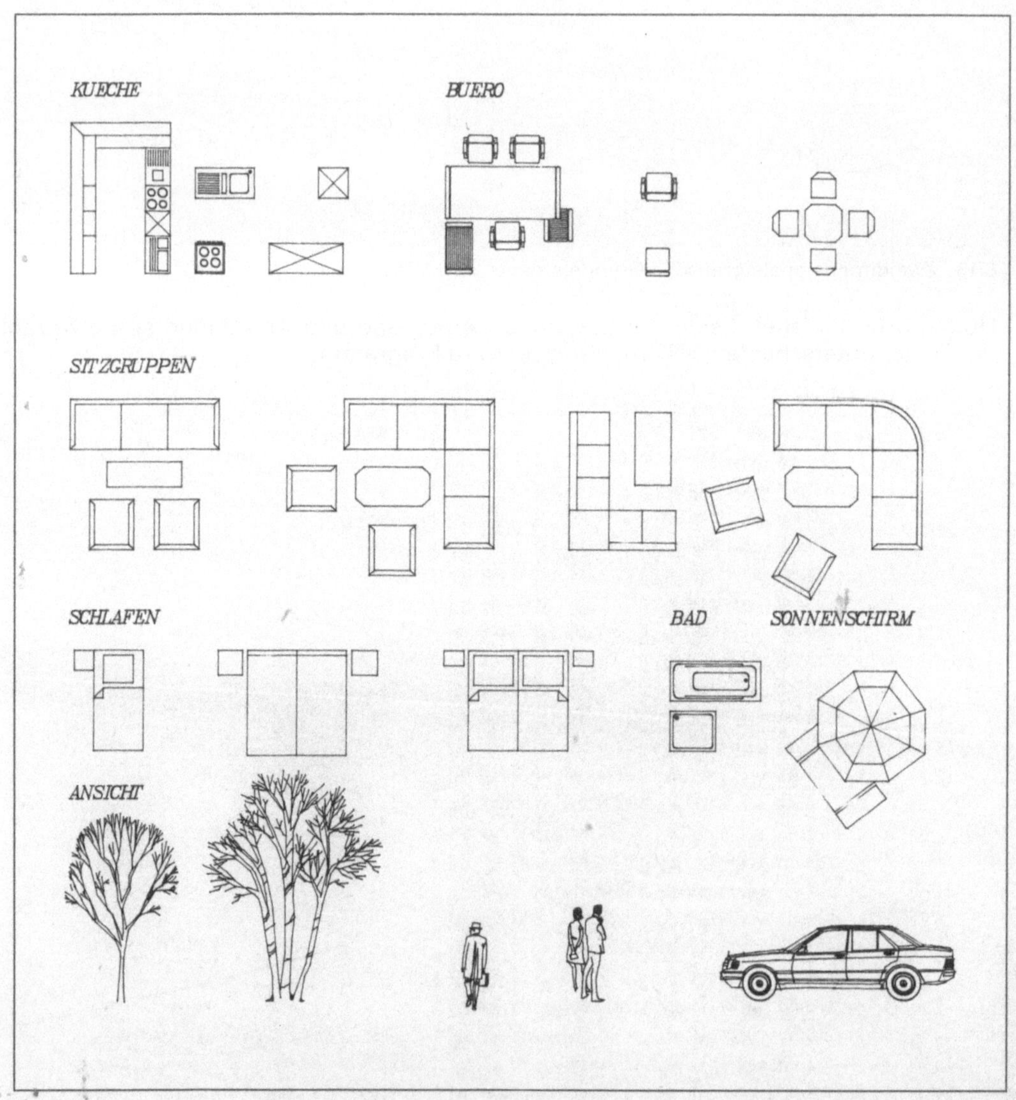

6.16   Grafische Elemente für Grundrisse, Ansichten und Schnitte

118

Übung 8   CAD 2D: Kartieren

Jedes Bundesland verfügt über eine Datenzentrale, die die Punktkoordinaten nicht nur jedes Festpunkts, sondern auch jedes gesetzten Grenzsteins speichert. Die von den Katasterämtern vermessenen Punkte werden von der Datenzentrale in Koordinatenverzeichnisse umgesetzt, die wieder an die Katasterämter zurückgehen. Für Flächennutzungs- und Bebauungspläne, für die Straßenplanung und selbst für Lagepläne von Gebäuden kann jedes Büro diese Koordinatenverzeichnisse anfordern.

Mit Hilfe des Katasterplans 1 : 2000 und des entsprechenden Koordinatenverzeichnisses läßt sich mit jedem CAD-Programm schnell und sicher eine Kartierung erstellen, da hierfür nur Linien bzw. Polygone nötig sind.

Bei unserem Koordinatenverzeichnis sind alle für diese Zeichnung unwichtigen Spalten weggelassen worden – wir brauchen nur Punktnummer, Rechts- und Hochwert. Die Punktnummern entsprechen hier den gesetzten Grenzsteinen. Der Rechtswert bezieht sich auf den Nullmeridian (Greenwich), der Hochwert auf den Äquator. Speziell für die Vermessung entwickelte CAD-Programme setzen am Anfang und Ende einer Linie automatisch das Symbol für einen Grenzstein. Wir beschränken uns zunächst auf die normale Liniendarstellung. Am Ende dieses Abschnitts bei den Trimmfunktionen werden wir die Zeichnung weiterbearbeiten.

Koordinatenverzeichnis

Punkt Nr.	Rechtswert	Hochwert	Punkt Nr.	Rechtswert	Hochwert
1	4539737.990	7018866.380	23	4539777.142	7018783.766
2	4539767.000	7018866.050	24	4539795.331	7018784.838
3	4539786.990	7018865.780	25	4539796.662	7018791.694
4	4539804.475	7018865.501	26	4539813.669	7018791.470
5	4539821.510	7018865.229	27	4539815.631	7018785.262
6	4539730.670	7018833.490	28	4539816.720	7018781.900
7	4539765.920	7018832.110	29	4539817.880	7018778.290
8	4539765.740	7018826.113	30	4539817.026	7018775.937
9	4539784.224	7018825.837	31	4539812.315	7018772.250
10	4539785.757	7018825.814	32	4539808.809	7018772.054
11	4539803.237	7018825.552	33	4539793.816	7018771.216
12	4539820.289	7018825.297	34	4539774.647	7018770.145
13	4539824.304	7018825.237	35	4539756.679	7018769.623
14	4539727.140	7018817.610	36	4539735.080	7018770.445
15	4539746.135	7018816.875	37	4539721.854	7018770.948
16	4539765.410	7018816.130	38	4539716.692	7018768.222
17	4539719.407	7018781.058	39	4539708.292	7018728.513
18	4539723.540	7018777.903	40	4539726.749	7018725.991
19	4539738.733	7018777.325	41	4539747.920	7018723.100
20	4539758.011	7018776.592	42	4539763.801	7018720.956
21	4539763.986	7018776.836	43	4539782.169	7018718.467
22	4539776.061	7018777.344	44	4539797.865	7018716.339
			45	4539807.729	7018741.102

Vorüberlegungen und Voreinstellungen

a) **Die Bildschirmscalierung** ist einzustellen. Die Koordinaten unterscheiden sich nur in den letzten 3 Stellen vor dem Komma:
- Rechtswert   min.Punkt 39 = 708,291 m, max.Punkt 13 = 814,304 m → **Differenz 116,014 m**
- Hochwert   min.Punkt 44 = 716,339 m, max.Punkt 1 = 866,380 m → **Differenz 150,041 m**

Bei einer Scalierung von 160 Einheiten paßt also die gesamte Zeichnung auf den Bildschirm. Um jedoch Platz für Legenden, Schriftfeld usw. zu erhalten, sollte man die Scalierung verdoppeln (Faustregel), d. h. auf 300 Einheiten gehen.

b) **Die Einheit** ist auf Meter einzustellen.

c) **Der Nullpunkt** der Zeichnung muß festgelegt werden, am einfachsten mit einer Koordinatentransformation – der Translation. Der absolute Nullpunkt könnte auf 4539 700/7018 700 gelegt werden.

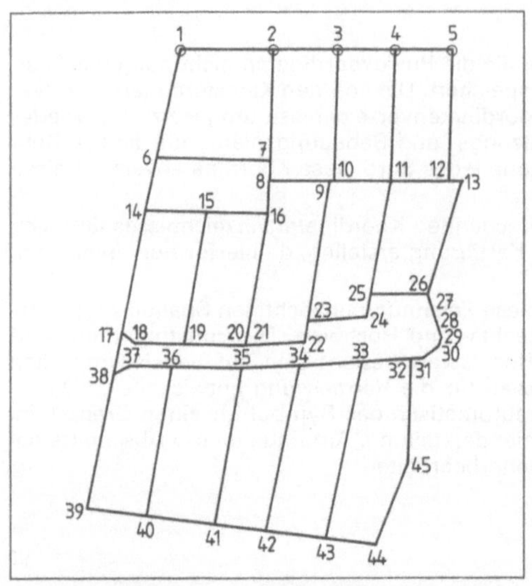

6.17 Lageplanausschnitt eines Bebauungsplans

Sollte eine Translation mit dem Programm nicht möglich sein, müssen Sie diesen Nullpunkt „im Kopf" haben. Bei Eingabe der Punktkoordinaten tippen Sie dann 37,990/ 166,380 für Punkt 1, 67,000/166,050 für Punkt 2 usw. als absolute Koordinaten ein.

d) **Aufgabe.** Rufen Sie eine neue Zeichnung <KART> auf, stellen Sie die Bildschirmscalierung und Einheit ein, legen Sie den absoluten Nullpunkt fest. Geben Sie dann den Lageplan **6**.17 nach den vorgegebenen Koordinaten mit Linien und Polygonen ein. Benutzen Sie dabei auch den Objektfang. Erzeugen Sie bei den ersten 5 Koordinatenpunkten (Grenzsteinen) einen Kreis. Überlegen Sie, welchen Durchmesser/Radius Sie eingeben müssen.

6.7 Polylinie

Polylinien bestehen aus zwei gleichartigen, nebeneinander verlaufenden grafischen Grundelementen. Linien, Kreise und Teilkreise werden mit dieser Funktion als eine Art Doppellinie erzeugt. Der Unterschied zur Doppellinie liegt darin, daß die Anstände (Breiten) zwischen den beiden Elementen an jedem definierten Koordinatenpunkt variabel eingegeben werden können. Zusätzlich werden – wie beim Polygon – die Koordinaten des Endpunkts der vorangegangenen Polylinie als Anfangspunkt der folgenden übernommen. Es werden also nicht nur die eingegebenen Elemente automatisch verdoppelt, sondern in der Datenbank direkt verknüpft. Meist vergibt man nur eine Elementnummer, wodurch sich das Identifizieren vereinfacht. Setzt man die Breiten der Polylinie auf 0.00, entsprechen sie in der Darstellung dem jeweiligen Grundelement.

Alle Darstellungen der Polylinie lassen sich auch mit den grafischen Grundelementen erzeugen. Der große Vorteil liegt aber in der minimalen Eingabe. Die Schnelligkeit wird erhöht, die Gefahr der Fehleingaben nimmt ab.

> Polylinien sind Verdopplungen und Verknüpfungen der grafischen Grundelemente Linie, Kreis und Teilkreis. Die Breiten können variabel eingegeben werden.

Bild **6**.18 zeigt Anwendungsmöglichkeiten. Beispiele:

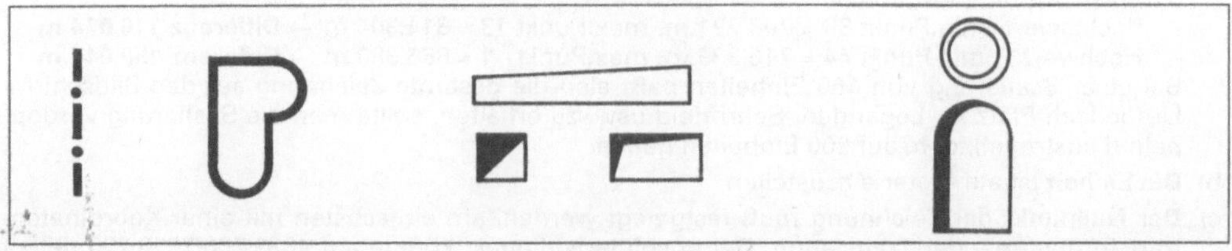

6.18 Polylinien

Beispiele Verfügt der Plotter nicht über eine entsprechend breite Strichstärke, kann man den Bereich zwischen den verdoppelten Elementen so eng schraffieren (füllen), daß sie wie ein Strich wirken (s. Abschn. 7 Schraffur).
Konische Wände in der 2D-Darstellung werden erzeugt.
Symbole z. B. für Durchbrüche, Schornsteine und Treppenöffnungen werden in einem Arbeitsgang und unter einer Elementnummer erstellt.
Kreisringe z. B. für Silowände und runde Fenster beschränken sich auf nur eine Eingabe.
Schattendarstellungen lassen sich in der 2D-Darstellung durchführen. Einige besonders leistungsfähige CAD-Bauprogramme stellen diese Funktion automatisiert auch im dreidimensionalen Bereich zur Verfügung.

6.8 Kegelschnitte: Ellipse, Parabel, Hyperbel

Im Bauwesen sind die Kegelschnitte mit Ausnahme des Grundelements Kreis von untergeordneter Bedeutung (**6.19**). Meist verfügen die Programme über eine Ellipsenfunktion, während Parabel und Hyperbel durch die Freiformkurve abgedeckt werden (s. Abschn. 6.9).

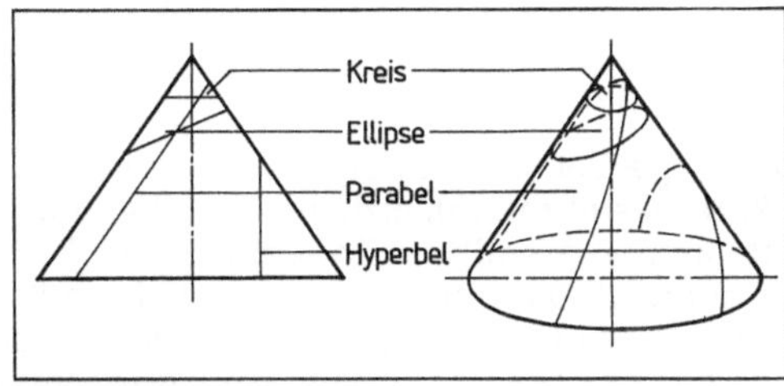

6.19 Kegelschnitte

Bei der Ellipse stehen meist zwei Eingaberoutinen zur Verfügung:

– 2 Achsen bzw. Halbachsen (**6.20**). Das Programm ermittelt mit einer Schnittpunktberechnung den Mittelpunkt. Nur symmetrische Ellipsen sind möglich.
– Mittelpunkt und 2 Achsen bzw. Halbachsen (**6.21**). Durch die Bestimmung des Mittelpunkts lassen sich auch asymmetrische Ellipsen erzeugen.

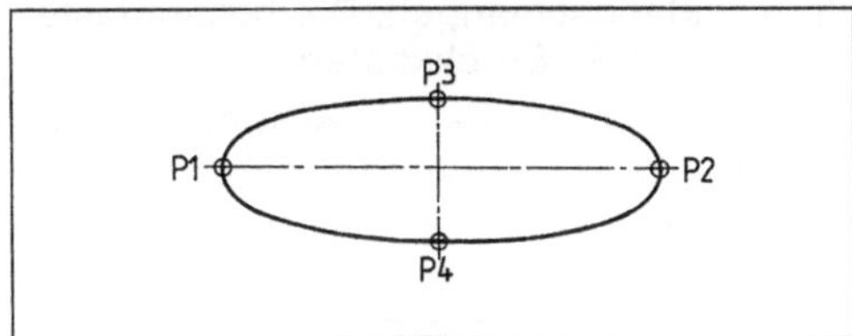

6.20 Symmetrische Ellipse

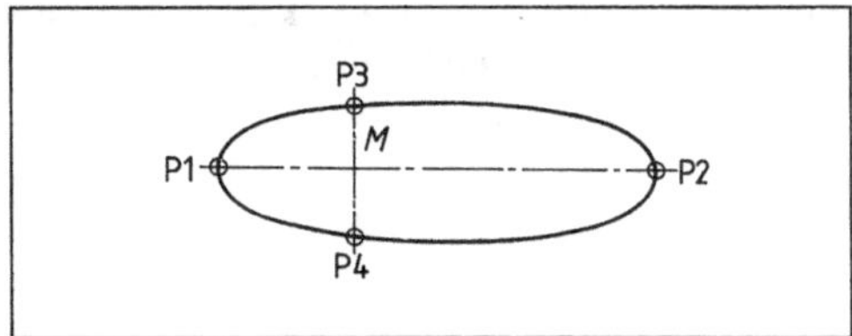

6.21 Asymmetrische Ellipse

Bei Angabe des Drehwinkels kann die Ellipse gedreht werden. Der Drehwinkel bezieht sich immer auf die positive X-Achse (**6.22**).

Der Unterschied zwischen den Programmen liegt in der Ellipsenerzeugung. Low-Cost-(Billig)Programme erzeugen sie aus mehreren Teilkreisen. Dadurch sind nur wenige Punkte des Umfangs koordinatenmäßig erfaßt. Leistungsfähigere Programme bestimmen in kaum wahrnehmbaren Abständen jeden Punkt auf dem Umfang. Erst dadurch ist eine einwandfreie Weiterbearbeitung sowohl bei geometrischen Konstruktionen (z. B. Durchdringungen und 3D) als auch bei der Mengenermittlung gewährleistet.

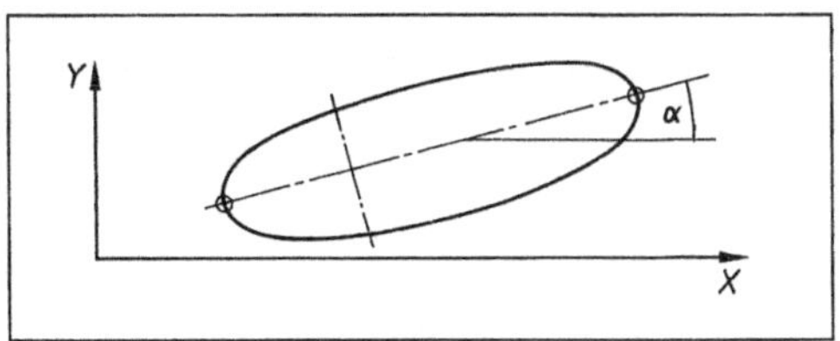

6.22 Gedrehte Ellipse

121

Die Parabel wird durch die Koordinaten des Anfangs- und Endpunkts (P1/P2) sowie des Brennpunkts (B) und den Abstand (a) des Brennpunkts vom Scheitelpunkt definiert (**6.23**). Soll die Parabel gedreht werden, ist auch die Angabe des Drehwinkels zur positiven X-Achse erforderlich.

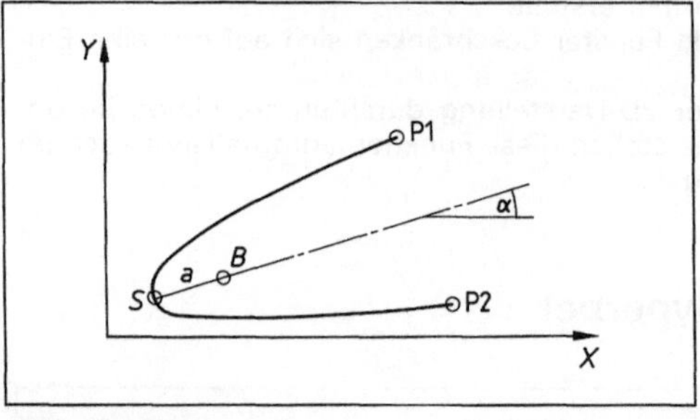

6.23 Parabel

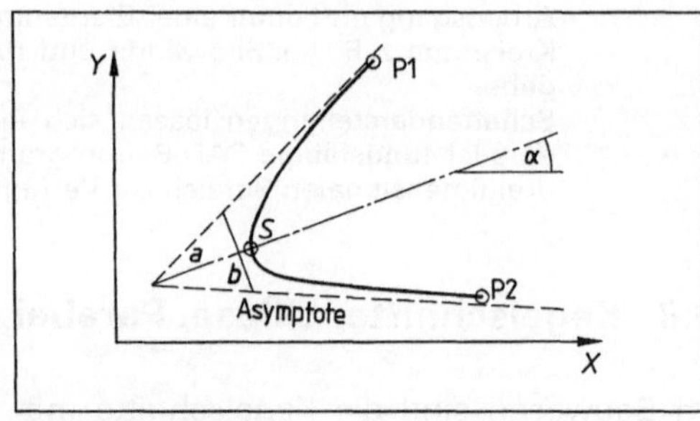

6.24 Hyperbel

Die Hyperbel wird durch die Koordinaten des Anfangs-, End- und Scheitelpunkts (P1, P2, S) bestimmt. Zusätzlich ist die Festlegung der Asymptote erforderlich. Eine Asymptote kann man mit der Tangente eines Kreises vergleichen, nur daß sie die Funktion (in diesem Fall die Hyperbel) erst im Unendlichen trifft. Bei der Eingabevariante **6.24** wird ihre Lage durch die Abstände a und b bestimmt. Soll die Hyperbel gedreht werden, ist wieder die Lage des Drehwinkels erforderlich.

6.9 Freiformkurven

Freiformkurven sind ein glatter Kurvenzug in der Ebene oder im Raum, der durch eine Folge von Punkten bestimmt wird. Als Gedankenmodell kann ein elastischer Draht dienen, der sich zwischen Nägeln auf einem Brett entlangschlängelt. Die bekanntesten und häufigsten Einsatzmöglichkeiten sind Freihandlinien für Bruchkanten.

Spline-Kurve. Eine geschlossene mathematische Lösung ist noch nicht möglich. Einzelne Kurventeile lassen sich aber sehr leicht z. B. durch Interpolation beschreiben und wie Einzelteile einer Brücke zusammenfügen. Solche Kurven heißen Spline-Kurven (**6.25**).

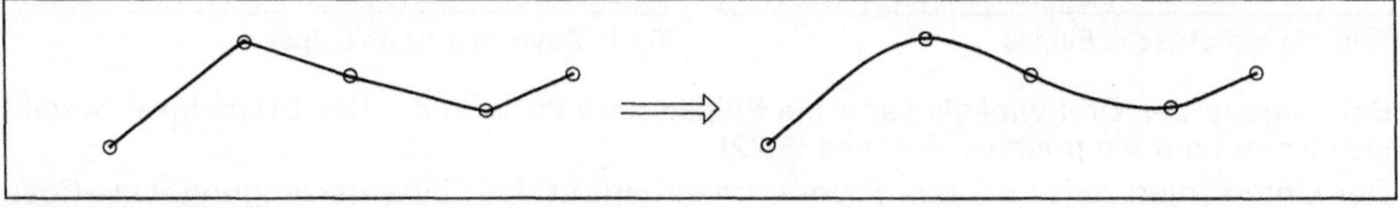

6.25 Spline-Kurve

Beziers-Kurve (auch B-Spline genannt). Eine besonders einfache und anschauliche Methode entwickelte der Franzose Pierre Beziers. Dabei wird jedes Element durch 4 Punkte – je zwei Stütz- und Steuerpunkte – bestimmt (**6.26**). Steuerkanten verbinden jeweils Stütz- und Steuerpunkt. Merkmale der Beziers-Kurve:

– Das Kurvensegment geht nie über die Punktgrenzen hinaus.
– Die Kurve beginnt und endet immer in Richtung der jeweiligen Steuerkante.
– Je mehr die Steuerkante gedehnt wird, desto weiter schmiegt sich die Kurve an sie an.

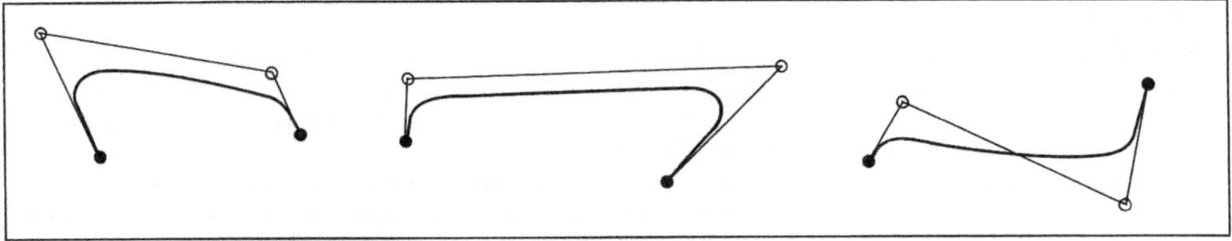

6.26 Beispiele von Beziers-Kurven (● Stützpunkte, o Steuerpunkte)

6.10 Anforderungen an grafische Grundelemente im Baubereich

Bisher haben wir uns auf die Erzeugung grafischer Elemente beschränkt. Um praxisgerecht zu arbeiten, müssen wir jedoch noch einige Parameter und die Durchgängigkeit berücksichtigen.

Um schon im 2D-Bereich grafische Elemente durchgängig bearbeiten zu können, sind folgende Zuweisungen und Funktionen erforderlich:

- separate Ebenenzuweisung,
- separate Wahl der Linienbreite (Plot) bzw. Farbe (Bildschirm),
- separate Wahl der Linienart,
- Massenzuweisungen (z. B. lfdm Sockelleisten) → Mengenermittlung,
- Preiszuweisung → Kalkulation,
- Zuweisung des Ausschreibungstexts → Ausschreibung,
- Sämtliche Koordinateneingaben und Zuweisungen müssen korrigierbar sein.

Die Zuweisung der Ebenen, Linienarten (Linientyp, LTyp, Typ T) und Linienbreiten (Farbe/Stift) bereitet wohl bei keinem Programm Probleme. Im Gegensatz zum dreidimensionalen Bereich reicht auch die Anzahl der Ebenen in der Regel aus. Durch einfache Programmbefehle werden mittels Ziffern oder Kurzbezeichnungen

- der Linientyp (z. B. <0> oder <Vollinie>),
- die Ebene (z. B. <112> oder <WAENDE>),
- Farbe/Stift (z. B. <5> oder <WEISS>)

zugewiesen und in der Datenbank gespeichert. Die aktuell gesetzten Linientypen, Ebenen und Farben werden mit dem jeweiligen grafischen Element verknüpft.

Entscheidend ist jedoch die Weiterverarbeitung der Geometriedaten zur Mengenermittlung, Kalkulation und Ausschreibung sowie – darauf aufbauend – für Preisspiegel, Bauüberwachung und Abrechnung. Systeme, die diese Bereiche nicht oder nur in Ansätzen abdecken, sind keine praxisgerechten CAD-Bauprogramme (s. Abschn. 16 und 17).

> Entscheidend für CAD-Bauprogramme ist die Weiterverarbeitung der Geometriedaten zur Mengenermittlung, Kalkulation und Ausschreibung.

6.11 Korrektur grafischer Grundelemente

Gegenüber dem traditionellen Zeichnen liegt ein großer Vorteil der CAD-Technik in der problemlosen Korrektur der Zeichnungen. Radierstifte, Rasierklingen und Glasfaserstifte haben ausgedient!

> Voraussetzung für alle Programme ist, daß sämtliche Eingaben und Zuweisungen korrigiert werden können.

Korrekturarten

- **Die grafische Korrektur** wird auf dem Schirm durchgeführt und ist sofort sichtbar.
- **Bei der numerischen Korrektur** listet das Programm Teile der Datenbank auf, die überschrieben und damit geändert werden können. Die Korrektur wird meist erst ausgeführt, wenn die Zeichnung aus der Datenbank neu aufgebaut (<REGEN>eriert) wird.
- **Die Korrektur innerhalb der Datenbank** ist die schwierigste und nur bei sehr guten Programmkenntnissen zu empfehlen. Zudem sind die Datenbanken vieler CAD-Programme gesperrt. Deshalb vernachlässigen wir diese Möglichkeit im folgenden.

6.11.1 Grafische Korrektur

Löschfunktion. Dem Löschen in der CAD-Technik liegt die gleiche Befehlsstruktur wie beim DOS und bei der Standardsoftware zugrunde:

(DOS)   Befehl Quelle ⇒ Del Dateiname. Erweiterung

(CAD)   Befehl Quelle ⇒ Lösche identifiziertes Objekt

Nach dem Löschbefehl wird das zu löschende Objekt über ein Fenster, einen Filter oder den Elementnamen identifiziert. Damit kennt das Programm die Speichernummer des Objekts in der Datenbank. Wenn der Löschbefehl abgeschickt <E> ist, wird die Speichernummer mit den zugehörigen Koordinaten und Zuweisungen in der Datenbank gelöscht (**6.27**).

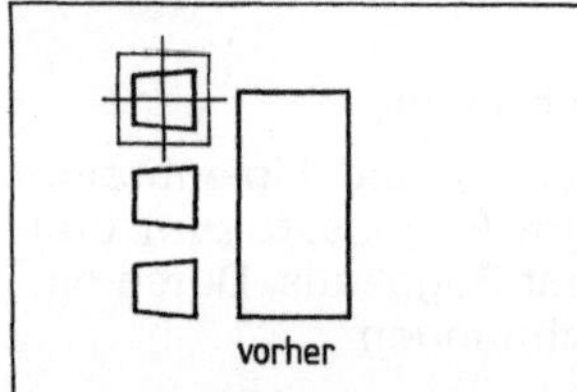

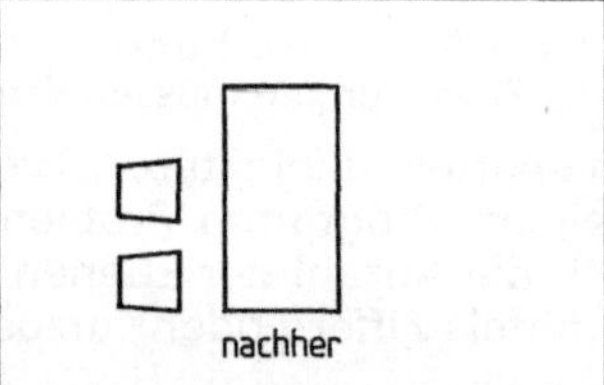

6.27 Löschfunktion

Bei der Sonderform <Lösche letztes Objekt/Undo> ist ein Identifizieren nicht nötig, da das Programm dabei stets auf die letzte Speichernummer der Datenbank zurückgreift. Einige Programme behalten das zuletzt gelöschte Element im Internspeicher (RAM). Wurde es irrtümlich gelöscht, kann man es mit einem Befehl (z. B. <HOPPLA>) wieder in die Datenbank und damit in die Zeichnung einbauen.

Das Ausblenden darf nicht mit dem Löschen verwechselt werden, weil hierbei nur die Darstellung auf dem Bildschirm unterdrückt wird, die Daten in der Datenbank also erhalten bleiben. Nach der allgemeinen Befehlsstruktur

Befehl Quelle ⇒ <Ausblenden> <identifiziertes Objekt>

oder über eine Ebenenvorwahl (s. Abschn. 5.5.3) werden die Elemente nur auf dem Bildschirm gelöscht. Beim Neuaufbau der Zeichnung erscheint das ausgeblendete Element wieder auf dem Bildschirm.

> Beim Löschen werden die Daten des identifizierten Elements in der Datenbank gelöscht.
>
> Beim Ausblenden wird nur die Darstellung auf dem Bildschirm unterdrückt, während die Daten in der Datenbank erhalten bleiben.

Koordinatenkorrekturen <Trimmen>. Bei grafischen Veränderungen wird nicht das Element korrigiert, sondern verändern sich die Koordinaten des Elements in der Datenbank. Mit dieser Erkenntnis sind alle Korrekturtätigkeiten leicht verständlich.

Durch eine Trimmkorrektur kann das Element nur verkürzt, verlängert oder getrennt bzw. gebrochen werden (**6.28**). Ausgehend von der ursprünglichen Position innerhalb des Koordinatensystems lassen sich nur neue Anfangs- und Endpunkte festlegen.

Leider ist die Terminologie der CAD-Programme hier sehr unterschiedlich. Der Anwender muß daher erst im Handbuch seines Programms die jeweiligen Befehle nachschlagen.

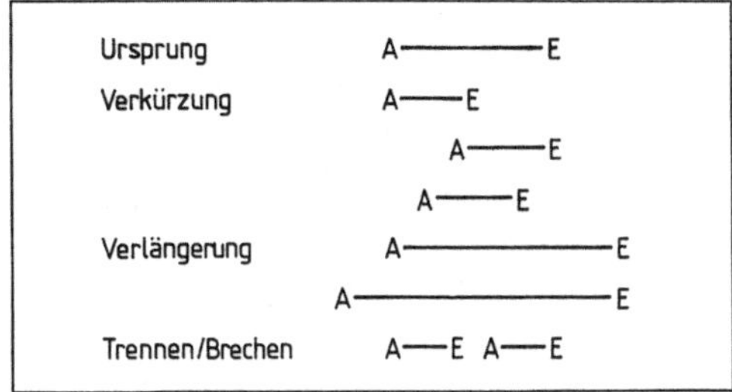

6.28 Koordinatenkorrekturen von Linien

Bei vielen Korrekturen müssen Anfangs- und Endpunkte bereits erzeugter Elemente definiert werden. Damit der Anwender diese Punkte kennt, sollten alle Elemente in der gleichen Richtung eingegeben werden. In der Praxis hat man sich meist dem traditionellen Zeichnen angeschlossen, d. h. von links nach rechts und von unten nach oben.

Der Ablauf ist beim Korrigieren grafischer Grundelemente (Linie, Polygon, Doppellinie, Vollkreis, Teilkreis) gleich:

- **Funktion (Befehl) aufrufen** (z. B. <Korrigiere Linie>),
- **Element identifizieren,** damit das Programm die alten Koordinaten kennt (⊕ = zu identifizierendes Element),
- **Neue Koordinaten** durch Positionieren des Cursors am neuen Anfangs- bzw. Endpunkt (A/E) dem Programm mitteilen.

Tabelle 6.29 **Koordinatenkorrektur von Linienelementen (Beispiele)**

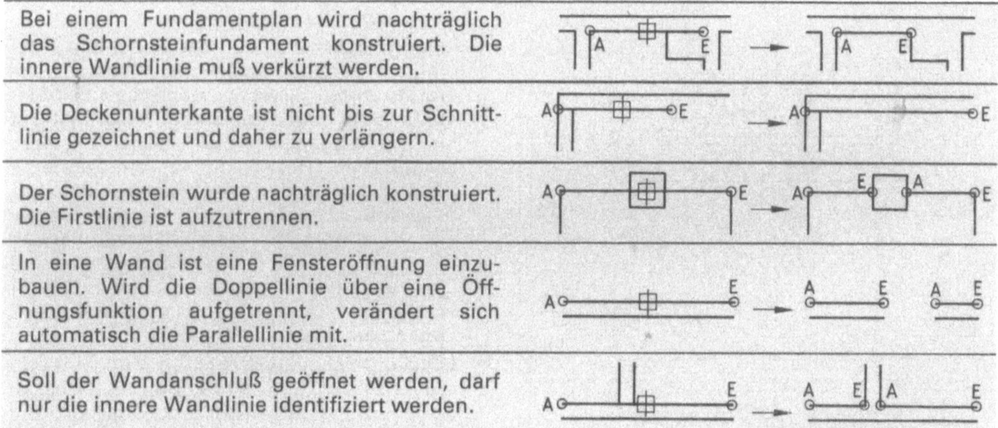

Bei einem Fundamentplan wird nachträglich das Schornsteinfundament konstruiert. Die innere Wandlinie muß verkürzt werden.	
Die Deckenunterkante ist nicht bis zur Schnittlinie gezeichnet und daher zu verlängern.	
Der Schornstein wurde nachträglich konstruiert. Die Firstlinie ist aufzutrennen.	
In eine Wand ist eine Fensteröffnung einzubauen. Wird die Doppellinie über eine Öffnungsfunktion aufgetrennt, verändert sich automatisch die Parallellinie mit.	
Soll der Wandanschluß geöffnet werden, darf nur die innere Wandlinie identifiziert werden.	

Koordinatenkorrekturen von Kreiselementen unterscheiden sich programmintern nach Normalkreis, Segmentkreis und Umkreis (s. Abschn. 6.4). Für die Eingabe der Koordinatenkorrektur ist dies bei guten Programmen unbedeutend, weil der jeweilige Kreis/Teilkreis neu berechnet und in der Datenbank gespeichert wird. Wie bei den Linienelementen bleibt bei der Koordinatenkorrektur die Lage des Kreiselements innerhalb des Koordinatensystems unverändert. D. h., Mittelpunkt und Radius werden nicht korrigiert (s. Abschn. 7 Manipulation).

Beispiele Der Endpunkt eines Segmentbogens ist falsch eingegeben und muß korrigiert werden (**6.30a**, Drehrichtung beachten!).

In eine Silowand ist eine Tür einzubauen. Wie bei der Doppellinie müssen im Normalfall beide Kreislinien nacheinander bearbeitet werden. Hat das Programm eine Öffnungsfunktion, lassen sich beide Kreislinien mit einer Eingabe korrigieren (**6.30b**).

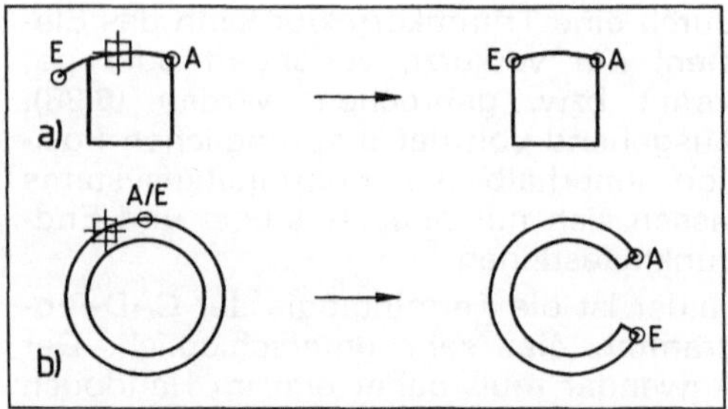

6.30 Koordinatenkorrekturen von Kreiselementen

Bei Koordinatenkorrekturen grafischer Elemente lassen sich nur die Koordinaten der Anfangs- bzw. Endpunkte in der Datenbank verändern. Nach dem Identifizieren werden dem Programm durch Positionieren des Cursors die neuen Anfangs- und Endpunkte mitgeteilt.

Koordinatenkorrektur von Schnittpunkten. Oft müssen beim Konstruieren grafische Elemente zu einem gemeinsamen Schnittpunkt verkürzt/verlängert oder Teile eines Elements zwischen zwei Schnittpunkten gelöscht werden. Beschränken wir uns auf die grafischen Grundelemente, sind die Schnittpunktbildungen <Linie-Linie>, <Kreis-Kreis> und <Linie-Kreis> möglich. Die Eingaberoutinen der Schnittpunktkorrekturen sind bei allen Programmen weitgehend gleich:

- **Aufruf** der Funktion (Befehl, z. B. <Schnittpunkt Linie-Linie>).

- **Identifizieren** der zu bearbeitenden Elemente (Schnittkanten), bei jedem Programm durch direktes Anspringen des Elements über den Objektfang. Vorteilhaft ist hier die Identifizierungsfunktion <Kreuzen>. Während im Normalfall nur die Elemente identifiziert werden, die vollständig innerhalb eines Fenster liegen, werden hierbei alle Schnittpunkte innerhalb des Fenster identifiziert. Die Elemente werden aufgrund der Identifikation getrennt. Nach Bild **6.31** entstehen rechnerintern aus jeder Linie 3 Linienelemente (AS, SS, SE).

- **Löschen.** Bei einigen Programmen wird nun die Löschfunktion aufgerufen und lassen sich einzelne Linienelemente löschen. Bei anwenderfreundlicheren Programmen ist das Löschen in die Schnittpunktfunktion integriert, so daß die Elemente sofort durch Positionieren des Cursors gelöscht werden.

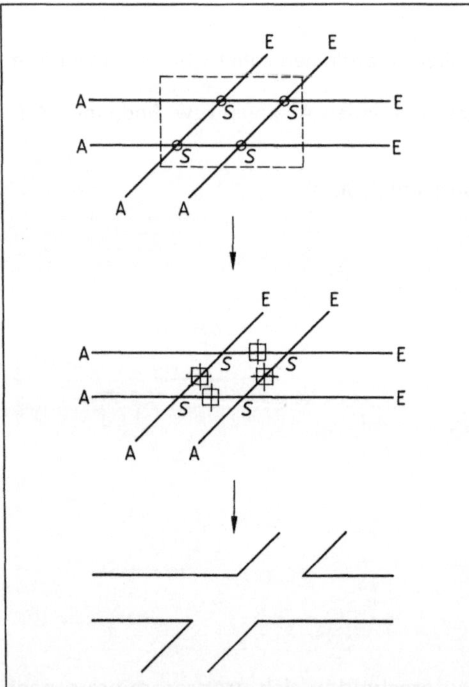

6.31 Linienkorrektur über Schnittpunkte

Bei Schnittpunktkorrekturen berechnet das CAD-Programm nach dem Identifizieren der Elemente die Koordinaten der Schnittpunkte, an denen das Element unterteilt wird. Die einzelnen Teilelemente können beliebig gelöscht werden.

Selbst wenn sich die Elemente nicht schneiden, wird bei der Schnittpunktfunktion rechnerintern der Schnittpunkt berechnet und die entsprechende Linie verlängert.	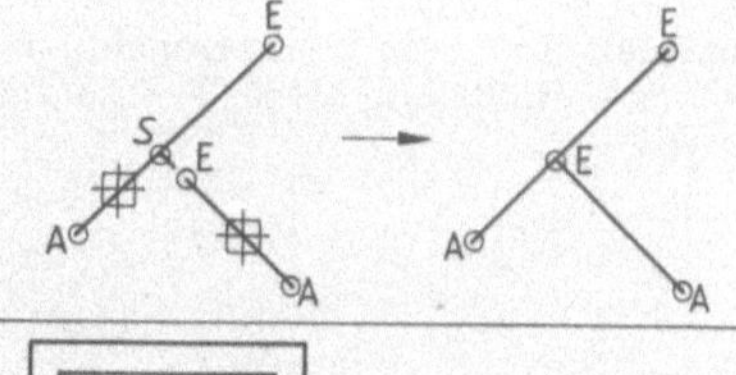
Sehr oft sind im Baubereich Linien zu einem gemeinsamen Schnittpunkt zu verlängern/zu verkürzen. Eine automatisierte Funktion ist deshalb sehr hilfreich. Nach dem Identifizieren des 2. Elements werden beide sofort zu einem gemeinamen Schnittpunkt verlängert bzw. verkürzt.	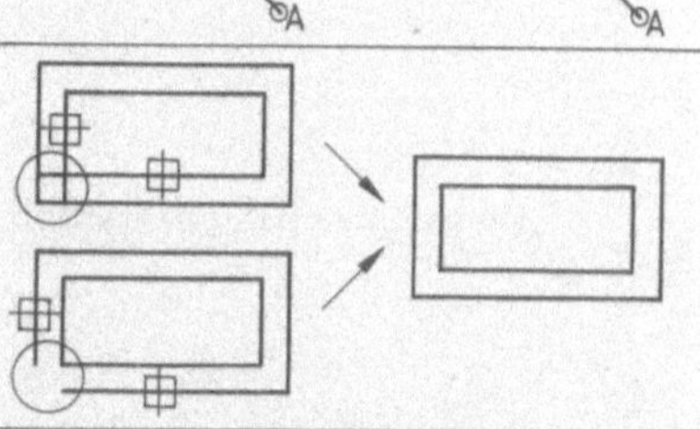

Obwohl sich die Beispiele bisher auf die Schnittpunktlinie Linie-Linie bezogen, gelten die Erläuterungen auch für Schnittpunktbildungen <Kreis-Kreis> und <Linie-Kreis>.

Nach dem Identifizieren werden die Schnittpunkte koordinatenmäßig erfaßt und die Kreise dadurch in jeweils zwei Teilkreise unterteilt. Jeder dieser Teilkreise kann gelöscht werden.	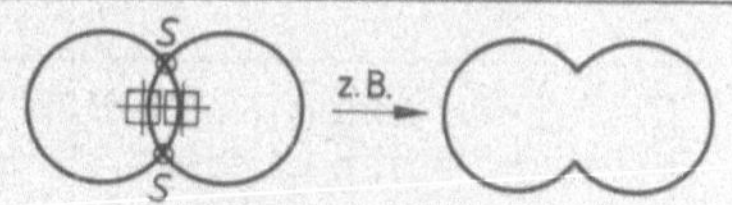
Nach Identifikation des Kreises und der Linie werden der Kreis in 2 und die Linie in 3 Elemente unterteilt. Jedes dieser Teilelemente kann gelöscht werden.	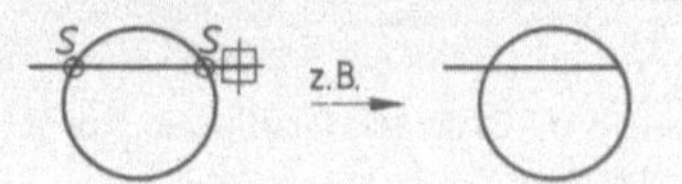

Grafische Korrektur der Zuweisungen. Nicht nur die Koordinaten, sondern auch Linienart und -stärke, Ebene, Masse usw. müssen jederzeit korrigierbar sein. Die Eingabefolge entspricht der bisher behandelten Korrekturen:

- Aufruf der Funktion (Befehl, z. B. <Korrigiere Zuweisung>),
- Identifizieren der zu korrigierenden Elemente,
- Neuzuweisung (z. B. <Strichlinie>).

Geändert werden so jedoch nur Zuweisungen, die sich innerhalb der Konstruktion fortwährend ändern. Zuweisungen, die für die gesamte Zeichnung gelten (z. B. Art der Maßlinienbegrenzung, Doppellinie mit oder ohne Verbindungslinie) korrigiert man meist über Voreinstellungen/Parameter (s. Abschn. 5.4.1).

6.11.2 Numerische Korrektur

Damit jeder Anwender numerische Korrekturen durchführen kann, muß ein CAD-Programm zwei Bedingungen erfüllen:

- Alle Elemente müssen (z. B. mit Elementnummern, tags, labels) gekennzeichnet sein, um eine Auswahl treffen zu können. Diese Kennzeichnungen müssen bei Bedarf auf dem Bildschirm sichtbar gemacht werden können.
- Es müssen Suchbefehle oder ein Suchmenü zur Verfügung stehen, z. B. <Liste auf> (Befehl) oder <Linienelemente mit den Elementnummern 20–49> (Identifikation).

Danach lassen sich grundsätzlich die Koordinaten und Zuweisungen beliebiger Elemente auflisten. Eine numerische Koordinatenkorrektur ist wenig sinnvoll, da die neuen Koordinaten meist unbekannt sind. Doch Zuweisungen kann man so einfach und vor allem schneller durchführen. Zudem hat man die Gewähr, daß Zuweisungen, die optisch nicht sichtbar gemacht werden können (z. B. Masse), in der Datenbank richtig gespeichert sind.

Beispiel Rufen wir die Zuweisungen der Linienelemente 23–24 aus der Datenbank auf, könnte die Auflistung dieses Format haben:

Sp.Nr.	El.Nr.	Name	Ebene	Ltyp	Farbe/Stift	Masse
33	23	Linie	112	Ø	1	1377
34	24	Linie	112	Ø	1	1377

Diese Zuweisungen werden durch Überschreiben korrigiert, z. B.

Sp.Nr.	El.Nr.	Name	Ebene	Ltyp	Farbe/Stift	Masse
33	23	Linie	1112	1	5	2481
34	24	Linie	1112	1	5	2481

> Bei numerischen Korrekturen werden ausgewählte Teile der Datenbank aufgelistet, die durch Überschreiben geändert werden können.

Übung 9 CAD 2D: Grafische Korrekturen

Bevor man sich als „Einsteiger" an komplexe Zeichnungen heranwagt, sollte man sich mit den Korrekturfunktionen seines Programms vertraut machen. Selbst geübte Anwender korrigieren häufig.

a) Kopieren Sie Ihre Zeichnung <GRAF2D> und nennen Sie sie in <GRAFKOR> um. Die meisten Programme haben eine solche Funktion; sonst kopieren Sie sie auf der Betriebssystemebene (s. Abschn. 3.3.5).

b) Rufen Sie <GRAFKOR> auf.

c) Löschen Sie das Punktelement und den ersten Halbkreis.

d) Erzeugen Sie eine Linie von 250/1400 nach 1100/1500. Führen Sie beide alten Linien zum gemeinsamen Schnittpunkt. Verkürzen Sie die neu erzeugte Linie zum Schnittpunkt mit der Linie 2 bzw. 3. Beide Linien sollen als Strichlinie mit Stift 2 des Plotterkarussels gezeichnet werden.

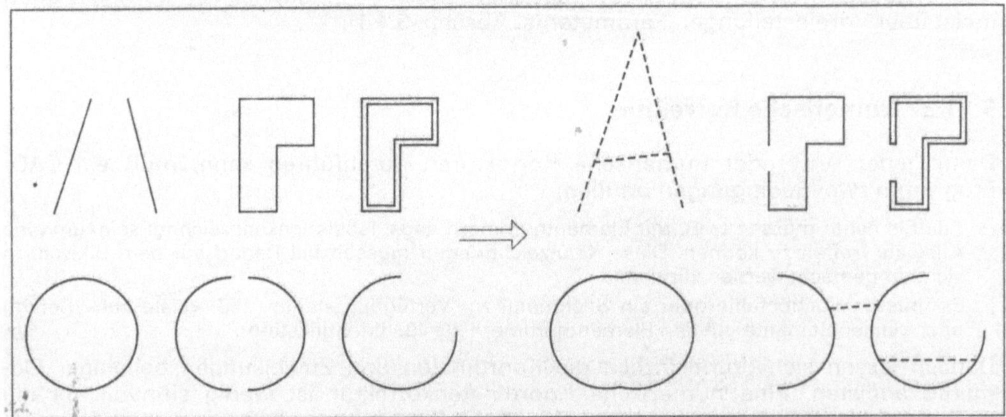

6.33 Übung <GRAFKOR>

e) Trennen Sie das Polygon von 1200/1350 bis 1200/1500 und die Doppellinie von 1850/1300 bis 1850/1500 auf. Verbinden Sie die Eckpunkte der Öffnung mit einer Linie.

f) Erzeugen Sie einen Kreis: Mittelpunkt 600/500, R = 300. Löschen Sie bei beiden Kreisen die innenliegenden Teilkreise. Beide Kreiselemente sollen auf Ebene 6 gezeichnet werden.

g) Erzeugen Sie zwei Linien: von 1400/1600 nach 2000/650 und von 1350/350 nach 2500/350. Verkürzen Sie die zuerst erzeugte Linie zum jeweiligen Schnittpunkt mit den Teilkreisen und die zuletzt erzeugte Linie zur Sehne des rechten Teilkreises. Beiden Linien sollen nachträglich die Strich-Linie und Stift 4 zugewiesen werden (**6.33**).

Übung 10   CAD 2D: Trimmen <Linie-Kreis>

Rufen Sie die Zeichnung <KART> wieder auf und versehen Sie die ersten 5 Koordinatenpunkte (Grenzsteine) mit einem Kreis. Die Grenzlinien treffen sich noch innerhalb der Kreise. Sie werden aber nur an den Kreis herangezeichnet. Trimmen Sie die Grenzlinien mit der Schnittpunktfunktion <Linie-Kreis> (**6.34**).

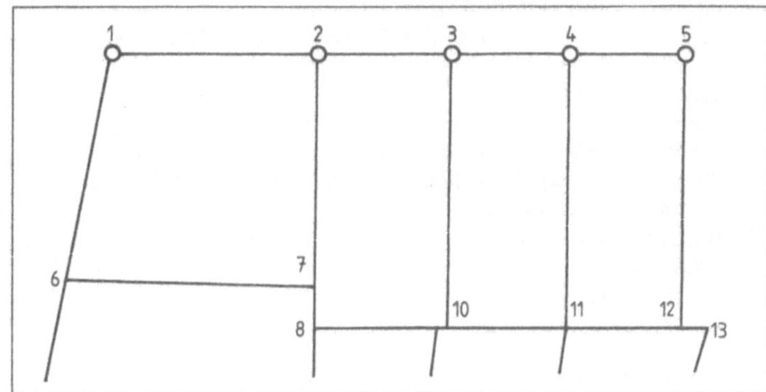

6.34   Übung <KART>

Übung 11   CAD 2D: Sockel

Der Sockel muß nicht wie in Bild **6.35** eingegeben werden, regionale Besonderheiten und bürospezifische Anforderungen können berücksichtigt werden. Bemaßungen, Beschriftungen und Schraffuren sind zu vernachlässigen; diese Elemente erzeugen wir später.

Rufen Sie eine Zeichnung <SOCKEL> auf und erzeugen Sie den in Bild **6.35** gezeigten Sockel. Legen Sie die Bildschirmscalierung, Einheiten und andere Voreinstellungen fest. Überlegen Sie, welche Elemente auf welcher Ebene erzeugt werden sollen. Speichern Sie die Zeichnung nach der Fertigstellung sorgfältig ab.

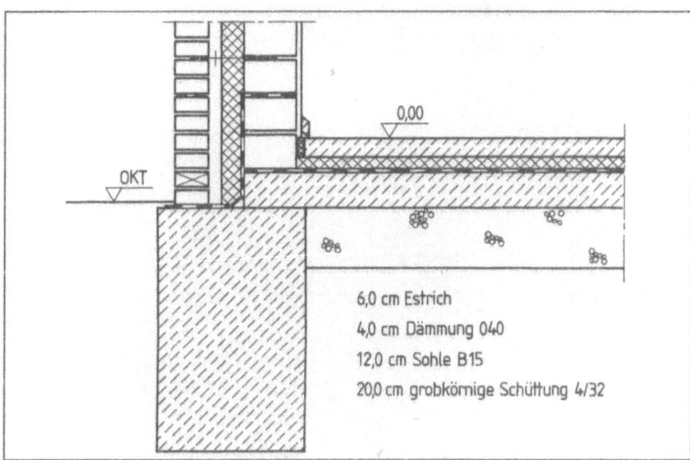

6.35   Übung <Sockel>

1. Welcher elementare Unterschied besteht in der Definition eines grafischen Elements zwischen CAD-Programm und Mensch?

2. Unterscheiden Sie Linie und Polygon.

3. Wie erzeugt das CAD-Programm eine Linie?

4. Wo ist die Doppellinie sinnvoll anzuwenden? Welche Anforderungen stellt CAD-Bau an sie?

5. Welche Unterschiede bestehen zwischen Normal-, Segment- und Umkreis?

6. Warum ist der Vollkreis eine Sonderform des Teilkreises?

7. Welche Eingabemöglichkeiten von Teilkreisen sind wünschenswert, welche bietet Ihr CAD-Programm?

8. Was ist bei der Drehrichtung grafischer Elemente zu beachten?

9. Skizzieren und benennen Sie folgende Elemente:
   a) 1200/100 nach 1200/600; Element?
   b) 1400/300 nach 1600/100 nach 1600/500; Element?
   c) Anfangspunkt 300/300, M = 300/200, WA = 90°, WL = 360°; Element? Radius?
   d) Anfangspunkt 600/300, M = 600/150, WA = 180°, WL = 270°; Element? Endpunkt?

10. Welche Vorteile bei der Eingabe bieten Polylinien?

11. Welche Kegelschnitte sind im CAD-Bau von Bedeutung? Nennen Sie auch Anwendungsbeispiele.

12. Nach welchen Kriterien wird die Beziers-Kurve erzeugt?

13. Welche Anforderungen stellt man an CAD-Bauprogramme? Was ist entscheidend?

14. Unterscheiden Sie grafische und numerische Korrekturen.

15. Welcher Unterschied besteht zwischen <Löschen> und <Ausblenden>?

16. Was wird bei der Korrektur grafischer Elemente verändert?

17. Nennen Sie Anwendungsbeispiele für Trimmfunktionen.

18. Was geschieht programmintern, wenn zwei sich kreuzende Linien zum gemeinsamen Schnittpunkt verkürzt werden?

19. Warum ist es nicht sinnvoll, Koordinatenkorrekturen numerisch durchzuführen?

20. Warum bietet sich die numerische Korrektur der Zuweisungen an?

7 Manipulation, Schraffur, Spezifikation

7.1 Manipulation

Mit Manipulationen lassen sich nicht nur einzelne Koordinaten, sondern ganze Objekte teilweise oder insgesamt verändern. So werden Zeichenarbeit und Zeit gespart, Fehleingaben minimiert.

Die Eingaberoutine für alle Manipulationsfunktionen entspricht dem Vorgehen bei den bisherigen Abschnitten:

- Funktion (Befehl) aufrufen (z. B. Kopieren>) $\Rightarrow$ Befehl,
- Identifizieren der zu kopierenden Koordinatenpunkte (Objekte) $\Rightarrow$ Quelle,
- Zielbestimmung durch Positionieren des Cursors oder über eine numerische Eingabe $\Rightarrow$ Ziel.

Die vom Betriebssystem und der Standardsoftware her bekannte Befehlsstruktur <Befehl Quelle Ziel> ist also auch bei der Manipulation anzuwenden. Zu unterscheiden sind sechs Manipulationsfunktionen: Verschieben, Kopieren/Duplizieren, Spiegeln, Dehnen, Drehen und Scalieren.

Verschieben. Eine beliebige Anzahl von Elementen läßt sich von der bisherigen Position an eine andere Position verschieben. Ihre Drehrichtung und Größe bleiben dabei unverändert (**7.1**). Reihenfolge der Befehlseingaben:

- Identifizieren der zu verschiebenden Koordinatenpunkte, meist über eine Fensterfunktion,
- Bestimmen des Basis- oder Bezugspunkts P1 des Elements, in der Praxis meist der linke untere Koordinatenpunkt,
- Bestimmen der Zielkoordinaten (P2) des Basispunktes über Cursorpositionierung oder Koordinateneingabe.

Hilfreich ist eine von vielen Programmen bereitgestellte Funktion der visuellen Verschiebung (z. B. <ZUG>). Das Element wird durch Betätigen der Pfeiltasten um die eingestellte Cursorschrittweite verschoben (Gummibandcursor).

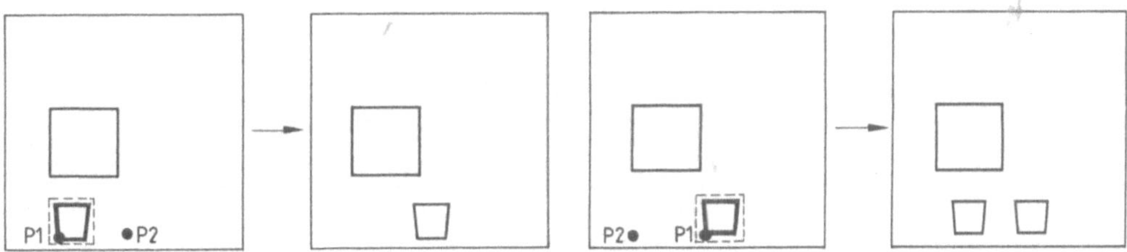

7.1 Verschieben

7.2 Kopieren/Duplizieren

Kopieren/Duplizieren ist in der Reihenfolge der Befehlseingaben mit dem Verschieben identisch. Die kopierten Elemente bleiben jedoch an ihrer ursprünglichen Position erhalten (**7.2**).

Spiegeln. Eine beliebige Anzahl von Elementen wird um eine definierte Achse gespiegelt. Als Spiegelachse können bestehende Körperkanten und Mittellinien gewählt werden. Man kann sie auch neu eingeben. Die ursprünglichen Elemente bleiben im Normalfall erhalten, die manipulierten werden um 180° im Abstand zur Spiegelachse gedreht (**7.3**).

Befehlseingabe:

- Identifizieren der zu spiegelnden Koordinatenpunkte,
- Definieren der Spiegelachse P1/P2. Durch den Abstand der Koordinatenpunkte zur Spiegelachse sind die Zielkoordinaten festgelegt.

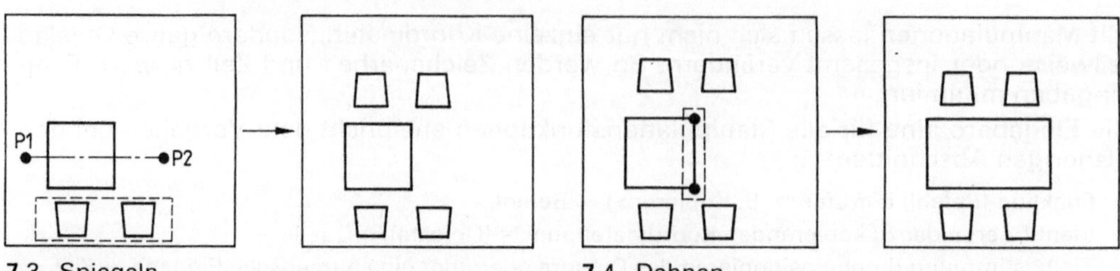

7.3 Spiegeln   7.4 Dehnen

Dehnen (Stauchen, Strecken) ähnelt der Korrekturfunktion <Korrigiere Linie> (s. Abschn. 6.11.1). Beim Dehnen lassen sich jedoch beliebig viele Koordinatenpunkte eines Objekts bzw. einer Fläche verschieben. Einige Programme erlauben ein Dehnen jeweils nur in einer Richtung, während gute Programme die Koordinatenpunkte gleichzeitig in X- und Y-Richtung verschieben (**7.4**). Reihenfolge der Eingabe:

- Identifizieren der zu dehnenden Koordinatenpunkte,
- Zielkoordinaten durch Cursorpositionierung oder durch Koordinaten eingeben.

Drehen. Eine beliebige Anzahl von Koordinatenpunkten wird um einen definierten Basis- oder Drehpunkt *D* gedreht (**7.5**). Der Drehwinkel kann absolut oder relativ eingegeben werden (**7.6**).

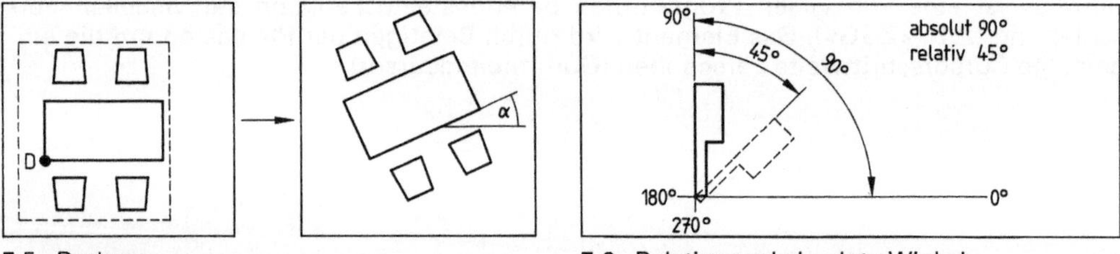

7.5 Drehen   7.6 Relative und absolute Winkel

> Absolute Winkeleingaben beziehen sich immer auf die positive X-Achse = 0°, relative auf den aktuellen Winkel des identifizierten Elements.

Reihenfolge der Eingaben:

- Identifizieren der zu drehenden Koordinatenpunkte,
- Bestimmen des Basis- oder Drehpunkts *D*,
- Eingabe des Drehwinkels α.

Beim Scalieren (auch scale, varia) werden die identifizierten Koordinatenpunkte einer Fläche in jeder Richtung gleichmäßig verändert (Luftballoneffekt). Diese Funktion kennen wir teilweise schon von der Bildschirmscalierung (Abschn. 5.5.1). Während jedes Vieleck scaliert werden kann, sind die Kreise zu unterscheiden. Beim Segmentkreis und Segment-/Umkreis (Abschn. 6.4) ist eine Scalierung problemlos, da der Kreis durch viele Koordinatenpunkte bestimmt ist. Beim Normalkreis kann dagegen nur der

Anfangs- bzw. Endpunkt des Kreises scaliert werden. Verfügt das Programm nicht über interne Routinen, die den Radius und den scalierten Kreis neu berechnen, wird der Kreis nur verschoben (**7.7**).

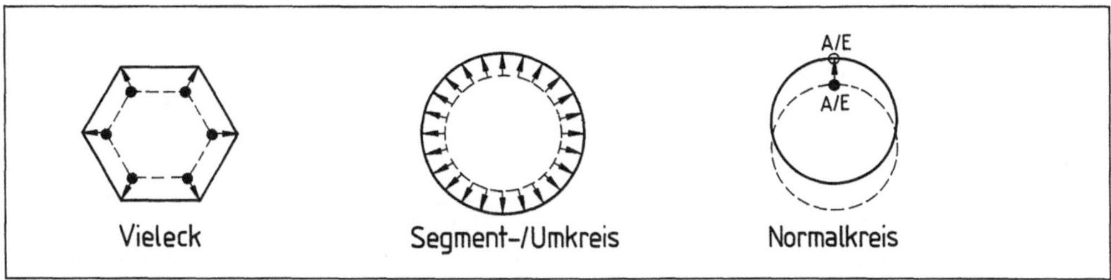

7.7 Scalieren von Flächen

Reihenfolge der Eingaben:

- Identifizieren der zu scalierenden Koordinatenpunkte,
- Eingabe des Wertes, um den das Objekt scaliert werden soll (**7.8**):

  über einen **Faktor**; Faktor 2 = Verdopplung, Faktor 0,5 = Halbierung. Der Faktor bietet sich an, wenn eine Zeichnung von 1 : 100 auf 1 : 20 zu vergrößern ist => Faktor 5 (**7.8a**);

  über einen **Koordinatenwert**, z. B. 50 = Fläche um 50 Einheiten vergrößern, –50 = Fläche um 50 Einheiten verkleinern (**7.8b**);

  über eine **Bezugslänge**: z. B. beträgt die ursprüngliche Länge 5, die neue 8 Einheiten. Dann wird das gesamte Element im Verhältnis 5 : 8 scaliert.

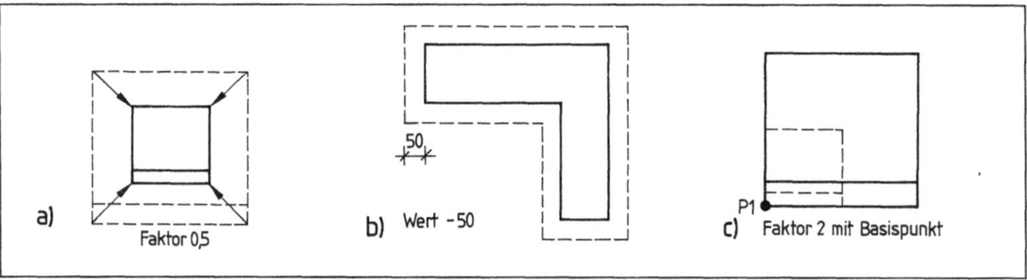

7.8 Werteingaben

Hilfreich ist hierbei wieder die visuelle Scalierung, wobei das Objekt über die Cursorschrittweite scaliert wird. Bei einigen Programmen kann man zusätzlich einen Basispunkt P1 bestimmen, der beim Scalieren seine Lage beibehält und dadurch die Lage der Fläche festlegt (**7.8c**).

> Grundlegende Manipulationsfunktionen sind <Verschieben>, <Kopieren>, <Spiegeln>, <Dehnen>, <Drehen> und <Scalieren>.

CAD-Programme verfügen meist noch über Erweiterungen oder Verknüpfungen der sechs beschriebenen Funktionen.

Beispiele **Parallelduplikat:** Beim Scalieren bleibt das Ursprungselement erhalten (**7.9** auf S. 134).

Mehrfachdrehung: Elemente werden gedreht und gleichzeitig in der eingegebenen Anzahl im vorgegebenen Winkelabstand dupliziert (**7.10**).

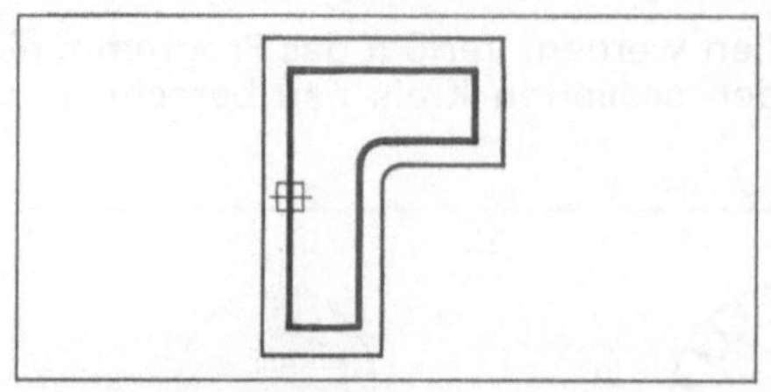

7.9 Parallelduplikat

7.10 Mehrfachdrehung, 4fach unter 90°

Mehrfachkopie rechtwinklig (Reihe): Elemente werden in einer beliebigen Anzahl im beliebigen Abstand in X- und Y-Richtung mehrfach kopiert (**7.11**).

Mehrfachkopie kreisförmig (Reihe): Elemente werden in einer beliebigen Anzahl im beliebigen Winkel um einen Basispunkt kreisförmig angeordnet, ohne gedreht zu werden (**7.12**).

7.11 Mehrfachkopie rechtwinklig,
3fach in X-Richtung,
2fach in Y-Richtung

7.12 Mehrfachkopie kreisförmig

Übung 1 CAD 2D: Manipulation

Rufen Sie eine Zeichnung <MOEBL> auf und erstellen Sie die Möblierung für ein Restaurant. Scalieren Sie den Bildschirm auf 2500 Einheiten in der Einheit cm (**7.13**).

a) Zeichnen Sie einen Stuhl 50/50, Bezugspunkt links unten bei 100/100. Zeichnen Sie einen Tisch 90/90, Bezugspunkt links unten bei 80/170.

b) Verschieben Sie den Stuhl nach 170/100.

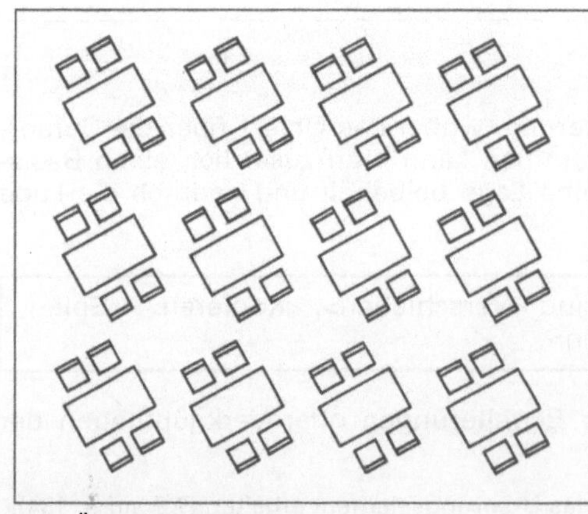

c) Kopieren Sie den Stuhl nach 100/100.

d) Spiegeln Sie beide Stühle auf die entgegengesetzte Tischseite.

e) Dehnen Sie den Tisch um 70 Einheiten in X-Richtung.

f) Drehen Sie alle Elemente um 30°.

g) Kopieren Sie alle Stühle und den Tisch mehrfach, und zwar 4fach in X- und 3fach in Y-Richtung.

7.13 Übung Möblierung

Vergleichen Sie Ihre Eingaben mit den Bildern **7.1** bis **7.5** und **7.11**.

Rufen Sie eine Zeichnung <BAUTEIL> auf und scalieren Sie den Bildschirm auf 2500 Einheiten in cm (7.14).

a) Erzeugen Sie das abgebildete Ausgangspolygon/Bauteil.

b) Kopieren/duplizieren Sie es nacheinander zu 2 (1000/200), 3 (1600/200), 4 (100/1100) und 5 (1600/1100).

c) Spiegeln Sie das Ausgangspolygon nach 6 (200/1100).

d) Drehen Sie Polygon 2 um 15°.

e) Drehen Sie Polygon 4 dreifach um jeweils 15°.

f) Dehnen Sie die beiden rechten oberen Koordinatenpunkte des Polygons 5 um 100 Einheiten.

g) Scalieren Sie Polygon 3 um 100 Einheiten.

h) Erzeugen Sie bei Polygon 3 ein Parallelduplikat um – 30 Einheiten.

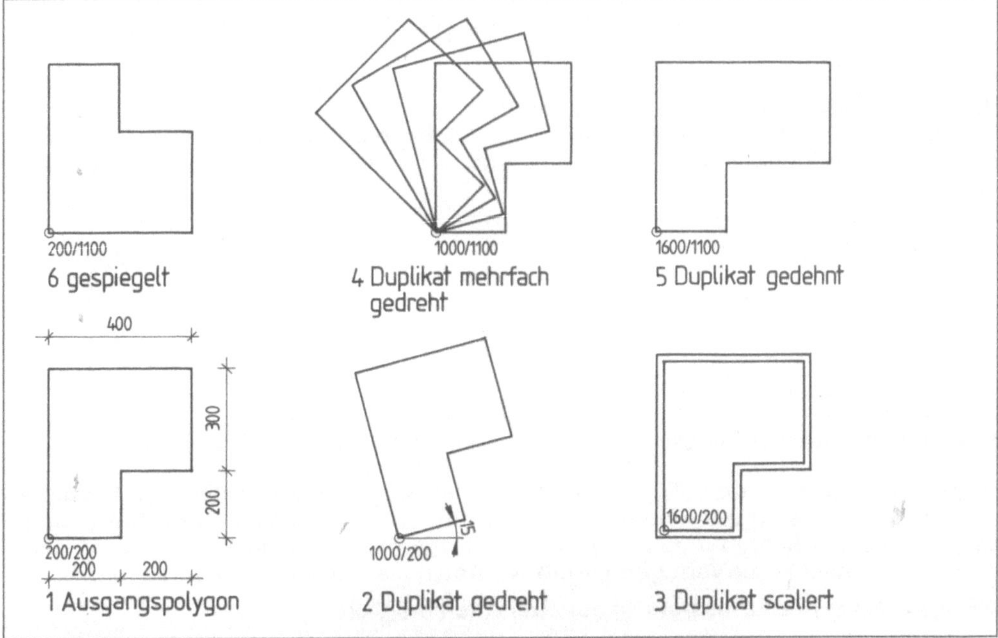

7.14 Übung Manipulierte Bauteile /Polygone

7.2   Schraffur

Beim Schraffieren werden identifizierte Flächen mit einem Muster ausgefüllt. Die Vielzahl der Schraffurelemente kann zur Unübersichtlichkeit auf dem Bildschirm führen, erfordert viel Speicherplatz und verlängert deshalb den Bildaufbau beträchtlich. Schraffuren erstellt man daher immer erst zum Schluß und legt sie auf einer separaten Ebene ab, die man bei Bedarf wieder ausblenden kann.

Identifikation. Damit das Programm die Muster/Schraffuren innerhalb der Fläche generieren kann, muß diese eindeutig definiert und allseitig umschlossen sein. Die Ecken der Fläche müssen aus Schnittpunkten der Flächenkanten bestehen (7.15), sonst

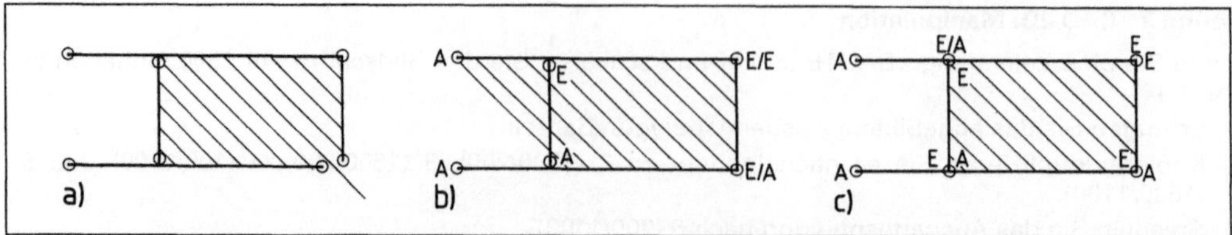

7.15 Abgrenzung von Schraffurflächen
a) fehlerhafte Schraffur, b) fehlerhafte Schraffur möglich, c) richtige Schraffur

können fehlerhafte Schraffuren auftreten. Einige Programme lösen das Problem, indem sie auf Grundlage der Identifikation (z. B. Konturverfolgung) die Flächenkanten intern auftrennen und zu eindeutigen Schnittpunkten führen.

Ein Tip aus der Praxis: Sind Sie nicht sicher, ob Sie die Schraffurfläche richtig definiert haben, erzeugen Sie die Flächenkanten ein zweites Mal. Durch Einschalten des <Aktiv>-Schalters (s. Abschn. 5.3) werden die Elemente im identifizierten Zustand erzeugt.

Schraffur mehrerer Flächen. Mehrere Flächen können gleichzeitig schraffiert werden (**7.16**). Trifft das Programm auf das erste identifizierte Element, schaltet es die Schraffurfunktion ein (1), beim zweiten Element aus (0), beim dritten wieder ein (1) usw. Viele Programme verfügen über weitere Ein- und Ausschaltfunktionen der Schraffur (s. Handbuch).

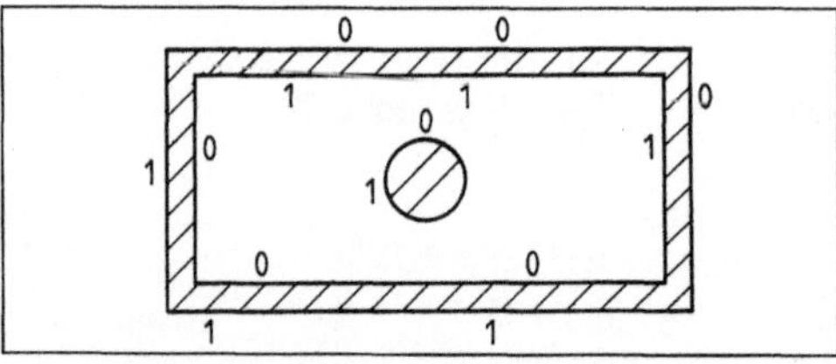

7.16 Schraffur mehrerer Flächen

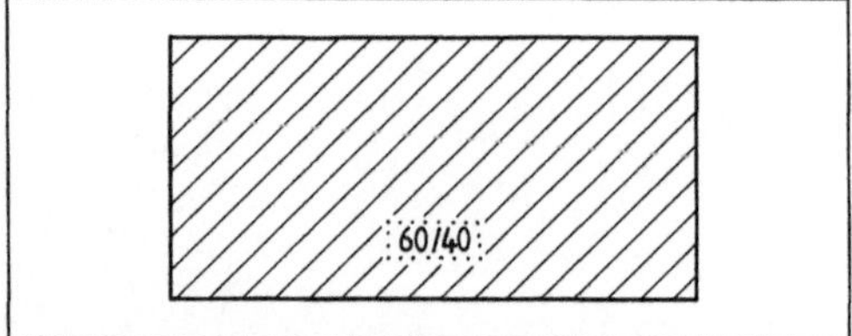

7.17 Schraffur mit Textelementen

Nützlich ist das standardmäßige Ausschalten der Schraffur bei Texten und Bemaßungen (**7.17**). Diese sind von einem ständig identifizierten, unsichtbaren Rechteck umgeben, so daß die Schraffur zunächst aus- und dann wieder eingeschaltet wird. Steht diese Funktion nicht zur Verfügung, muß der Anwender das Rechteck erzeugen.

Die Wahl des Schraffurmusters ist auf zwei Arten möglich.

– Das Muster wird unter Angabe des Drehwinkels, des Abstands und der Linienart numerisch eingegeben. Dabei sollte der Abstand nicht kleiner als 25 Einheiten gewählt werden, da die Linien sonst zu dicht nebeneinander liegen. Numerische Schraffuren sind aber nur bei einfachen Mustern möglich (**7.18**).

– Kompliziertere Schraffurmuster erstellt man über die Schraffurdatei (-tabelle). Darin sind die Schraffuren unter einem Namen abgelegt. Bei Namensaufruf braucht man nur noch den Drehwinkel und den Abstand einzugeben.

Beispiele	unbewehrter Beton		Mauerwerk		Stahlbeton	
	Drehwinkel	<45>	Drehwinkel	<45>	Drehwinkel	<45>
	Abstand	<25>	Abstand	<25>	Abstand	<25>
	Linie 1	<Strichlinie>	Linie 1	<Vollinie>	Linie 1	<Strichlinie>
	Linie 2	<E>	Linie 2	<E>	Linie 2	<Vollinie>

7.18 Eingabe von Schraffurmustern

Auch die von vielen Programmen benutzte Funktion <Füllen> ist eine Schraffur. Innerhalb der definierten Fläche wird eine so engliegende Schraffur erzeugt, daß die Fläche vollständig ausgefüllt wird (**7.19**).

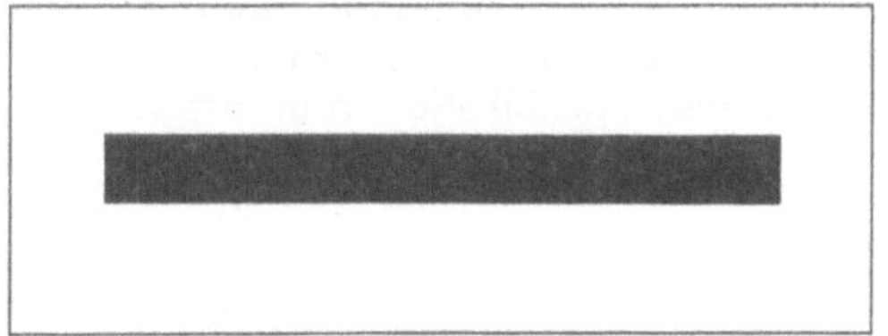

7.19 Funktion <Füllen>

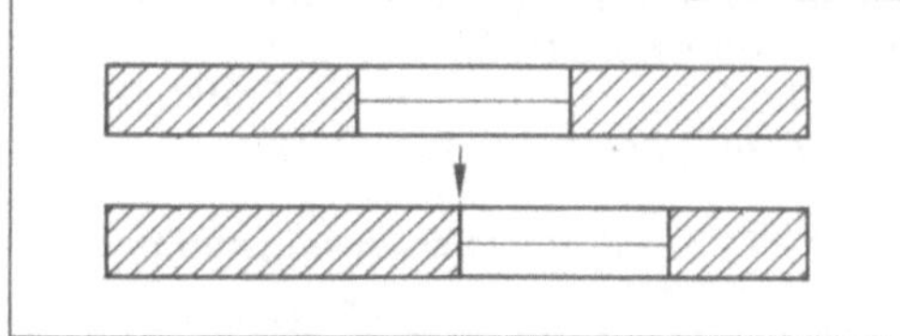

7.20 Assoziative Schraffur, Verschieben eines Fensters in der schraffierten Wand

Assoziative Schraffuren stellen nur leistungsstarke Programme zur Verfügung. Die Schraffur wird hierbei mit der schraffierten Fläche in der Datenbank gekoppelt. Bei Korrektur der Fläche ändert sich die Schraffur automatisch (**7.20**), während sie üblicherweise zu löschen und neu einzugeben ist.

Übung 3   CAD 2D: Schraffur

Kopieren Sie die Zeichnung <BAUTEIL> und nennen Sie sie in <SCHRAFF> um (**7.21**). Schraffieren Sie Polygon 1 als unbewehrten Beton, Polygon 2 als Mauerwerk, Polygon 4 als bituminöse Tragschicht, Polygon 5 als bewehrten Beton und Polygon 6 als Betonfertigteil. <Füllen> sie die Außenfläche (Wand) des Polygons 3.

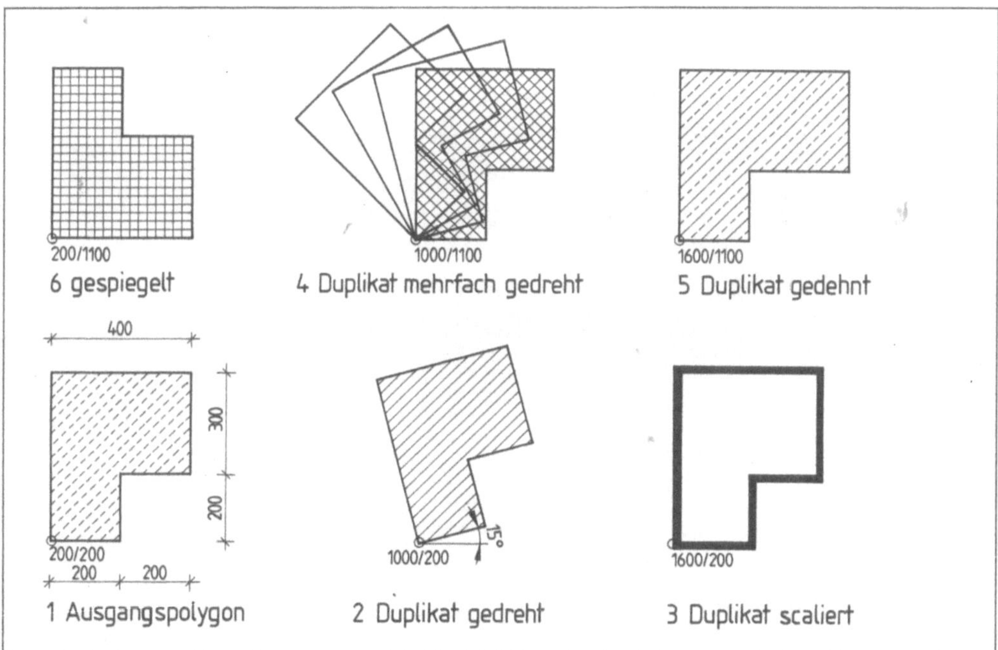

7.21 Übung 3

Übung 4   CAD 2D: Schraffur

Rufen Sie die Zeichnung <SOCKEL> wieder auf und erstellen Sie die Schraffuren nach Bild **6.35**.

7.3 Spezifikation

Mit Spezifikationen (näheren Erläuterungen) erstellt man geometrische Grundkonstruktionen des traditionellen Zeichnens. Kein CAD-Programm kann dem Benutzer alle unzähligen Konstruktionen zur Verfügung stellen. Je nach Anwendungsgebiet müssen sich die CAD-Programme im Funktionsangebot bei den Spezifikationen unterscheiden. Die wichtigsten zeigt Tab. 7.22.

Tabelle 7.22 Auswahl der wichtigsten Spezifikationen

Beschreibung	
<Messen>, <Unterteilen>, <Skala> Das Ausgangselement wird identifiziert, die Anzahl der Teile bestimmt.	
<Abwicklung> Das grafische Element wird nach dem Identifizieren abgewickelt.	
<Parallele> Das Ausgangselement wird identifiziert, Abstand (a) und Lage zum Ausgangselement (P1) werden bestimmt.	
<Winkelhalbierende> Die Winkelstrahlen werden identifiziert. Damit ist die Position der Winkelhalbierenden festgelegt. Nur noch der Endpunkt (P1) ist zu bestimmen.	
<Lot>, <Mittelsenkrechte> Das Linienelement ist zu identifizieren. Der Abstand zur Linie (P1) wird bestimmt. Beim <Lot> wählt man diesen Koordinatenpunkt als Anfangspunkt, während er bei der Spezifikation <Mittelsenkrechte> rechtwinklig zum Mittelpunkt des Ausgangselements verschoben wird.	
<Fase>, <Facette> Die Linienelemente werden identifiziert. Anfangs- und Endpunkt (A/E) der Fase oder die Abstände zum Schnittpunkt (S) sind anzugeben. (Achtung: Einige Programme verlangen ein Identifizieren mathematisch positiv ⇒ linksherum!)	
<Abrunden> Die Linienelemente werden identifiziert (auch hier bei einigen Programmen linksherum), der Radius der Ausrundung oder Anfangs- und Endpunkt (A/E) wird bestimmt.	
<tangentiale Ausrundung> Die Linienelemente werden identifiziert. Um die Position der tangentialen Ausrundung festzulegen, bestimmt man Anfangs- und Endpunkt (A/E). Den Ausrundungsradius ermittelt das Programm automatisch.	
<Tangentenkonstruktion> Der Kreis/Teilkreis ist zu identifizieren, der Anfangspunkt der Tangente (A) zu bestimmen. Diese Funktion läßt sich erweitern zur Spezifikation <Doppeltangente>.	
<Bogen an zwei Kreisen> Die Kreise werden identifiziert, Anfangs- und Endpunkte (A/E) auf der Kreisperipherie bestimmt. Den Radius des Teilkreises/Bogens ermittelt das Programm.	

Spezifikationen bezeichnen die Art und Lage eines grafischen Elements. Geometrische Grundkonstruktionen (z. B. Lot, Parallele, Ausrundungen, Tangenten) werden erläutert (spezifiziert).

Übung 5   CAD 2D: Fußpunkt Kehlbalkendach

Diese Zeichnung erfordert schon Geschicklichkeit, Routine und Erfahrung. Selbst erfahrene Anwender werden dabei korrigieren müssen. Zwar kann man die gesamte Zeichnung auch ausschließlich mit den grafischen Grundelementen erzeugen. Benutzen Sie jedoch möglichst viele Manipulations- und Spezifikationsfunktionen, die die Konstruktion erleichtern, beschleunigen und Fehleingaben minimieren.

Rufen Sie eine Zeichnung <FUSSP> auf und erzeugen Sie den Dachfußpunkt 7.23 ohne Bemaßung und Beschriftung. Diese Elemente werden später erzeugt. Benutzen Sie die Rotation sowie Positionierungs- und Identifikationsfunktionen. Legen Sie die Bildschirmscalierung, Einheiten und andere Voreinstellungen fest. Überlegen Sie, welche Elemente auf welcher Ebene erzeugt werden sollen. Speichern Sie die Zeichnung nach der Fertigstellung sorgfältig ab.

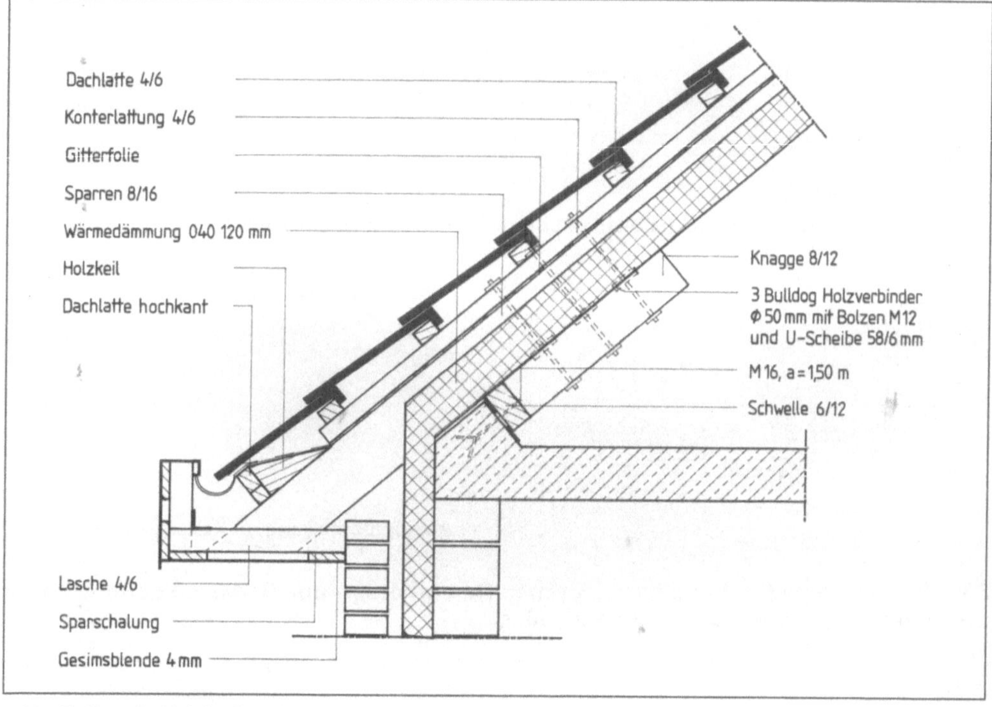

7.23 Fußpunkt Kehlbalkendach

8 Bemaßung und Text

Die Bemaßung ist beim traditionellen Zeichnen sehr zeitintensiv und fehleranfällig, mit ausgereiften CAD-Programmen dagegen schnell und problemlos auszuführen.

8.1 Bemaßungsarten und Voreinstellungen

Die Linienbemaßung sollte sowohl horizontal, vertikal und parallel zur Linie als auch unter einem bestimmten Winkel durchführbar sein (**8.1**). Die Bemaßung nur eines Linienelements (Absolutbemaßung) ist zeitaufwendig. Deshalb sollte die Bemaßung mehrerer Linienelemente (Kettenbemaßung) selbstverständlich sein (**8.2**).

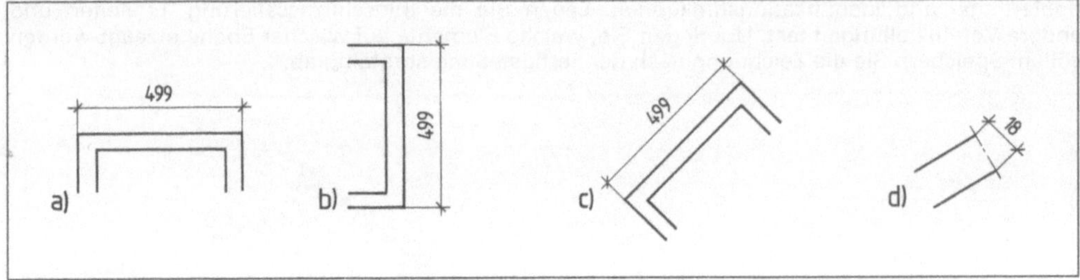

8.1 Linienbemaßung
    a) horizontal, b) vertikal, c) parallel, d) unter einem gewünschten Winkel

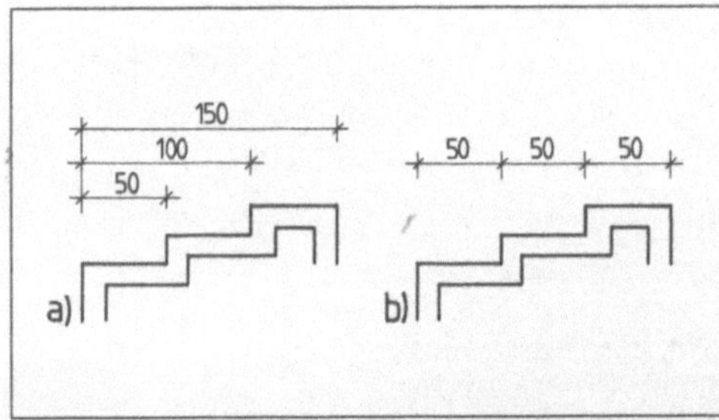

8.2
a) Absolutbemaßung, b) Kettenbemaßung

Bei der Kreisbemaßung unterscheidet man Durchmesser- und Radiusbemaßung sowie die Bemaßung von Kreisen und Bögen (**8.3**).

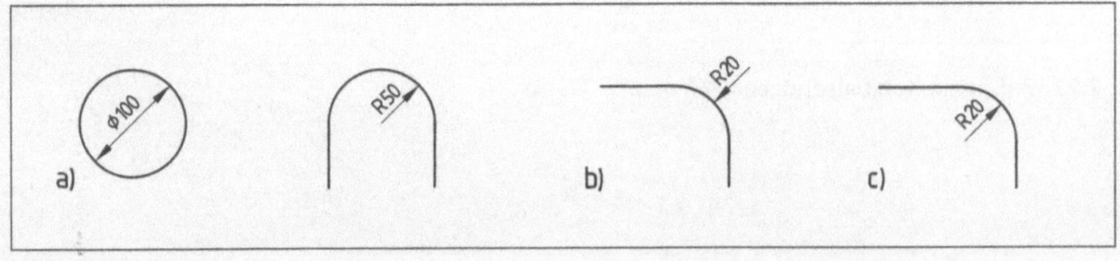

8.3 Kreisbemaßung
    a) Durchmesser Kreis und Bogen, b) Radius Bogen, frei bestimmter Mittelpunkt, c) Radius Bogen, gezeichneter Mittelpunkt

Die Winkelbemaßung zeigt Bild **8.4**.

Um praxisorientiert und DIN-gerecht zu bemaßen, sind einige Programmeinstellungen erforderlich (**8.5**).

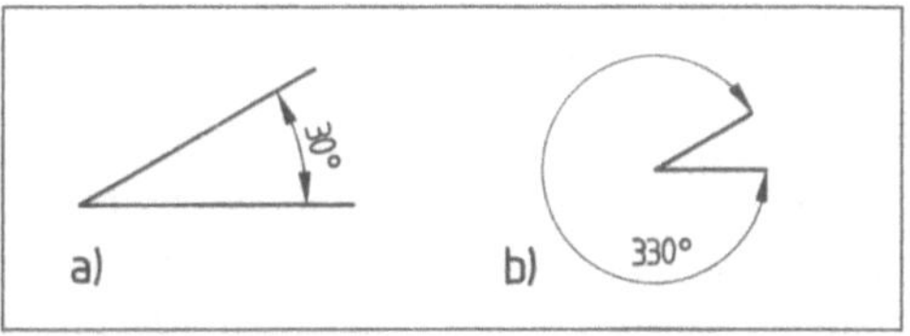

8.4 Winkelbemaßung
a) eingeschlossener Winkel,
b) Komplementärwinkel

Tabelle **8.5** **Bemaßungsparameter und -variable**

Maßlinienbegrenzung. DIN 1356 läßt drei Arten zu: Schrägstrich, Kreis und Maßpfeil. Sie sollten alle in CAD-Bauprogrammen zur Verfügung stehen.	
Strichstärken. DIN 1356 unterscheidet Maßlinien einerseits, Maßlinienbegrenzungen und Maßzahlen andererseits hinsichtlich der Strichstärken, die frei wählbar sein müssen.	100
Maßbegrenzung als Bezugslinie, Bezugslinienfunktion. Normalerweise verwendet man dazu nur kurze senkrechte Striche. In einigen Büros und auch in Abhängigkeit von bestimmten Zeichnungen werden sie jedoch bis an das jeweilige Element herangeführt. Entsprechend sind die Einstellungen vorzunehmen.	100 / 100
Höhe der Maßzahlen. Da die Höhe der Schrift und der Maßzahlen vom Maßstab abhängen, müssen sie frei wählbar sein.	30 1:100 30 1:50
Genauigkeit der Bemaßung, Nachkommastellen. Unterschiedliche Zeichnungen und Einheiten erfordern eine unterschiedliche Genauigkeit der Nachkommastellen. In der Einheit m werden meist 2, in der Einheit cm 1 Nachkommastelle gewählt.	17,5 17,51 17,513
Mindestlänge der Maßlinie. Bei der herkömmlichen Bemaßung sieht der Anwender, ob die Maßzahlen zwischen den Maßlinienbegrenzungen angeordnet werden können oder (z. B. bei dünnen Wänden) neben der Maßkette stehen müssen. Besonders beim Bemaßen mit Pfeilen besteht die Gefahr, daß sich die Pfeile überlappen. Da das CAD-Programm die Maßzahl normal mitten auf der Maßlinie anordnet, werden die Pfeile zusätzlich von der Maßzahl überschrieben. Deshalb legt der Anwender in Abhängigkeit von der Maßlinienbegrenzung fest, ab welcher Maßlänge die Maßzahlen zwischen bzw. neben der Maßlinienbegrenzung angeordnet werden.	10 / 10
Höhenbemaßung der Öffnungen. Öffnungen werden im Grundriß nicht nur in der Breite bemaßt, sondern die Öffnungshöhen auch unterhalb der Maßkette angeordnet. Von CAD-Bauprogrammen muß man erwarten, daß diese Bemaßung automatisch erfolgt, was jedoch nur wenige Programme erfüllen.	176 151

Die vielen aufgeführten Parameter schrecken einen unerfahrenen Anwender zunächst ab. Bei guten Programmen werden sie jedoch durch Voreinstellungen festgelegt. Der Anwender hat nur einmal zu prüfen, ob sie seinen Anforderungen entsprechen.

141

8.2 Maßpunktbestimmung

Alle Operationen mit einem CAD-Programm sollen anwenderfreundlich und ökonomisch durchführbar sein. Doch gerade hierin gibt es erhebliche Unterschiede.

Die interaktive Bemaßung geschieht ohne direkten Bezug auf das zu bemaßende Element. Maßpunkte können nicht identifiziert werden. Hier kann man nicht von einer Bemaßung sprechen. Vielmehr „zeichnet" man die Maßlinien und schreibt mit dem Textmodul die Zahlen.

Bei der halbautomatischen Bemaßung werden die Maßpunkte identifiziert, und das Programm ermittelt die Maße selbständig. Eine Zuordnung der identifizierten Maßpunkte zum bemaßten Element in der Datenbank gibt es nicht. Wird das bemaßte Element korrigiert, bleibt die ursprüngliche Maßkette erhalten. Jeder zu bemaßende Koordinatenpunkt muß (meist über den Objektfang) angesprungen werden – eine zeitaufwendige Tätigkeit.

Automatische Bemaßung. Eine programminterne Bemaßungsstrategie ist in Regeln gefaßt:

- **Die Maßpunkte werden über Befehle identifiziert.** Denkbar sind z. B. bei einer Grundrißbemaßung <A> Außenmaß, <I> Innenmaß, <Ö> Öffnungsmaß.

- **Die Maßpunkte werden über eine Ebenenzuweisung identifiziert,** z. B. <E100> = Identifikation aller Elemente der Ebene 100. Dieses Verfahren setzt jedoch einen nicht mehr praxisgerechten Ebenenplan voraus.

- **Die Maßpunkte werden über Schnittachsen (Hilfsachsen) bestimmt.** Durch das zu bemaßende Element legt man eine oder mehrere Achsen. Alle Linienelemente, auf die die Achsen treffen, werden identifiziert. Dies ist die meistverwendete Bemaßungsstrategie bei CAD-Bauprogrammen (8.6).

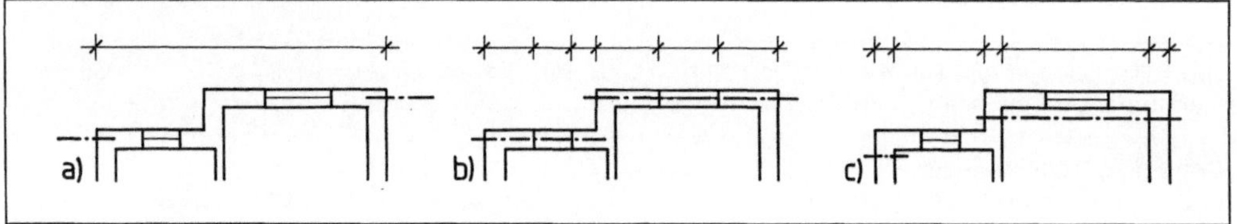

8.6 Automatische Bemaßung über Schnittachsen

Achse(n) a) für ein Außenmaß, b) für ein Öffnungsmaß, c) für ein Innenmaß

Die assoziative Bemaßung geschieht wie oben beschrieben durch eine Maßpunktbestimmung. Die Maßkette wird zusätzlich mit dem bemaßten Element in der Datenbank gekoppelt. Ändert sich das bemaßte Element, korrigiert das Programm selbständig auch die Maßkette.

> Der Automatisierungsgrad der Bemaßung ist ein wesentliches Qualitätsmerkmal der CAD-Bauprogramme. Zu unterscheiden sind die interaktive, halbautomatische, automatische und assoziative Bemaßung.

8.3 Eingabe und Korrektur der Bemaßung

Die Bemaßungseingabe ist wieder auf die bekannte Befehlsstruktur <Befehl Quelle Ziel> zurückzuführen.

- Funktionsaufruf (Befehl), z. B. <Bemaße Linien>,
- Maßpunktbestimmung (Quelle), z. B. über <Achse>,
- Maßkettenlage (Ziel) z. B. über Cursorpositionierung bestimmen (P), Neigungswinkel der Maßkette eingeben, z. B. <90> (**8.7**).

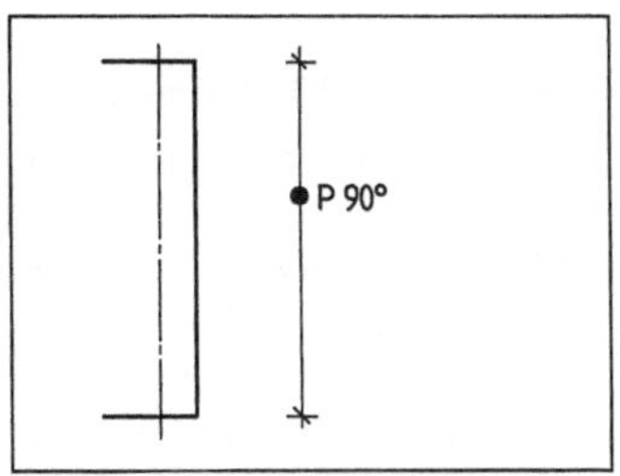

8.7 Bemaßungseingabe

Auch bei der Bemaßung gilt der Grundsatz: Alle Eingaben müssen korrigierbar sein.

Die Bemaßungskorrektur ist auf mehrere Arten möglich.

- **Löschen der gesamten Maßkette einschließlich Maßzahlen.** Hier gilt die gleiche Struktur wie beim Löschen grafischer Elemente:

  Befehl   Quelle
  <Lösche Bemaßung>   <identifizierte Bemaßungslemente>

- **Verschieben der Maßkette.** Besonders beim Plotten einer Zeichnung in unterschiedlichen Maßstäben werden auch die Abstände der Maßketten untereinander und vom bemaßten Objekt im entsprechenden Maßstab gezeichnet (8.8). Das kann den Gesamteindruck und die Lesbarkeit beeinträchtigen. Oft erkennt man auch erst anhand des Arbeitsplots, daß die Anordnung der Maßketten verbessert werden muß. Befehlsstruktur:

  Befehl   Quelle   Ziel
  <Verschiebe>   <identifizierte Maßketten>   <Cursor am Ziel positionieren>

- **Verschieben der Maßzahlen.** Die Anordnung der Maßzahlen ist besonders bei engliegenden Bauteilen ein CAD-Problem, da die Maßzahlen im Normalfall mittig auf der Maßlinie angeordnet werden. Das Programm schreibt dann Maßzahlen über die Maßlinienbegrenzung hinweg, im Extremfall noch über die nächste Maßzahl (8.9). Die Befehlsstruktur entspricht dem Verschieben der Maßkette.

- **Korrektur/Ergänzung der Maßzahlen.** Es kann vorkommen, daß die Maßzahl nicht dem wirklichen Maß des Elements entsprechen soll oder die Maßzahlen zu ergänzen sind (z. B. Toleranzen, BRH; 8.10). Bei solchen Korrekturen werden die Abmessungen des Elements nicht mitverändert. Auch eine assoziative Bemaßung ist dann nicht mehr möglich, weil die Kopplung der Maßzahl mit dem Element aufgehoben werden muß. Befehlsstruktur:

  Befehl   Quelle   Ziel
  <Korrigiere>   <identifizierte Maßzahl>   <neue/ergänzte Maßzahl eingeben>

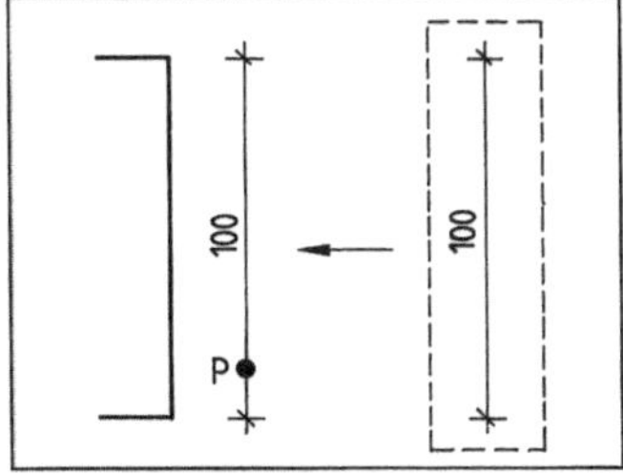

8.8 Verschieben der Maßkette

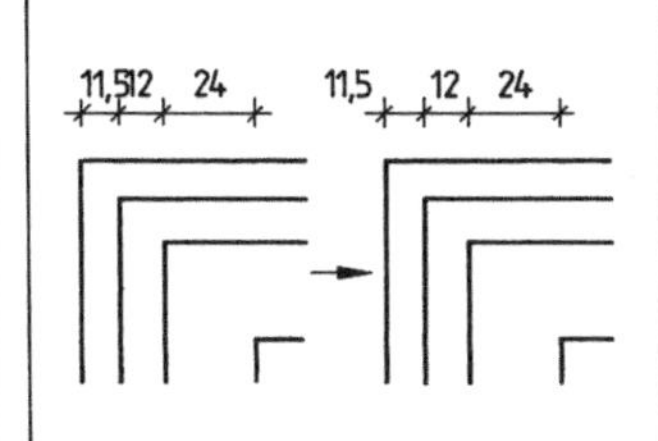

8.9 Verschieben der Maßzahlen

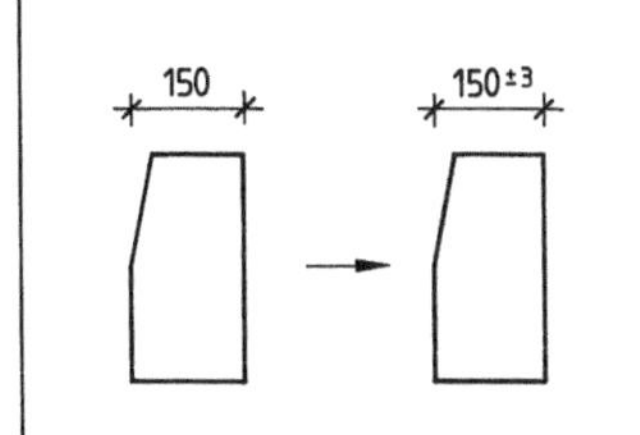

8.10 Maßzahlkorrektur

Bemaßungskorrekturen sind möglich durch Löschen, Verschieben der Maßketten sowie Verschieben oder Korrigieren der Maßzahlen.

Übung 1   CAD 2D: Bemaßung

Rufen Sie nacheinander die Übungen der Abschnitte 6 und 7 auf.

a) Prüfen Sie zuerst die Programmeinstellungen.
b) Prüfen Sie den Automatisierungsgrad Ihres Programms.
c) Bemaßen Sie die Zeichnungen normgerecht.
d) Plotten Sie die Zeichnungen, vergleichen Sie die Zeichnung auf dem Bildschirm und dem Plot.
e) Verbessern Sie die Lesbarkeit der Bemaßung.

8.4 Text

Texte prägen das Erscheinungsbild und den Gesamteindruck einer Zeichnung. Viele Büros, vor allem Architekturbüros, haben eigene Schriften entwickelt. In technischen Zeichnungen treten Texte im Schriftfeld, in Legenden, Hinweisen, Tabellen, Symbolen und Bemaßungen auf.

Schrifttypen – Zeichen- und Charaktersätze. Die CAD-Technik arbeitet mit gezeichneten Buchstaben. Jeder Buchstabe wird mit den grafischen Grundelementen erzeugt und in einer Datei gespeichert. Ein vollständiges Alphabet der gespeicherten Buchstaben nennt man Zeichen- oder Charaktersatz.

Alle Buchstaben eines Zeichensatzes müssen nach den gleichen Gesetzmäßigkeiten (z. B. breit oder schmal, mager oder fett, gerade oder kursiv) erzeugt sein, um ein einheitliches Schriftbild zu gewährleisten. Die Gestaltung hängt ab von der Sprache, dem Zeitgeist und Anwendungsgebiet, von psychologischen Erkenntnissen und individuellen Wünschen. So wird man für eine Zeichnung aus dem Denkmalschutz einen anderen Zeichensatz wählen als für eine Ausführungszeichnung. Teilweise haben sich Zeichensätze über Jahrhunderte entwickelt, teilweise haben moderne Techniken universell einsetzbare Zeichensätze erst ermöglicht (**8.**11).

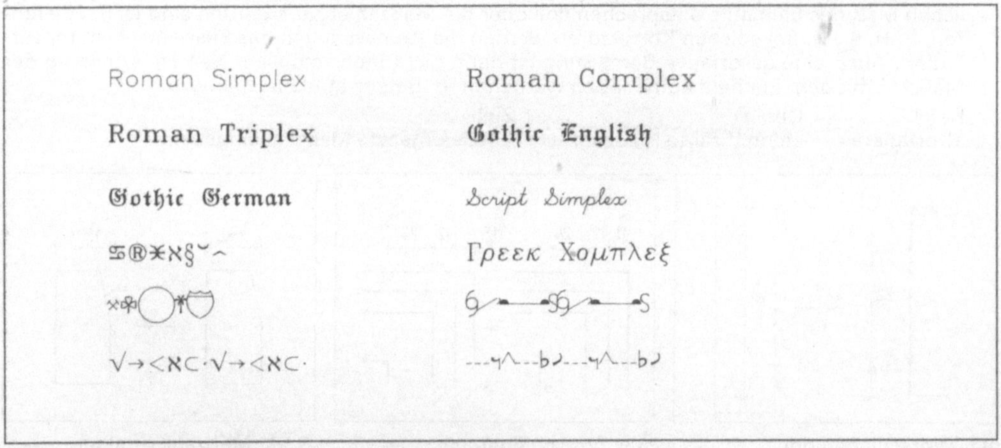

Roman Simplex

Roman Complex

Roman Triplex

Gothic English

Gothic German

Script Simplex

Γρεεκ Χομπλεξ

8.11 Beispiele für Zeichensätze in der CAD-Technik

Einige Zeichensätze werden mit der CAD-Software geliefert, weitere kann man zukaufen. Die meisten Programme bieten außerdem die Möglichkeit, individuelle Zeichensätze zu erstellen (Charaktersatzgenerierung).

Einstellung für die Ausgabe (Plot), Schriftfaktor. Normalerweise konstruiert man im M 1 : 100 auf dem Schirm. Wird die Zeichnung 1 : 50 ausgeplottet, vergrößern die meisten Programme zwar die Elemente, nicht aber die Texte. Setzt man den Schriftfaktor von 1 auf 2, werden die Texte in doppelter Größe geplottet.

Textformatierung. Bei der Standardpositionierung wird dem Programm der Textanfang über die Cursorpositionierung mitgeteilt. Wie bei der Textverarbeitung (s. Abschn. 4.1) sind weitere Formatierungen möglich (**8.12**).

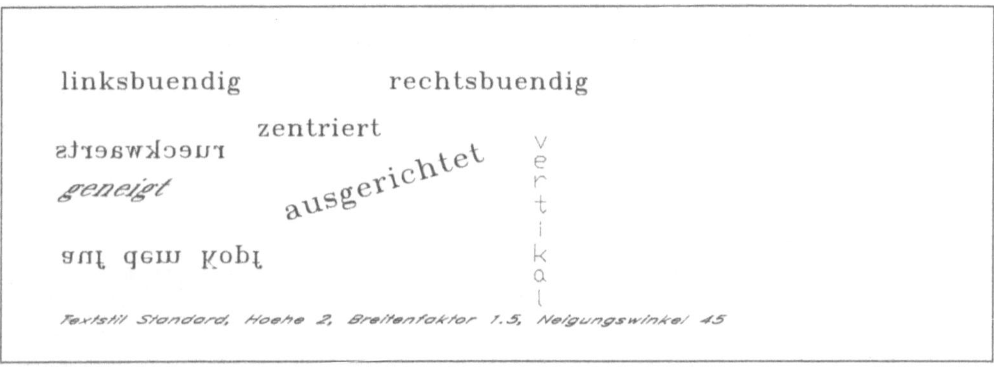

8.12 Beispiele für die Textformatierung

Texteingabe. Eingabestruktur:

Befehl	Quelle	Ziel
<Text>	Zeichensatz laden, z. B. <kursiv>	<Cursor positionieren>
	Neigung des Zeichensatzes, z. B. <0>	Neigung des Textes, z. B. <0>
	Text eingeben, z. B. <Wohnen> ⇒	Text wird generiert

Textkorrektur. Die meisten Programme speichern eingegebene Texte als ein Element in der Datenbank. Bei Tippfehlern ist folglich das ganze Textelement zu löschen und neu einzugeben. Sonst verläuft die Korrektur der Texte wie die der Bemaßung:

Text löschen
<Funktion aufrufen> <Text identifizieren>

Text verschieben
<Funktion aufrufen> <Text identifizieren> <Cursor positionieren>

Texthöhe ändern
<Funktion aufrufen> <Text identifizieren> neue Höhe eingeben, z. B. <50>

Zeichensatz ändern
<Funktion aufrufen> <Text identifizieren> neuen Zeichensatz eingeben

Übung 2 CAD 2D: Text

Rufen Sie nacheinander die Übungen der Abschnitte 6 und 7 auf.

a) Stellen Sie fest, über welche Zeichensätze Ihr Programm verfügt.

b) Erstellen Sie die Beschriftung der Zeichnungen einschließlich Überschriften, Schriftfeld und Legenden.

9 Ausgabe – Plot

Erstellte Zeichnungen können über einen Stiftplotter <Plot> oder einen Drucker mit Grafikeigenschaften <Hardcopy> ausgegeben werden. Die Hardcopy wird meist nur benutzt,

- um Zwischenzustände zu dokumentieren,
- um An- und Zuordnungen der grafischen Elemente und etwaige Eingabefehler zu prüfen,
- um schnell eine Besprechungsgrundlage zu erhalten.

Die eigentliche Zeichnung erzeugt man fast ausschließlich mit Stiftplottern.

Ausgabearten, Plotoptionen (9.1)

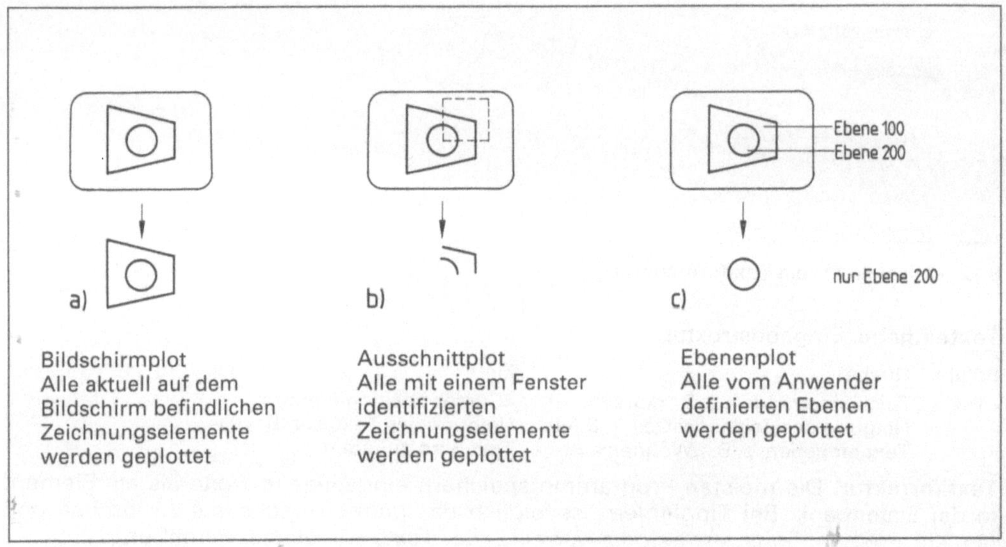

9.1 Plotoptionen

Diese drei Grund-Plotoptionen werden von einigen Programmen noch weiter spezifiziert. Manche können jeweils nur eine Zeichnung/Definition je Blatt plotten, andere beliebig viele. Schon beim Aufrufen einer Zeichnung geben einige Programme ein umrahmtes Blatt mit Schriftfeld vor (9.2). Innerhalb dieses Blattes konstruiert der Anwender in einem bestimmten Maßstab. Eine Maßstabsänderung ist wegen der vorgegebenen Blattgröße nur eingeschränkt möglich.

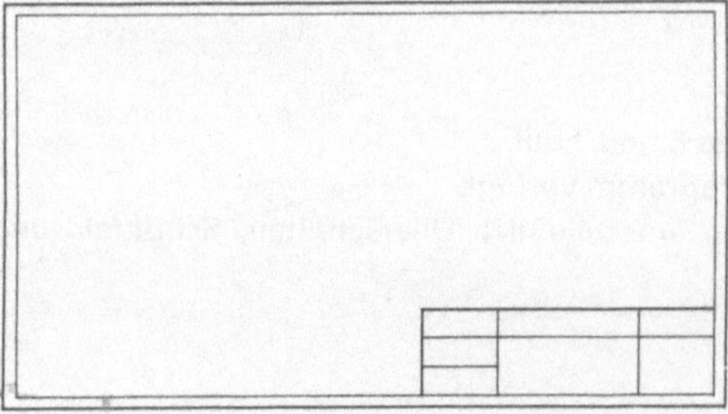

9.2 Voreingestelltes Blattformat DIN A3

Im Bauwesen sind stets mehrere Zeichnungen (Grundrisse, Ansichten, Schnitte) auf einem Blatt anzuordnen. Da man beim herkömmlichen Zeichnen nicht immer weiß, welches Blattformat der Zeichnung angemessen ist, wählt man ein größeres Blatt und beschneidet es im nachhinein. Einige CAD-Bauprogramme arbeiten nach dem gleichen Prinzip. Sie bereiten die Zeichnung erst nach Konstruktionsende für den Plot vor.

146

Beispiel Mit Hilfe von Ebenendefinitionen wurden die zu plottenden Zeichnungselemente ausgewählt. Jede Definition erhält eine Kennung, z. B.

<ANS1>　　　= Ansicht 1 auf den Ebenen 30000 bis 30100
<GREG>　　　= Grundriß EG auf den Ebenen 2000 bis 2999
<Stempel>　= Schriftfeld auf den Ebenen 16000 bis 16010

Um diese Einzelzeichnungen/Definitionen genau auf dem Plot zu plazieren, legt man (meist mit einem Fenster) ihre Grenzen fest (Translation/Nullpunktverschiebung, **9.3**).

Auch das Schriftfeld und die Blattumrandung sind definiert und beliebig plazierbar. Der Maßstab kann beliebig festgelegt werden.

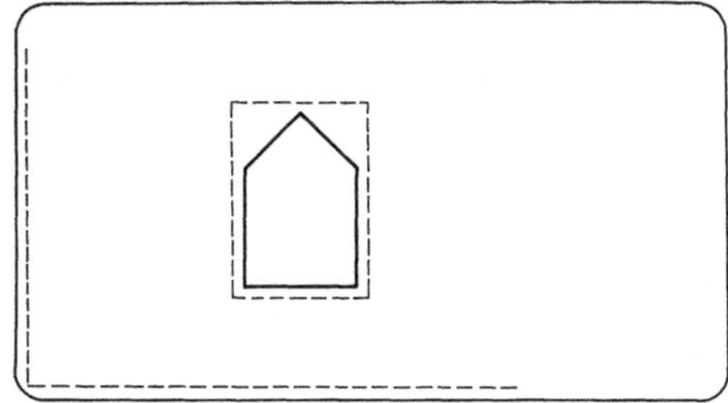

9.3 Plotdefinition

Auf diese Weise kann der Anwender beliebige Pläne mit mehreren Zeichnungen in unterschiedlichen Maßstäben aufbauen (**9.4**). Jedes Blattformat läßt sich plotten – vorausgesetzt, der Plotter läßt es zu. Lage- und Maßstabskorrekturen der Einzelzeichnungen sind möglich.

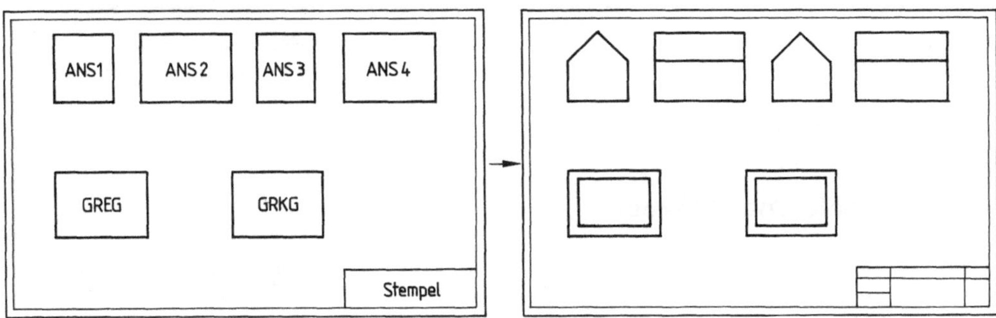

9.4 Aufbau eines Plans

147

In Teilebibliotheken befinden sich immer wiederkehrende Zeichnungen (z. B. Möblierungen, Nordpfeile, Bäume, Fenster, Dächer). Wie Klebefolien können sie jederzeit in jede beliebige Zeichnung eingefügt werden. Dies entlastet den Anwender, verkürzt die Arbeitszeit und verringert Fehleingaben.

Bei vielen Programmen gehören umfangreiche Teilebibliotheken zum Lieferumfang oder können hinzugekauft werden (**10.1**) während sich der Anwender bürospezifische Bibliotheken selbst erstellen muß.

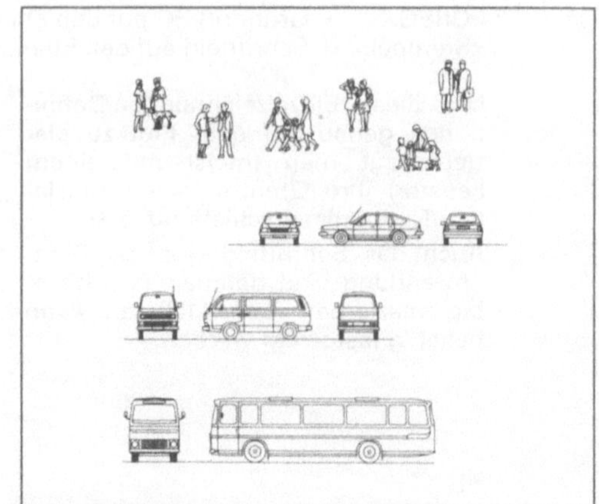

10.1 Makrodatei

Teilebibliotheken sind Dateien (Datenbanken), in denen Einzelzeichnungen unter einem Kurznamen gespeichert sind.

Beispiele   Datei Ans.mak   = Ansichtszeichnungen, z. B. Bäume, Menschen, Autos

Datei Fenster.mak = Fensterzeichnungen, z. B. ein- und mehrflügelig, unterschiedliche Sprossenaufteilung

Datei Einricht.mak = Einrichtungszeichnungen, z. B. Stuhl, Tisch, Sessel, Sitzgruppe

10.1 Symbole und Makros

Symbole und Makros (Blöcke, Bausteine, Gruppen) sind häufig wiederkehrende, programmintern in einer Teilebibliothek (Datenbank) gespeicherte Zeichnungen. Alle in den vorangegangenen Abschnitten beschriebenen Funktionen lassen sich zum Erzeugen eines Symbols bzw. Makros benutzen – nicht nur die grafischen Grundelemente, sondern z. B. auch Bemaßungen und Beschriftungen. An einer einfachen Übung wollen wir uns die Funktionsweise und die Unterschiede der Arbeit mit gespeicherten Zeichnungselementen verdeutlichen.

Übung 1 CAD 2D: Symbole / Makros

Rufen Sie eine neue Zeichnung <MAKUEB> auf und scalieren Sie den Bildschirm auf 300 cm. Erzeugen Sie ein einflügeliges Fenster 100 x 100 cm als 2D-Darstellung. Nennen Sie es <F100>. Der Blendrahmen soll 8 cm betragen.

a) **Erzeugen der Zeichnung <F100>** (10.2a). Wie im Abschn. 6 beschrieben, können Sie das Fenster mit 2 Polygonen oder mit einer Doppellinie erzeugen. Auch über einen Scanner ist es möglich.

b) **Speichern des Fensters in der Teilebibliothek.** Damit kein etwa vorhandenes Makro überschrieben wird, eröffnen Sie zuerst eine neue Teilebibliothek/Datei, meist über einen Menüpunkt. Nennen Sie die neue Datei <Testmak>. Die Erweiterung wird in der Regel vom Programm vergeben.

Damit das Programm weiß, welche Zeichnungselemente gespeichert werden sollen, sind sie zu identifizieren (z. B. über ein Bildschirmfenster, **10.2b**).

Über eine Cursorpositionierung ist ein Basispunkt <B> (Bezugspunkt) festzulegen, damit beim Wiederaufruf der Zeichnung ein genaues Positionieren möglich ist. Damit jeder Anwender mit der Zeichnung arbeiten kann, wählt man – analog zum absoluten Nullpunkt – die linke untere Ecke der Zeichnung als Basispunkt (**10.2c**). Handelt es sich um komplexe Zeichnungen oder ist eine andere Lage des Basispunkts erforderlich, muß eine allen zugängliche Dokumentation angelegt werden.

Eine Kennung <F100>, unter der die Zeichnung später wieder aufgerufen werden kann, ist zu vergeben (**10.2d**). Dann wird die Zeichnung in der Datei <TESTMAK> gespeichert (**10.2e**).

c) Rufen Sie nun eine neue Zeichnung <MAKUEB1> auf und scalieren Sie den Bildschirm auf 600 cm. Zeichnen Sie eine Wand in der Ansicht 499 x 262,5 cm. Fügen Sie das Fenster <F100> in die Wand ein.

Über einen Menüaufruf wird das gespeicherte Fenster aus der Datei <TESTMAK> geladen. Um es genau zu positionieren, fragt das Programm nach dem Basispunkt. Positionieren Sie den Cursor – bezogen auf den Wandanfang – 199 cm in X- und 87,5 cm in Y-Richtung (Brüstungshöhe). Nach Bestätigen des Basispunkts wird unser Fenster automatisch gezeichnet (**10.3**).

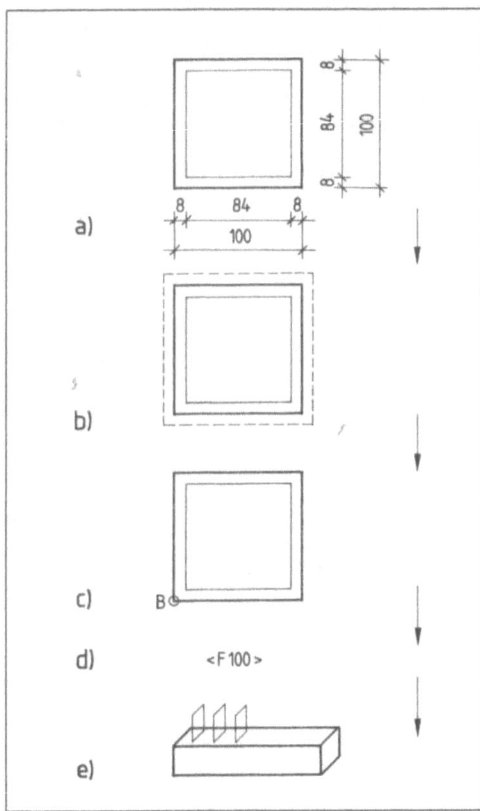

10.2 Erzeugen und Speichern eines Symbols/ Makros
   a) Erzeugen, b) Identifizieren,
   c) Positionieren, Basispunkt bestimmen,
   d) Kennung vergeben, e) Speichern

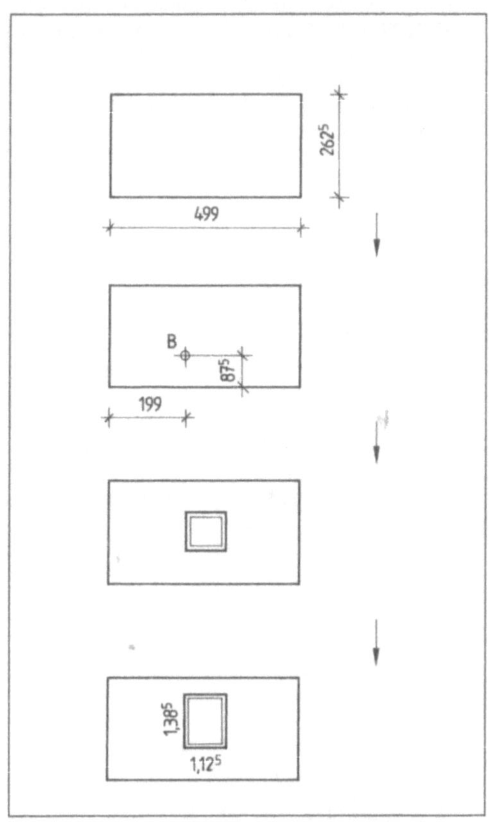

10.3 Erzeugen des Fensters <F100> in einer Wand

Das Fenster unseres Beispiels läßt sich beliebig manipulieren (verschieben, kopieren, scalieren, usw.) und korrigieren. Wichtig ist die Scalierungsfunktion. Da das Fenster <F100> nicht den Normgrößen entspricht, muß es scaliert werden. Wenn der Basispunkt beibehalten bleibt, bietet sich eine Scalierung über eine Bezugslänge an. Unser Fenster hat die Abmessungen 100 x 100. Deshalb ist der Scalierungsfaktor ohne Berechnung einzugeben. Bei einer Fensterabmessung von z. B. 112,5 x 138,5 betragen die Faktoren $\Rightarrow$ X : Y = 1,125 : 1,385. Solche Makros/Symbole sollten daher stets mit den Abmessungen 1 bzw. 100 erzeugt und gespeichert werden, damit Umrechnungen entfallen.

Aber auch die Grenzen der Makros und Symbole werden an unserem Beispiel deutlich. Nicht nur die Scheibenfläche, sondern auch der Rahmen wird scaliert (**10.3**). So wird z. B. beim Faktor 2 der Rahmen 16 statt 8 cm breit erzeugt – der Gesamteindruck und das Erscheinungsbild der Zeichnung werden negativ beeinflußt.

Übung 2 CAD 2D: Symbole / Makros

a) In der Übung 7 des Abschnitts 6 haben Sie in der Zeichnung <MAKRO1> mehrere grafische Elemente für die Ansichts-, Grundriß- und Schnittergänzung erzeugt. Rufen Sie diese Zeichnung wieder auf und speichern Sie alle Elemente nacheinander in Ihrer Teilebibliothek <TESTMAK>. Denken Sie daran, daß jeweils ein eindeutiger Basispunkt (möglichst links unten) und eine Kennung vergeben werden. Der Name sollte kurz sein, aber sinnvoll auf die Zeichnung schließen lassen.

b) Rufen Sie nun die Zeichnung <MAKUEB1> wieder auf. Scalieren Sie zunächst das Fenster <F100> auf 151 x 126 cm. Bessern Sie die Ansicht grafisch mit den gespeicherten Ansichtselementen (Autos, Bäume, Menschen) auf (**10.4**).

Dieses Vorgehen beim Fenster ist nur eine grafische, keine praxisgerechte Lösung. Das Fenster wird nur auf die Wand „geklebt", die Wandmassen der Öffnung werden nicht abgezogen.

10.4 Ansichtsaufbereitung

Übung 3 CAD 2D: Symbole / Makros

a) Rufen Sie eine neue Zeichnung <MAKUEB2> auf und scalieren Sie den Bildschirm auf 1000 cm.

b) Erzeugen Sie einen Grundriß 800 x 600 mit einer 24 cm starken Doppellinie. Erzeugen Sie die Möblierung und die Öffnungen nach Bild **10.5**. Achten Sie darauf, daß einige Symbole/Makros gedreht werden müssen.

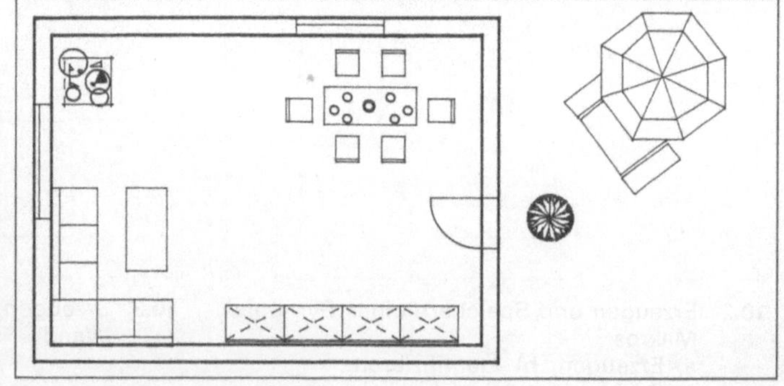

10.5 Grundrißaufbereitung

Eine Unterscheidung zwischen Symbolen und Makros haben wir bisher nicht vorgenommen. Einige Programme verzichten auch auf die begriffliche und funktionale Trennung. Doch erscheint es sinnvoll, weil Makros noch viel leistungsfähiger sein können. Makros können

- eine komplexe Struktur aus dem 2D- und 3D-Bereich sein. Setzt man z. B. einen dreidimensionalen Baum in eine Ansicht, erscheint er automatisch an der entsprechenden Stelle im Grundriß und den drei anderen Ansichten.
- Attribute (z. B. Massenzuweisungen) beinhalten, die automatisch in Listen (z. B. Mengenausdruck, Ausschreibung) eingefügt werden.
- untereinander verkettet sein. Wird die Zuweisung oder das Attribut eines Makros verändert (z. B. Holzfenster statt Kunststoffenster), verändern sich automatisch auch die entsprechenden Zuweisungen aller verketteten Makros.
- in verschiedenen Maßstäben unterschiedliche Darstellungsformen haben. Ein Fenster wird z. B. in der Bauantragszeichnung 1 : 100 anders dargestellt als in der Ausführungszeichnung 1 : 50.
- über eine Makrokennung insgesamt identifiziert und weiterverarbeitet werden.
- Speicherplatz auf dem Datenträger sparen, wenn sie als ein Element vom Programm verwaltet werden.

Symbole sind einfache 2D-Zeichnungen, die mit den grafischen Funktionen des CAD-Programms erstellt werden. Sie sind in einer Datenbank gespeichert und können jederzeit wieder aufgerufen werden.

Makros sind besonders komplexe 2D- oder 3D-Elemente, die zusätzlich Attribute enthalten können, evtl. verkettet sind und in unterschiedlichen Maßstäben unterschiedliche Darstellungsformen haben können.

10.2 Variantenmakros

Beim Scalieren des Fensters <F100> wurde nicht nur die Scheibenfläche, sondern auch der Rahmen scaliert, da Makros nur die Darstellung fester Abmessungen erlauben. Variantenmakros können dagegen Variable enthalten, die sich unabhängig voneinander verändern. Wie Symbole und Makros werden die Varianten unter einem Kurznamen in einer Teilebibliothek gespeichert.

Wirtschaftlich und praxisgerecht einsetzbare CAD-Bauprogramme müssen über solche Variantenmakros verfügen, die auf zwei Arten erzeugt werden können:

- **mit Hilfe des CAD-Programms.** Die Konstruktion wird wie üblich erzeugt. Für variable Abmessungen vergibt man lediglich Namen, denen beim Aufruf und Erzeugen einer neuen Variante die entsprechenden Zahlenwerte zugewiesen werden.
- **mit Hilfe einer Programmiersprache oder Grafiksprache.** Die Variante wird hierbei nicht grafisch auf dem Bildschirm, sondern numerisch im Editor (s. Abschn. 3.3.8) erzeugt. Der Anwender muß jedoch die Programmiertechniken und die Programmiersprache selbst kennen.

Einige Programme stellen eine sehr einfache Grafiksprache zur Verfügung. Da sie die Funktionsweise der Variante deutlich macht, geben wir zwei Beispiele.

Für einfache Konstruktionen reichen 3 Befehle aus: <D> = Draw/zeichne, <M> = Move/bewege und <V> = Variable.

Beispiel 1   Ein variables Rechteck ist zu erzeugen (**10.6**).

Programm	Erläuterung
V01: „Breite"?	Die Variablen werden beim Abruf abgefragt.
V02: „Höhe"?	Die Zeichen in "XXX" erscheinen im Display.
DX = V01	Zeichne in X-Richtung Variable 1
DY = V02	Zeichne in Y-Richtung Variable 2
DX = −V01	Zeichne in −X-Richtung Variable 1
DY = −V02	Zeichne in −Y-Richtung Variable 2

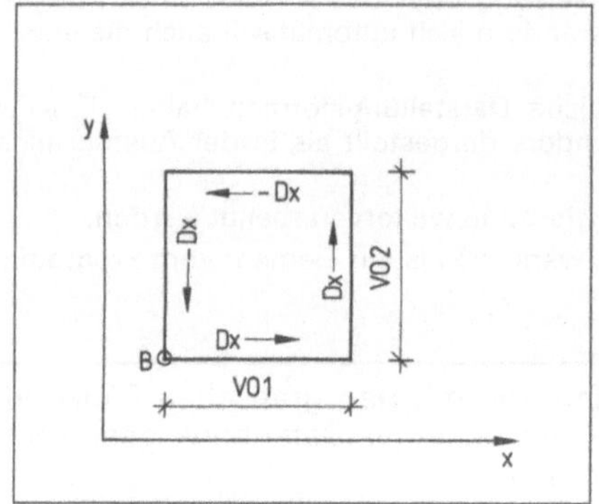

10.6 Variante <Rechteck>

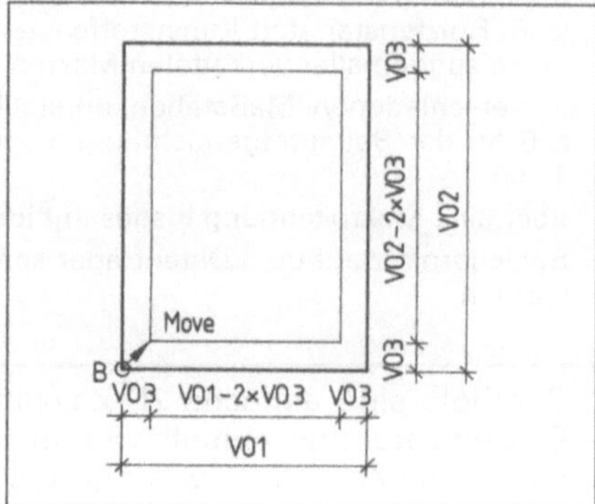

10.7 Variante (<F100>)

Beispiel 2   Das Fenster <F100> ist als Variante zu erzeugen (**10.7**).

Programm	Erläuterung
V01: „Breite"? V02: „Höhe"? V03: „Rahmen- breite"?	Die Variablen werden beim Abruf wieder abgefragt
DX = V01 DY = V02 DX = −V01 DY = −V02	Wie im Beispiel 1 wird zunächst der äußere Rahmen gezeichnet. Nach dem Befehl <DY = −V02> ist das Programm wieder am Basispunkt angelangt.
MX = V03 MY = V03	Der Cursor bewegt sich um die Rahmenbreite in X- und Y-Richtung.
DX = V01−2xV03 DX = V02−2xV03 DX = −V01−2xV03 DY = −V02−2xV03	Der innere Rahmen wird erzeugt.

Mit dieser Variante kann man jedes einflügelige Fenster in beliebigen Abmessungen und Rahmenbreiten erzeugen. Über weitere Befehle der Grafiksprache kann man Attribute vergeben (z. B. Ebenenzuweisung, Stricharten, Strichstärken). Auch Mengenattribute und die Zuweisung des Ausschreibungstextes lassen sich über die Varianten automatisch steuern. Damit sind nicht nur die Massen des Fensters, sondern alle mit dem Fenster verknüpften Massen gemeint (z. B. Fensterbänke, Sturzausbildungen, Zulagen, Glasarten, Beschlag, Glasleisten, Anstrich und Rolläden). Andere Fensterkonstruktionen wie mehrflügelige Fenster, Fenster mit Korb- oder Rundbögen erfordern weitere Varianten.

Varianten sind auch nicht auf zweidimensionale Anwendungen beschränkt. Unter Einbeziehung der Z-Achse (DZ = Draw in Z-Richtung) kann man jede dreidimensionale Varianten erzeugen.

Das System „lernt" bei den Varianten das Konstruieren, der Konstruktionsprozeß wird automatisiert. Je mehr Varianten zur Verfügung stehen, desto rationeller arbeitet man mit dem CAD-Programm.

> Variantenmakros enthalten Variable, die sich unabhängig voneinander ändern können. Sie sind deshalb besonders flexibel und rationell einsetzbar.

Übung 4   CAD 2D: Varianten

a) Prüfen Sie nach dem Handbuch, ob das Programm Varianten erzeugen kann.

b) Prüfen Sie, in welcher Programmiersprache die Varianten erzeugt werden können.

c) Versuchen Sie, die Varianten <Rechteck> und <F100> auf beide Arten zu erzeugen.

d) Speichern Sie sie in Ihrer Teilebibliothek <TESTMAK>.

e) Rufen Sie die Variante wieder auf und prüfen Sie, ob sie einwandfrei erzeugt wird.

f) Erstellen Sie eine Variante für das zweiflügelige Fenster 10.8.

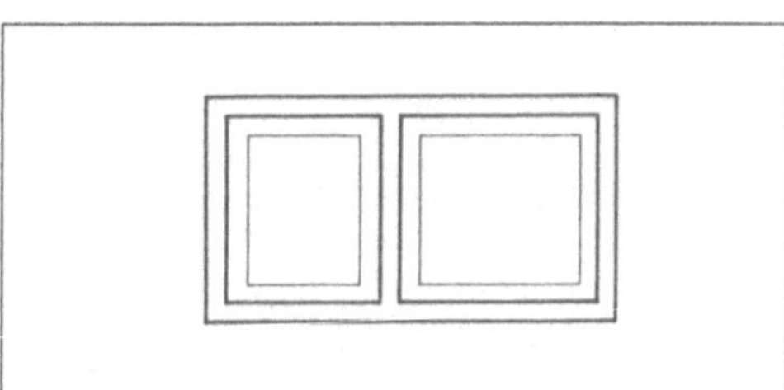

10.8   Zweiflügeliges Fenster

10.3 Prozeduren

Bei den Varianten ist für jede Fensterkonstruktion eine neue Variante zu schreiben. Um alle Möglichkeiten zu erfassen, sind so viele Varianten notwendig, daß zuviel Speicherplatz gebraucht und die Übersichtlichkeit stark eingeschränkt werden.

Da jedoch alle Fenster ähnlich aufgebaut sind, liegt der Gedanke nahe, vom Grundaufbau auszugehen und anschließend in die Besonderheiten zu verzweigen. Voraussetzung zum Verzweigen sind Befehle, die nur Programmiersprachen zur Verfügung stellen, etwa

– bedingte Sprünge zu Unterprogrammen (Subprozeduren),
– bedingte Vergleiche,
– komplexe mathematische Berechnungen.

Die Softwarehersteller sind bestrebt, alle denkbaren Konstruktionen eines Bauteils über ein derartiges Unterprogramm (Prozedur) zu steuern, z. B. alle Fensterkonstruktionen <Fensterprozedur>, alle Treppenkonstruktionen <Treppenprozedur>, alle Dächer <Dachprozedur>, alle Stützen und Balken <Stützenprozedur>. Vor allem im Architekturbüro werden die Prozeduren immer mehr an Bedeutung gewinnen.

> Prozeduren sind immer in einer Programmiersprache geschrieben. Sie sind Unterprogramme des eigentlichen CAD-Programms. Vereinfacht ausgedrückt bestehen Prozeduren aus einer Vielzahl von Varianten. Sie sind deshalb noch flexibler und rationeller als diese.

1. Welche Vorteile bieten die Manipulationsfunktionen?

2. Unterscheiden Sie die sechs Manipulationsfunktionen.

3. Wodurch unterscheiden sich relative und absolute Winkeleingaben?

4. Warum können nur Flächen mit eindeutigen Schnittpunkten schraffiert werden?

5. Wie können Schraffurmuster eingegeben werden?

6. Welchen Vorteil bietet die assoziative Schraffur?

7. Was versteht man unter Spezifikationen? Nennen Sie Beispiele.

8. Unterscheiden Sie Linien-, Kreis- und Winkelbemaßung bei CAD-Programmen.

9. Welche Voreinstellungen verlangt ein CAD-Programm bei der Bemaßung?

10. Worin liegen die Unterschiede im Automatisierungsgrad der Bemaßung?

11. Welche Korrekturmöglichkeiten der Bemaßung müssen dem Anwender zur Verfügung stehen?

12. Warum ist das Verschieben der Maßzahlen die häufigste Korrektur?

13. Was ist ein Charaktersatz?

14. Worin unterscheiden sich die Buchstaben/Ziffern in Textverarbeitung und CAD?

15. Welche Gemeinsamkeiten in der Textformatierung bestehen zwischen Textverarbeitung und CAD?

16. Welche Korrekturfunktionen bei Texten sollten CAD-Programme zur Verfügung stellen?

17. Welche drei Plotoptionen werden unterschieden?

18. Wie ist bei einem praxisorientierten Planaufbau im CAD-Bau vorzugehen?

19. Wie wird ein Symbol/Makro erzeugt?

20. Wie können Symbole und Makros unterschieden werden?

21. Warum sind Variantenmakros Voraussetzung einer durchgängigen Weiterbearbeitung der Geometriedaten?

22. Warum sind Softwarehersteller bestrebt, Bauteile nicht über Varianten, sondern über Prozeduren zu erzeugen?

11 Dreidimensionales Konstruieren

Alle Bauwerke sind dreidimensional. CAD-Bauprogramme müssen deshalb 3D-fähig sein. Eine Zeichnung ist zwar immer zweidimensional, und Beschriftungen, Bemaßungen, Schraffuren sowie Ergänzungen werden im 2D-Bereich erzeugt, doch für die praxisorientierte Arbeit im Baubereich reicht 2D bzw. 2 1/2D nicht aus. Jeder Grundriß, jede Ansicht und jeder Schnitt müßten wie beim traditionellen Zeichnen für sich erzeugt werden. Eine Weiterverarbeitung der Geometriedaten zur Mengenermittlung, Kalkulation und Ausschreibung ist nur in Längen möglich. Flächen und Volumen lassen sich allein aus den Geometriedaten nicht ermitteln.

11.1 Dimensionalität als Voraussetzung für CAD-Bau

Dreidimensionale Modelle beziehen neben der X- und Y-Achse auch die Z-Achse ein. Wir begegnen hier zum erstenmal dem Hauptunterschied zwischen dem traditionellen Konstruieren und dem Konstruieren am Bildschirm. Obwohl fast alle Gegenstände unserer Umgebung dreidimensional sind, stellen wir sie fast ausschließlich zweidimensional dar. Die technische Zeichnung zeigte daher stets Grundriß (Draufsicht), Aufriß (Vorderansicht) und Seitenriß (Seitenansicht). Dagegen gibt der Zeichner am Bildschirm bei 3D-Modellen alle Werte eines Bauwerks in einer Darstellung (z. B. Grundriß) ein, wobei er das räumliche Modell gedanklich immer präsent haben muß. So ist z. B. bei der Eingabe von Wänden im Grundriß auch die Wandhöhe (Z-Achse) einzugeben.

3D-Modelle sind im Bauwesen unabdingbar. Jedes Bauwerk – sei es ein Gelände, eine Straße oder ein Gebäude – ist ein räumliches Gebilde. Architekten arbeiten deshalb seit jeher mit Modellen.

Drahtmodelle (Kantenmodell, wire-frame) sind die frühesten Vertreter von 3D-Modellen zur Darstellung von Körpern. Sie definieren einen räumlichen Körper durch seine Kanten und Knotenpunkte. Wir können uns einen Körper aus lauter Drahtstäben zusammengelötet vorstellen (daher der Name Drahtmodelle, **11**.1). Dargestellt wird er mit Linien-, Kreis- oder Kurvenelementen. Die Nachteile des Drahtmodells sind vielfältig:

– Bei Parallelprojektionen können wir das Drahtmodell nicht verstehen, da alle Merkmale fehlen, die wir von der Umgebung her gewohnt sind (z. B. Perspektiven, Schatten, verdeckte Teile). Im Bild **11**.2 sind darum auch zwei Interpretationen möglich. Je umfangreicher die Darstellungen sind, desto mehrdeutiger können die Abbildungen sein. Selbst unsinnige Körper sind möglich (**11**.3).

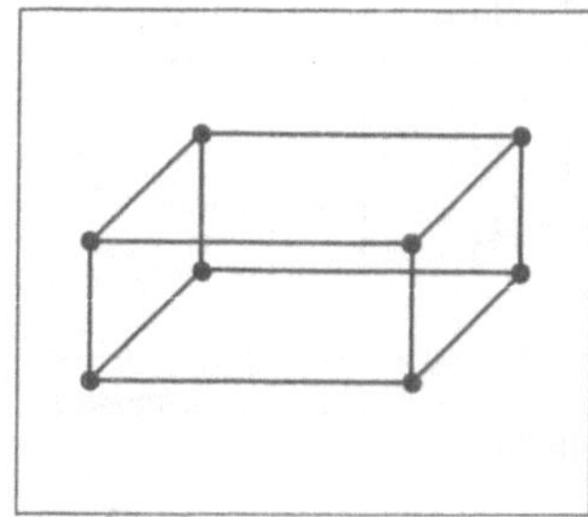

11.1 Drahtmodell

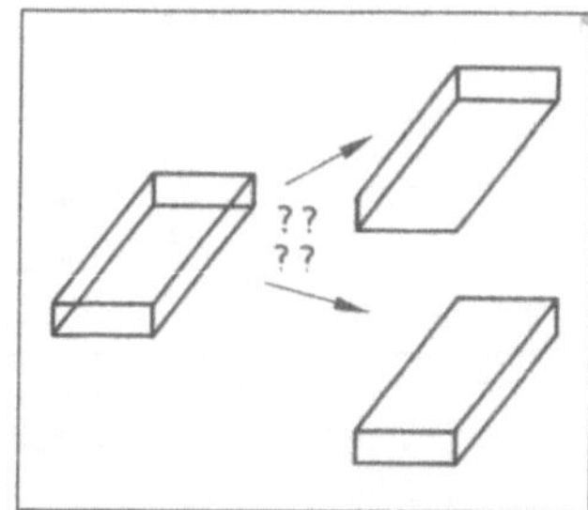

11.2 Mehrdeutigkeit des
Drahtmodells

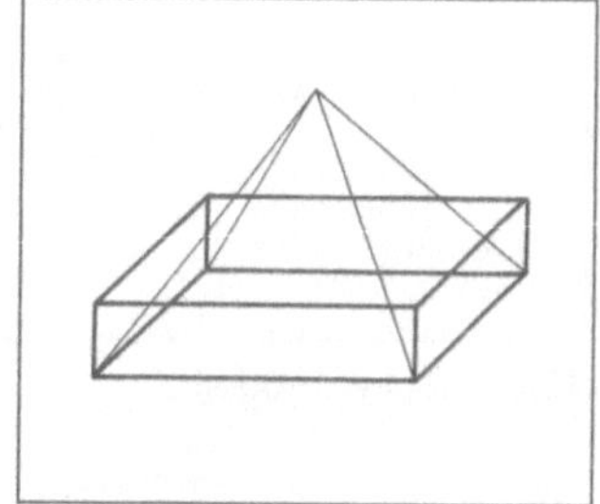

11.3 Drahtmodell, zu dem
es keinen Körper gibt

- Obwohl einzelne Drahtmodelle die Schnitterzeugung unterstützen, lassen sich nur Punkte erzeugen, die nachträglich weiterbearbeitet werden müssen (**11.4**).
- Auch die durch Flächen eines Körpers (Hidden-Line) verdeckten Kanten lassen sich nicht entfernen. Ansichten, Isometrien und Perspektiven bilden bei größeren Objekten unentwirrbare Strichhaufen (**11.5**).
- Flächen und Volumen können aus den Geometriedaten allein nicht berechnet werden.

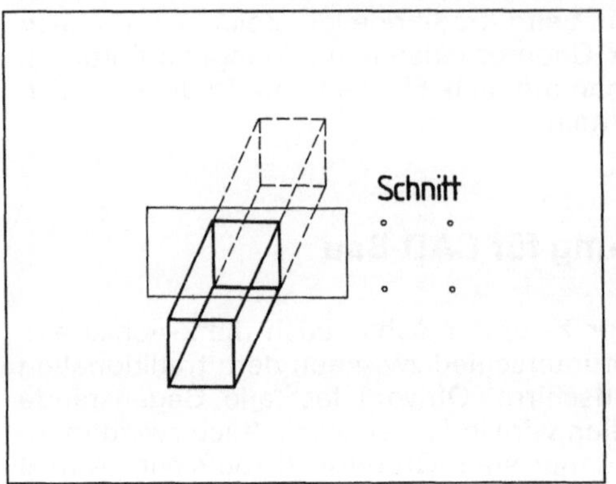

11.4 Schnitterzeugung

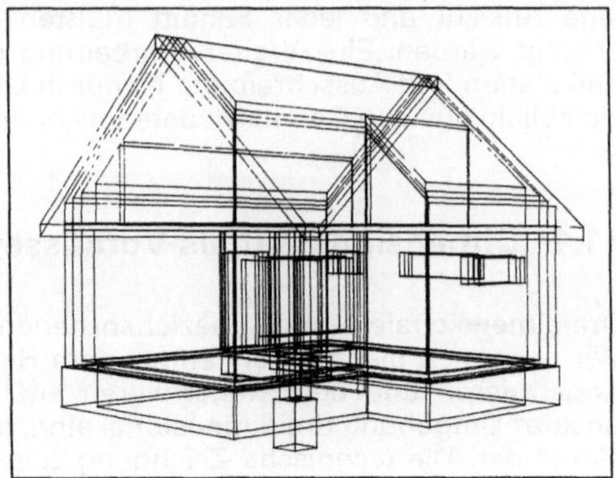

11.5 Perspektivische Darstellung eines Drahtmodells

Flächenmodelle benutzen statt der Linien des Drahtmodells Flächen als Bauelemente. Wie bei dem Papiermodell **11.6** werden die einzelnen Flächen zu einem Bild zusammengefügt. Aufbauend auf dem Drahtmodell werden die Flächen zwischen den Körperkanten (Drähten) definiert und aus Kanten und Knotenpunkten erzeugt. Vorteile:

- Parallelprojektionen sind eindeutig, unsinnige Körper können nicht erzeugt werden. Ansichten und Perspektiven lassen sich beliebig erzeugen. Mit dem Modul zur Hidden-Line-Berechnung können verdeckte Kanten entfernt werden (**11.7**).

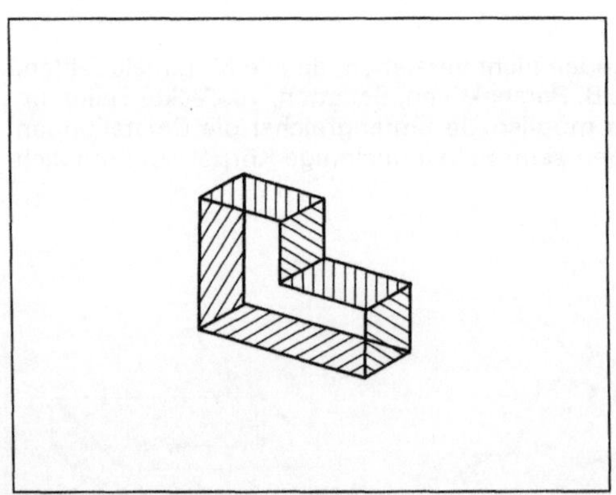

11.6 Flächenmodell

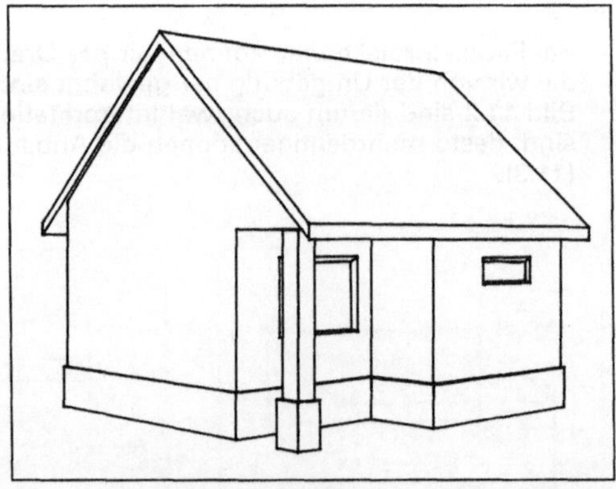

11.7 Ausblenden verdeckter Linien aus dem Drahtmodell **11.5**

– Schnitte werden automatisch erzeugt, da die Schnittlinien der Flächen berechnet werden können. Das Programm kann aber nicht wissen, was sich innerhalb der Schnittfläche befindet (**11.8**). So läßt sich z. B. keine automatische Schraffur durchführen.
– Mengen können automatisch flächenmäßig berechnet, Öffnungen objektbezogen subtrahiert werden. Volumenberechnungen sind jedoch allein aus den Geometriedaten nicht möglich.

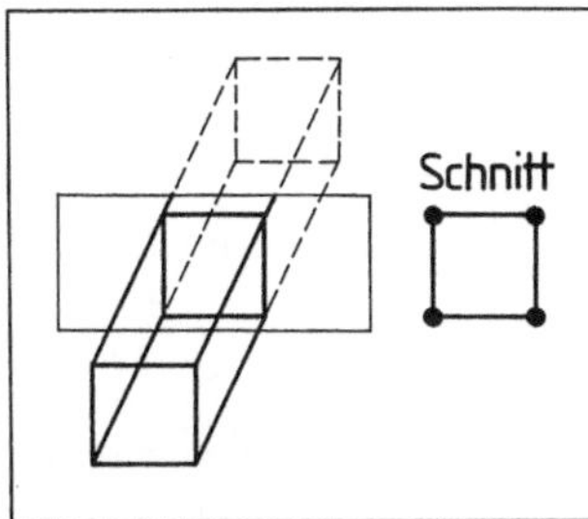

11.8 Schnitterzeugung des Flächenmodells

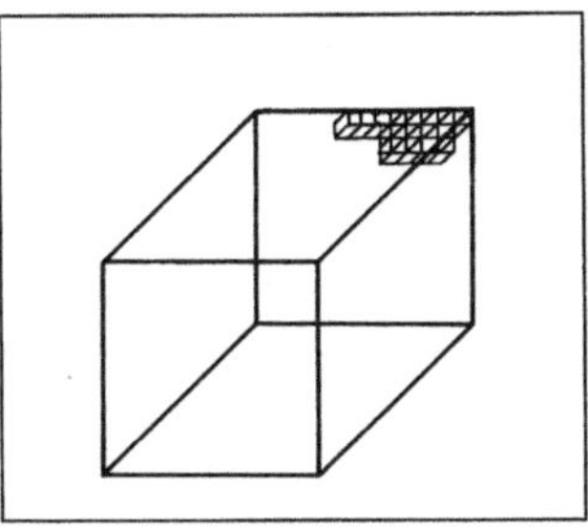

11.9 Aufbau des Volumenmodells

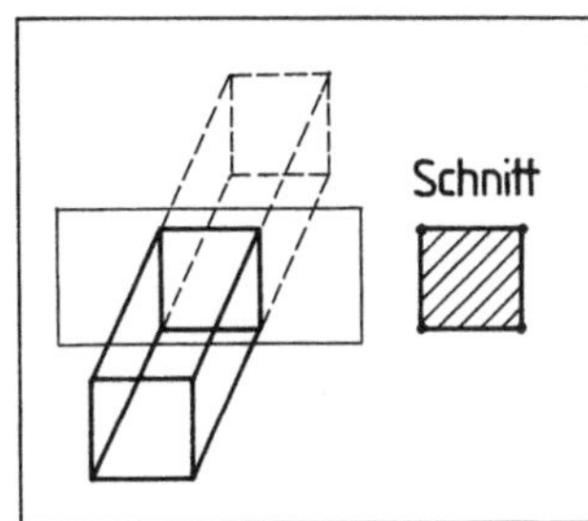

11.10 Schnitterzeugung

Volumenmodelle erlauben die umfassendste Beschreibung eines räumlichen Körpers. Die Objekte werden dabei wie mit Bauklötzen gestaltet. Der Körper wird durch eine Verknüpfung oder Durchdringung von Grundelementen nachgebildet. Jedes Grundelement ist wiederum aus einer Vielzahl kleinster Elemente (Atome) aufgebaut. Dadurch ist nicht nur die Oberfläche, sondern auch jeder Raumpunkt innerhalb des Objekts bekannt (**11.9**). Schnitte lassen sich automatisch erzeugen (**11.10**). Da das Programm die Raumpunkte kennt, kann der Schnitt auch automatisch schraffiert werden. Die Möglichkeiten des Volumenmodells sind vielfältig:

– Sämtliche axonometrischen Projektionen sind möglich. Der Anwender kann durch das räumliche Bauwerk „spazieren",
– Mengen lassen sich allein aus den Geometriedaten flächen- und volumenmäßig automatisch ermitteln.
– Schwerpunkte, Trägheitsmomente usw. werden automatisch berechnet.
– Die Geometriedaten kann man zur Steuerung numerischer Werkzeugmaschinen (CAD/CAM) nutzen.
– Explosionszeichnungen, Simulationsberechnungen und Kollisionsprüfungen sind möglich.
– Durch das Aufstellen von Lichtquellen im Raum kann man Schattierungen und Reflexionen (Shadowing) erzielen, die fast fotografische Qualität erreichen.

> Bei 3D-Modellen unterscheidet man Draht-, Flächen- und Volumenmodell.

Die Unterschiede der angebotenen Volumenmodelle liegen in der Anzahl der Grundkörper und in der Art ihrer Erzeugung (Modellierung). Glücklicherweise sind im Vergleich zum Maschinen- und Fahrzeugbau die Grundkörper in der Bautechnik weniger vielfältig und komplex (**11.11** auf S. 158). Es herrscht als allgemeine Grundform der prismatische Polyeder vor, begrenzt durch parallele Flächen (Wände, Stützen, Träger, Öffnungen). Aber auch gekrümmte Bauteile treten auf (z. B. in architektonisch anspruchsvollen Gebäuden, in der Haustechnik und im Anlagenbau). Hier dominieren jedoch weniger Freiformflächen, sondern Zylinder, Kegel, Kugel und Torus, die natürlich auch abschnittsweise zur Verfügung stehen müssen.

Obwohl unsere ganze Umgebung aus räumlichen Körpern besteht, ist die Anzahl der Grundkörper begrenzt. Sehen wir von der Kugel, den spitzen Körpern und Stümpfen ab, basieren sie alle auf den im Abschn. 6 dargestellten 2D-Elementen, denen nun die Höhenkoordinate zugewiesen wird.

Tabelle **11**.11 **Grundkörper der Volumenmodelle**

Körper	Bild	Anwendungsbeispiele
Prisma mit rechteckiger/ quadratischer Grundfläche (Würfel/Quader)		Fundament, Wand, Öffnung, Decke, Sohle, Stütze
Prisma mit dreieckiger Grundfläche (Dreiecksprisma)		Dachraum
Prisma mit trapezförmiger Grundfläche (Trapezprisma)		Firstlaschen, Kehlbalken, Damm
Prisma mit der Grundfläche eines Parallelogramms		Dach als Volumenkörper
Prisma mit der Grundfläche eines Vielecks		Stützen, Sparren
Zusammengesetzte Prismen		IPB-Träger, Stütze
Zylinder		Rundsäule, runde Öffnung, runde Decke
Drehkörper mit rechteckiger Grundfläche	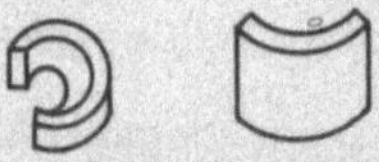	runde Wand
Drehkörper mit runder Grundfläche (Torus)		Rohrleitung
Pyramide		Zeltdach
Kegel		Turmdach
Pyramidenstumpf	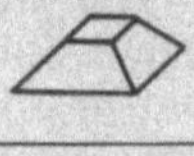	Stützenfundament
Kegelstumpf		Pilzkopf
Kugel		Ausdehnungsgefäß
Breiten- und Höhenzuweisung für den Spline	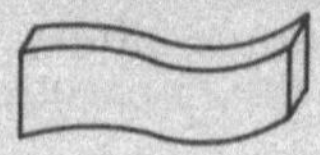	beliebige Wände

Die Modellierungstechnik ist die Art und Weise, wie die Grundkörper erzeugt werden. CAD-Programme wenden dazu Solid Modelling, Sweep und B-rep an.

Das Solid Modelling arbeitet mit gespeicherten Grundelementen (**11.11**). Ein Körper wird durch die Verknüpfung oder Durchdringung dieser Grundelemente nachgebildet (**11.12**). Grundsätzlich läßt sich jeder Körper mit dem Solid Modelling erzeugen, doch schränkt die Anzahl der zur Verfügung stehenden Grundkörper die Möglichkeiten ein. Außerdem entspricht diese Modellierung nicht unserem konstruktiven Denken: Wir verknüpfen nicht Grundkörper im Raum, sondern zeichnen Linien, die die Oberflächenkanten der Baukörper darstellen. Programme mit Solid Modelling verlangen vom Anwender deshalb meist nur die geometrische Form und die Elementabmessungen. Wird gerade im Grundriß konstruiert, erscheint wie auf dem Reißbrett auch nur die Draufsicht des Grundkörpers (Bauteils).

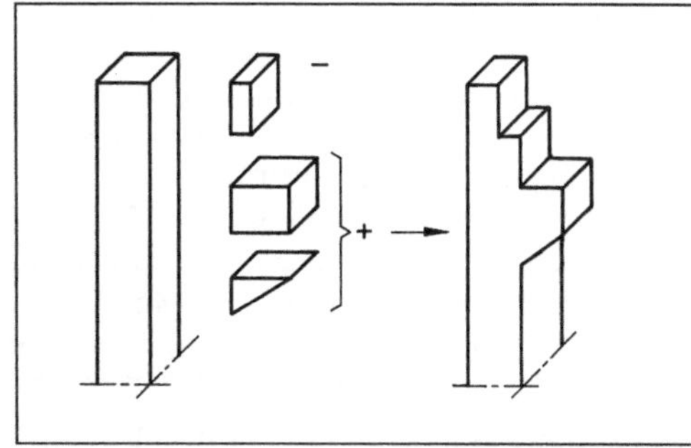

11.12   Solid Modelling

Beim Sweep hat der Anwender meist nur die Grundfläche durch Begrenzungslinien oder Eckpunkte zu bestimmen (2D). Das Programm ermittelt dann selbständig mit Hilfe einer Schnittpunktberechnung die Grundfläche (**11.13**). Gibt man die Höhe bzw. Dicke des Körpers ein, wird die ermittelte Grundfläche entlang der Höhe (Erzeugende) verschoben. Als wenn die Grundflächen „übereinandergestapelt" sind, ist jeder Punkt innerhalb des Körpers koordinatenmäßig erfaßt. Diese Technik ist jedoch auf prismatische Körper beschränkt, da Grund- und Deckfläche identisch sein müssen. Bauwerke bestehen aber fast ausschließlich aus Prismen, so daß eine Fülle von Bauteilen mit Sweep-Operationen beschrieben werden können.

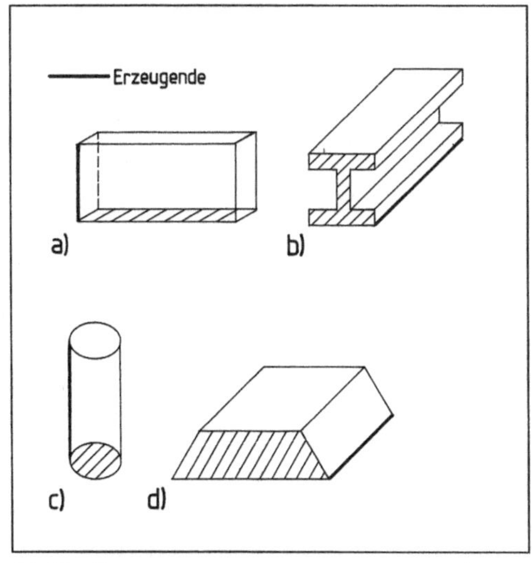

11.13   Sweep
a) Wand, b) Träger, c) Rundsäule,
d) Damm

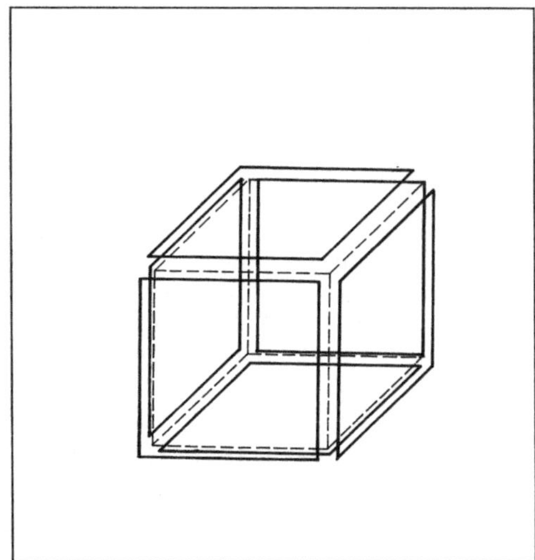

11.14   B-rep

Das B-rep geht nicht von den Grundkörpern, sondern ähnlich wie das Flächenmodell von den die Oberfläche beschreibenden Teilflächen aus (**11.14** auf S. 159). Durch interne Informationen weiß das Programm aber zusätzlich, an welchen Kanten Flächen und an welchen Eckpunkten Kanten zusammenstoßen (Topografie). Dadurch entsteht ein vollwertiges Volumenmodell.

Ein Streit um die beste Modelliertechnik verkennt die Situation in der Praxis. Je nach der Konstruktion, nach seiner Erfahrung und Geschicklichkeit sollte der Konstrukteur zwischen verschiedenen Modelliertechniken wählen können. Zunehmend werden innerhalb eines Programms immer mehr Modelliertechniken angeboten. Da hierdurch auch die Anforderungen an den Anwender steigen, muß sich zugleich die Anwenderfreundlichkeit der Programme verbessern. Dann könnte sich ein Programm bei Standardanwendungen von allein für die geeignetste Modelliertechnik entscheiden.

Volumenkörper werden mit Modelliertechniken erzeugt. Häufig benutzte Techniken sind das Solid Modelling, das Sweep und das B-rep.

Zusammenfassung (**11.15**). Die Leistungsfähigkeit der CAD-Programme hängt besonders von der Dimensionalität ab. Da die neuen Rechnergenerationen schon auf PC-Ebene das Volumenmodell verarbeiten können, tritt die Hardware immer mehr in den Hintergrund und legt das Schwergewicht auf der Software.

Tabelle **11.15**　**Leistungsfähigkeit der CAD-Modelle**

	2D	2 1/2D	Drahtmodell	Flächenmodell	Volumenmodell
Isometrie/ Ansichten	–	nur symmetrische Körper	möglich	möglich	möglich
Schnitte	–	–	nur Punkte	eingeschränkt	beliebig
Hidden-Line	–	–	–	möglich	möglich
Mengenermittlung	Längen	Längen	Längen	Längen, Flächen	Längen, Flächen, Volumen

Leistungsfähigkeit, Preis, Speicherbedarf und Anforderungen nehmen zu.

Bei den Modellen wurden nur die Geometriedaten berücksichtigt. Viele CAD-Programme enthalten weitere Berechnungsmodule, die zusätzlich zur Geometrie beurteilt werden müssen. So beherrschen einige wenige Drahtmodelle auch Hidden-Line und einige Flächenmodelle auch Volumenberechnungen.

11.2　CAD in der Bautechnik

Irrtümlich werden CAD-Programme häufig als Programme zum perspektivischen Zeichnen angesehen. In Wirklichkeit werden weder Grundrisse, Ansichten, Schnitte oder Perspektiven konstruiert, sondern es entsteht mit Hilfe der grafischen Grundelemente ein räumliches Bauwerk, ein Modell. Erst durch die Definition von Schnittebenen ergeben sich automatisch die uns vertrauten Darstellungen.

Vorwiegend konstruiert man im Grundriß, der als horizontaler Schnitt mit vertikaler Sichtrichtung als Parallelprojektion innerhalb des räumlichen Modells anzusehen ist (**11.16**). Mit versetzten Schnittebenen, zusätzlichen Angaben über Sichtrichtung und Projektionsart (Parallel- oder Zentralprojektion) läßt sich jede beliebige Darstellung erzeugen (**11.17**, Näheres s. Abschn. 14).

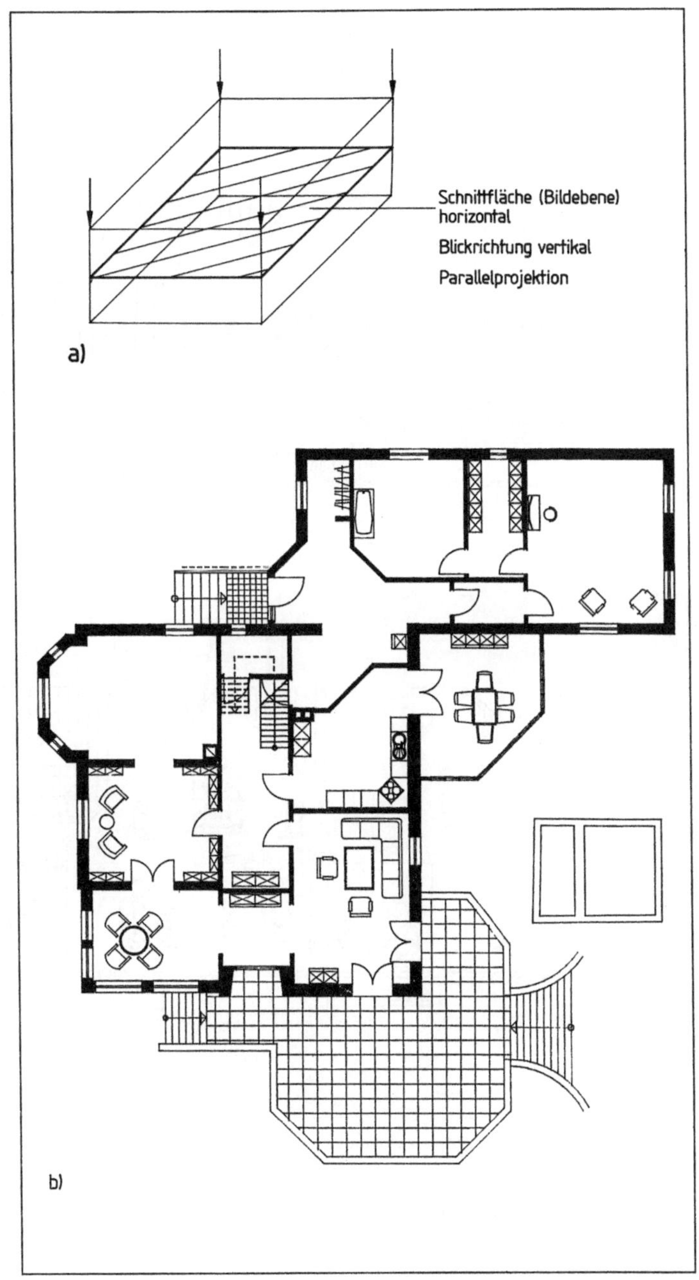

11.16
a) Schema einer Grundrißgenerierung
b) Grundriß einer Villa

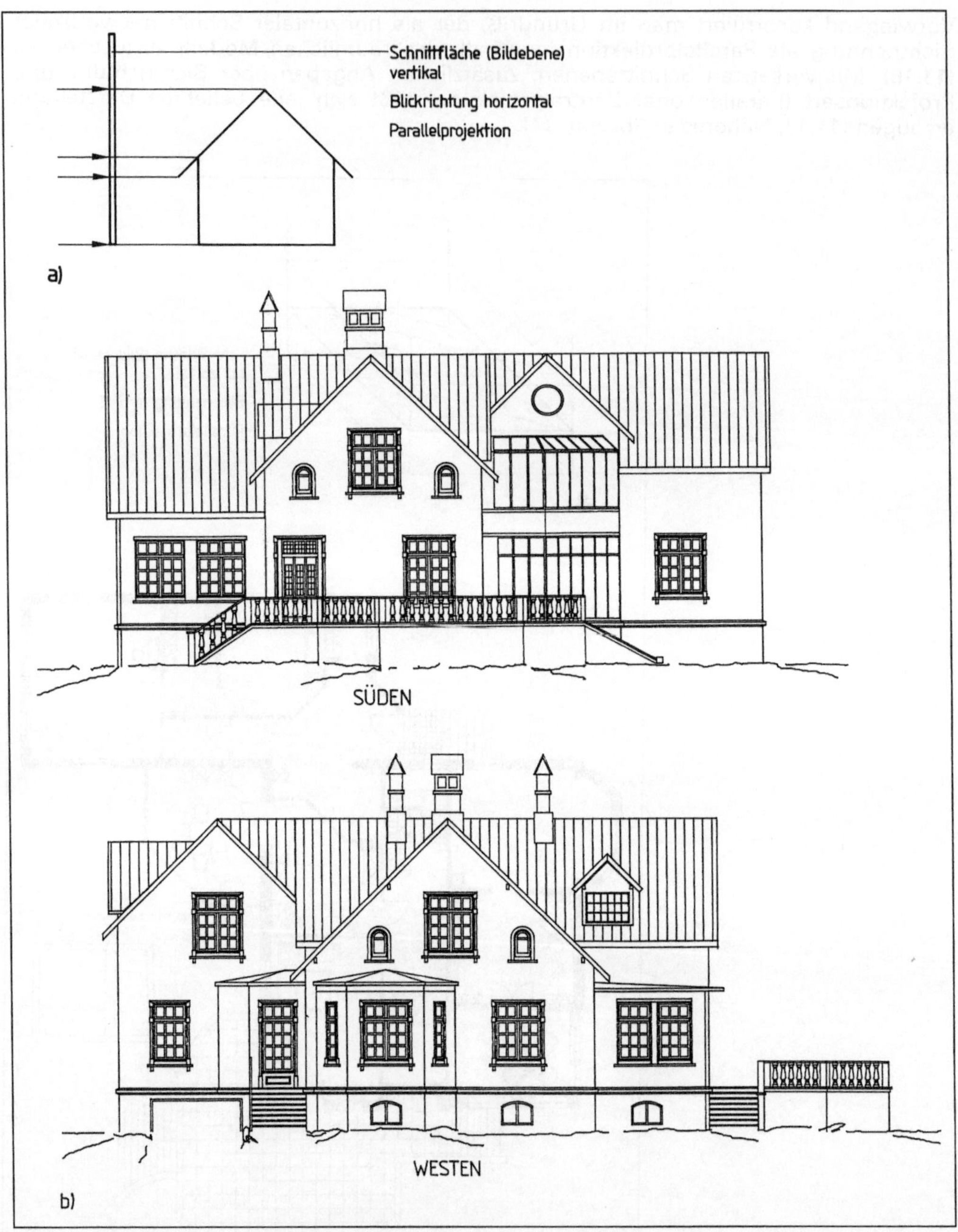

11.17   a) Schemaskizze zur Ansichtsgenerierung, b) Ansichten zu **11.**16b

3D-Clipping. Das Herausschneiden des darzustellenden Gebäudeteils heißt 3D-Clipping. Jede in der Bauplanung benutzte Darstellung kann so automatisch aus dem räumlichen Modell erzeugt werden (**11.**18).

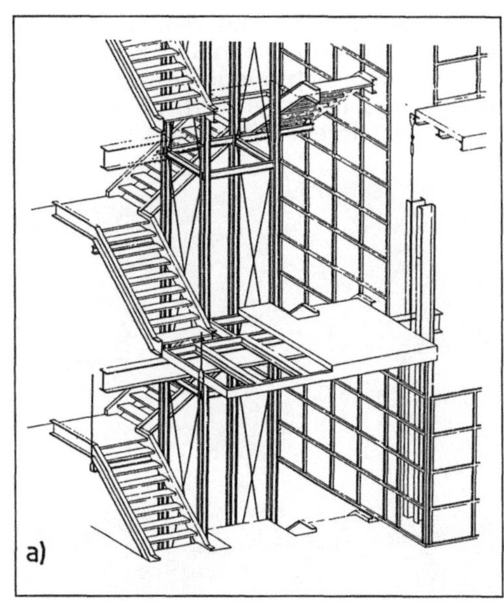

11.18
Beispiele für 3D-Clipping
Perspektivische Darstellung
a) eines Treppenhauses,
b) des Kernbereichs eines Museums

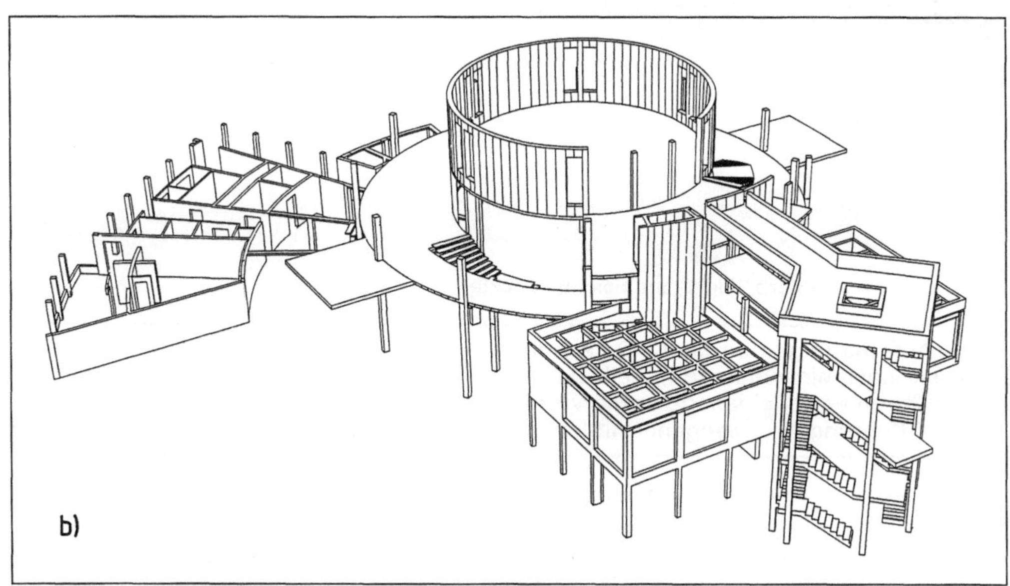

CAD-Bautechnik beruht auf einem räumlichen Modell. Die gewünschte Darstellung erhält man in drei Arbeitsgängen:

- Mit den Modelliertechniken erzeugt man einen räumlichen Körper, ein Modell.
- Den darzustellenden Gebäudeteil bzw. Geländeausschnitt schneidet man aus dem räumlichen Modell heraus (3D-Clipping).
- Entsprechend der definierten Projektionsvorschrift erzeugt man die Darstellung.

Shading/Shadowing. Um eine wirklichkeitsnähere Darstellung zu erhalten, kann man die am Bildschirm sichtbaren Flächen mit dem <Shading> behandeln, bei dem die Flächen einheitlich eingefärbt werden. Noch weiter geht die Illusion mit dem <Shadowing> (Schattenwurf, **11.**19). Dazu stellt man Lichtquellen im Raum auf, die die Flächen nach ihrem Winkel zur Lichtquelle unterschiedlich hell einfärben.

11.19   Shadowing – Farb-, Licht- und Schatteneffekte

> Die Anforderungen an die CAD-Technik erfordern zumindest ein Flächenmodell, besser noch ein Volumenmodell. Der Anwender hat anhand der Kosten-Nutzen-Analyse zu entscheiden, ob er die Vorteile des Volumenmodells zur Präsentation, Schnittführung und Mengenermittlung braucht.

Die Entscheidung über das Modell hängt auch vom Bereich der Bautechnik ab:

– **Die Vermessung** bestimmt Punkte im Raum, aus denen ein digitales Geländemodell (DGM) oder digitales Höhenmodell (DHM) entwickelt wird. Da fast ausschließlich Punkt- und Linienelemente anfallen, reicht das Drahtmodell noch aus.

– **Der Straßen- und Tiefbau** baut auf dem digitalen Geländemodell auf. Im Vergleich zum Hochbau sind Datenmenge und Anzahl der Zeichnungslemente erheblich geringer. Auch wenn man berücksichtigt, daß der Straßenentwurf und Rohrgrabenbau Lageplan, Höhenplan/Längsprofil und Querprofil/Ausbauquerschnitt enthält, wird noch vorwiegend das Drahtmodell benutzt. Die Weiterentwicklung zum Volumenmodell zeichnet sich jedoch schon ab.

– **Der Hochbau** ist der komplexeste Bereich, da die Zeichnungen aus dem räumlichen Gebäudemodell entstehen. Dazu sollte ein Volumenmodell Grundlage sein.

– **Der Ingenieurbau** (Statik) legt den Schwerpunkt auf die Berechnungsprogramme, die losgelöst von der CAD-Technik zu beurteilen sind. Zunehmend übernimmt man jedoch die Geometriedaten des Hochbaus, um Mehrfacheingaben und damit Fehler und Mißverständnisse zu ver-

164

meiden und Zeit zu sparen. Legen wir das gesamte Spektrum des Ingenieurbaus zugrunde – von Schalplänen über Bewehrungszeichnungen bis zu Konstruktionsdetails –, wird auch hier das Volumenmodell bald Voraussetzung sein.

> Insgesamt wird sich in den nächsten Jahren das Volumenmodell durchsetzen. Die großen Speichermengen und Rechenzeiten werden aufgrund der Hardwareentwicklung nicht mehr den heutigen Stellenwert einnehmen.

Die Projektion des 3D-Modells reicht aber nicht aus, um ein Bauwerk ordnungsgemäß zu erstellen. Die Darstellung muß noch bemaßt, beschriftet, schraffiert und evtl. ergänzt werden. Wägt man unter diesem Gesichtspunkt 2D- und 3D-Modelle gegeneinander ab, stellt man generelle Unterschiede fest.

2D-Modell	3D-Volumenmodell
– kleinere Datenmengen	– große Datenmengen
– einfachere Programme	– komplexe Programme
– geringe Rechenzeiten	– hohe Rechenzeiten
– einfache Eingabe	– aufwendige Eingabe
– für einfache Konstruktionen ausreichend	– für verschiedene Aufgaben wie z. B. Schnittführung unabdingbar

> Ein CAD-Bauprogramm muß 2D- und 3D-Modelle beinhalten. Im 3D-Bereich schneidet der Anwender den zu bearbeitenden Teil aus dem räumlichen Modell heraus und speichert ihn als zweidimensionale Zeichnung ab, die im 2D-Bereich weiterbearbeitet wird.

Vorteile dieser Planung, bei der ein hoher Anteil der Zeichnungsbestandteile aus dem räumlichen Modell abgeleitet wird:

- Die automatische Schnitterzeugung schließt Fehlerquellen weitgehend aus. Grundrisse, Ansichten, Schnitte und Perspektiven beziehen sich auf eine identische Bausituation. Mißverständnisse, da Schnitt und Grundriß nicht übereinstimmen, sind ausgeschlossen.
- Umfangreiche Zeichenarbeit wird eingespart, weil ein Gebäudeteil oder Geländeausschnitt nur einmal eingegeben bzw. korrigiert werden muß. Eingaben und Korrekturen sind dabei in jeder beliebigen Darstellungsform (Grundriß, Ansicht, Schnitt) möglich. So werden Änderungen der Grundrißebene automatisch in Ansicht und Schnitt mit vollzogen.
- Perspektivische Darstellungen erleichtern die Verhandlungen mit Bauherrn und Bauträgern. Sie knüpfen an unsere Sehgewohnheiten an und erleichtern das räumliche Verstehen.

> CAD-Bautechnik ist Konstruktion mit räumlichen Modellen (Gebäude- oder Geländemodell).

Aufgaben zu Abschnitt 11

1. Welche Unterschiede bestehen zwischen Draht-, Flächen- und Volumenmodell?
2. Welche Modellierungsfunktionen benutzen Volumenmodelle?
3. Unterscheiden Sie Sweep und Solid Modelling.
4. Welche Körper können die Volumenmodelle erzeugen?
5. Aus welchen Körpern bestehen räumliche Gebäudemodelle vorwiegend?
6. Nach welchem Prinzip werden Ansichten und Schnitte in der Bautechnik erzeugt?
7. Welche(s) Modell(e) verlangt ein CAD-Bauprogramm?
8. Worin unterscheiden sich 2D- und 3D-Modelle?
9. Warum braucht man 2D- und 3D-Modelle nebeneinander?

12 Räumliche Modelle

Je nach Anwendung unterscheiden wir das räumliche Geländemodell (digitales Höhenmodell DHM, digitales Geländemodell DGM) und das räumliche Gebäudemodell. Während DHM und DGM vorwiegend als Grundlage für die Vermessung, den Straßen- und Tiefbau sowie den Landschaftsbau dienen, brauchen Hoch- und Ingenieurbau sowie Haustechnik das räumliche Gebäudemodell.

12.1 Geländemodelle

Räumliche Geländemodelle erstellen die Landesvermessungsämter beim Bearbeiten der Deutschen Grundkarte 1 : 25 000 und 1 : 5000 (DHM 25 = digitales Höhenmodell im Maßstab 1 : 25 000). Wie bei der Kartierungsübung im Abschn. 6.6 sind die anfallenden Daten im Gauß-Krüger-System koordiniert, d. h. die X-Werte auf den Äquator und die Y-Werte auf den 0-Meridian (Greenwich) bezogen. Zusätzlich braucht man die auf Normalnull bezogenen Höhendaten (Z-Werte). Für weite Teile der Bundesrepublik Deutschland ist die deutsche Grundkarte 1 : 25000 (DHM 25) fertiggestellt. Momentan arbeiten die Vermessungsämter am DHM 5. Genauere Messungen und ein verfeinertes Raster (12,5 m) sollen die Toleranzen verringern, die aber selbst beim DHM 5 40–50 cm betragen können. Trotzdem ist der Anwendungsbereich sehr breit.

Beispiele   automatische Berechnung von Höhenlinien (**12.1**)

überschlägige automatische Berechnung von Erdmassen

Erstellen von 3D-Grafiken (**12.2**)

Herstellen entzerrter Luftbilder (Orthofotokarten).

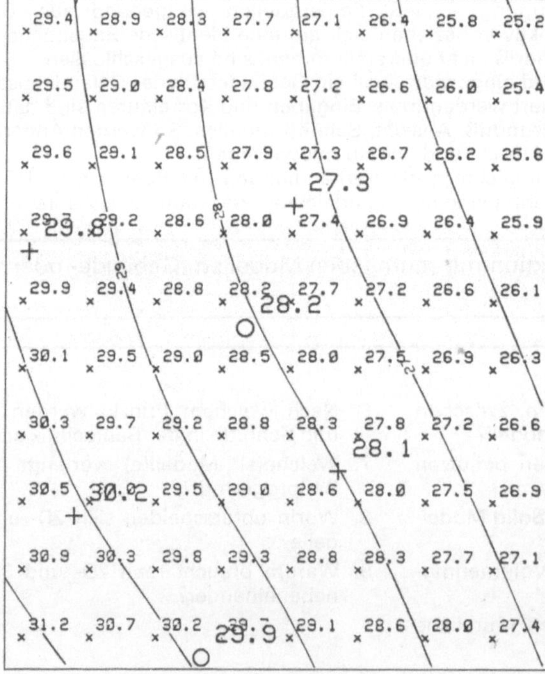

12.1
Aus den gemessenen Höhenpunkten (+) ist ein verdichtetes Höhenraster im Abstand von 12,5 m (x) berechnet worden. Markante Höhenpunkte (o) werden traditionell eingemessen. Diese Paßpunkte bilden die Grundlage für eine weitgehend exakte Höhenermittlung und die Ableitung der Höhenlinien.

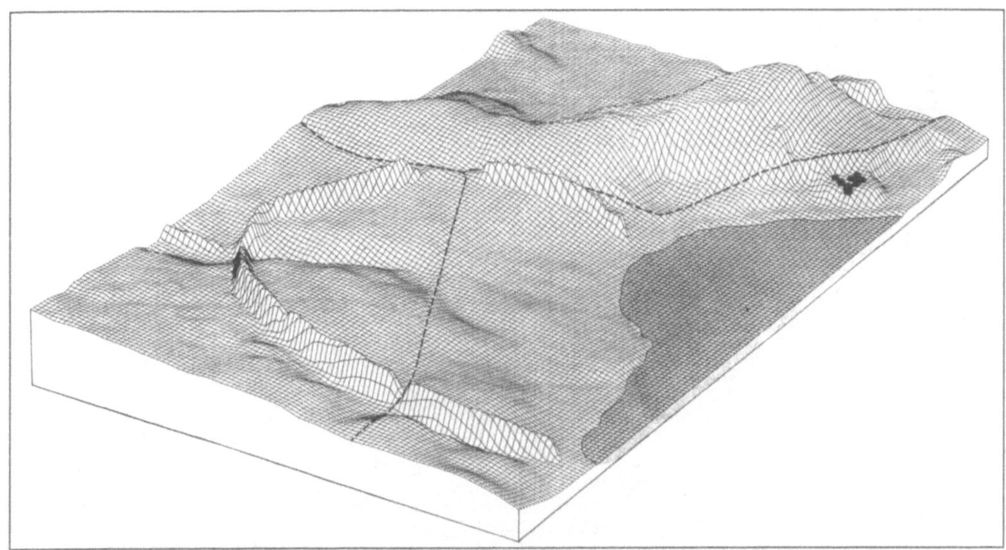

12.2 Aus den Daten der Deutschen Grundkarte erzeugt das CAD-Programm eine 3D-Grafik
(hier das wikingerzeitliche Haithabu)

Die Ungenauigkeiten der Höhendaten der Deutschen Grundkarte lassen sich aus Bild
12.1 ableiten. Die meist durch Luftbilder gemessenen Punkte liegen verhältnismäßig
weit auseinander. Schon die Unterschiede im Bewuchs führen je nach Jahreszeit zu
unterschiedlichen Meßergebnissen. Erst der Rechner erzeugt das Raster von 12,5 m
durch Interpolation der Meßpunkte. Für eine exakte Planung z. B. im Straßenbau reicht
das DHM nicht aus.

Digitale Geländemodelle der Vermessungsämter DHM 25 und DHM 5 bilden die
Grundlage der Deutschen Grundkarte. Trotz einer Toleranz der Z-Werte bis zu 50 cm
können die Koordinaten für viele Anwendungen im Baubereich benutzt werden.

Digitale Geländemodelle (DGM) bestehen aus Punktkoordinaten x, y, z. Voraussetzung
ist eine flächige Geländeaufnahme, ein Flächennivellement. Dazu legt man ein Gitter-
netz von Längs- und Querprofilen im gleichen Abstand über eine Fläche und mißt an
den Schnittpunkten die Höhen ein. Bei nicht zu großen Flächen nimmt man das Nivel-
lement von einem Standpunkt aus vor, wobei die Instrumentenhöhe bekannt sein muß.

Früher arbeitete man mit Nivellieren oder Theodoliten, heute mehr und mehr mit
Tachymetern. Sie messen nicht nur automatisch Richtungen, Entfernungen und Höhen,
sondern speichern zugleich die ermittelten Werte in elektronischen Feldbüchern
(MEMories). Damit entfallen die Feldbuchaufzeichnungen (**12.**3). Das MEM kann – vergleichbar einer Diskette – seine Daten direkt in den Rechner einspeichern. Feldbuchaufzeichnungen muß man dagegen eintippen. Das CAD-Programm wertet die Eingaben
aus und berechnet die Punktkoordinaten x, y, z. Die Punktfelder werden auf dem Bildschirm angezeigt und können geprüft, geändert oder ergänzt werden. Punktnumerierun-
gen und Koordinatenwerte blendet man wahlweise nach Anwendung ein oder aus (**12.**4a).

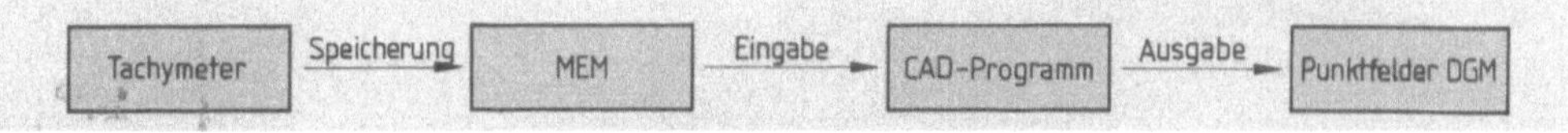

12.3   Von der Geländeaufnahme zum digitalen Geländemodell

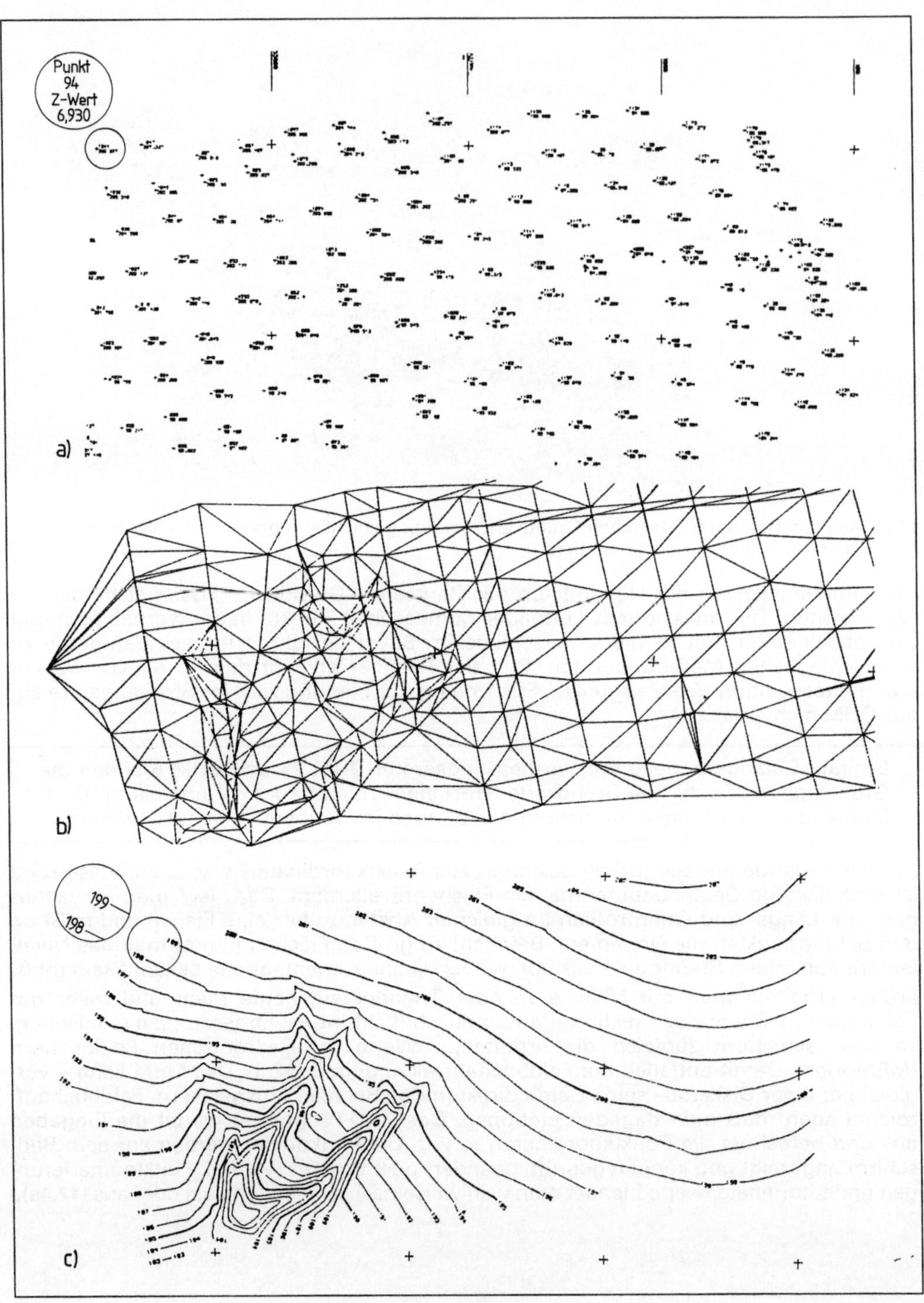

12.4 a) Punktfeld, b) Dreiecksmaschennetz, c) Höhenlinien

Bevor das Programm das DGM als Dreiecksmaschennetz erzeugt, kann man Geländebegrenzungen, noch nicht erfaßte Zwangspunkte und -linien (Bruchkanten, evtl. vorhandene Gebäude) meist durch Antippen mit dem Cursor innerhalb der Punktfelder eingeben.

Das Dreiecksmaschennetz wird automatisch berechnet (**12.4b**). Das Programm verbindet die nächstliegenden Höhenkoordinaten mit Linien. Die fehlerfreie Aufteilung des Geländes in Dreiecke ist sichergestellt, wobei stets die optimalste Dreiecksform gewählt wird. Vorteilhaft sind Programme, bei denen der Anwender einzelne Dreieckseiten verwerfen und andere wählen kann.

Aus dem räumlichen Geländemodell lassen sich viele Zeichnungen erzeugen:

- Kartierungen,
- Höhenschichtlinien, bei denen die Schrittweite wählbar ist (**12.4c**),
- Perspektiven aus verschiedenen Blickrichtungen, wobei ein quadratisches Raster die Darstellung verbessert (**12.5**),
- Profile in jeder gewünschten Richtung, wobei nur der Schnittverlauf innerhalb des DGM zu definieren ist.

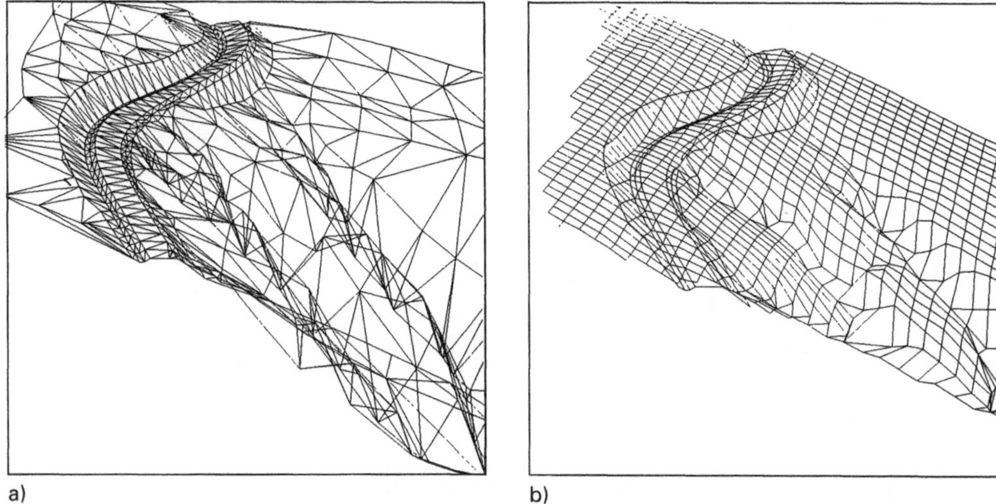

a)

b)

12.5   Perspektive a) mit Dreiecksmaschen, b) mit quadratischem Raster

> Digitale Geländemodelle sind Dreiecksmaschennetze auf der Grundlage der durch Geländeaufnahme ermittelten Punktkoordianten x, y, z. Aus dem DGM lassen sich Kartierungen, Höhenschichtlinien, Perspektiven und Profile automatisch erzeugen.

Straßenentwurf. Straßen- und Tiefbauprojekte sind immer räumliche Objekte. Entwürfe werden getrennt in verschiedenen Ebenen bearbeitet:

- Lageplan (Grundriß),
- Längsprofil/Höhenplan (Aufriß),
- Querprofil/Ausbauquerschnitt (Seitenriß).

Die meisten Eingaben der Straßenplanung werden alphanumerisch eingegeben, d. h. innerhalb einer Bildschirmmaske tippt der Planer grundlegende Planungsdaten ein. Aufbau, Anordnung und Art der einzugebenden Daten der jeweiligen Programme variieren stark. Diese Unterschiede und die großen Maßstäbe des Tiefbaus, die innerhalb des Buches zu großen Verkleinerungen zwingen, machen eine Beschränkung auf die Darstellung des Datenflusses notwendig.

Die Straßenachse legt der Planer als erstes innerhalb des DGM fest. Dabei gibt er dem Programm nur einzelne Achspunkte vor. Je nach Leistungsfähigkeit kann das Programm automatisch Achsberechnungen und Stationierungen durchführen. Mit den Lageplanelementen Gerade, Radius und Klotoide wird die Achse im DGM erzeugt (**12.6**). Einige Programme erzeugen gleichzeitig Entwurfsvarianten, aus denen der Planer die optimale auswählt.

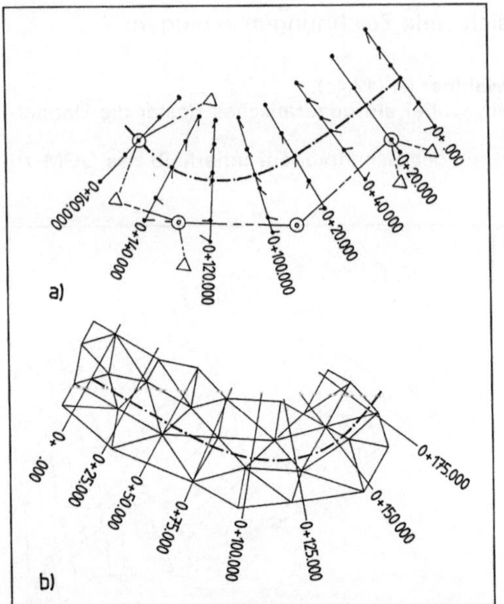

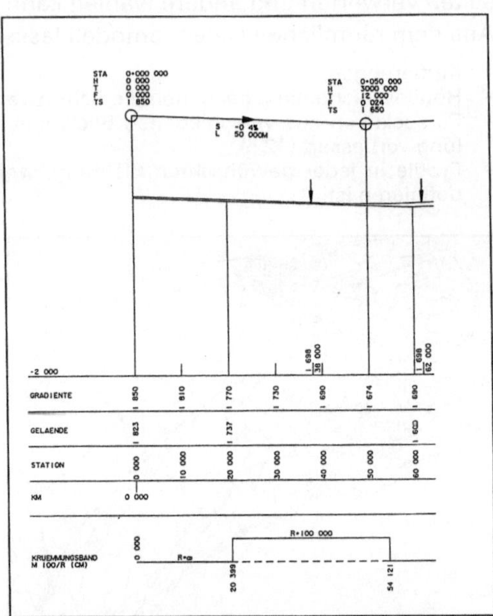

12.6 Vom DGM zur Straßenachse
a) ohne, b) mit Dreiecksmaschennetz

12.7 Von der Straßenachse zur Gradiente

Die Gradiente bzw. der Höhenplan kann dann automatisch berechnet und erzeugt werden (**12.7**). Dazu gibt der Planer die Gefällebrechpunkte (Tangentenschnittpunkte) und Rundungshalbmesser vor.

Nach diesen Entwurfsarbeiten des Ingenieurs setzt die Arbeit des Bauzeichners ein. Die bisher automatisch erzeugten Zeichnungen sind noch unvollständig. Sie werden als 2D-Zeichnungen gespeichert und vom Bauzeichner ergänzt, beschriftet, schraffiert und bemaßt.

Der Straßenquerschnitt wird mit seinen Bestandteilen wie Fahrspuren, Randstreifen, Seitenstreifen usw. eingegeben. Zusammen mit den Angaben über den Fahrbahnauf-

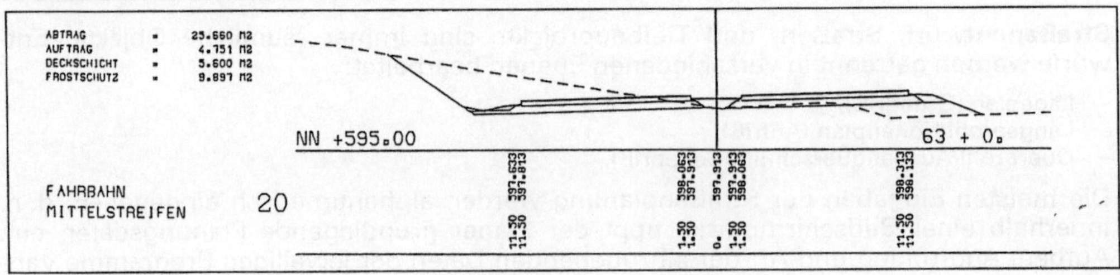

12.8 Straßenquerschnitt

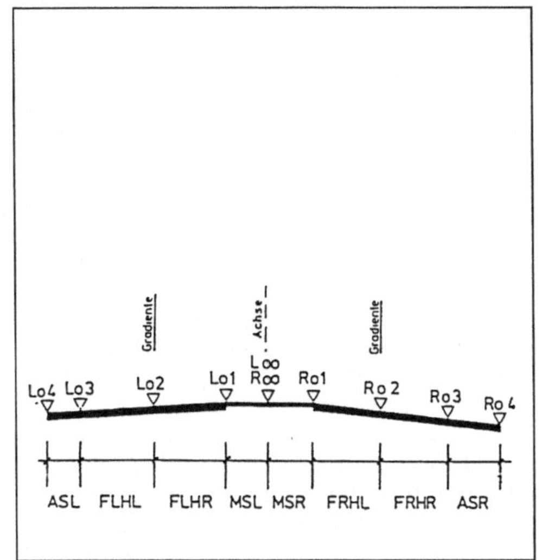

12.9 Deckenbruch

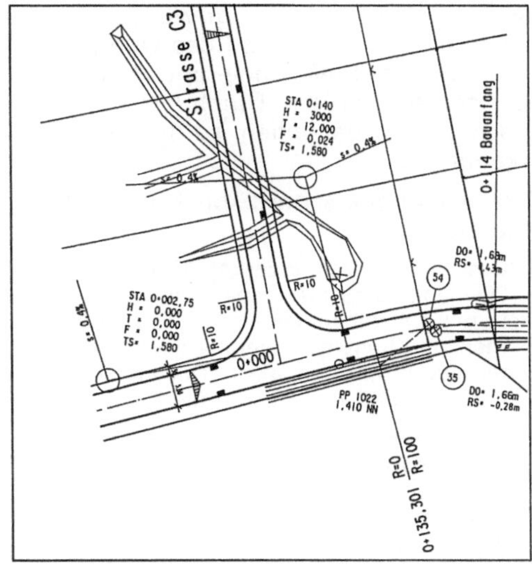

12.10 Lageplan

bau führt das Programm automatisch vielfältige Berechnungen durch. Nicht nur die Projekt- und Geländehöhen, sondern sämtliche Schichthöhen, Böschungswerte, Angaben über das Planum und die Massen können ausgedruckt bzw. geplottet werden (**12.8**). Je nach der Lage der Fahrbahn zum Gelände (Damm, Einschnitt, Anschnitt) sind damit alle für die Absteckung und den Lageplan nötigen Daten berechnet. Auch das Deckenbuch kann ausgegeben werden (**12.9**).

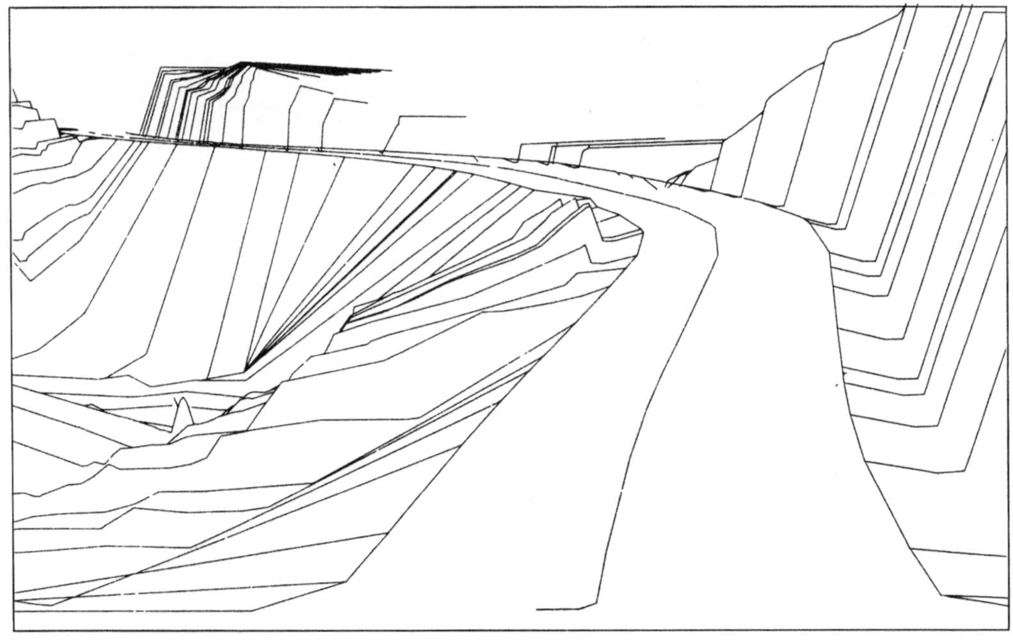

12.11 Perspektivbild zur Linienführung

171

Der Lageplan kann erzeugt werden, da das Programm sämtliche Daten der Fahrbahnachse, der Gradiente und des Querprofils kennt (**12**.10). Im traditionellen Entwurf fügt man an dieser Stelle Lage- und Höhenplan zusammen, um die räumliche Linienführung der Straße zu prüfen. Durch Perspektivbilder läßt sich dies in CAD-Technik wesentlich anschaulicher darstellen, so daß man Fehler und unbefriedigende Lösungen schneller erkennt (**12**.11).

Den Ausbauquerschnitt konstruiert man in der Regel als 2D-Zeichnung. Zwei Verfahren sind möglich:

- Das automatisch erzeugte Querprofil (**12**.9) ist als 2D-Zeichnung abgespeichert und mit 2D-Elementen zum Ausbauquerschnitt zu ergänzen.
- In der Teilebibliothek sind Ausbauquerschnitte als Makros gespeichert. Bei einigen Programmen sind Regelquerschnitte nach der „Richtlinie für die Anlage von Straßen – RAS" Bestandteil des Programmpakets. Der ähnlichste Ausbauquerschnitt wird als Makro aufgerufen und entsprechend ergänzt, korrigiert, manipuliert, beschriftet, bemaßt und schraffiert.

CAD-Programme des Straßen- und Tiefbaus sind räumliche Modelle. Mit Schnittführungen durch das DGM und die Straße werden automatisch Lagepläne, Höhenpläne/Gradienten, Deckenbücher und Querprofile erzeugt. Die generierten Zeichnungen werden im 2D-Bereich gespeichert und weiterverarbeitet. Eine automatische Mengenermittlung und Kalkulation müssen Bestandteile des Programms sein.

Übung 1   CAD 3D: Digitales Geländemodell

Im Abschn. 6.6 Übung 8 haben Sie eine Kartierung durchgeführt. Erweitern Sie diese Übung zu einem digitalen Geländemodell. Rufen Sie eine neue Zeichnung <DGM> auf. Lesen Sie nochmals aufmerksam die Kartierungsübung durch und übernehmen Sie die gleichen Programmeinstellungen.

Um das DGM zu erzeugen, können Sie die Koordinaten nach Gauß-Krüger übernehmen, die Sie allerdings manuell eingeben müssen (**12**.12). Wenn Sie über ein Tachymeter mit MEM verfügen, können Sie auch ein Flächennivellement durchführen und die Koordinaten direkt in den Rechner einlesen.

Tabelle **12**.12   **Koordinatenverzeichnis**

Pkt	Rechtswert	Hochwert	Z-Wert	Pkt	Rechtswert	Hochwert	Z-Wert
1	4539737.990	7018866.380	14.384	23	4539777.142	7018783.766	13.107
2	4539767.000	7018866.050	15.481	24	4539795.331	7018784.838	13.683
3	4539786.990	7018865.780	16.852	25	4539796.662	7018791.694	13.771
4	4539804.475	7018865.501	17.132	26	4539813.669	7018791.470	14.095
5	4539821.510	7018865.229	18.965	27	4539815.631	7018785.262	14.333
6	4539730.670	7018833.490	12.851	28	4539816.720	7018781.900	14.361
7	4539765.920	7018832.110	14.284	29	4539817.880	7018778.290	14.517
8	4539765.740	7018826.113	14.036	30	4539817.026	7018775.937	14.452
9	4539784.224	7018825.837	15.262	31	4539812.315	7018772.250	14.102
10	4539785.757	7018825.814	15.436	32	4539808.809	7018772.054	13.874
11	4539803.237	7018825.552	15.961	33	4539793.816	7018771.216	13.166
12	4539820.289	7018825.297	16.504	34	4539774.647	7018770.145	12.716
13	4539824.304	7018825.237	19.980	35	4539756.679	7018769.623	12.148
14	4539727.140	7018817.610	12.039	36	4539735.080	7018770.445	11.851
15	4539746.135	7018816.875	13.131	37	4539721.854	7018770.948	11.378
16	4539765.410	7018816.130	13.685	38	4539716.692	7018768.222	11.132
17	4539719.407	7018781.058	11.381	39	4539708.292	7018728.513	10.029
18	4539723.540	7018777.903	11.623	40	4539726.749	7018725.991	11.521
19	4539738.733	7018777.325	12.102	41	4539747.920	7018723.100	11.968
20	4539758.011	7018776.592	12.399	42	4539763.801	7018720.956	14.279
21	4539763.986	7018776.836	12.557	43	4539782.169	7018718.467	14.990
22	4539776.061	7018777.344	12.963	44	4539797.865	7018716.339	16.473
				45	4539807.729	7018741.102	15.906

Übung 2   CAD 3D: Höhenschichtplan, Profile, Perspektiven

Prüfen Sie die Leistungsfähigkeit Ihres Programms, indem Sie a) den Höhenschichtenplan **12.13**, b) durch Schnittführung (3D-Clipping) Längs- und Querprofile, c) Perspektiven erzeugen.

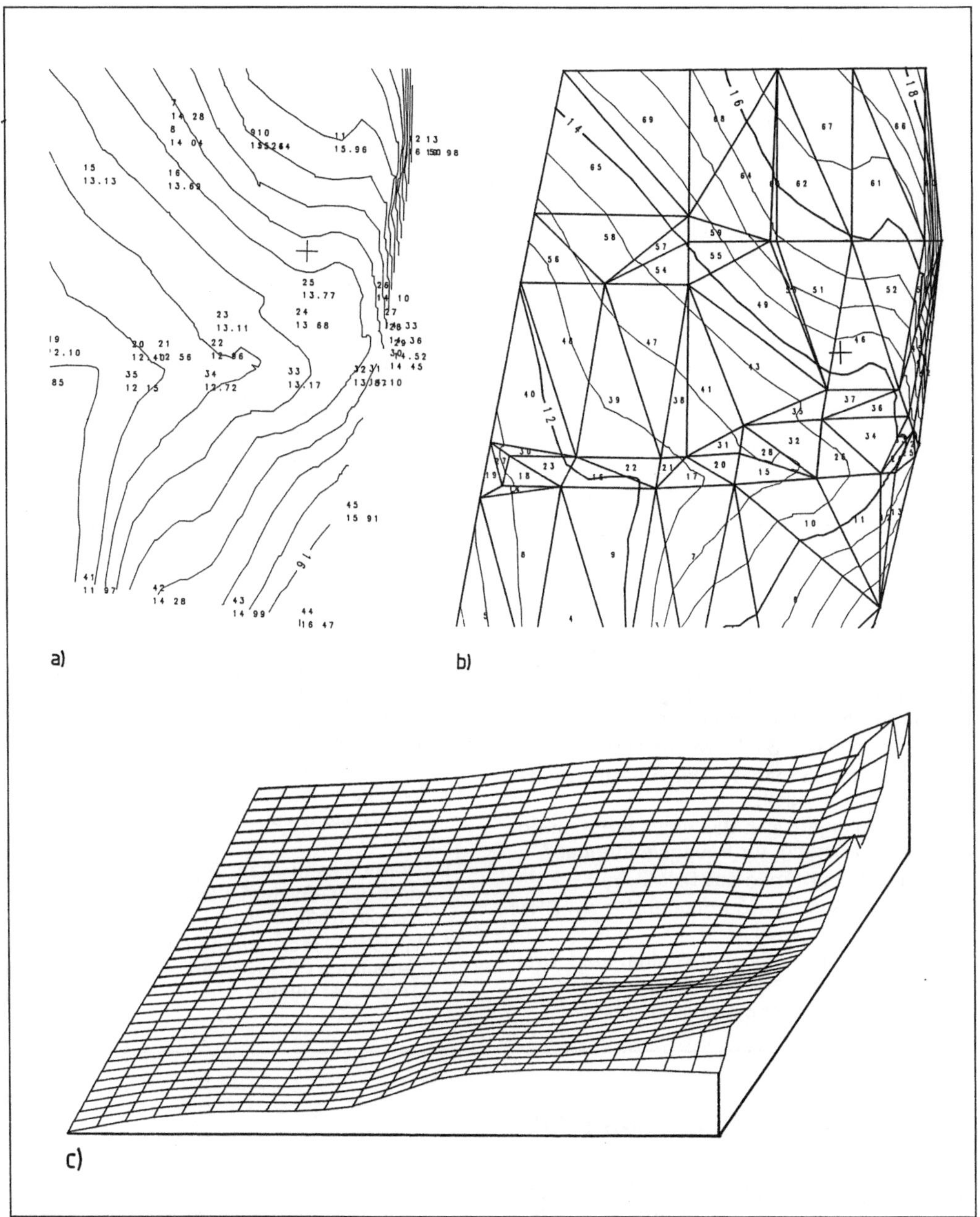

12.13   Höhenschichtenplan
    a) Höhenschichtlinien, b) mit Dreiecksmaschennetz, c) Perspektive

Konstruieren Sie den in Bild **12.14** dargestellten Ausbauquerschnitt als 2D-Darstellung.

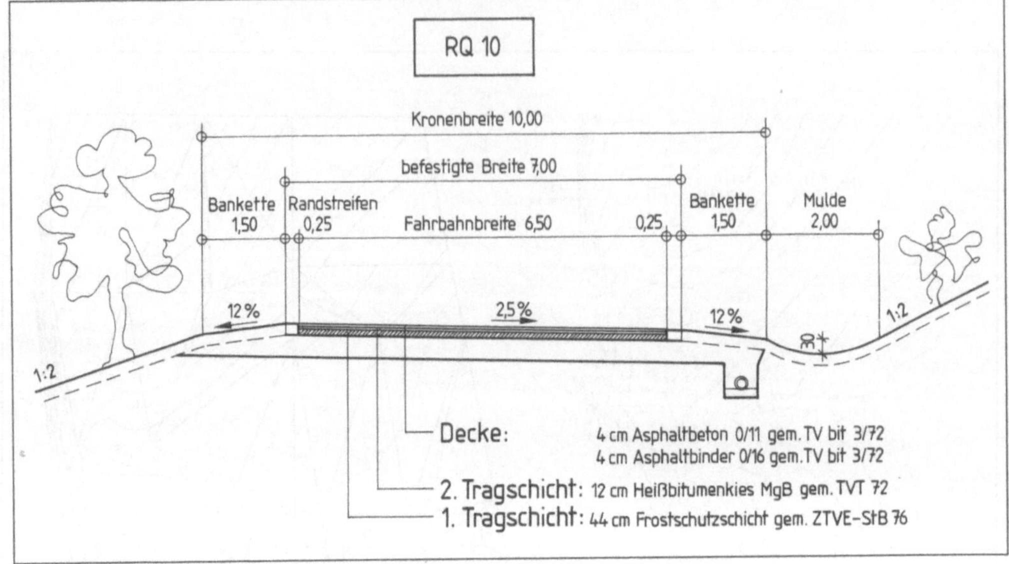

12.14   Ausbauquerschnitt

Aufgaben zu Abschnitt 12.1

1. Festigen Sie Ihre Kenntnisse in der Vermessung und Straßenplanung, indem Sie die Abschn. 3 und 14 der Fachkunde für Bauzeichner durcharbeiten.

2. Unterscheiden Sie DHM und DGM.

3. Wie ermittelt man die Daten für ein digitales Höhenmodell?

4. Warum eignet sich das digitale Höhenmodell nur bedingt für Bauanwendungen?

5. Wozu benutzt man das DHM?

6. Wie werden die Koordinaten für ein DHM ermittelt?

7. Unterscheiden Sie Punktfelder und Dreiecksmaschennetz.

8. Wozu verwendet man das DGM?

9. a) Welche Informationen braucht das CAD-System, um auf der Grundlage des DGM und der Achse die Gradiente zu berechnen?
   b) Warum kann man zu diesem Zeitpunkt noch keinen Lageplan erzeugen?

10. Welche zusätzlichen Informationen braucht das System zum Erzeugen des Querprofils?

11. Warum kann man die Linienführung mit dem CAD-System besser überprüfen als mit der traditionellen Planung?

12. Welche Anforderungen muß ein praxisgerechtes CAD-System im Straßen- und Tiefbau erfüllen?

12.2   Räumliche Gebäudemodelle

Unter einem räumlichen Gebäudemodell versteht man in der CAD-Technik nicht nur Häuser, sondern alle Bauwerke des Hoch- und Tiefbaus, also z. B. auch Brückenbauwerke und Kläranlagen. Im Gegensatz zum Straßen- und Tiefbau, der den Straßenentwurf durchgängig mit dem Programm durchführt, wird eine traditionelle, zumindest skizzenhafte Vorplanung im Hoch- und Ingenieurbau immer notwendig sein. Die Arbeit des Bauzeichners, die Ausarbeitung der skizzenhaften Vorplanung kann im CAD-Bereich schon zu diesem Zeitpunkt einsetzen.

Bei jedem ungeübten Anfänger führen die vielfältigen Zuweisungen und Parameter im 3D-Bereich zwangsläufig zu Fehleingaben und Korrekturen. Bei den ersten Übungen im dreidimensionalen Konstruieren sollten Sie deshalb keine zu komplexen Bauwerke wählen. Eine Garage, ein kleines Ferien- oder Gartenhaus reichen völlig aus, um die Grundlagen zu erlernen. Lösen Sie sich am Anfang von konstruktiven Überlegungen, konzentrieren Sie sich auf das Modellieren der Körper. Wir beschränken uns hier auf ein kleines Gartenhaus mit Aufenthalts- und Geräteraum (**12.15**). Nicht die konstruktive, sondern die grafische Eingabe soll der Schwerpunkt sein.

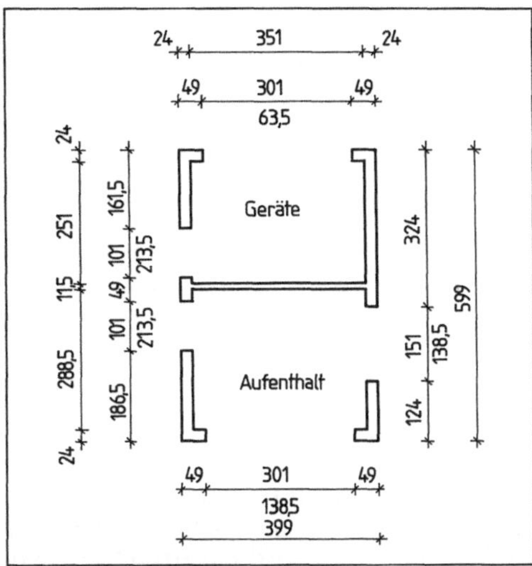

12.15 Grundriß Gartenhaus

12.2.1 Vorüberlegungen

Skizzen sind fast immer 2D-Darstellungen. Zum dreidimensionalen Konstruieren brauchen wir aber eine räumliche Vorstellung des Gebäudes. Schon bei der Eingabe des Grundrisses muß der CAD-Anwender die Höhen der Bauteile sowie Sockel- und Traufausbildung berücksichtigen – Details und Angaben, die im traditionellen Zeichnen erst wesentlich später erforderlich sind. Die Schnitte und Detailpunkte müssen also auch – zumindest bei ungeübten Anwendern – skizzenmäßig erstellt werden. In der Übung 4 erarbeiten wir das Gartenhaus schrittweise und können deshalb auf Skizzen verzichten.

Technische Angaben zum Gartenhaus

Fundamente	Außenfundamente b/d = 30/80 B15 Innenfundament b/d = 20/40 B15
Sohle	d = 12 cm B15, auf grobkörniger Schüttung 4/32 d = 20 cm
Fußboden EG	schwimmender Estrich: 3,0 cm Dämmung, 4,0 cm Estrich
Wandaufbau	EG: 24,0 cm VKSV 2DF, beidseitig verputzt DG: 17,5 cm VKSV 3DF, Außenputz Innenwand: 11,5 cm KSL 2 DF
EG-Decke	d = 14 cm B25, Öffnung für Einschubtreppe 50/80 im Geräteraum
Sparrendach	Dachneigung 45°, Sparren 8/16, Unterspannbahn, Konterlattung 6/4
Türen	Holztüren, Anschläge und Abmessungen nach Bild **12.15** und **12.37**
Fenster	Holzfenster, Aufenthaltsraum BRH = 87^5, Geräteraum BRH = 1,62^5; Abmessungen nach Bild **12.15**

Die Ebenen (Folien, Layer) sind in Abhängigkeit vom Programm bzw. vom Ebenenplan festzulegen (s. Abschn. 5.5.3). Da für das Gartenhaus drei Grundrisse (Erdgeschoß, Dachgeschoß, Fundamentplan) zu zeichnen sind, müssen sie ebenenmäßig unterschieden werden. Mit den Ebenendefinitionen können wir bei einigen Programmen Ebenenbereiche zusammenfassen und für einzelne Zeichnungen reservieren.

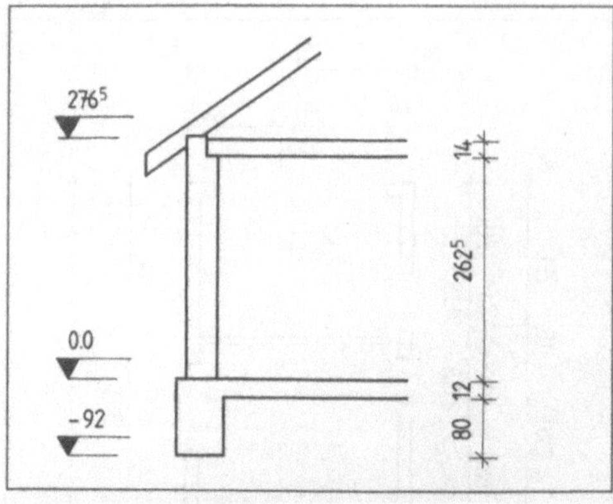

12.16 Geschoßhöhen

Beispiel Fundament Ebene 1 bis 999
Grundriß EG Ebene 2000 bis 2999
Dachgeschoß Ebene 9000 bis 9999

Die Geschoßhöhen sind festzulegen. Da ein räumliches Gebäudemodell entstehen soll, müssen die Geschoßwände, bezogen auf die Höhe im Raum, unter- bzw. übereinander angeordnet werden. Meist definiert man die OK Rohdecke des Erdgeschosses als Nullinie. Die UK des Fundaments liegt dann auf –92, die UK des Dachgeschosses auf +276,5 (**12.16**).

Die Massenkennziffern sind aus dem Massenkatalog zu ersehen. Dies ist nur erforderlich, wenn die Massen schon bei der grafischen Eingabe der Bauteile zugewiesen werden sollen. So wird ein Arbeitsgang gespart, doch wollen wir uns zunächst auf die grafische Eingabe konzentrieren.

Eine Dokumentation sollte für den ungeübten Anwender Pflicht sein, da die vielen Eingaben anfangs zwangsläufig zu Fehlern führen. Folgendes Schema könnte man zugrunde legen:

Bauteil	Körper-höhe	Unter-kante	Ober-kante	Breite/Dicke	Ebene	Strich-stärke	Strich-typ	Farbe	Masse
z. B. Mauerwerk	262,5	0,00	262,5	24	2112	3	0	3	1779
Öffnung 1	138,5	87,5	213,5	301	2210	2	0	2	0

Übung 4 CAD 3D: <HAUS> Ebenendefinition, Voreinstellungen

Nun können wir das Objekt aufrufen. Wir nennen es <HAUS>.

a) Stellen Sie die Bildschirmscalierung auf 1200 cm und prüfen Sie alle anderen Programmeinstellungen.

b) Erstellen Sie die Ebenendefinitionen für das EG, DG und Fundament. Orientieren Sie sich dabei an Ihrem Ebenenplan.

Während sich CAD-Programme an den geometrischen Formen orientieren, unterscheidet die Bautechnik Bauteile. Sie können aus verschiedenen Formen bestehen und je nach Programm in einer anderen Modellierungstechnik erzeugt werden. Die Bedienungsfreundlichkeit der CAD-Bauprogramme hängt davon ab, inwieweit sie bei der Eingabe an die gewohnte Arbeitsweise des Konstrukteurs anknüpfen. Er sollte keine Formen, sondern Bauteile eingeben, die unabhängig von der Modellierungsfunktion durch die Abmessungen bestimmt werden. Im Hoch- und Ingenieurbau sind im wesentlichen 4 Bauteile zu unterscheiden: Wand, Decke, Dach und Öffnung. Erst wenn man die Anwendung um die Haustechnik erweitert, vervielfältigen sich die geometrischen Formen. Im folgenden gehen wir deshalb auch nicht von Formen, sondern von den Bauteilen aus.

Betrachten wir das räumliche Gebäudemodell unseres Gartenhauses **12.17**. Es besteht nur aus den prismatischen Polyedern, die kennzeichnend für die Bautechnik sind.

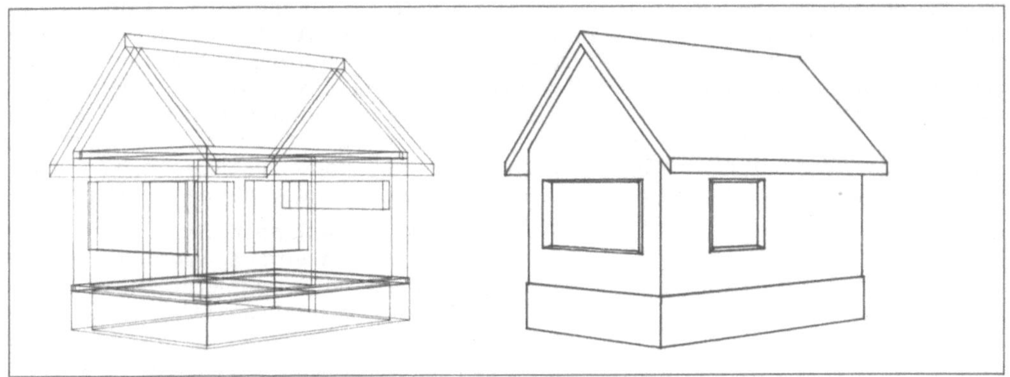

12.17 Räumliches Gebäudemodell des Gartenhauses

12.2.2 Wandelemente

Wände haben im Regelfall eine rechteckige Grundfläche bei gleicher Höhe, sind also Quader. Die Eingaben beschränken sich in der grafischen Erzeugung auf die Längen, Breiten und Höhen. Die vielen möglichen Sonderformen erfordern jedoch zusätzliche Eingaben (**12.18**).

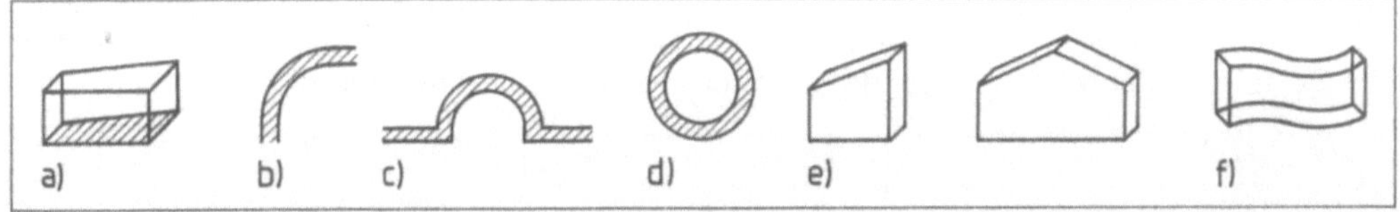

12.18 Sonderformen von Wänden
a) konische Wand, b) Ausrundung, c) runder Wandvorbau, d) Silo, e) Giebelwände mit unterschiedlichen Höhen, f) Spline

> Bei Wänden bestimmt die geometrische Form Art und Vielzahl der Eingaben.

Die Bezugshöhe ist bestimmend für die höhenmäßige Anordnung der Wand im Raum. Bezogen auf eine vom Anwender definierte Nullinie wird die Unter- bzw. Oberkante der Wand dem Programm mitgeteilt. Erst aufgrund dieser Information weiß das Programm, ob die Wand im Keller-, Erd-, Dach- oder x-Geschoß anzuordnen ist (**12.19**).

> Die Bezugshöhe bestimmt die räumliche Anordnung der grafischen Elemente.

Am Beispiel unseres Gartenhauses sind folgende Höhen und Bezugshöhen einzugeben:

	Wandhöhe	Unterkante	Oberkante
Fundament	80	− 92	− 12
Mauerwerk EG	262,5	0	262,5
Mauerwerk DG	40,0	276,5	40,0

Die Wandhöhen im Dachgeschoß bilden oft ein Problem, da die genaue Höhe erst in Abhängigkeit von der Dachneigung berechnet werden muß. Am Giebel sind die Wände zudem dreieckförmig, innenliegende Querwände oft trapezförmig. In unserem Beispiel betrifft es die Giebelwände. Um umständliche Nebenrechnungen zu vermeiden, bieten einige CAD-Programme hilfreiche Funktionen an. Die entsprechenden Wände werden zunächst mit einer geringen Wandhöhe erzeugt. Ist der Dachkörper eingegeben, werden diese Wände mit dem Dachkörper verschnitten (Näheres s. Abschn. 13.1). Deshalb weisen wir den Giebelwänden in unserem Beispiel eine Wandhöhe von 40 cm zu.

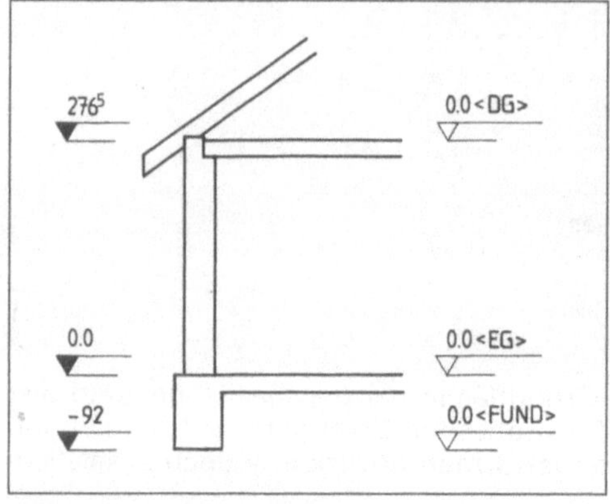

12.19 Bezugshöhendefinition

Die Bezugshöhendefinition setzt viele Berechnungen voraus. Werden alle Elemente auf die definierte Nullinie des Gebäudes bezogen, sind Unter- und Oberkanten der Elemente – besonders bei Gebäuden mit mehreren oder versetzten Geschossen – umständlich zu ermitteln. Auch für Öffnungen (Brüstungs- und Sturzhöhen) und Dächer (Trauf- und Firsthöhen) sind diese Berechnungen anzustellen. Häufige Fehleingaben wären die Folge. Bei den meisten CAD-Bauprogrammen kann man deshalb in der Zeichnungsdefinition die Geschoßunterkante als Bezugshöhe des Geschosses, bezogen auf die Nullinie des Gebäudes, eingeben. Die eingestellte Bezugshöhe definiert das Programm beim Konstruieren in der jeweiligen Zeichnungsdefinition als Geschoß-Nullinie. Die Umrechnung auf die Gebäude-Nullinie leistet dann das Programm (**12.19**). Im Beispiel bedeutet das folgende Erweiterung der Zeichnungsdefinition:

Name der Definition		Ebenenbereich	Bezugshöhe
<FUND>	Fundament	1 bis 999	– 92
<EG>	Erdgeschoß	2000 bis 2999	0
<DG>	Dachgeschoß	9000 bis 9999	276,5

Die Unter- bzw. Oberkanten ändern sich bei der Eingabe entsprechend:

	Wandhöhe	Unterkante	Oberkante
Fundament	80	0	80
Mauerwerk EG	262,5	0	262,5
Mauerwerk DG	40	0	40,0

Die Eingabe der Wände ist mit allen Modellierungsfunktionen möglich. Zunächst ist darauf zu achten, daß alle Zuweisungen/Attribute eingestellt sind: Strichart, Strichstärke, Abmessungen, Bezugshöhe, Ebene, Farbe, evtl. Kennung der Masse, des Preises und des Ausschreibungstextes.

Beim Sweep ist die Eingabe ähnlich der Doppellinie. Der Cursor wird am Anfangs- und Endpunkt positioniert, wodurch das Programm die Koordinaten erhält. Es speichert die Koordinaten und die Zuweisungen in der Datenbank, berechnet die Grundfläche und verschiebt sie entlang der Erzeugenden. Damit ist die Wand durch ihre vier Eckpunkte definiert, denen die Wand- und Bezugshöhe zugewiesen sind. Beim Solid Modelling geht man ähnlich vor, nur daß man zuerst die geometrische Form aufruft.

Von einem CAD-Bauprogramm ist zu erwarten, daß es beim Verknüpfen der Wände automatisch die räumlichen Schnittpunkte berechnet, da sonst die Massen an den Eckpunkten doppelt berechnet werden (**12.20**). Programmintern werden räumliche Wände erzeugt. Die auf dem Bildschirm dargestellte Draufsicht ist ein horizontaler Schnitt, meist in der Wandachse (**12.21**). Einige Programme bieten zusätzlich den Menüpunkt <Stütze> an. Besteht die Grundfläche der Stütze aus einem Quadrat oder einem Rechteck, ist sie von der geometrischen Form her wie die Wand ein Quader; Eingabetechnik und Modellierung sind gleich.

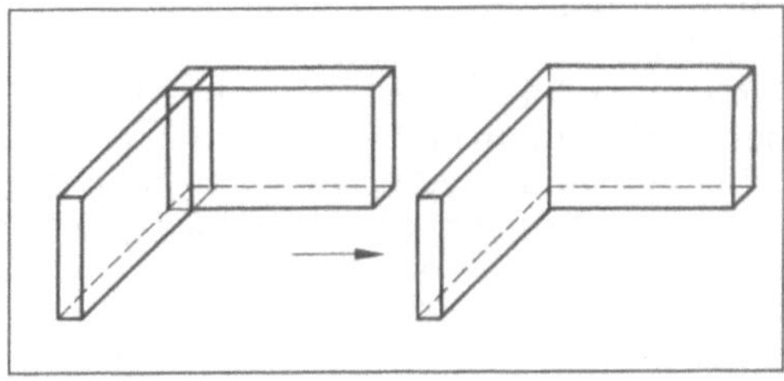

12.20 Schnittpunktberechnung bei Wänden

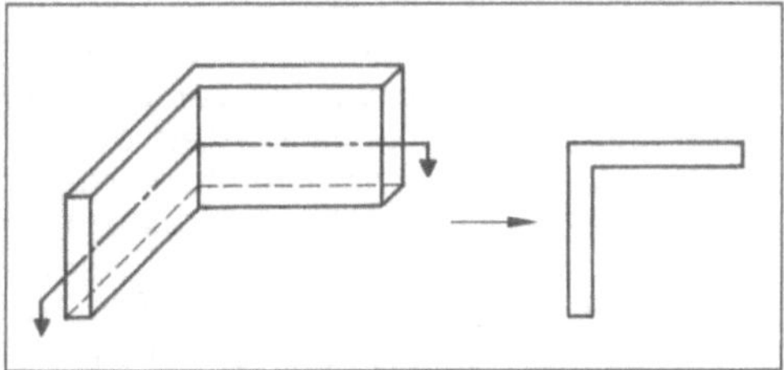

12.21 Aus den räumlichen Wänden wird durch automatische Schnittführung ein Grundriß

Übung 5   CAD 3D: <HAUS> Wandeingabe

Erzeugen Sie nun den Erdgeschoßgrundriß des Gartenhauses (**12.22**).

a) Prüfen Sie, ob in der Zeichnungsdefinition die Bezugshöhe des Geschosses auf 0.0 gesetzt ist (Bezugshöhe und Gebäude-Nullinie sind im EG identisch).

b) Erzeugen Sie die Wände (Quader) getrennt nach Außen- und Innenmauerwerk. Denken Sie dabei an alle Zuweisungen/Attribute und dokumentieren Sie alle Eingaben.

Da die Modellierungstechnik und damit die Eingaben der CAD-Programme sehr unterschiedlich sein können, ziehen Sie zweckmäßig zunächst das Handbuch Ihres Programms zu Rate. Vor allem beim Anschluß der Innenwände bieten einige Programme automatisierte Hilfen an.

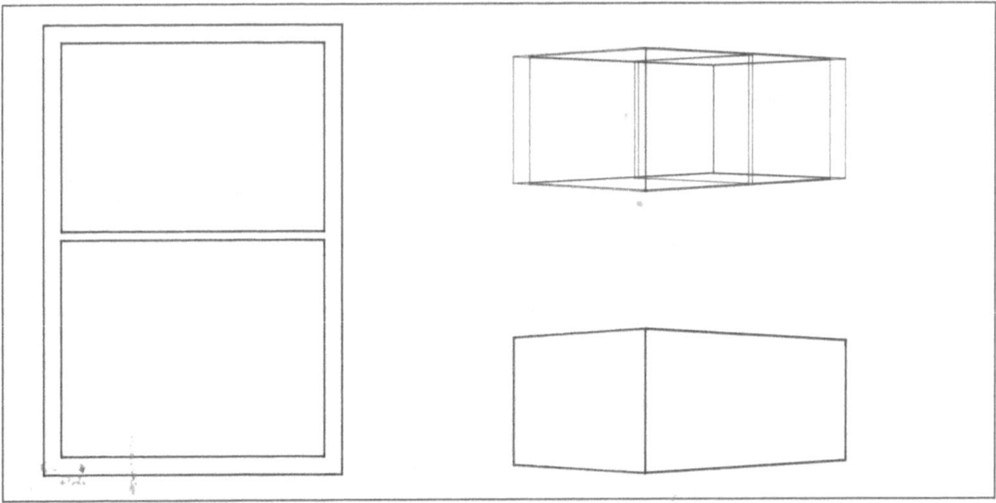

12.22 Erdgeschoßwände

Beim Erzeugen weiterer Grundrisse (Fundament, Dachgeschoß) tritt ein neues Problem auf. Da räumlich konstruiert wird und ein räumliches Gebäudemodell entsteht, müssen die Wände alle übereinanderliegen.

Das Einblenden von Ebenen, auf denen die Erdgeschoßwände liegen, erlaubt ein präzises Arbeiten. Wie wenn man sich eine Zeichnung unters Transparentblatt legt und durchzeichnet, kann man z. B. die Fundamentwände mit den „untergelegten" Erdgeschoßwänden erzeugen. Diese eingeblendeten Ebenen müssen ein Positionieren auf den Koordinaten erlauben, doch gegen Korrekturfunktionen gesperrt sein. In der Regel hat man nur Teile des jeweiligen Geschosses untergelegt und kann nicht beurteilen, welche Auswirkungen die Korrektur auf die untergelegten Geschoßzeichnungen hat.

Untergelegte Ebenen werden zur genaueren Unterscheidung meist in einer anderen Darstellungsform (z. B. gepunktet) oder in einer bestimmten Farbe auf dem Schirm erzeugt. Die große Strichvielfalt würde sonst den Anwender verwirren und Fehleingaben auslösen. Sie sollten deshalb auch sobald wie möglich wieder ausgeblendet werden. Je mehr Elemente sich auf dem Schirm befinden, je dichter sie zusammenliegen, desto größer sind die Anforderungen an das Konzentrationsvermögen und desto eher sind Fehleingaben möglich.

> Das Einblenden von Ebenen ist Voraussetzung zum genauen Positionieren der Wände.

Übung 6   CAD 3D: <HAUS> Fundamentplan, Dachgeschoßwände

a) Erzeugen Sie den Fundamentplan **12.23a**, blenden Sie die EG-Wände ein. Vergessen Sich nicht die Dokumentation! Da in diesem Fundamentplan keine Öffnungen und Aussparungen vorzusehen sind, kann er nach Abschn. 8 und 9 bemaßt, beschriftet und geplottet werden.

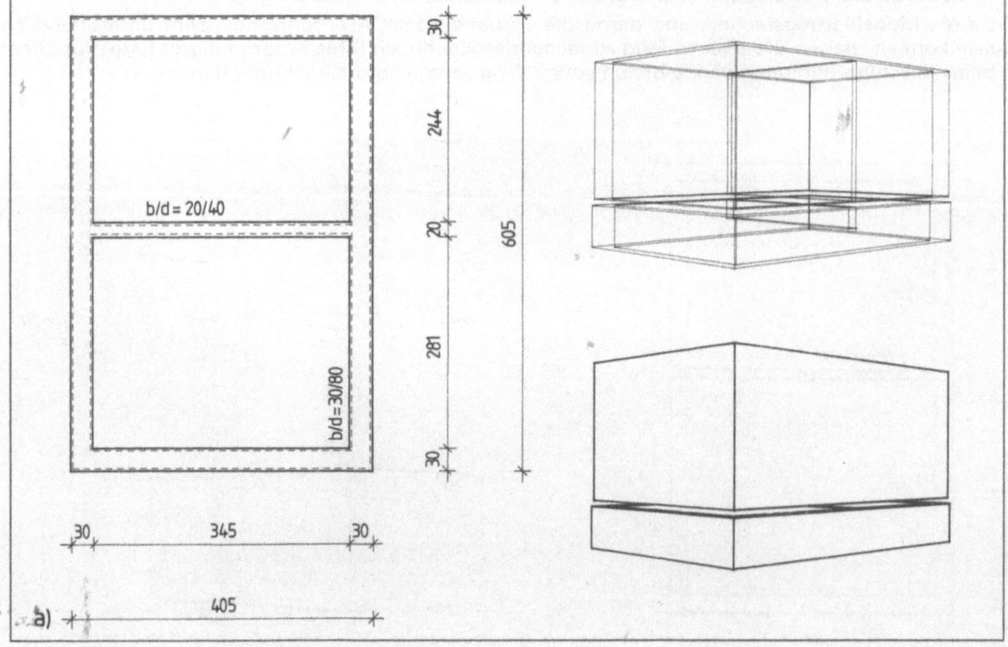

12.23   a) Fundamentplan

b) Erzeugen Sie den Dachgeschoßgrundriß **12.23b**, blenden Sie die EG-Wände ein. Vergessen Sie nicht die Dokumentation. Prüfen Sie, wie Ihr Programm Giebel- und Innenwände hinsichtlich der Wandhöhen erzeugt.

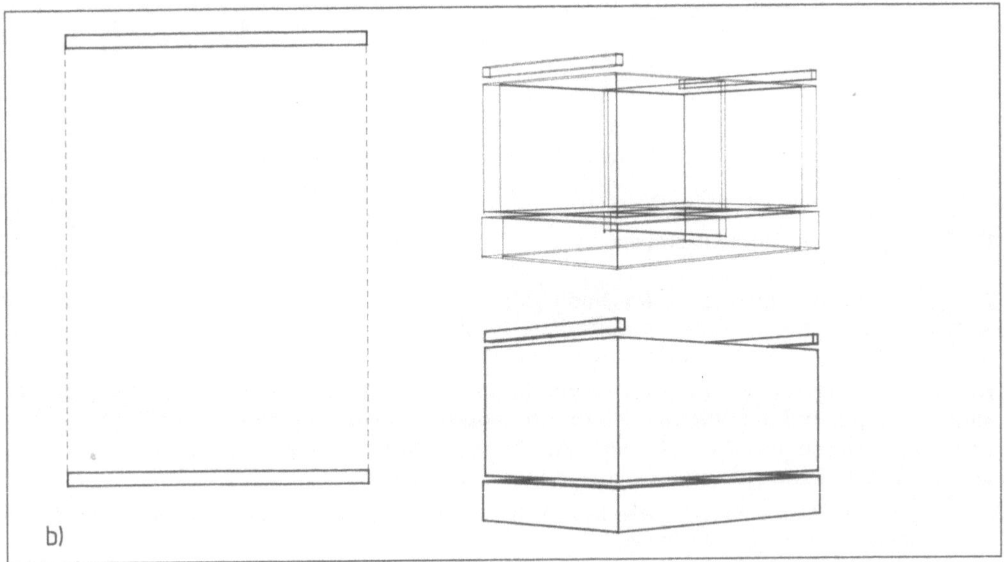

12.23 b) Dachgeschoßgrundriß

12.2.3 Deckenelemente

Deckenelemente sind wie die Wände von der geometrischen Form her im einfachsten Fall ein Quader. Oft haben sie aber mehr als 4 Ecken. Sind sie auf runden Wänden angeordnet, sind auch runde Decken möglich (**12.24**).

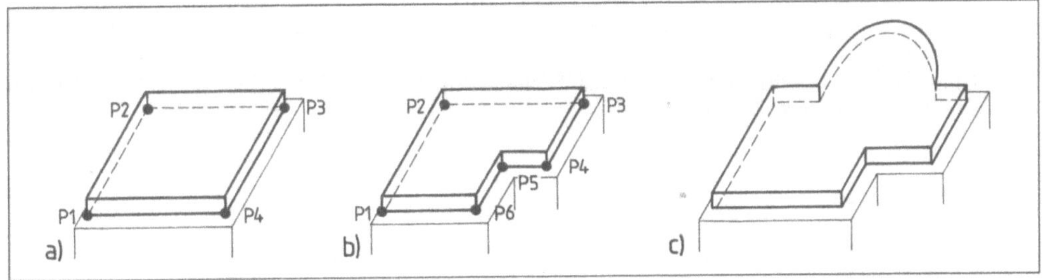

12.24 Arten von Deckenelementen
a) Decke mit 4 Eckpunkten, b) Decke mit der Grundfläche eines Vielecks, c) runde Decke

Die Eingabe der Deckenelemente kann deshalb nur bei Decken mit 4 Eckpunkten mit den Wänden identisch sein. Meist teilt man dem Programm über ein Positionieren auf den Eckpunkten die Koordinaten x, y, z mit. Mit ihnen führt es eine Schnittberechnung durch und ermittelt die Grundfläche der Decke im Raum. Gibt man nun die Elementhöhe (Erzeugende) ein, wird die Grundfläche entlang der Erzeugenden verschoben und der Volumenkörper erzeugt (**12.25**).

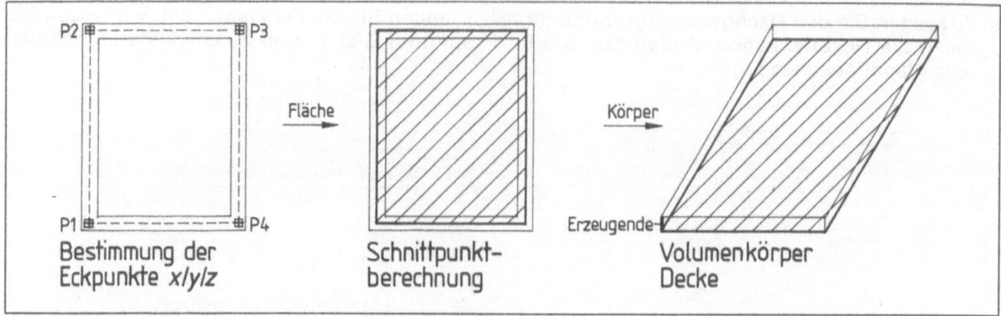

12.25 Eingabe eines Deckenelements

Einige Programme erweitern die Displayabfragen. So können Auflagerbedingungen für statische Berechnungen oder automatisierte Randausbildungen (Abmauerungen, Dämmungen) schon zu diesem Zeitpunkt erfaßt werden.

Die Bezugshöhe ist wie bei den Wandelementen einzugeben, meist die Deckenunterkante, bezogen auf die Nullinie (**12.19**). In unserem Beispiel beträgt sie 2,62^5 m.

Alle Deckenarten lassen sich mit CAD-Bauprogrammen erzeugen. Zwei Vorgehensweisen sind bei komplexeren Decken zu unterscheiden:

– Die einzelnen Elemente der Decke (Holzbalken, Pi-Platten) werden volumenmäßig erzeugt und manipuliert (kopieren, verschieben).
– Balkenlagen oder Elementdecken werden über ein Variantenmakro oder eine Prozedur erzeugt.

> Decken sind Volumenkörper. Nach der Definition der Eckpunkte berechnet das Programm auf der Grundlage der Koordinaten x, y, z die Schnittpunkte und ermittelt die Grundfläche x/y im Raum. Der Volumenkörper entsteht durch Eingabe der Deckenstärke (Erzeugende).

Übung 7 CAD 3D: <HAUS> Deckeneingabe

a) Rufen Sie Ihre Zeichnungsdefinition <FUND> auf und erzeugen Sie auf den Fundamenten die Sohle (**12.26**).
b) Rufen Sie die Zeichnungsdefinition <GREG> auf und erzeugen Sie auf den Erdgeschoßwänden die Erdgeschoßdecke (**12.26**).

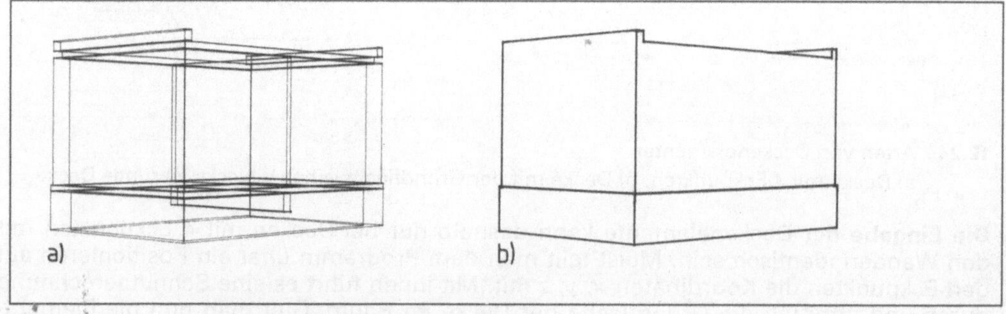

12.26 Fundament, Sohle, Erdgeschoß und EG-Decke
a) Drahtmodell, b) Hidden-Line

Denken Sie bei der Eingabe an die Dokumentation aller Eingaben und Zuweisungen. Besonders sollten Sie prüfen, ob sich die Bezugshöhe Ihres Programms auf die Gebäude- oder Geschoßnullinie bezieht. Die Auflagerbedingungen finden Sie in Bild **12.27**. Bietet Ihr Programm eine automatisierte Abmauerungsroutine an, können Sie konstruktive Anforderungen (z. B. Dämmungen) und die Abmauerung in einem Arbeitsgang zusammen mit dem Deckenelement berücksichtigen und erzeugen. Sonst müssen ringsherum Wandelemente eingegeben werden (UK 262,5, OK 276,5, Wandhöhe 11,5).

Decken und Abmauerungen sind grundsätzlich auf separaten Ebenen abzulegen, damit sie beim Plot des Grundrisses ausgeblendet werden können.

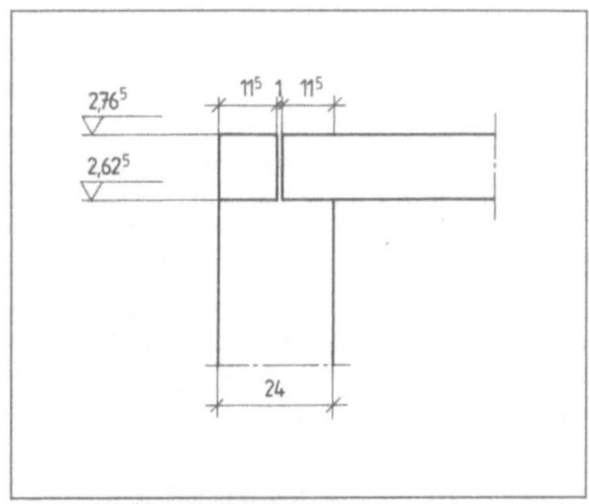

12.27 Deckenauflager

12.2.4 Dachelemente

Auch Dachelemente werden im CAD als Volumenkörper eingegeben, begrenzt oben durch die Dachhaut (z. B. Dachpfannen), unten durch den Dachausbau. Die Höhe des Volumenkörper beträgt je nach Aufbau (z. B. Sparren, Konterlattung, Dachlatten) 25 bis 30 cm.

Die Eingabe des Daches hängt von der Dachform ab. Die einfachste Form – das Flachdach – entspricht der Deckeneingabe im Abschn. 12.2.3. Bei geneigten Dächern sind dagegen zwei Eingabevarianten zu unterscheiden:

– Der Cursor wird im Grundriß x/y am Trauf- und Firstpunkt positioniert und die Z-Höhe, bezogen auf die eingestellte Nullinie, eingegeben. Kennt das Programm noch die Höhe des Dachaufbaus, kann es die Grundfläche ermitteln. Gibt man die Dachlänge als Erzeugende ein, wird die Grundfläche entlang der Erzeugenden verschoben (**12.28a**).

– Der Cursor wird an den Eckpunkten (P1 bis P4) des Daches positioniert und die jeweilige Höhe am Trauf- und Firstpunkt eingegeben. Das Programm kann daraufhin wieder die Schnittpunkte berechnen und die schräge Dachfläche erzeugen. Aus der Höhe des Dachaufbaus wird die Erzeugende berechnet (**12.28b**).

Beim Vergleich der beiden Eingabevarianten stellen wir fest, daß wir mit der ersten Möglichkeit nur Satteldächer erzeugen können, deren Seiten zudem alle parallel angeordnet sein müssen (sonst ließe sich die Grundfläche nicht entlang der Erzeugenden verschieben). Die zweite Möglichkeit eignet sich dagegen für alle gleichmäßig geneigten Dächer. Selbst runde Vorbauten, Gauben und angebaute Dächer lassen sich so definieren. Je komplexer das Dach, desto mehr Cursorpositionierungen und Z-Werte sind allerdings erforderlich.

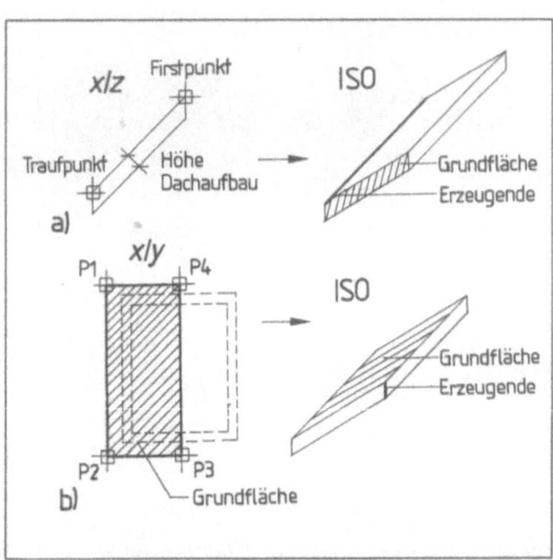

12.28 Erzeugen von Dachkörpern

Auch ungleich geformte Dächer (z. B. HP-Formen) können wir mit CAD-Programmen erzeugen. Mit Hilfe von Spline-Kurven werden Spline-Segmente (z. B. Beziers-Segmente) definiert, mit denen wir jede denkbare Dachform generieren können.

Dachelemente sind Volumenkörper. Wenn die Koordinaten x, y, z der Eckpunkte definiert werden, erfaßt das Programm auf der Grundlage der Dachaufbauhöhe alle gleichmäßig geneigten Dächer volumenmäßig.

Legt man das Schwergewicht auf den konstruktiven Aufbau, ist nach dem gleichen Eingabeprinzip ein Sparren oder Gebinde zu erzeugen. Je nach Anzahl und Sparrenabstand wird mehrfach kopiert.

Übung 8 CAD 3D: <HAUS> Dacheingabe

Geben Sie das Dach des Gartenhauses ein. Wir beschränken uns auf die Eingabe von Volumenkörpern. Sie können aber auch einen konstruktiven Aufbau wählen.

a) Erstellen Sie zunächst eine Zeichnungsdefinition <Dach>. Ordnen Sie dieser Definition noch nicht benutzte Ebenen/Folien entsprechend Ihrem Ebenenplan zu. Blenden Sie die Wände des Erdgeschosses mit ein, um präzise positionieren zu können.

b) Der Dachüberstand am Giebel soll 25 cm, an der Traufe 50 cm betragen. Damit ist eine Positionierung in x, y möglich (**12.29a**). Um die Z-Höhen (Trauf- und Firsthöhe) zu ermitteln, müssen wir einige Berechnungen traditionell durchführen, können aber die Taschenrechnerfunktion des Programms benutzen. Über die Winkelfunktion bzw. vereinfacht bei 45° über die Wurzel 2 berechnen wir die Trauf- und Firsthöhe (**12.29b**). Die Dachaufbauhöhe wird mit 25 cm angenommen.

$h1$ = 25 · 1,414 = 35,5 cm
$h2$ = 50 + 12,5 = 62,5 cm
Traufhöhe = 276,5 − 62,5 + 35,5 = **249,5 cm**

Die Oberkante (Firsthöhe) wird wie die Traufhöhe berechnet. Da das Programm jedoch Breiten und Dachneigungswinkel kennt, sollte eine automatische Ermittlung erwartet werden. Unsere Dachneigung beträgt 45°, deshalb entspricht die Breite (Grundmaß) der Dachfläche von 2,495 m der Höhe (**12.29c**).

Firsthöhe (zur Gebäudenullinie) = 249,5 + 249,5 = **499 cm**

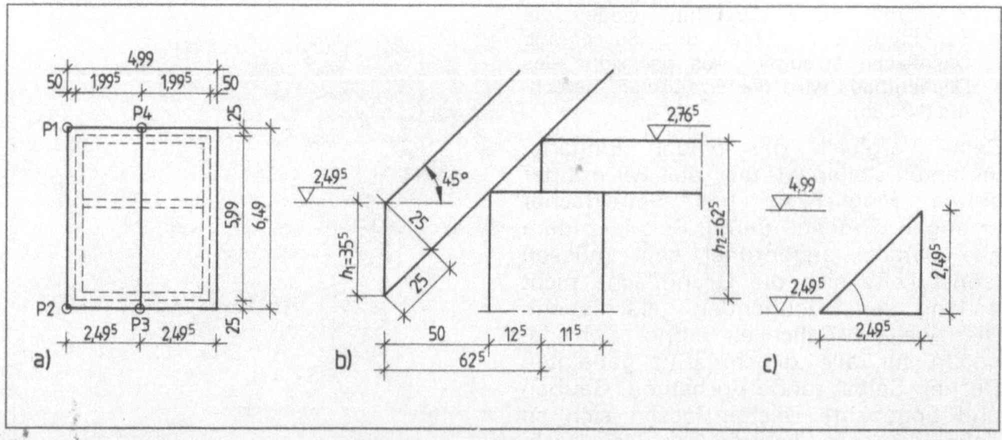

12.29 Berechnungen zur Dacheingabe
a) Draufsicht x/y, b) Traufhöhenermittlung, c) Firsthöhenermittlung

c) Stellen Sie nun die Zuweisungen/Attribute ein und vervollständigen Sie die Dokumentation. Bei einigen Programmen kann man an dieser Stelle schon die Masse zuweisen. Die Unterseite des Dachaufbaus ist jedoch nie einheitlich, denn Dachüberstände, Abseiten, Dachschrägen und die Decke (Kehlbalkenlage) bestehen aus unterschiedlichen Materialien. (Wie man Massen zusammenfaßt und sie Flächen und Körpern nachträglich zuweist, erfahren Sie in Abschn. 16.)

d) Geben Sie die Dachfläche 1 ein, indem Sie die Koordinaten x, y, z der Eckpunkte P1 bis P4 definieren (**12.29a**). Die x- und y-Werte erhält das Programm meist durch die Cursorposition, während der z-Wert manuell eingegeben wird. Jede Dachfläche wird für sich als ein Element erzeugt. Bei unserem Objekt sind es zwei, bei einem Walmdach z. B. vier Elemente. Beginnen Sie mit der linken Dachhälfte, und zwar links oben. Nach Bestätigung der 4 Eckpunkte berechnet das Programm die Grundfläche, verschiebt z. B. beim SWEEP die Grundfläche entlang der Dachaufbauhöhe (Erzeugende) und generiert den Dachkörper.

e) Prüfen Sie die Eingaben, indem Sie sich den Baukörper in der Isometrie oder X/Z-Darstellung aufrufen. Geben Sie anschließend die zweite Dachhälfte ein (**12.30**).

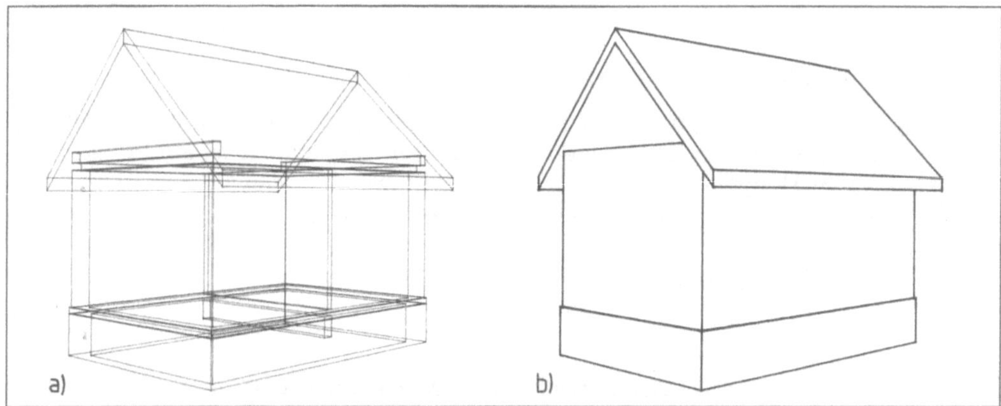

12.30   <HAUS> Fundament, EG Wände, Decke, Sohle, DG Wand, Dach
a) Drahtmodell, b) Hidden-Line

12.2.5 Volumenabzüge: Öffnungen und Aussparungen

Als Volumenbezüge unterscheiden CAD-Programme:

- Wandöffnungen, z. B. Fenster und Türen,
- Deckenöffnungen, z. B. Treppenloch,
- Dachöffnungen, z. B. Dachfenster,
- Aussparungen.

Öffnungen und Aussparungen sind in der Regel Quader oder Vielecke, seltener Zylinder (z. B. runde Fenster, Deckenöffnung einer Wendeltreppe), die vom jeweiligen Bauteil (Wand, Decke, Dach) abzuziehen sind.

Zwei Modellierungsarten mit ähnlichen Eingaberoutinen sind vorwiegend anzutreffen:

- **Beim Solid Modelling** wird die geometrische Form (z. B. Quader) abgerufen und die Quadergröße definiert. Der Abzugsquader wird dann objektbezogen positioniert (**12.31a**).
- **Beim Sweep** wird die Grundfläche im Bauteil (z. B. Wand, Decke, Dach) definiert und die Öffnung nach Eingabe der Erzeugenden bauteilbezogen erzeugt (**12.31b**).

> Volumenabzüge sind Wand-, Decken- und Dachöffnungen sowie Aussparungen. Zur Modellierung verwendet man vorwiegend das Solid Modelling und Sweep.

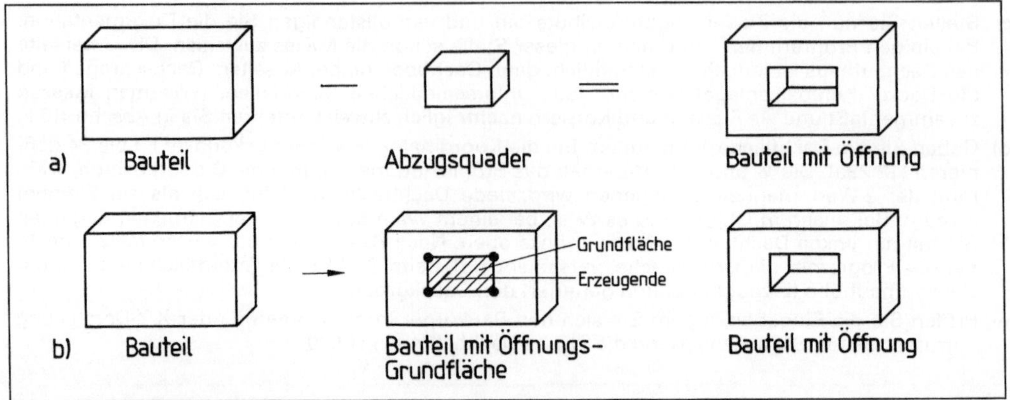

12.31 Öffnungserzeugung
a) mit Solid Modelling, b) mit Sweep: Wandöffnung, Deckenöffnung

Öffnungen werden in der Regel zuerst im Grundriß angeordnet, wobei der Planer Ansicht und Schnitt zu berücksichtigen hat. Auch im CAD wird deshalb im Grundriß gearbeitet, wobei Unterschiede zwischen den Öffnungsarten bestehen.

Wandöffnungen sind einfache Durchlässe, Fenster oder Türen. CAD-Programme behandeln Fenster und Türen meist gleich,

– da die Grenzen zwischen ihnen fließend sind (z. B. Terrassenelemente),
– da die Darstellung der Öffnungen im Normalfall über Makros und Prozeduren gesteuert wird,
– da die VOB bei den abzuziehenden Wand- und evtl. Putzmassen in der Abrechnung keine Unterscheidung trifft.

Beispiel Eingabe mit Sweep. Wand identifizieren, da die Öffnung elementbezogen erzeugt werden muß.

Cursor auf der Wandlinie am Anfangspunkt der Öffnung positionieren (**12.32a**). Bezugshöhe (Brüstungs- oder Sturzhöhe) eingeben. In der Ansicht befindet sich der Cursor damit am unteren linken oder oberen linken Punkt der Öffnung (P1). Kann die Brüstungs- oder Sturzhöhe wahlweise eingegeben werden, sollte man die Sturzhöhe vorziehen, weil unterschiedliche Sturzhöhen die Ansicht negativ beeinflussen.

Grundfläche der Öffnung eingeben. Beim Rechteckfenster reichen die Fensterbreite und -höhe aus, sonst sind noch Halbkreise (Rundbogen), Teilkreise (Segmentbogen) oder Ellipsen (Korbbogen) zu definieren. Nach diesen Angaben kann das Programm die Schnittpunkte und die Grundfläche berechnen (**12.32b**).

Zuweisungen/Attribute einstellen. Nachdem alle Eingaben bestätigt sind, wird die Öffnung als „Loch in der Wand" erzeugt (**12.32c**).

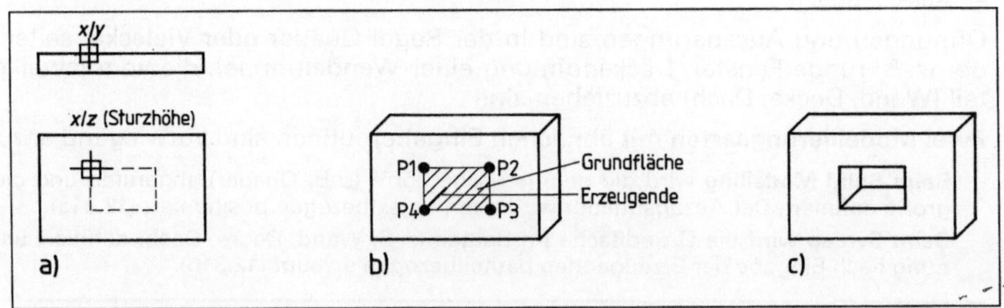

12.32 Öffnungseingabe
a) Positionierung, b) Grundflächendefinition, c) Erzeugung

186

Deckenöffnungen erzeugt man in der Grundrißdarstellung *x/y* (**12.33**).

Beispiel Eingabe mit Sweep

Decke identifizieren, in der die Öffnung erzeugt werden soll.

Koordinaten der Eckpunkte durch Cursorpositionierung bestimmen. Das Programm berechnet die Schnittpunkte und definiert die Grundfläche.

Da das Programm von der Deckeneingabe her die Deckenstärke (Erzeugende) kennt, sollte es sofort die Deckenöffnung erzeugen.

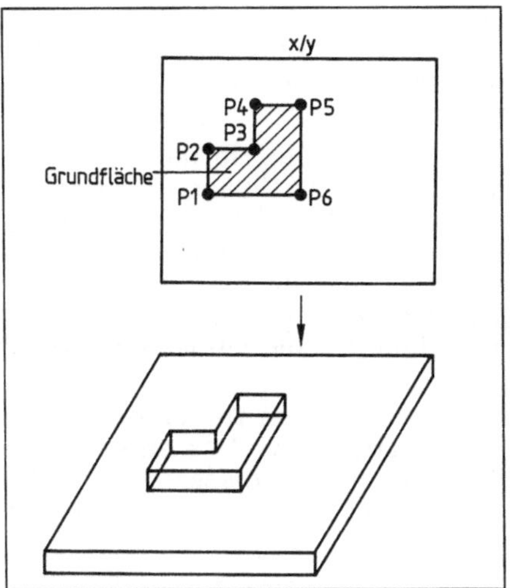

12.33 Eingabe der Deckenöffnung   12.34 Eingabe der Dachöffnung

Dachöffnungen werden, obwohl sie in den Dachschrägen angeordnet sind, meist auch in der Grundrißdarstellung des Daches erzeugt (**12.34**). Damit kann man auf dem Bildschirm nur das Grundmaß und nicht die wahre Länge der Öffnung darstellen. Von guten CAD-Programmen ist jedoch zu erwarten, daß sie nach Identifikation des Dachelements die Bezugshöhe (Brüstungshöhe) auf die Nullinie und die Öffnungshöhe auf die Dachschräge beziehen.

Beispiel Eingabe mit Sweep

Dachelement identifizieren. Der Cursor dürfte sich – räumlich gesehen – nur auf der Oberkante des Daches bewegen. Hilfreich ist an dieser Stelle, wenn neben der *x/y*-Darstellung auch eine *x/z*- bzw. *y/z*-Darstellung in weiteren Bildschirmfenstern eingeblendet ist.

Cursor am Anfangspunkt der Dachöffnung positionieren (**12.34**). Nach Eingabe der Öffnungsabmessungen und der Bezugshöhe berechnet das Programm die Schnittpunkte und anschließend die Grundfläche.

Die Dachaufbauhöhe (Erzeugende) ist schon seit der Dacheingabe gespeichert. So wird die Dachöffnung erzeugt.

Aussparungen behandelt man wie die Öffnungen. Beim Solid Modelling ist die Erzeugung dieser beiden grafischen Elemente gleich. Der Abzugskörper wird aufgerufen, definiert und positioniert. Nicht nur Aussparungen in Wänden und Decken, sondern z. B. auch Auflager für Stützenköpfe können erzeugt werden (**12.35**). Beim Sweep ist jedoch zwischen Öffnung und Aussparung zu unterscheiden. Während die Bauteildicke bei Öffnungen der Öffnungsdicke entspricht und dadurch vom Programm meist automatisch übernommen wird, muß die Aussparungsdicke/-tiefe vom Anwender definiert werden. Programme, die vorwiegend mit dieser Modellierungsfunktion arbeiten, unterscheiden im Menü folglich auch die grafischen Elemente Öffnung und Aussparung.

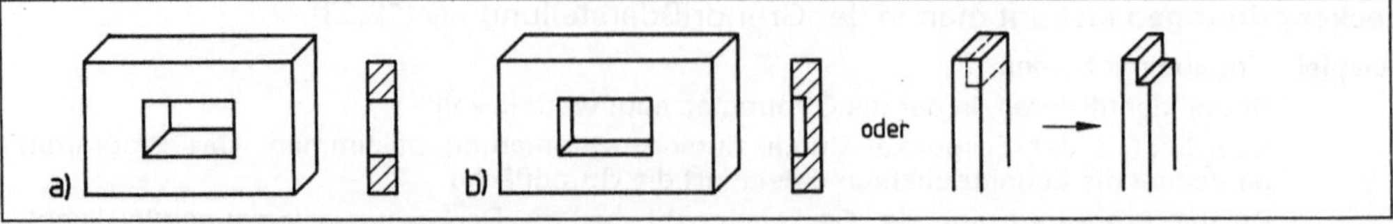

12.35 a) Öffnung, b) Aussparung

> Aussparungen werden wie Öffnungen vom CAD-Programm bearbeitet. Beim Sweep muß man allerdings die Aussparungstiefe definieren.

Weiterverarbeiten der Öffnungen. Bisher sind nur „Löcher" in den Bauteilen erzeugt worden. Sinnvoll ist diese Konstruktionsart z. B. bei Schalplänen. In der Architektur reicht sie – besonders unter dem Aspekt der Durchgängigkeit – nicht aus, da weder vollständige Ansichten oder Schnitte erzeugt noch dem Programm Massen des Fensters (z. B. Fensterart, Glasart, Stürze, Fensterbänke, Zulagen) zugewiesen werden. Während dieses Problem bei Aussparungen und Deckenöffnungen von untergeordneter Bedeutung ist, sind vor allem bei Wandöffnungen die Einbauten und zusätzliche konstruktive Bauteile zu beachten.

Die Möglichkeiten der Weiterverarbeitung hängen von den zur Verfügung stehenden Makros, Varianten und Prozeduren ab. Wie im Abschn. 10 wird die entsprechende Datei (Teilebibliothek) aus dem Makroverzeichnis geladen. Aus dieser Datei ruft man das Makro, die Variante oder Prozedur auf. Sie unterscheiden sich in der Leistungsfähigkeit.

– **Mit 2D- und 3D-Makros** wird nicht nur eine Öffnung erzeugt, sondern ihr gleichzeitig ein Makro zugewiesen. Ist es Hidden-Line-fähig, kann man es für die Ansichts- oder Schnittgenerierung nutzen. Das Makro kann aber nur in seinen Originalabmessungen aufgerufen werden. Ein anschließendes Manipulieren führt zu unerwünschten Verzerrungen (s. Abschn. 10). Weil auch keine Mengenzuweisungen möglich sind, ist diese Art in der Praxis nur beschränkt einsetzbar.

– **Varianten und Öffnungsprozedur.** Mit dieser komfortabelsten Konstruktionsart lassen sich nicht nur Öffnungen erzeugen, bei denen die Darstellung der Einbauten für Ansichten und Schnitte benutzbar sind, sondern auch automatisch Ebenen, Stricharten und -typen sowie Massen zuweisen. Im Hinblick auf die Durchgängigkeit ist dies die praktikabelste Konstruktionsart. Leider sind selbst geübte Anwender mit dem Erstellen komplexer Prozeduren überfordert. Deshalb ist man auf fertige Prozeduren des Softwareherstellers angewiesen (**12.36**).

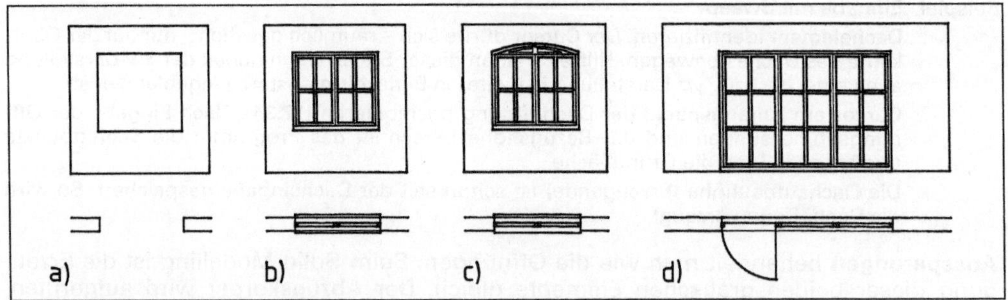

12.36 Öffnungen mit Einbauten

a) Durchlaß, b) zweiflügeliges Rechteckfenster, c) Fenster mit Segmentbogen, d) Terrassenelement

Die praxisgerechte Anwendung erfordert eine Weiterverarbeitung der Öffnungen. Mit Hilfe von Varianten und Prozeduren weist man Einbauten und Massen für eine durchgängige Ansichts- und Schnittgenerierung sowie zur Mengenermittlung und Kalkulation zu.

Übung 9 CAD 3D: <HAUS> Öffnungseingabe

a) Rufen Sie Ihre Zeichnung <HAUS> wieder auf und erzeugen Sie die Öffnungen des Erdgeschoßgrundrisses nach Bild **12.37**a und **12.15**. Prüfen Sie, welche Makros, Varianten und Prozeduren Ihr Programm zur Verfügung stellt. Bemaßen und beschriften Sie anschließend den Grundriß.

b) Blenden Sie die Erdgeschoßdecke ein und erzeugen Sie die Deckenöffnung.

Wenn Sei die Übungen 4 bis 9 durchgeführt haben, ist das räumliche Modell des Gartenhauses mit Ausnahme der Giebelwände fertiggestellt. Im Abschn. 14 werden wir es bei der Ansichts-, Schnitt- und Perspektivgenerierung weiterbearbeiten. Rufen Sie deshalb die Isometrie und die *xz*- bzw. *yz*-Darstellung auf und prüfen Sie nochmals die Richtigkeit aller Eingaben. Vergessen Sie nicht, die Objektdaten laufend zu sichern. Bei Fehleingaben, die Korrekturen erfordern, sollten Sie zuerst den Abschn. 13 durcharbeiten.

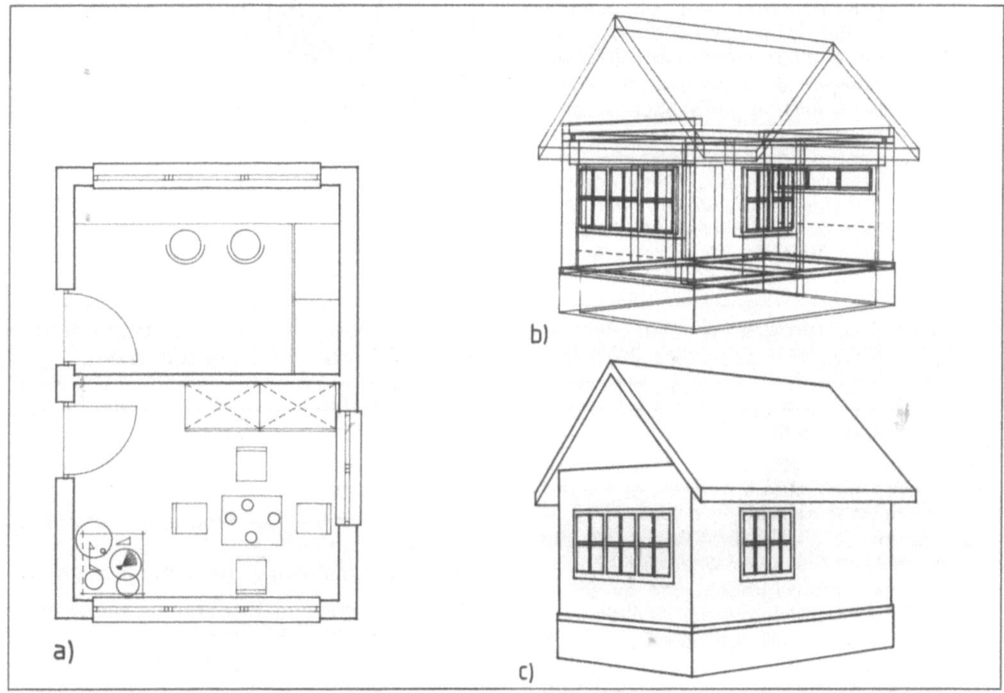

12.37   a) Erdgeschoßgrundriß, b) Drahtmodell, c) Hidden-Line

12.2.6 Weitere 3D-Elemente

Bisher waren die eingegebenen dreidimensionalen Elemente auf Körper mit der Grundfläche eines Rechtecks (Quader), Vielecks oder Parallelogramms beschränkt. Tab. **11.11** zeigt aber noch mehr Elemente. Bei der Prüfung des CAD-Programms ist in der Regel festzustellen, daß es nicht alle Körper erzeugen kann. Entscheidend bleibt immer der Anwendungsbereich.

Doch selbst bei den Polyedern ergeben sich in der Eingabe einiger Bauteile Probleme. Bei Vorführungen und auf Messen werden diese Bauteile häufig nur als 2D-Darstellung erzeugt, nicht als Bestandteile des räumlichen Modells. Eine durchgehende Bearbeitung (Ansicht, Schnitt, Perspektive, Mengenermittlung, Kalkulation) ist folglich unmöglich. Ziel bleibt aber die Erzeugung aller Elemente innerhalb des räumlichen Modells.

Beispiele **Der Schornstein** ist ein einfacher Baukörper. Man könnte ihn mit Quadern (Wandelementen) erzeugen, denen man die Höhe OK Schornsteinfundament bis OK Schornsteinkopf zuweist. Die Deckenöffnung wird vernachlässigt, da sie weniger als 0,25 m³ beträgt (VOB DIN 18 331). Nicht erfaßt werden allerdings der Schornsteinkopf, evtl. Einbauten und vor allem nicht, daß er vorwiegend aus mehrschaligen Fertigteilen erstellt wird. Mit Schornsteinprozeduren dagegen kann man jede Schornsteinart mit allen Einbauten (Kopf, Schieber usw.) volumen- und mengenmäßig erfassen.

Treppen sind noch komplexer als Schornsteine aufgebaut. Auch für sie bieten die Softwarehäuser Treppenprozeduren an. Aus der Grundrißgeometrie, aus Steigungen und Auftrittsbreiten lassen sich innerhalb des räumlichen Modells beliebige Treppen bis hin zu Angaben

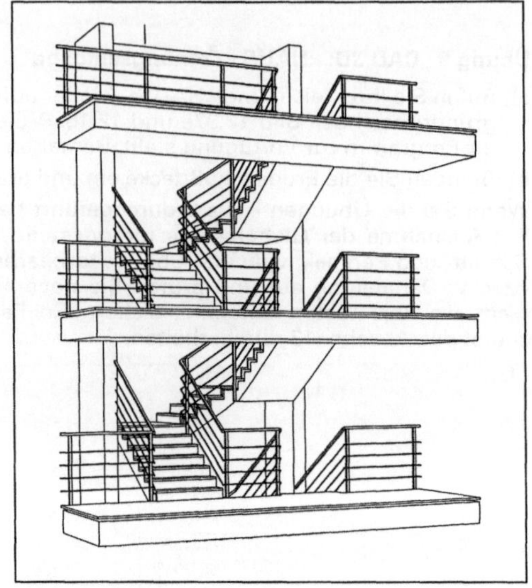

12.38 Treppe

für Schalungen oder Konstruktion für die Werkstatt erstellen (**12.38**).

Ein CAD-Bauprogramm muß nicht alle 3D-Körper erzeugen können. Entscheidend ist der Anwendungsbereich. Komplexe Bauteile gibt man mit Prozeduren ein.

Aufgaben zu Abschnitt 12.2

1. Welche Vorüberlegungen und Voraussetzungen sind zum Erzeugen eines räumlichen Gebäudemodells erforderlich?

2. Warum ist die Dokumentation für einen ungeübten Anwender unerläßlich?

3. Welche Anforderungen sind an die Eingabe der Wandelemente zu stellen?

4. Unterscheiden Sie Bezugshöhe und Elementhöhe.

5. Welche Probleme treten bei der Wandhöhenermittlung im Dachgeschoß auf?

6. Warum ist eine automatische Schnittpunktermittlung bei der Wandeingabe unerläßlich?

7. Wie kann man übereinanderliegende Wandelemente genau positionieren?

8. Mit welchen Modellierungsfunktionen lassen sich Deckenelemente erzeugen?

9. Welche Anforderungen stellt man an die Erzeugung von Deckenelementen?

10. Mit welchen Modellierungsfunktionen kann man Dächer erzeugen?

11. Wie ermittelt das Programm automatisch die Firsthöhe?

12. Was versteht man unter Volumenabzug?

13. Unterscheiden Sie Öffnung und Aussparung in der CAD-Technik.

14. Wie erzeugt man Öffnungen im Volumenkörper?

15. Welche Unterschiede bestehen zwischen Wand-, Decken- und Dachöffnungen?

16. Worin unterscheiden sich Sweep und Solid Modelling bei der Öffnungserzeugung?

17. Warum reicht es in der Bautechnik nicht aus, eine Öffnung nur als „Loch in der Wand" zu erzeugen?

18. Wie kann man Schornsteine und Treppen mit CAD erzeugen?

---

13 Dreidimensionale Korrekturen und Manipulationen

Auch alle 3D-Elemente muß man korrigieren und manipulieren können. Vorher sollte man sich stets überlegen:

- Arbeite ich in einem räumlichen Modell? $\Rightarrow$ 3D
- Arbeite ich in einem Schnitt des räumlichen Modells? $\Rightarrow$ 2D

Diese Entscheidung fällt dem ungeübten Anwender nicht immer leicht, denn zum einen unterscheiden sich die Programme, zum anderen sind 2D- und 3D-Korrekturen in einer Darstellung möglich.

Beispiel Die Darstellung der Wand x/y auf dem Bildschirm ist zweidimensional, da ein waagerechter Schnitt durch das räumliche Modell erzeugt wird. Dabei können die einzelnen Wandlinien 2D-Darstellungen sein, die nicht Bestandteil des 3D-Modells sind. Mit 2D-Funktionen lassen sie sich löschen und korrigieren (**13.1a**). Verändert man aber die Eckpunkte (Koordinaten) der Wand, indem man sie z. B. dehnt, verändern sich die Abmessungen und damit auch die Massen des Körpers – wir befinden uns im 3D-Bereich (**13.1b**).

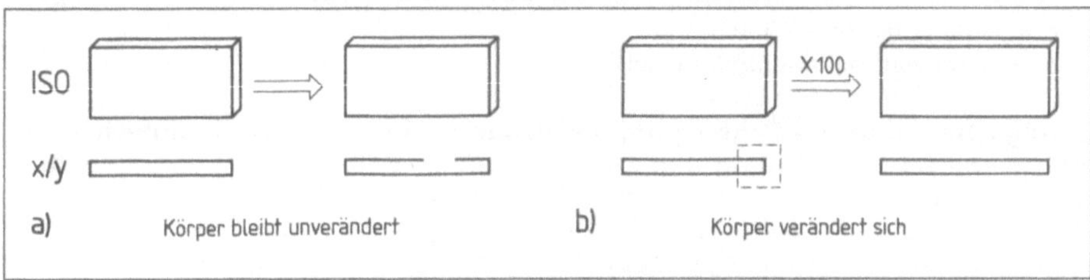

13.1 a) zweidimensionales Korrigieren – Körper bleibt unverändert
b) dreidimensionales Korrigieren – Körper verändert sich

> Zweidimensionale Korrekturen betreffen nicht den räumlichen Körper, sondern nur seine Darstellung. Dreidimensionale Korrekturen und Manipulationen verändern den räumlichen Körper, wirken sich auf die Massen und damit auf die Mengenermittlung und Kalkulation aus.

13.1 Korrekturfunktionen

Zweidimensionale Korrekturen sind vorwiegend Lösch- und Trimmfunktionen. Besonders bei Drahtmodellen, aber auch bei Volumenmodellen tritt oft das Problem der doppelten Linien auf. Um z. B. im Fundamentplan **13.2a** die dick gezeichnete Wandlinie zwischen Streifen-und Schornsteinfundament zu löschen, muß man bei einigen Programmen den Löschvorgang mehrfach durchführen. Die Wandlinie des Streifenfundaments ist mit einer Koordinatenkorrektur zu verkürzen, die des Schornsteinfundaments zu löschen. Liegt die Schnittebene des Grundrisses oberhalb des Objekts, können sogar 4 Linienelemente übereinander liegen: die obere und untere Wandlinie des Streifenfundaments sowie die oberen und unteren Linien des Schornsteinfundaments. Wie Bild **13.2b** zeigt, gilt dies auch für Ansichten.

Dreidimensionale Korrekturen werden im räumlichen Gebäudemodell durchgeführt.

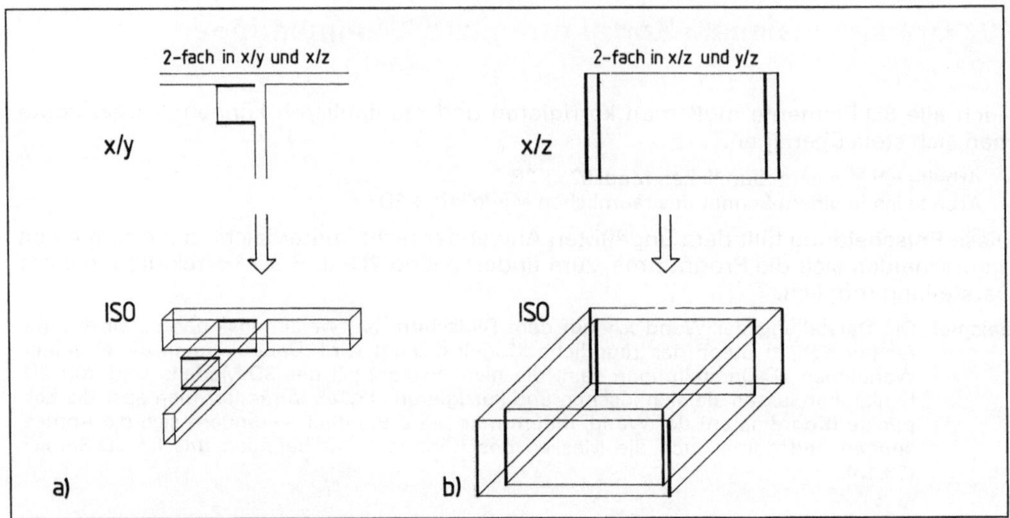

13.2 Problem der doppelten Linien
a) Schornsteinfundament, b) Ansicht

Nachträgliche räumliche Schnittpunktermittlung. Die geometrisch einfachste Funktion ist die Schnittpunktermittlung von Quadern (**13.3**). Wie bei der Schnittpunktkorrektur im 2D-Bereich werden die grafischen Elemente zuerst identifiziert, zu den x- und y-Werten dabei noch die z-Werte in die Berechnung einbezogen. Die räumliche Schnittpunktermittlung ist damit eine Durchdringung. Im Architekturbereich muß das Ermitteln der Durchdringungsflächen aller gerader Polyeder gewährleistet sein.

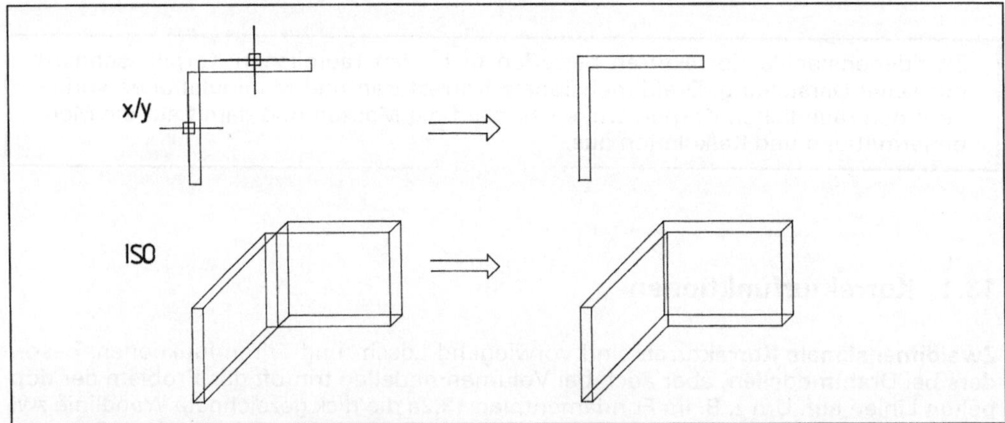

13.3 Räumliche Schnittpunktermittlung

Das im Abschn. 12 kurz angedeutete „Hochziehen der Dachgeschoßwände" ist nichts anderes als die Durchdringung eines Quaders (DG-Wand) mit einem schräg liegenden Polyeder (Dach). Die Wand im DG ist mit einer geringen Höhe erzeugt, z. B. 40 cm. Ist die Dachfläche später eingegeben, kann man mit einer automatischen Schnittpunktermittlung die Wände bis zur nächsten Fläche hochziehen. Bei einem Kehlbalkendach ist zusätzlich die Kehlbalkenfläche einzugeben, damit die trapezförmige Wand automatisch erzeugt wird (**13.4**).

CAD-Bauprogramme unterscheiden sich in der Vielzahl der Durchdringungsvariationen. Während sich einige Programme auf die Polyeder beschränken, sind bei anderen auch Durchdringungen runder und schräger Körper möglich. Je mehr Durchdringungsvariationen ein Programm bietet, desto leistungsfähiger, aber auch teurer, speicherintensiver und komplexer ist es. Welche Funktionen verfügbar sein müssen, sollte vom Anwendungsbereich abhängig gemacht werden.

Die Eingabe der Schnittpunktermittlung (Durchdringung) entspricht wieder der allgemeinen Befehlsstruktur:

Befehl   Quelle   Ziel

Befehl: Funktionsaufruf (z. B. Schnittpunkt Quader)

Quelle: Körper identifizieren (z. B. Wand 1/2/3)

Ziel: Körper/Fläche identifizieren (z. B. Dach 1/2)

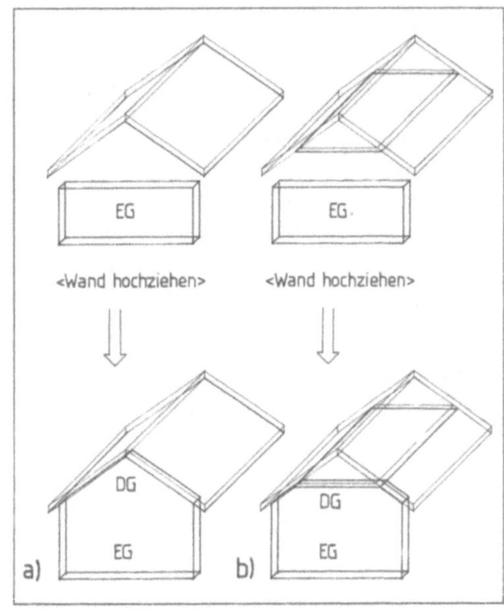

13.4 Hochziehen der Wände im Dachgeschoß
a) Giebelwand, b) Innenwand

Schnittpunktfunktionen sind Durchdringungen. Im Hoch-, Ingenieur- und Tiefbau sollten Schnittpunktermittlungen aller gerader Körper gewährleistet sein.

Alle anderen Korrekturfunktionen sind Manipulationen.

Übung 1 CAD 3D: <HAUS> Schnittpunktermittlung

Rufen Sie das Objekt <HAUS> wieder auf und verschneiden Sie die Giebelwände mit den Dachflächen (13.5).

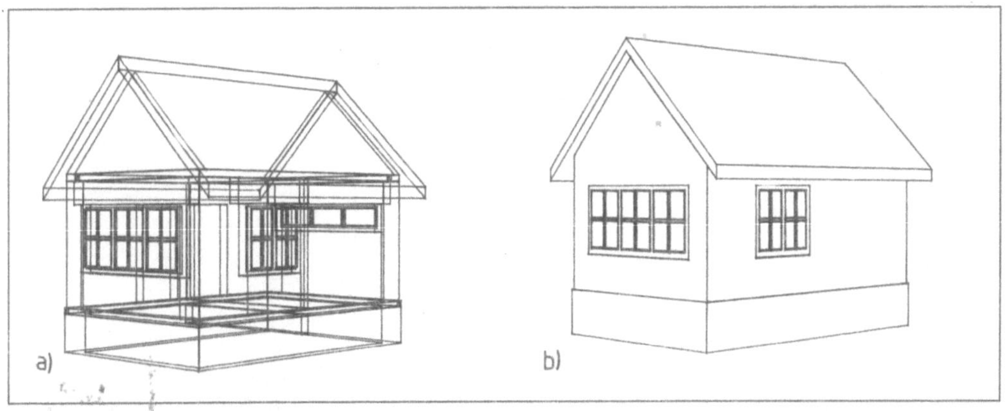

13.5 <HAUS> a) Drahtmodell, b) Hidden-Line

13.2 Manipulieren

Das dreidimensionale Manipulieren bringt bei geschickter Anwendung eine wesentliche Arbeitserleichterung. Man kann es sogar als das Kennzeichen eines CAD-Bauprogramms bezeichnen. Von entscheidender Bedeutung sind das Dehnen/Stauchen, Kopieren/Duplizieren, Verschieben, Drehen und Spiegeln. Das Scalieren räumlicher Körper wird im Hoch-, Ingenieur- und Tiefbau kaum verwendet, während es in der Haustechnik und im Anlagenbau nicht fehlen sollte.

Dehnen/Stauchen 3D (13.6). Sehr oft, besonders in der Entwurfsphase, ändern sich Raum- und Gebäudegrößen. Im Fertighausbau geht man von Standardentwürfen aus, die an die Bedürfnisse des Bauherrn anzupassen sind. Wie bei den Manipulationsfunktionen 2D (s. Abschn. 7.1) werden die zu korrigierenden Koordinatenpunkte identifiziert. Dabei kann man auch die Elementhöhe, die Z-Koordinate, dehnen (verlängern) bzw.

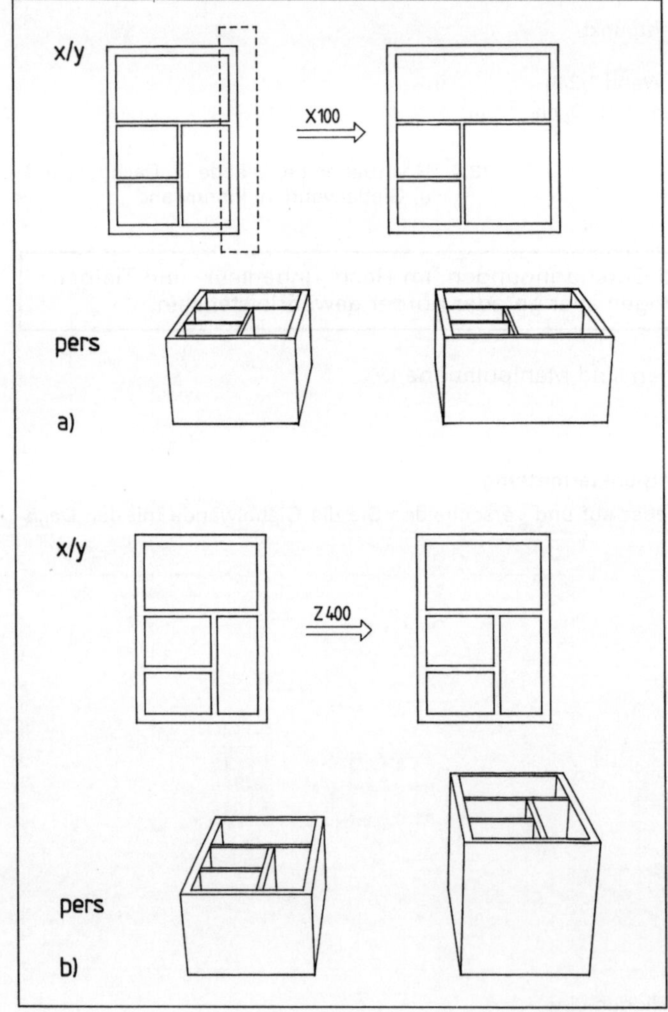

13.6
a) Dehnen in X-Richtung,
b) Geschoßhöhenkorrektur

stauchen (verkürzen). Die Geschoßhöhenkorrektur ist damit ein räumliches Dehnen bzw. Stauchen.

Funktion aufrufen (z. B. Dehnen 3D)
Elemente identifizieren (z. B. mit Fenster)
Korrekturwerte x/y/z (z. B. x100/y0/z–50)

Bei einigen CAD-Bauprogrammen lassen
sich einzelne Koordinatenpunkte eines
Elements z. B. über ein Fenster identifizieren, indem man es in Z-Richtung verschiebt (**13.7**). Wird das Element gedehnt/
gestaucht, bearbeitet das Programm nur
die identifizierten Koordinaten – das Element wird gekippt.

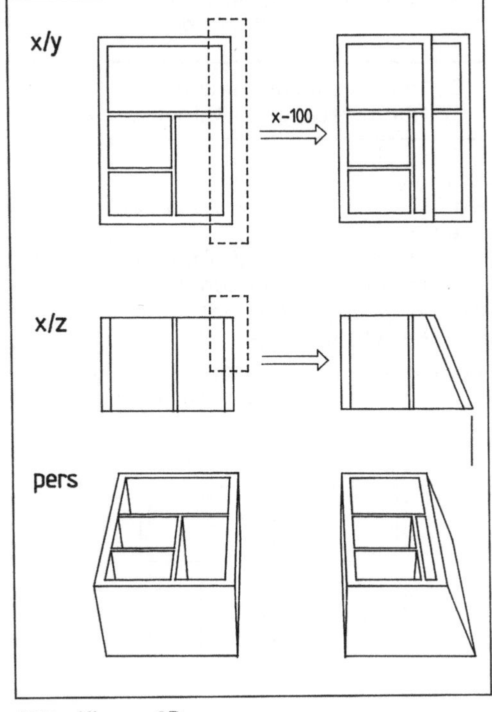

13.7 Kippen 3D

> Beim Dehnen/Stauchen 3D können
> die Koordinatenpunkte des Ele-
> ments in allen Richtungen *x, y, z*
> verschoben werden. Dadurch
> ändern sich die Abmessungen, folg-
> lich auch die Mengen und die Kal-
> kulation. Identifiziert man nur Ober-
> oder Unterkanten, wird das Element
> gekippt.

Verschieben 3D (**13.8**). Einzelnen Elementen wird eine neue Position im Raum zugewiesen. Während sich beim Dehnen/Stauchen die Elementhöhe verändert, bleibt die
Unterkante (bezogen auf die definierte Gebäude-Nullinie) unverändert. Ändert sich z. B.
die Geschoßhöhe, muß auch die Bezugshöhe korrigiert werden. Meist greifen die
Programme hierbei nicht auf die in der Zeichnungsdefinition eingestellte Bezugshöhe,
sondern auf die Gebäude-Nullinie zurück.

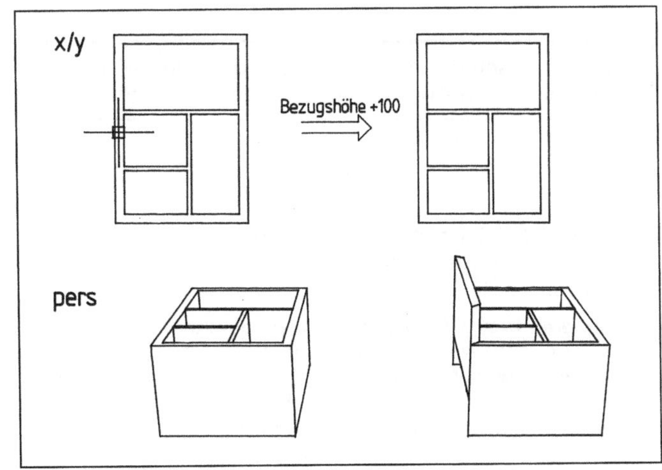

13.8
Bezugshöhenkorrektur

Funktion aufrufen   <Elemente identifizieren   <neue Bezugshöhe eingeben>
                      z. B. Wand 3   + 400

> Bei der Bezugshöhenkorrektur wird die höhenmäßige Anordnung des Elements
> im Raum verändert. Abmessungen und Mengen bleiben unverändert.

Doch nicht nur einzelne Elemente, sondern ganze Wohneinheiten lassen sich verschieben. Ist z. B. das Reihenhaus **13.9** schon vollständig erzeugt, kann der Planer im nachhinein die Gebäudeform ändern, indem er die einzelnen Scheiben durch Verschieben versetzt anordnet. Nach Angabe der Bezugspunkte (P1, P2) ermittelt das Programm die Differenz der Koordinaten in X- und Y-Richtung. Alle identifizierten Koordinatenpunkte werden in der Datenbank umgerechnet und anschließend in der neuen Position auf dem Bildschirm dargestellt.

Funktion aufrufen   <Elemente identifizieren>   <Bezugspunkt alt>   <Bezugspunkt neu>
                      z. B. mit Fenster   P1   P2

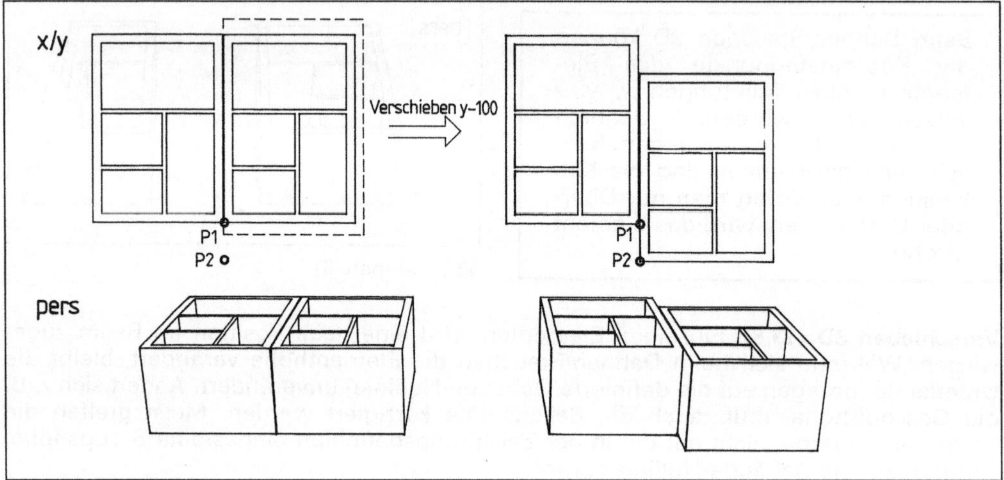

13.9   Verschieben 3D

> Beim Verschieben 3D werden die identifizierten Koordinaten des räumlichen
> Modells durch Angabe der Bezugspunkte geändert.

Kopieren/Duplizieren 3D. Gleiche oder ähnliche Wohneinheiten braucht man nur einmal zu erzeugen. Man kann sie in X/Y-Richtung oder in Z-Richtung (Geschoßkopie) kopieren.

– **Kopieren in X/Y-Richtung** (**13.**10). Bei einem Reihenhaus muß der Anwender nur eine Einheit konstruieren. Wie beim Kopieren 2D wird diese Einheit mit einem Bezugspunkt identifiziert und kopiert. Dies läßt sich sowohl für einzelne Geschosse als auch für das gesamte Objekt vom Fundament bis zum Schornsteinkopf durchführen.

Funktion aufrufen   <Elemente identifizieren>   <Bezugspunkt alt>   <Bezugspunkt neu>
                      z. B. mit Fenster   P1   P2

196

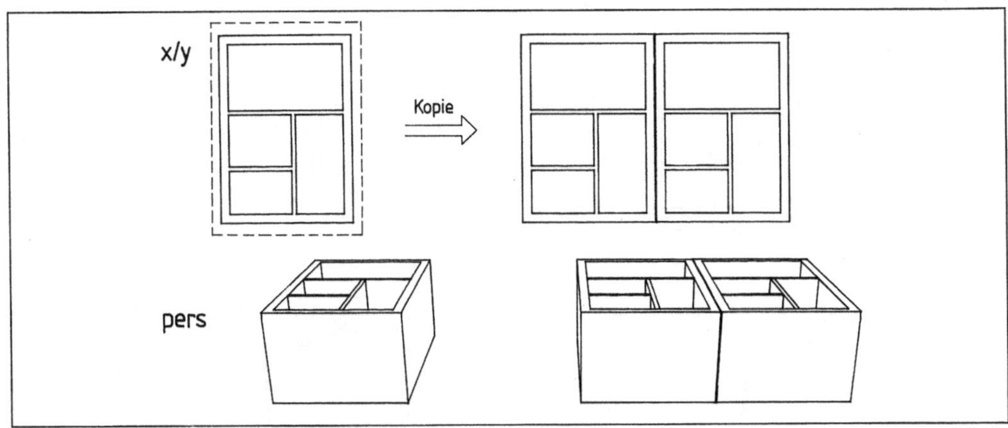

13.10   Kopieren 3D in X/Y-Richtung

– **Kopieren in Z-Richtung** (13.11). Mehrgeschossige Gebäude haben meist einen gleichen oder zumindest ähnlichen Grundriß. Indem man der Kopie eine neue Bezugshöhe und andere Ebenen bzw. eine Ebenendifferenz zuweist, lassen sich die Geschosse einschließlich aller Zuweisungen, Bemaßungen, Beschriftungen usw. „übereinanderstapeln".

Funktion aufrufen   <Elemente identifizieren>   <neue Bezugshöhe>   <neue Ebenen>
                    z. B. mit Fenster   278,5   + 1000

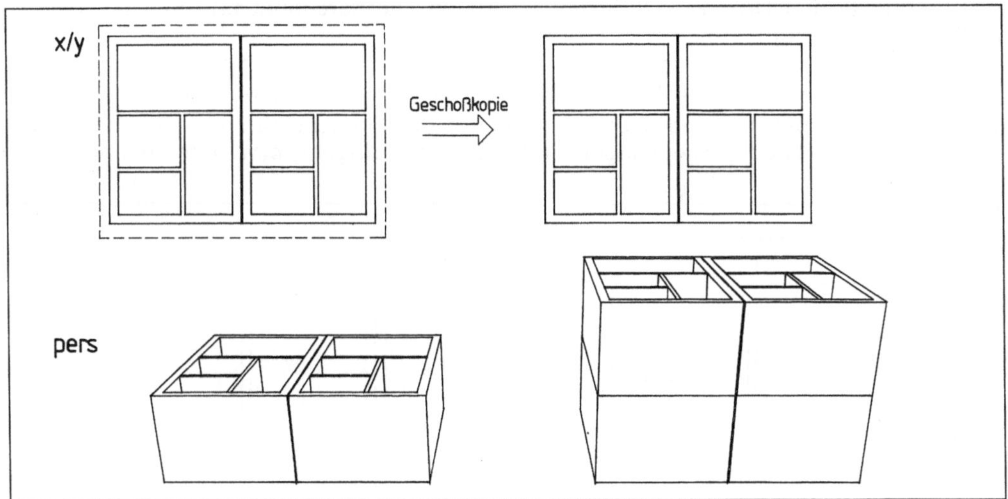

13.11   Geschoßkopie 3D in Z-Richtung

Beim Kopieren/Duplizieren 3D kann man gleichartige Bauteile oder auch ganze Einheiten in X/Y- und in Z-Richtung vervielfältigen. Reihen-, Doppel- und Kettenhäuser sowie mehrgeschossige Bauten lassen sich so in kürzester Zeit erzeugen.

Drehen 3D (13.12) wird in der Praxis seltener angewendet, obwohl man es von einem CAD-Bauprogramm erwarten müßte. Unter Angabe des Drehpunkts und Drehwinkels (Winkel zur positiven X-Achse) kann man z. B. einzelne Einheiten des Reihenhauses **13**.10 drehen. Allerdings sind hierbei noch weitere Korrekturen und Ergänzungen nötig.

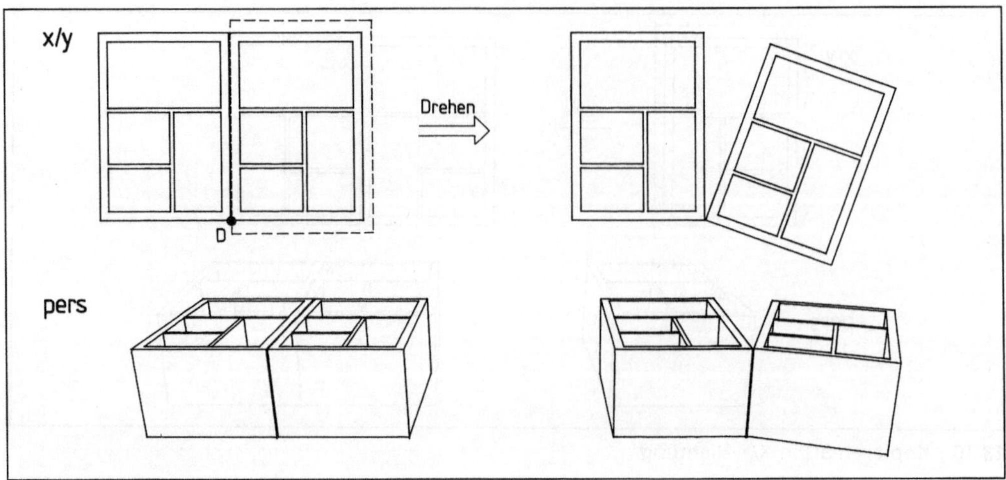

13.12   Drehen 3D

Funktion aufrufen   <Elemente identifizieren>   <Drehpunkt>   <Drehwinkel>
                      z. B. mit Fenster   D   – 40

> Beim Drehen 3D werden die identifizierten Koordinatenpunkte durch Angabe des Drehpunkts und Drehwinkels in der Datenbank umgerechnet und neu auf dem Bildschirm erzeugt.

Spiegeln 3D (**13.**13) ist eine oft genutzte und notwendige Funktion im CAD-Bau. Doppelhäuser, mehrgeschossige Wohnbauten und die Endscheiben von Reihenhäusern haben durch die Lage der jeweiligen Wohnung zum Eingang bzw. Treppenhaus einen

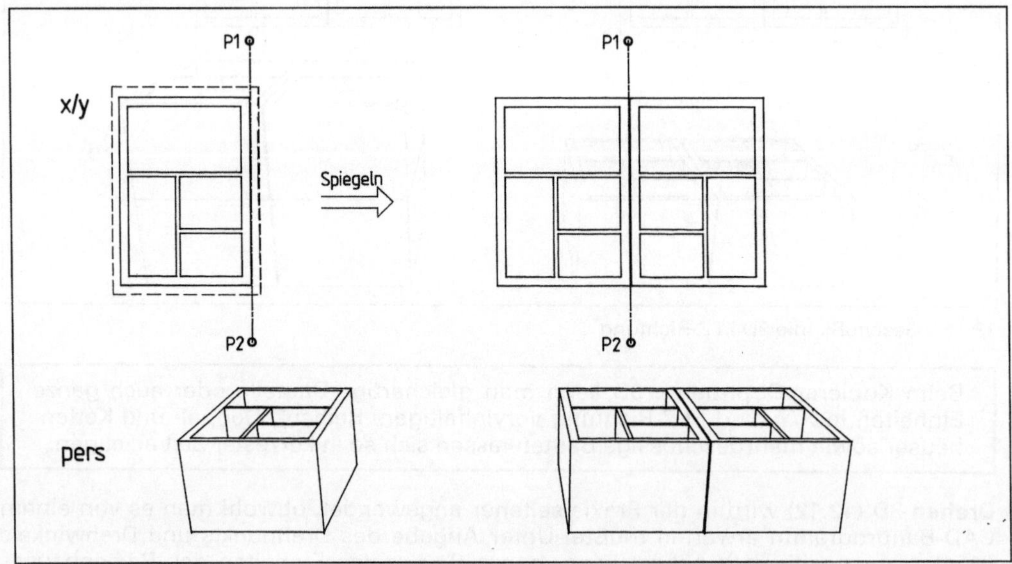

13.13   Spiegeln 3D

198

gleichen, jedoch gespiegelten Grundriß. Wie beim Spiegeln 2D kann man durch die Definition der Spiegelachse alle identifizierten Bauteile spiegeln.

Funktion aufrufen   <Elemente identifizieren>   <Spiegelachse definieren>
                            z. B. mit Fenster   P1–P2

> Beim Spiegeln 3D werden alle identifizierten Koordinatenpunkte durch ihren Abstand zur definierten Spiegelachse in der Datenbank umgerechnet und gespiegelt auf dem Bildschirm erzeugt.

Scalieren 3D ist im Bauwesen von untergeordneter Bedeutung, da es hierfür kaum Anwendungsmöglichkeiten gibt. Ist z. B. in der Haustechnik ein kugelförmiges Ausdehnungsgefäß zu klein dimensioniert, könnte man es mit dieser Funktion korrigieren.

Funktion aufrufen   <Elemente identifizieren>   z. B. <Faktor>
                            z. B. mit Fenster   2

Die ausführlich im 2D-Teil (Abschn. 7.1) behandelten Manipulationsfunktionen lassen sich also auch auf alle dreidimensionalen Objekte anwenden. Erwarten muß man im 3D-Bereich mindestens das Kopieren, Verschieben, Dehnen/Stauchen und Spiegeln. Die Eingaberoutinen zischen 2D- und 3D-Manipulationen sollten dabei innerhalb eines Programms weitgehend identisch sein, da in der Regel nur noch die Z-Achse einbezogen wird.

> In der Praxis oft verwendete Manipulationsfunktionen 3D sind Kopieren, Verschieben, Dehnen/Stauchen und Spiegeln. Drehen und Scalieren werden nur eingeschränkt benutzt.

Übung 2 CAD 3D: Manipulation 3D

a) Rufen Sie eine Zeichnung <MANI3D> auf (**13.**14) und erzeugen Sie einen Grundriß ähnlich dem abgebildeten. Die Abmessungen können Sie beliebig wählen, weil es nur auf das Prinzip

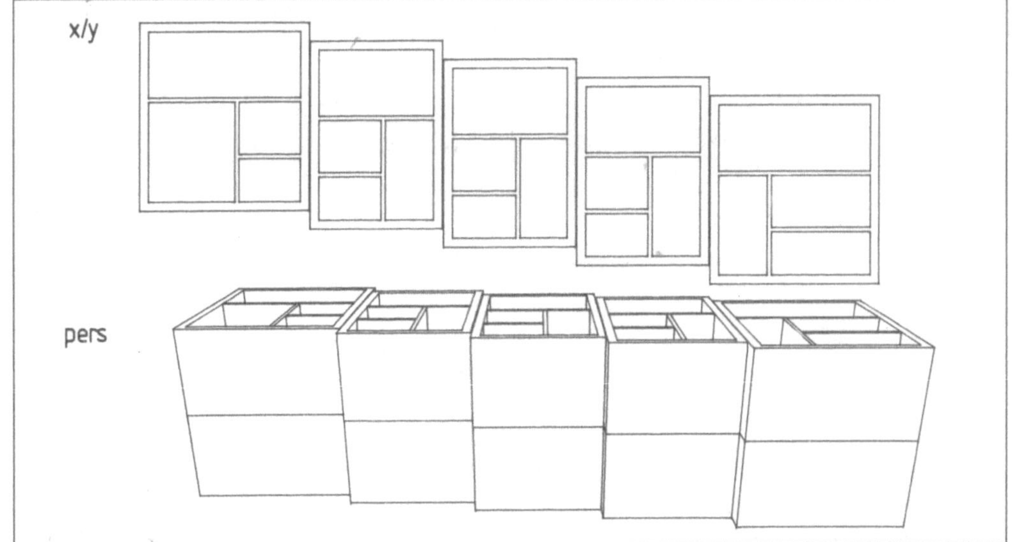

13.14 Manipulieren und korrigieren

ankommt. Sie können auch Maßketten und Schraffuren erzeugen, denn Sie können beim Manipulieren und Korrigieren prüfen, ob das Programm eine assoziative Bemaßung und Schraffur hat.

b) Kopieren Sie den Grundriß zweifach, damit Sie 3 nebeneinanderliegende Scheiben erhalten.

c) Machen Sie von allen Grundrissen eine Geschoßkopie, damit das 1. OG erzeugt wird.

d) Spielgen Sie jeweils die beiden äußeren Scheiben, so daß die Endscheiben gespiegelt erzeugt werden.

e) Die Endscheiben sind um jeweils 100 cm zu vergrößern.

f) Alle Scheiben des Reihenhauses sollen um 50 cm versetzt angeordnet werden.

Übung 3   CAD 3D: Manipulation Doppelhaus (13.15)

Diese Zeichnung erfordert schon einige Übung. Haben Sie das Haus erfolgreich eingegeben, beherrschen Sie die grafische Eingabe im 3D-Bereich.

a) Rufen Sie eine Zeichnung <DHAUS> auf, erzeugen Sie den Grundriß einschließlich Bemaßung, Möblierung und Beschriftung.

b) Erzeugen Sie die Decke und eine Geschoßkopie.

c) Erzeugen Sie eine Dachfläche. Der Krüppelwalm kann erst später erzeugt werden.

d) Spiegeln Sie alle Elemente.

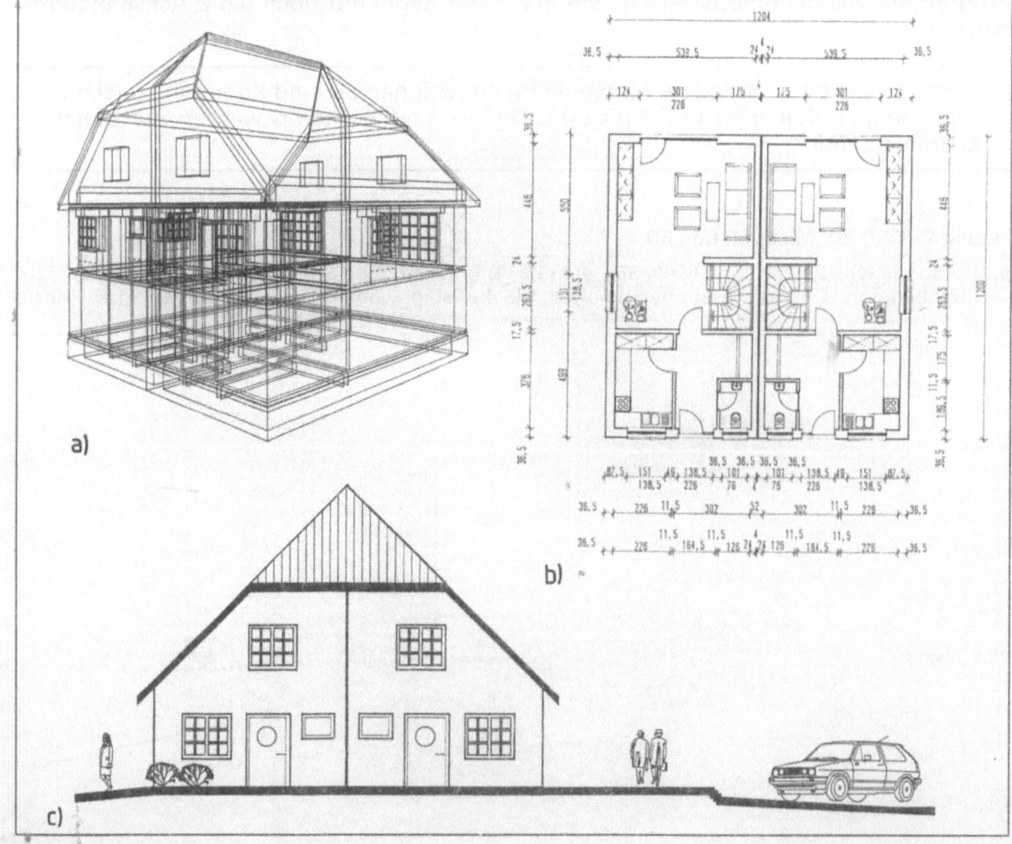

13.15 Doppelhaus
a) Drahtmodell, b) Grundriß EG, c) Ansicht

1. Wo liegen Unterschiede zwischen dem Korrigieren 2D und 3D?

2. Welche grundlegenden Korrekturfunktionen 3D muß jedes CAD-Bauprogramm haben?

3. Warum erscheinen grafische Elemente wieder auf dem Schirm, obwohl man sie gerade gelöscht hat?

4. Wie kann man die Innenwände im Dachgeschoß erzeugen?

5. Welche Durchdringungsfunktionen sollte ein CAD-Bauprogramm zur Verfügung stellen?

6. Bei welcher 3D-Korrektur bleiben Mengen und Kalkulation unverändert?

7. Über welche Manipulationsfunktionen 3D sollte in CAD-Bauprogramm verfügen?

8. Worauf ist beim Erstellen eines Geschoßduplikats zu achten?

9. Welche Berechnungen muß ein Programm beim Verschieben 3D durchführen? Woher erhält es die Angaben dafür?

10. Bei welchen Bauwerken kann man sinnvoll mit Spiegeln 3D arbeiten?

Bisher haben wir nur das räumliche Gebäudemodell mit dem „Schnitt Grundriß" behandelt. Während das Programm beim Grundriß die Schnittebene selbst definiert, sind die Schnittebenen (Bildebenen) bei Ansichten, Schnitten und Perspektiven vom Anwender festzulegen.

Ansichten sind Parallelprojektionen des räumlichen Modells. Wenn der Anwender nur die Schnittebene (Bildebene) und die Blickrichtung festlegt, sollte ein CAD-Bauprogramm die Ansicht automatisch generieren. Die Schnittebene wird in der x/y-Darstellung vor dem Objekt plaziert. Damit weiß das Programm aber noch nicht, von welcher Seite es durch sie schauen soll. Hierbei haben die Programme unterschiedliche Hilfsmittel:

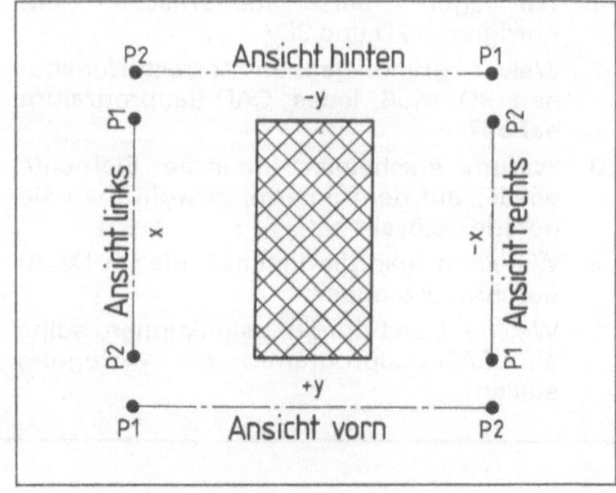

14.1 Definition der Schnittebene

– Ein Element ist in Blickrichtung anzuspringen,
– die Richtung wird durch die Koordinatenachsen festgelegt (z. B. <–X> = Ansicht von links),
– die Schnittebene ist mathematisch positiv = linksherum zu definieren, oder
– die Blickrichtung wird über das Menü bestimmt (z. B. <Ansicht von hinten>, **14.1**).

Das Programm berechnet dann automatisch die Ansichten, indem es mit einer Hidden-Line-Berechnung nur die Elemente erzeugt, die der Schnittebene am nächsten liegen. Beim Gartenhaus sähen sie wie im Bild **14.2** aus.

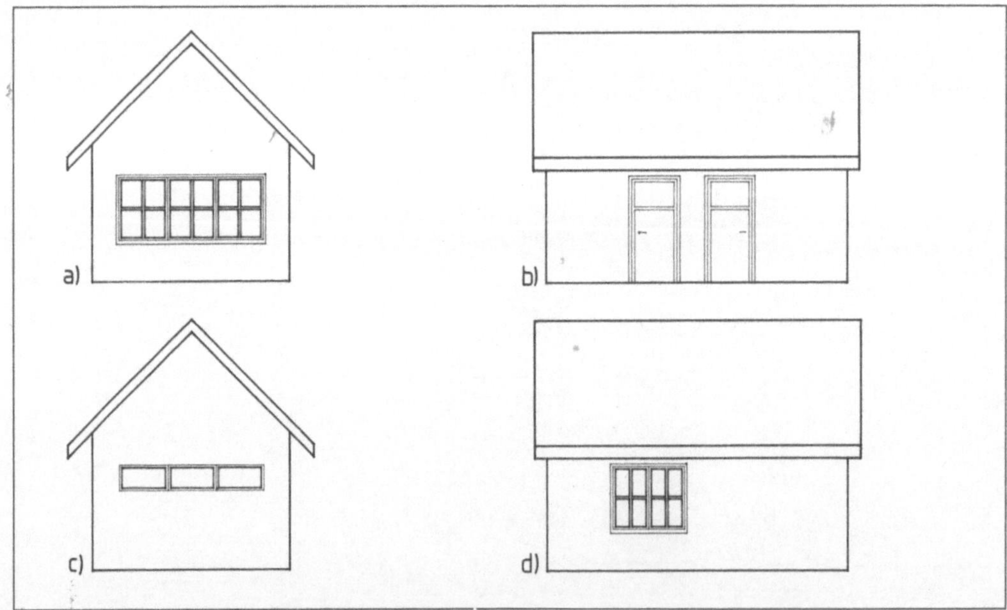

14.2 <HAUS> Ansichten, automatisch generiert, noch nicht aufbereitet, Ansicht
a) von vorn, b) von links, c) von hinten, d) von rechts

Entscheidend beim Erzeugen der Ansichten ist, wie weit die benutzten Makroelemente Hidden-Line-fähig sind; sonst muß z. B. die Öffnungsdarstellung im 2D-Bereich nachgebessert werden.

Die erzeugte Ansicht wird als 2D-Bild gespeichert und mit 2D-Elementen und Makros (Bäume, Menschen usw.) weiter aufbereitet (**14.3**).

14.3 Aufbereitete Ansicht

> Ansichten sind Parallelprojektionen des räumlichen Modells. Der Anwender legt nur die Schnittebene und die Blickrichtung fest. Das Programm generiert die Ansicht automatisch.

Schnitte werden wie Ansichten erzeugt, nur daß die Schnittebene durch das Objekt gelegt wird. Versetzte Schnittebenen müssen möglich sein. Damit ist der Schnitt wie die Ansicht eine Parallelprojektion. Hilfreich ist es, wenn die definierte Schnittachse als 2D-Element mit Pfeilen und Kennzeichnung für die Grundrißdarstellung abgelegt wird. Dabei sollte der Anwender eine eigene Ebene wählen, da die Schnittlinie nur bei wenigen Grundrißdarstellungen gebraucht wird (**14.4**).

Wird die Blickrichtung definiert, kann das Programm den Schnitt erzeugen (**14.5**). Befriedigende Schnittdarstellungen verlangen das Volumenmodell. Das Programm kann aber nur die Bauteile berechnen und darstellen, die von der Schnittebene geschnitten werden. Bauteile, die in Schnitten auch in der Ansicht dargestellt werden (z. B. Fenster, Türen), kann man so nicht erfassen. Hierzu ist wieder eine Hidden-Line-Berechnung erforderlich. Mit ihr werden z. B. Fenster, Türen, Installationen und Möblierungen, die von der Schnittebene nicht erfaßt werden, in die Schnittgenerierung mit einbezogen.

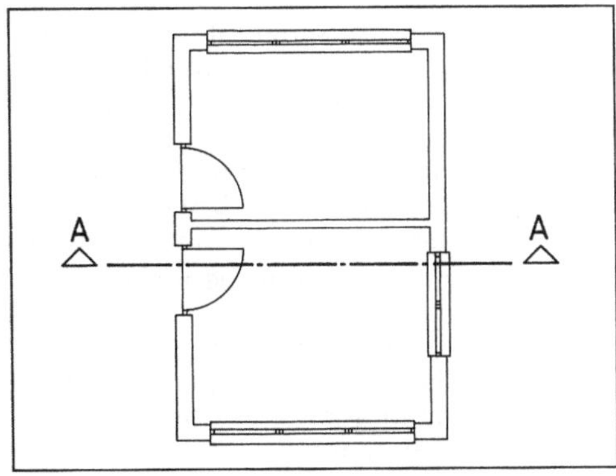

14.4 <HAUS> Schnittlinie im Grundriß

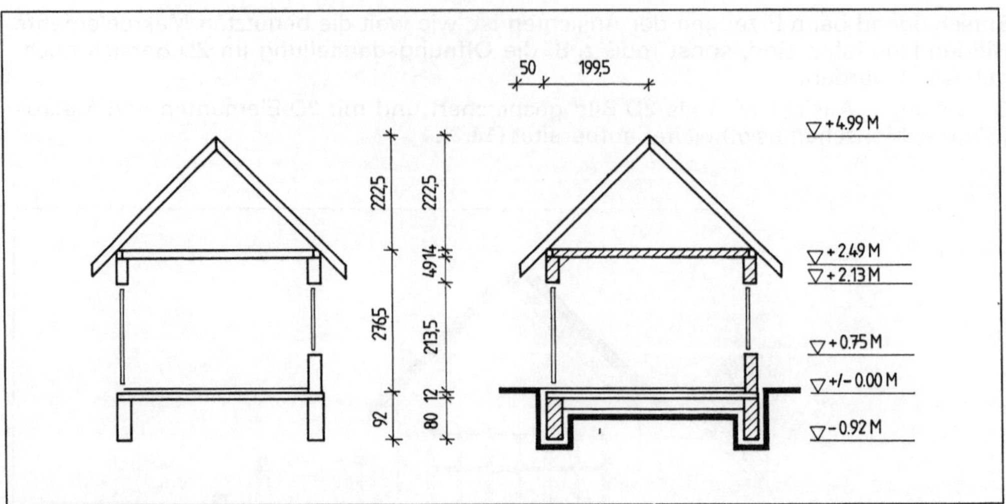

14.5 <HAUS> Schnitt, automatisch generiert, rechts aufbereitet

Zwei Vorgehensweisen sind möglich:

- Es wird eine Sichttiefe eingegeben. Innerhalb dieses Abstands zur Bildebene werden alle Bauteile dargestellt.
- Die zusätzlich darzustellenden Elemente werden identifiziert (z. B. durch Anspringen mit dem Cursor).

Nur durch dieses Zusammenwirken der Schnitt- und Hidden-Line-Berechnung kann das Programm Schnitte befriedigend erzeugen. Die Darstellungen sind aber noch weiterzuverarbeiten. Dazu legt man sie wieder als 2D-Bild ab. Mit den grafischen 2D-Elementen werden sie ergänzt, bemaßt, beschriftet und schraffiert. Sind z. B. die 2D-Zeichnungen <Sockel> (**6.35**) und <FUSSP> (**7.23**) als Makro abgespeichert und verändert man den Wandaufbau, kann man sie in den Schnitt <HAUS> übernehmen.

> Schnitte sind wie Ansichten Parallelprojektionen. Durch die Definition der Schnittebene und der Blickrichtung sollte das Programm Schnitte automatisch generieren. Zusätzliche, als Ansicht darzustellende Bauteile müssen gesondert definiert werden.

Perspektiven sind Schaubilder, die dem Betrachter ein möglichst anschauliches und naturgetreues Bild von einem Objekt (z. B. einem Bauwerk) vermitteln. Dem Planer sind sie unentbehrlich zur Beurteilung des Baukörpers (Innen- und Außenperspektive) sowie bei Verhandlungen mit Bauherren und Bauträgern. In der Praxis wird die Perspektive trotz ihrer vielen Vorzüge nur selten genutzt, weil ihre traditionelle Fertigung viel Zeitaufwand erfordert. In der CAD-Technik lassen sich Perspektiven dagegen „mit Tastendruck" erzeugen, wenn bereits ein räumliches Modell des Körpers vorhanden ist.

Die meisten Programme benutzen die Zentralperspektive. Unterschiede liegen in den Manipulationsmöglichkeiten der erzeugten Darstellung. In Abhängigkeit vom Augenstandpunkt und Zentrumspunkt sowie von der Bildebene und Objektlage kann der Anwender jede denkbare perspektivische Darstellung wählen (**14.6**). Das Programm berechnet dann aus den in der Datenbank gespeicherten Koordinaten des räumlichen Modells die Perspektive und stellt sie – meist zunächst als Drahtmodell, das jedoch jederzeit hidden-line-fähig sein muß – auf dem Bildschirm dar.

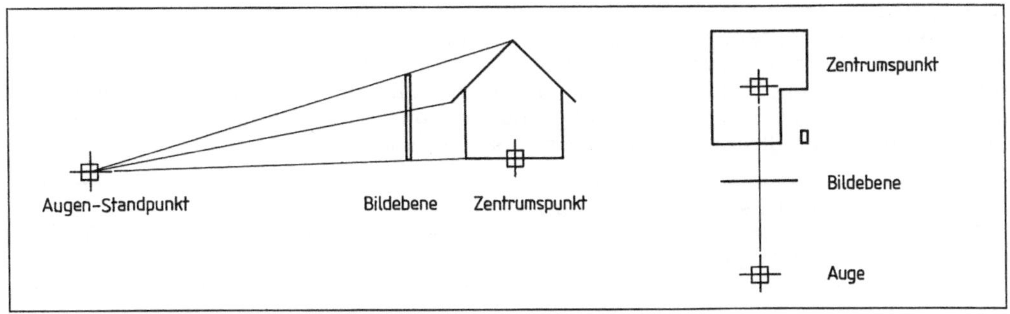

14.6 Abhängige Größen der Perspektive

Manipulationsmöglichkeiten stehen dem Anwender in vielfältiger Art zur Verfügung, von denen wir beispielhaft nur einige nennen wollen:

- Verschiebt man die Bildebene zum Objekt, vergrößert sich die Darstellung; man geht auf das Objekt zu.
- Verschiebt man den Zentrumspunkt rechtwinklig zum Abstand Auge – Zentrumspunkt, simuliert man ein Vorbeigehen am Objekt.
- Verschiebt man die Bildebene in das Objekt, wird eine Innenperspektive erzeugt; man ist in das Objekt hineingegangen.
- Dreht man das Objekt horizontal um den Zentrumspunkt, geht man um das Objekt herum.
- Dreht man das Objekt vertikal um den Zentrumspunkt, kann man es aus der Vogel- oder Froschperspektive betrachten.
- Blendet man bestimmte Ebenen aus, sind weitere Darstellungen möglich. Durch Ausblenden der Ebene z. B., auf der das Dach erzeugt worden ist, kann man aus der Vogelperspektive den Grundriß, evtl. sogar mit Möblierung betrachten (**14.7**).

14.7 Perspektivische Darstellungen des Gartenhauses

Doch CAD-Bauprogramme bieten noch mehr Möglichkeiten. So kann man z. B. ein Gelände oder angrenzende Objekte mit der Videokamera aufnehmen und diese Bilder auf den Bildschirm übertragen. Die perspektivische Darstellung wird in diese Umgebung hineinprojiziert. Sofort kann man beurteilen, ob sich das Objekt der Umgebung anpaßt. Viele Fehlplanungen, besonders bei Bauten in Sanierungsgebieten oder bei Linienführungen im Straßenbau, lassen sich so vermeiden.

> Perspektiven sind Zentralprojektionen. Durch Wahl des Augenstandpunkts, der Bildebene und Objektlage kann man jede denkbare Perspektive erzeugen. Man kann sich dem Objekt nähern, um es herum- oder in es hineingehen.

Die erzeugten Perspektiven stellen aber nur den Baukörper dar und müssen bis zur fertigen Zeichnung weiterbearbeitet werden. Dazu legt man sie wie Ansichten und Schnitte auf einer eigenen Ebene als 2D-Zeichnungen ab. Mit den 2D-Elementen und Makros kann man sie weiter aufbessern (**14**.8).

14.8   Aufbereitete Perspektive

Bauherren und Bauträger beeindruckt es stets, wenn mehrere Perspektiven als Ablauffilm gespeichert werden. In einem vom Anwender festgelegten Zeitpunkt werden diese Bilder nacheinander auf dem Bildschirm erzeugt. Der Bauherr „geht" um und durch sein erst in der Planung befindliches Objekt oder der Bauträger „fährt" auf der Straße.

Übung   CAD 3D: <HAUS> Ansichten, Schnitte, Perspektiven

Rufen Sie das Objekt <HAUS> wieder auf.

a) Erzeugen Sie die Ansichten. Legen Sie diese als 2D-Zeichnungen auf eigenen Ebenen ab und bereiten Sie die Ansichten auf.

b) Erzeugen Sie einen Schnitt. Legen Sie ihn als 2D-Zeichnung ab und bereiten Sie ihn auf.

c) Erzeugen Sie Perspektiven, indem Sie das Objekt drehen und verschieben. Gehen Sie auf das Objekt zu, um es herum und in es hinein. Legen Sie eine Perspektive als 2D-Zeichnung ab und bereiten Sie diese auf.

d) Erzeugen Sie einen Ablauffilm.

Aufgaben zu Abschnitt 14

1. Was ist Voraussetzung, damit CAD-Programme Ansichten, Schnitte und Perspektiven automatisch generieren können?

2. Was muß man mit den automatisch erzeugten Projektionen machen, damit eine Darstellung wie beim traditionellen Zeichnen geplottet werden kann?

3. Um welche Projektionsart handelt es sich bei Ansichten und Schnitten?

4. Worauf müssen Sie beim Festlegen der Schnittebenen für Ansichten und Schnitte achten?

5. Warum ist die Schnittlinie auf einer eigenen Ebene/Folie abzulegen?

6. Warum können befriedigende Schnitte nur aus einem Zusammenwirken der Schnittberechnung und der Hidden-Line-Funktion entstehen?

7. Warum sind Perspektiven ein unentbehrliches Hilfsmittel für den Planer?

8. Welche abhängigen Größen sind bei der Definition einer Perspektive zu beachten?

9. Welche Möglichkeiten der Manipulation bestehen bei Perspektiven?

Bisher hat jede Ingenieurdisziplin für sich geplant und konstruiert. Die Abteilungen eines Planungsbüros oder Baubetriebs haben zwar auf Vorüberlegungen und Zeichnungen anderer Abteilungen zurückgegriffen, doch wurden sehr oft gleiche Arbeiten mehrfach ausgeführt. Dagegen ist ein wesentlicher Vorteil der EDV und speziell der CAD-Technik, daß einmal eingegebene Daten jedem Projektbeteiligten zur Verfügung stehen, eine Tätigkeit also nur einmal auszuführen ist.

Weiterverarbeitung der Geometriedaten. Im Bauablauf müssen die mit dem räumlichen Modell erzeugten Pläne vielfältig weiterbearbeitet werden: Tragfähigkeit (Statik), Wohn- und Nutzflächenberechnung, Wärmebedarfsberechnung, Mengenermittlung, Kalkulation, Installationspläne (Sanitär, Heizung, Klima, Elektro), Ausschreibung, Angebotsbearbeitung, Preisspiegel, Bauüberwachung, Abrechnung, Programmierung numerisch gesteuerter Werkzeugmaschinen für Abbund-, Fensterstraßen, Fertigteilproduktion usw. Ein effektiver und rationeller Arbeitsablauf erfordert dabei einen kontinuierlichen Datenaustausch zwischen der Bauplanung und Bauausführung, zwischen Architekt/Ingenieur und dem ausführenden Baubetrieb.

Alle diese Möglichkeiten können wir in diesem Buch nicht darstellen. Selbst Bild **15.1** erhebt noch keinen Anspruch auf Vollständigkeit. Eine Beschränkung auf wichtige, heute schon weit verbreitete Anwendungsgebiete ist deshalb notwendig.

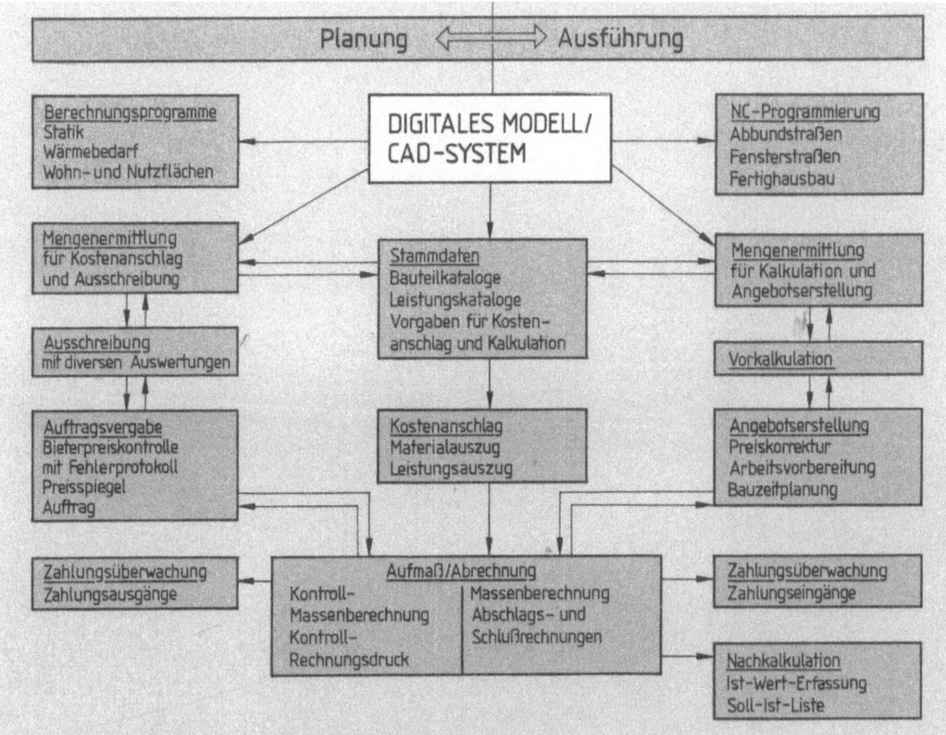

15.1 Weiterverarbeitung der Geometriedaten

> Ein effektiver und rationeller Bauablauf erfordert den Austausch und die Weiterverarbeitung bereits erzeugter Geometriedaten.

Der Statiker greift schon seit vielen Jahren auf Berechnungsprogramme zurück. Zunehmend hält die CAD-Technik auch in den Ingenieurbaubüros Einzug. Hat man bisher Bauteile nur berechnet, stellt man sie nun mit der CAD-Technik auch grafisch dar. Die statischen Berechnungen werden in das CAD-Programm integriert. Die Unterschiede der Programme liegen hierbei vor allem in den verschiedenen Funktionseinheiten (Modulen), mit denen sich die einzelnen Bereiche des konstruktiven Ingenieurbaus berechnen und darstellen lassen sowie in der Vielzahl der Funktionen innerhalb des jeweiligen Moduls:

- Grundbau/Bodenmechanik (z. B. Baugruben, Setzungen, Grundbuch, Stützbauwerke),
- Mauerwerksbau (z. B. Wände, Pfeiler),
- Holzbau (z. B. Dachtragwerke),
- Stahlbetonbau – Stabtragwerke (z. B. Einfeld-, Durchlaufträger, Stützen, Fundamente), Flächentragwerke (z. B. Plattendecken),
- Spannbetonbau (z. B. Spannbetonbrücken),
- Stahlbau (z. B. Träger, Stützen, Rahmen).

Betrachten wir uns das Tätigkeitsfeld des konstruktiven Ingenieurbaus, werden uns die Gründe für den CAD-Einsatz schnell deutlich.

Detailpunkte und Schalpläne werden durch Herausschneiden der jeweiligen Bauteile aus dem räumlichen Modell erzeugt (3D-Clipping), als 2D-Zeichnung abgelegt, nach den Erfordernissen und Berechnungen korrigiert, ergänzt, bemaßt, beschriftet und schraffiert. Der Arbeitsaufwand wird dadurch stark minimiert, die Qualität der Zeichnungen wesentlich verbessert. Damit bestehen in den Vorgehensweisen und den Funktionen kaum Unterschiede zur CAD-Technik im Hoch- bzw. Tiefbau. Mit den bisherigen Berechnungsprogrammen und dem schon behandelten dreidimensionalen CAD-Programm lassen sich fast alle Detailpunkte und Schalpläne anfertigen, besonders Zeichnungen aus dem Grund-, Mauerwerks-, Holz- und Stahlbau sowie die Schalpläne des Betonbaus (**15.2** und **15.3**).

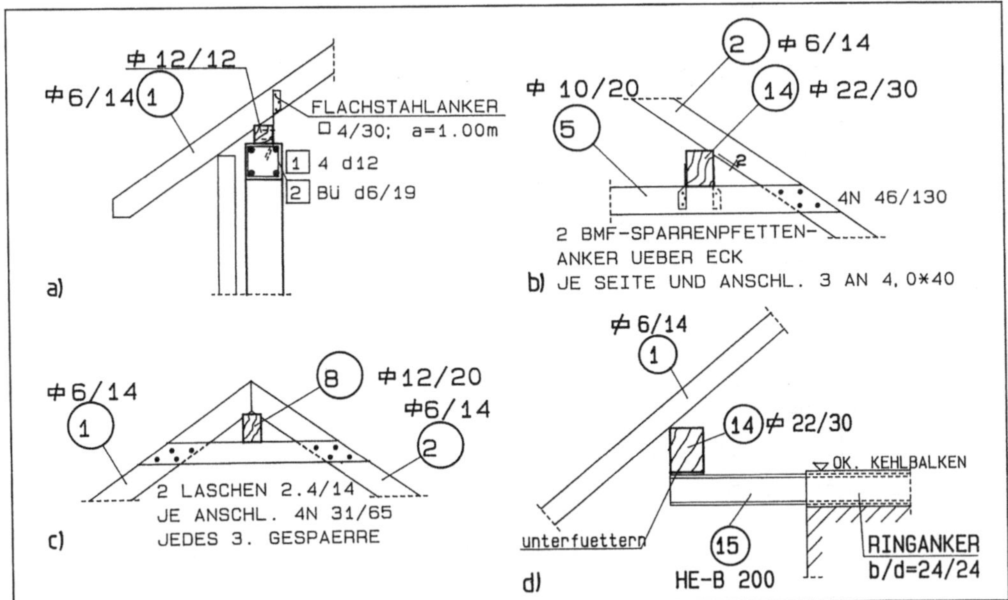

15.2 Details zu 15.3
a) Fußpunkt, b) mittlerer Knotenpunkt, c) Firstpunkt, d) Pos. 15

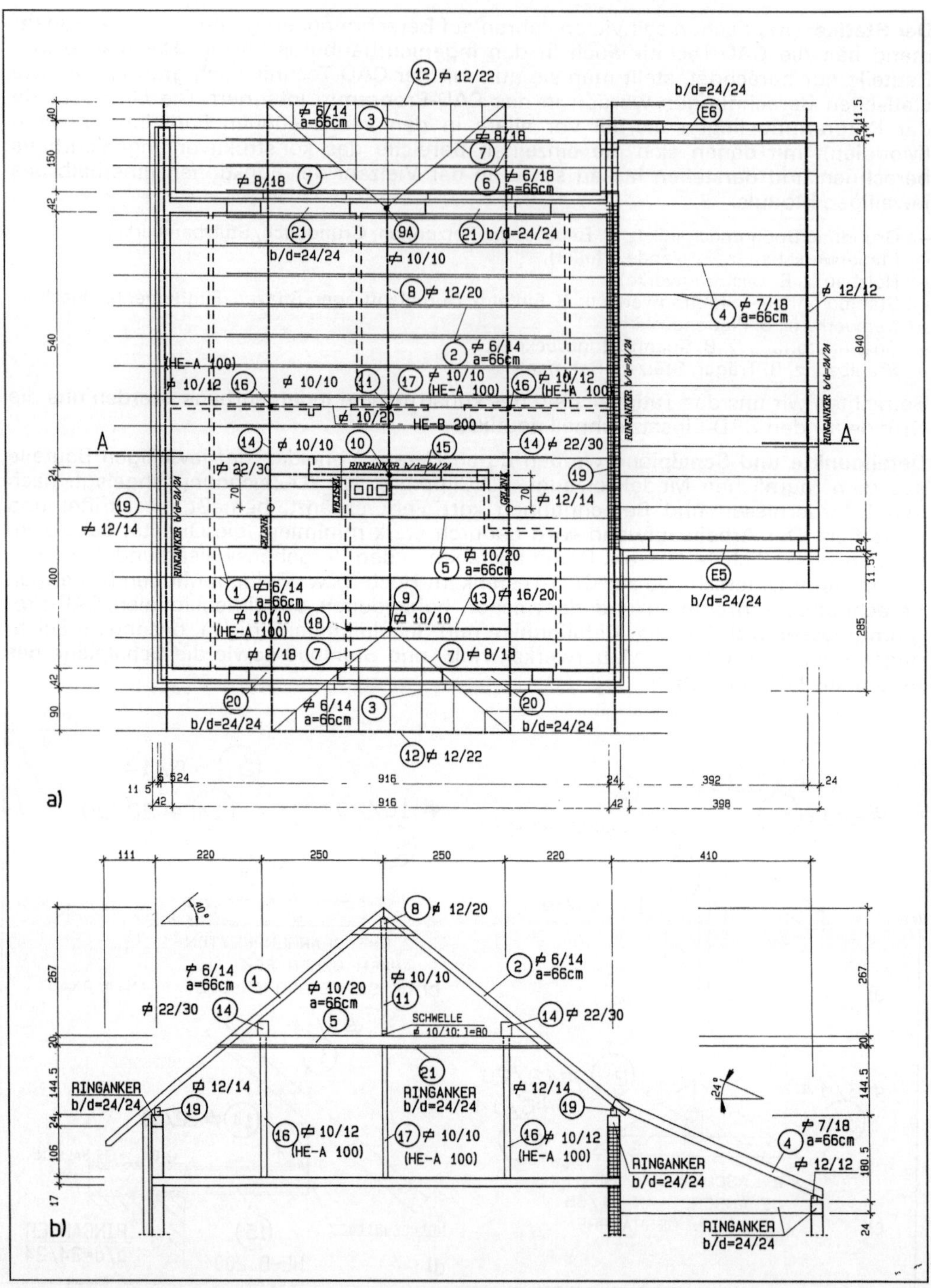

15.3 Dachkonstruktion
a) Sparrenplan, b) Schnitt

210

Bewehrungszeichnungen des Stahlbetonbaus beruhen auf dem Schalplan und damit zunächst auf dem räumlichen Modell.

Schalpläne, Detail- und Bewehrungszeichnungen beruhen auf dem vom Planer bereits erzeugten räumlichen Modell.

Die Bewehrung, ihre Berechnung, Auswahl, An- und Zuordnung erfordern jedoch eine Erweiterung der bisher behandelten CAD-Technik, die vorwiegend in den Berechnungsprogrammen liegt.

Die Finite-Elemente-Methode (FEM) hat sich seit Anfang der 70er Jahre als das leistungsfähigste Rechenmodell durchgesetzt und ist heute Standard für die Programme des konstruktiven Ingenieurbaus. Vorgang:

– Über die geometrische Darstellung des Baukörpers wird eine Folie gelegt, auf der das Finite-Elemente-Modell erzeugt wird (**15.4**). Der Konstrukteur unterteilt das Bauteil in Vierecke und Dreiecke, die je nach Anforderung verfeinert werden können (**15.5**). So wird das jeweilige Stab- oder Flächentragwerk als Netz mit einer Vielzahl von Knoten dargestellt.

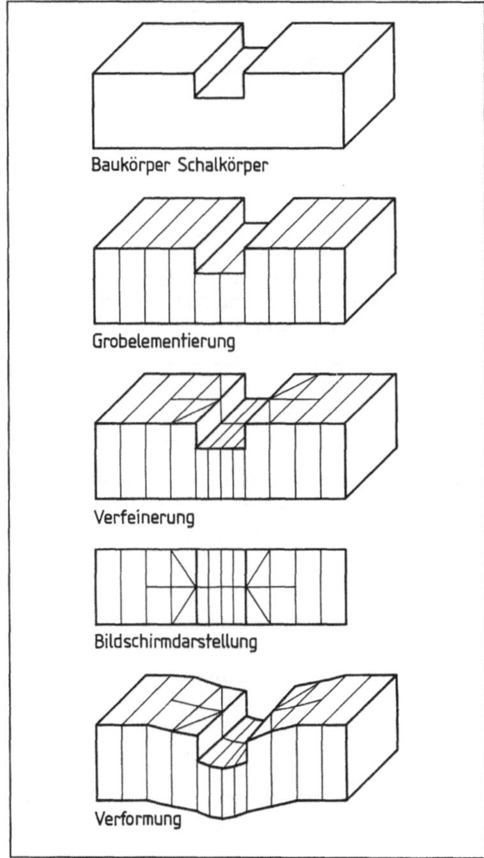

15.4 Finite-Elemente-Methode

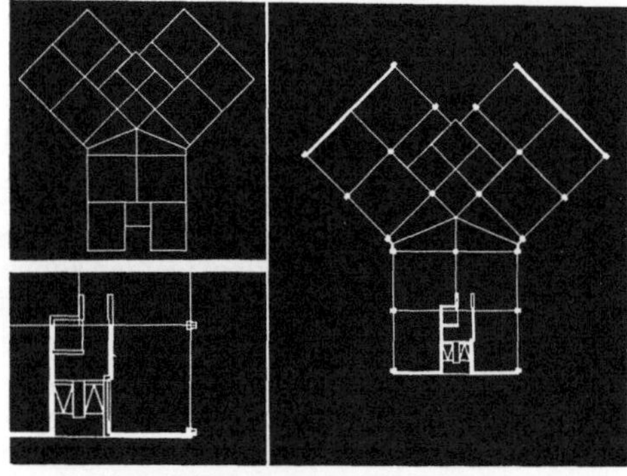

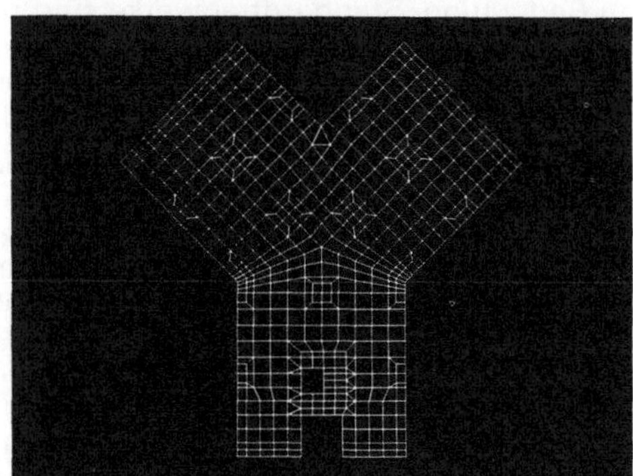

15.5 Netzeinteilung einer Plattendecke

– Der Konstrukteur legt Elementeigenschaften wie z. B. Baustoffwerte, Abmessungen, Spannrichtungen und Belastungen fest.
– Das Programm führt die FE-Berechnung durch. Es ermittelt für jeden Knotenpunkt die auftretenden Spannungen und Verformungen, die als Bemessungsgrundlage dienen.
– Das CAD-Programm erzeugt das Verformungsbild.

Bewehrungspläne für Stabtragwerke wie z. B. Balken, Stützen und Fundamente (Betonstabstahlbewehrung) bestehen meist aus Längs- und Querschnitt, Stahlauszug sowie Biegeformen und Stahlliste. Solche Pläne am Zeichentisch zu erstellen, ist eine zeitraubende und zeichenaufwendige Tätigkeit. Der Konstruktionszeichner muß neben der reinen Zeichenarbeit auch viele Optimierungen vornehmen, wenn er nicht wirtschaftliche Aspekte und Normen unberücksichtigt lassen will. Auch hier hilft die CAD-Technik (**15.6**). Die Anforderungen an das Programm sind vielfältig, z. B.:

– Die Stahlabmessungen müssen automatisch dem Schalplan (dem digitalen Modell) einschließlich der Betondeckung angepaßt werden.
– Alle Bewehrungselemente (auch die Bügel) sind in der Stahlliste automatisch mitzuführen.
– Das Bewehren von Rändern, Aussparungen und Auswechslungen hat automatisch zu erfolgen.
– Alle Stabformen (z. B. gerade, aufgebogen, mit Haken oder Schlaufe) sind zu berücksichtigen.
– Die Eingabe aller Bügelarten (auch Bügelmatten) muß möglich sein.
– Mehrere Verlegeroutinen (z. B. Staffelungen) müssen wählbar sein.
– Verankerungslängen und Stoßausbildungen entsprechend DIN 1045 sind zu berücksichtigen.
– Schräg liegende Bauteile müssen bewehrt werden können.
– Alle Bewehrungsbereiche müssen manipulierbar und korrigierbar sein.

Bewehrungspläne für Flächentragwerke beruhen im Berechnungsteil wie die Stabtragwerke auf der Finite-Elemente-Methode. Das Umsetzen der Bemessungswerte in einen Bewehrungsplan für Flächentragwerke stellt jedoch andere Anforderungen (**15.7** auf S. 214), z. B.:

– Vorhandene Längen und Breiten der Mattenreihen muß das Programm ermitteln.
– Überdeckungsstöße in Richtung der Tragstäbe und Verteiler sind automatisch zu berücksichtigen.
– Bei mehrlagiger Bewehrung muß des Programm die Stöße versetzt anordnen.
– Verschiedene Verlegearten (z. B. ganze Matten, Teilmatten) müssen zur Verfügung stehen.
– Die Schneideskizzen sind automatisch zu erstellen.
– Bügelmatten müssen verlegt werden können.
– Die Bewehrungszeichnung ist automatisch in obere und untere Bewehrung zu trennen.
– Alle Bewehrungselemente müssen manipulierbar und korrigierbar sein.

CAD-Programme für den konstruktiven Ingenieurbau erfüllen viele spezielle Anforderungen, die allgemeine Programme nicht bieten können.

Prozeduren/Preprozessoren gewinnen auch im konstruktiven Ingenieurbau zunehmend an Bedeutung. Standardtragwerke sind bei einigen Programmen so weit automatisiert, daß der Anwender mit Hilfe dieser Prozeduren eine Konstruktionszeichnung vollautomatisch erstellen kann. Das Beispiel eines Durchlaufträgers zeigt uns die Aufgabenverteilung zwischen Programm und Anwender.

Beispiel Der Konstrukteur gibt die zum Berechnen nötigen Werte wie Belastung, Spannweiten, Unterstützungsarten, Baustoffwerte und etwaige Aussparungen vor.

Das Programm ermittelt die Schnittkräfte, bemißt Biegung und Schub (FEM). Zusätzlich erstellt es eine prüffähige Berechnung. Einige Programme stellen diese Phase grafisch dar (**15.8** auf S. 215). In wenigen Jahren werden Lastübertragungen aus dem digitalen Modell und damit automatisierte Berechnungen möglich sein.

Das Programm bemißt das Tragwerk, wählt die Bewehrung aus (Durchmesser und Stückzahl), paßt die Bewehrung an die Zugkraft- und Schubdeckung an und erzeugt schließlich die Bewehrung im Längs- und Querschnitt einschließlich Stahlauszug und Stahlliste auf dem Bildschirm. Da dieser Plan ein automatisierter Vorschlag ist, muß der Konstrukteur jederzeit eingreifen, korrigieren oder ändern können (**15.9** auf S. 215).

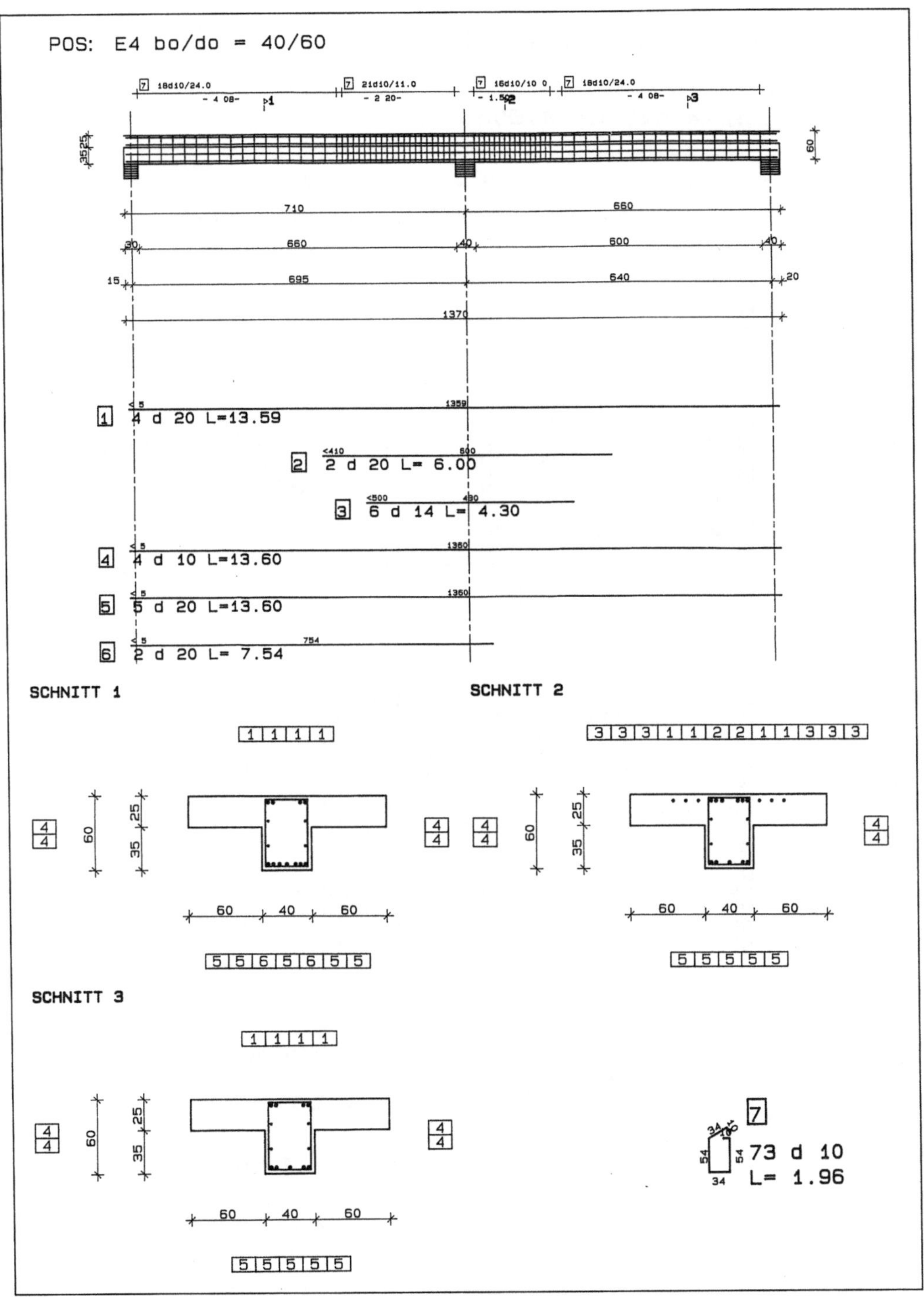

15.6 Durchlaufträger – Unterzug

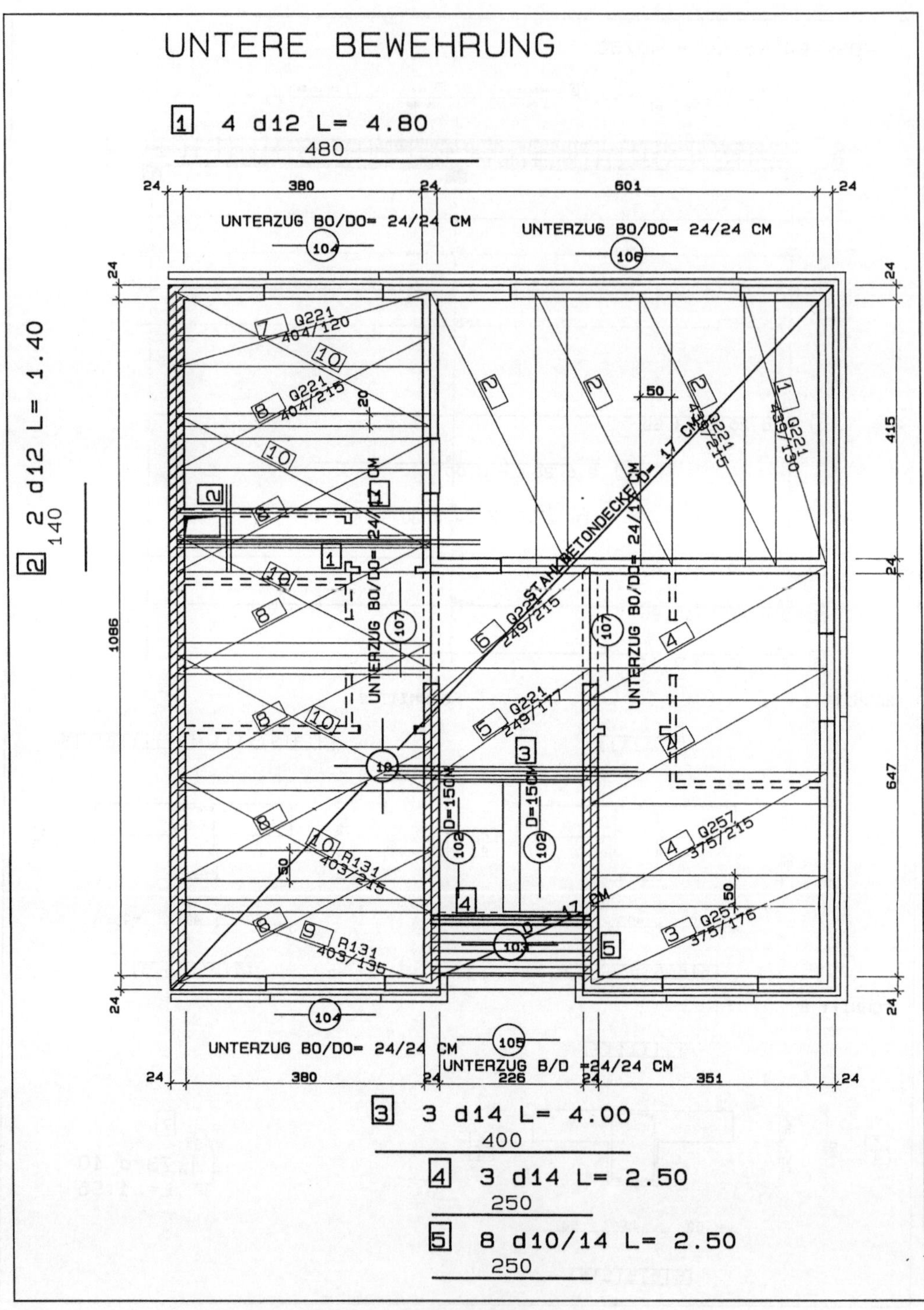

15.7 Bewehrungsplan einer Plattendecke – untere Bewehrung

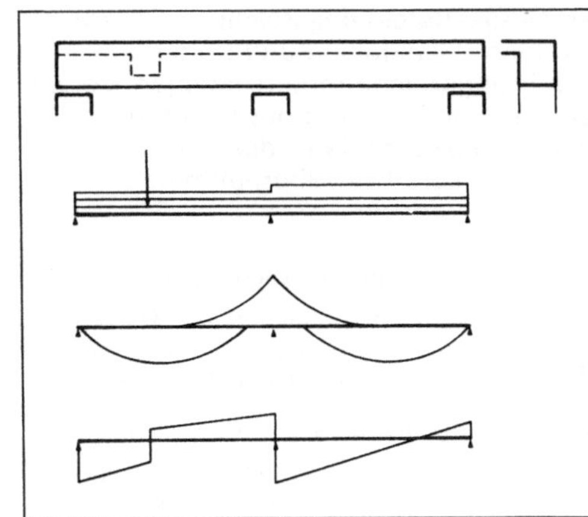

15.8 Schnittkraftermittlung, Biege- und Schubbemessung

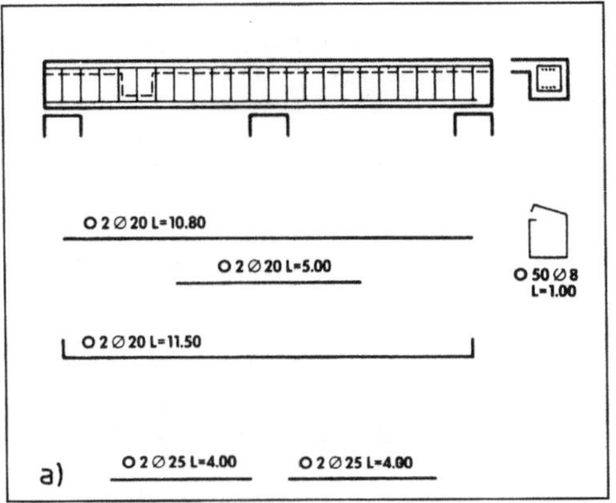

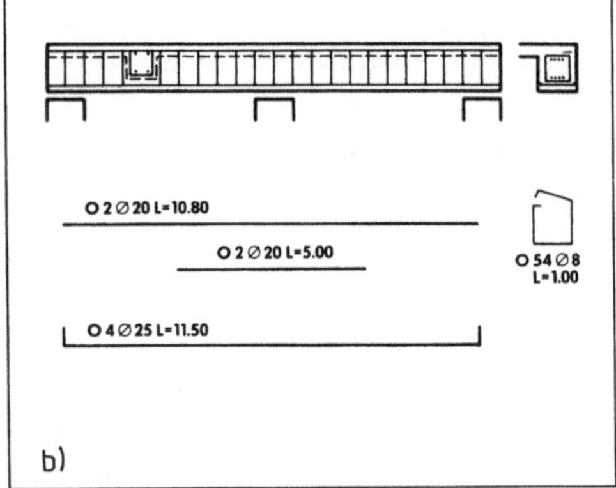

POS	STK	D/S	ST	L	DBR 1	DBR 2	BIEGEFORM	TYP	TOT L	TOT KG
1	2	10	IIIU	5 86				A1	11 72	25 4
2	2	10	IIIU	5 78				A1	7 56	15 1
3	4	10	IIIU	6 86				A1	27 44	54 9
4	1	10	IIIU	3 57				A1	3 57	7 1
5	2	10	IIIU	5 36				A1	10 72	21 4
6	2	16	IIIU	9 76		240 0		A2	19 52	30 0
8	4	10	IIIU	5 90				A1	23 60	47 2
9	2	16	IIIU	9 00		240 0		A2	10 00	20 4
10	4	10	IIIU	6 12				A1	24 48	49 0
11	5	10	IIIU	2 08				A1	10 40	20 0
12	65	6	IIIU	2 25	32 0			04	144 95	57 5

c)

15.9 Bewehrungsvorschlag

a) des Programms, b) Änderung durch den Konstrukteur, c) Stahlliste

---

Bewehrungspläne für Stab- und Flächentragwerke können weitgehend automatisiert erstellt werden. Der Konstrukteur gibt die einwirkenden Kräfte vor, das Rechenprogramm führt die Bemessung aus, und das CAD-Programm erzeugt einen Bewehrungsvorschlag, der korrigierbar bzw. ergänzbar ist.

Das Tätigkeitsfeld des Zeichners im konstruktiven Ingenieurbau wird sich zwangsweise verändern. Schalpläne und Detailpunkte werden wie bisher in seinen Aufgabenbereich, Bewehrungszeichnungen dagegen vorwiegend in den des Ingenieurs fallen, da der Zeichner weder die nötigen Eingaben für die FEM-Berechnung machen noch die Bewehrungsvorschläge des Programms beurteilen kann. Nur die Ausgestaltung solcher Pläne könnte er übernehmen.

Übung 1   CAD Weiterverarbeitung: <HAUS> Schalplan

Erzeugen Sie einen Schalplan der Gartenhausdecke. Rufen Sie dazu die Zeichnung <HAUS> wieder auf und aktivieren Sie ausschließlich die Ebenen, auf denen die Decke und die Deckenöffnungen erzeugt worden sind. Bemaßen und beschriften Sie die Zeichnung.

Übung 2   CAD Weiterverarbeitung: Detail

Eine Dachkonstruktion wird als Fachwerkbinder geplant. Da der Untergurt gestoßen werden muß, ist ein entsprechendes Detail zu konstruieren. Rufen Sie dazu eine neue Zeichnung <UGURT> auf und scalieren Sie den Bildschirm auf 300 Einheiten. Der Untergurt 10/3 wird am Knoten mit 8 kN beansprucht. Beidseitig wird eine Lasche 10/3 angeordnet. Zu verwenden sind Nägel 34/90.

Ermitteln Sie Anzahl und Anordnung der Nägel und konstruieren Sie den Knoten in der Ansicht, Draufsicht und im Schnitt. Plotten Sie die Detailzeichnung im M 1 : 10 aus.

Aufgaben zu Abschnitt 15

1. Was versteht man unter Weiterverarbeitung der Geometriedaten?

2. Informieren Sie sich über Bewehrungsführungen im Stahlbetonbau und den Ingenieurholzbau (z. B. im Abschn. 5.4.6 und 7 der Fachkunde für Bauzeichner von Galla u. a. oder in DIN 1045 bzw. DIN 1052).

3. In welcher Weise müssen CAD-Programme für den konstruktiven Ingenieurbau erweitert werden? Welche Anforderungen haben sie zu erfüllen?

4. Was versteht man unter der Finite-Elemente-Methode?

5. Welche Gemeinsamkeiten haben CAD-Programme im Hoch-, Tief- und Ingenieurbau?

6. Wie sieht die Aufgabenverteilung zwischen Programm und Anwender bei den Prozeduren aus?

7. Wie und warum wird sich der Aufgabenbereich des Zeichners im konstruktiven Ingenieurbau verändern?

---

16 Mengenermittlung und Kostenanschlag

16.1 Bauteilkatalog

Mangelnde künstlerische Begabung wird einem Planer selten vorgeworfen. Fast jeder ist aber schon Vorwürfen hinsichtlich ungenauer Kostenvorhersagen ausgesetzt gewesen. Immer wieder finden wir Zeitungsmeldungen über Bauobjekte, bei denen die ursprünglich geplanten Kosten um ein Vielfaches überschritten wurden.

Da nach der HOAI (Honorarordnung für Architekten und Ingenieure) die Kostenvorhersage dem Planer als Verpflichtung auferlegt ist, versucht man seit vielen Jahren, Konzepte zur genauen Kostenschätzung zu entwickeln. Mit Flächenkennwerten (Kosten je m^2) oder Kubaturwerten (Kosten je m^3) werden die Baukosten statistisch ermittelt. Die Problematik ist vielfältig:

- Soll die Bruttofläche, die Nettofläche, die Hauptnutzfläche oder die Hauptnutzfläche plus Nebenfläche angesetzt werden?
- Welche Zu- oder Abschläge wegen unterschiedlicher Standards sind einzurechnen?
- Wie verändert sich der Kubaturwert, wenn das Objekt unterkellert ist oder die lichte Höhe im Kellergeschoß verändert wird?
- Mit welchem Kennwert soll multipliziert werden? Sind der gemauerte Kamin und die vergoldeten Badarmaturen in diesem Wert enthalten?
- Wie lassen sich die Kosten je Gewerk ermitteln?

Da es kaum vergleichbare Bauobjekte geben kann – selbst ein Einfamilienhaus hat bis zu 700 Einzelpositionen! –, muß das bisherige (traditionelle) Vorgehen ungenau bleiben. Mißverständnisse und Nachforderungen durch die ausführenden Betriebe und damit Kostenerhöhungen sind die zwangsläufigen Folgen. Abhilfe schafft wiederum die CAD-Technik. Sämtliche Gebäudedaten sind bereits im räumlichen Modell erfaßt. Weist man diesen Daten (Mengen) die Einheitspreise zu, erhält man eine genaue Mengenermittlung und einen exakten Kostenanschlag.

> Mengenermittlung und Kostenanschlag mit EDV/CAD sind präziser, aber auch umfangreicher als mit den traditionellen Konzepten. Trotzdem ist dieses Vorgehen erheblich schneller und ökonomischer, weil man auf bestehende Daten des räumlichen Modells zurückgreift. Mißverständnisse und Nachforderungen der ausführenden Betriebe sowie Fehlkalkulationen sind weitgehend ausgeschlossen.

Der Bauteilkatalog ist die Voraussetzung zur Mengenermittlung und Kalkulation. Er ist eine Datenbank, worin die zu verbauenden Materialien und Bauteile unter einer Massenkennziffer gespeichert sind. Sein Umfang und seine Systematik entscheiden über anwender- und praxisorientiertes Arbeiten.

Einige Softwarehäuser liefern diese Datenbank mit dem CAD-Programm zusammen aus. Der Anwender muß sie jedoch immer seinen bürospezifischen Bedürfnissen anpassen. Regional unterschiedliche Bauweisen und Baustoffe müssen erfaßt werden, laufend ändert sich das Baustoffangebot, einzelne Massenkennziffern sind stärker zu differenzieren. Berücksichtigt man dabei, daß kein Objekt dem anderen gleicht und selbst ein Einfamilienhaus aus Hunderten von Positionen besteht, ist klar, daß die Kataloge Tausende von Positionen enthalten können.

Beispiel

```
Nr.    Einh. Kurztext                                         Preis  Gewerk
─────────────────────────────────────────────────────────────────────────
18089 m2    Fliesen; 150x150; 20,00DM/m2; weiß; einschl. Verl. 80.00  24
```

Diese Massenkennziffer kann bzw. muß weiter differenziert werden. Preis und Kurztext sind u. a. abhängig

- von der Farbe der Fliesen (z. B. karamel, moosgrün, handbemalt),
- von der Verlegtechnik (Dünnbett, Dickbett),
- von den Eigenschaften (z. B. frostbeständig),
- vom Verlegeort (z. B. Wand-, Bodenfliesen, im Eindeckrahmen),
- von der Verfugung (z. B. Aufpreis für Colorverfugung).

Für eine genaue Kostenermittlung ist eine solche Differenzierung notwendig. Berücksichtigt man dabei den gesamten Bereich von den Rodungs- bis zu den Bodenbelagsarbeiten, ergeben sich zig-tausend Positionen. Eine zu starke Differenzierung kann aber auch unübersichtlich werden. Der Planer muß deshalb in Abhängigkeit von der Baumaßnahme entscheiden, welche Mengen einzeln ermittelt werden müssen und welche zusammengefaßt werden können. Eine durchdachte Systematik mit Inhaltsverzeichnissen und Querverweisen innerhalb des Katalogs sind Voraussetzung, um ökonomisch zu arbeiten. Suchroutinen, seitenweise Blättern und Springen auf beliebige Seiten (Kennziffern) sind unabdingbar.

Auch in dem Auszug **16.**1 eines Bauteilkatalogs sind für Entwässerungsarbeiten der Rohrgraben, das Rohrmaterial, die Bodenklasse und die Lagerungsart zusammengefaßt.

Nr.	Einh.	Kurztext	Preis	Gewerk
1375	m	Rohrgraben h=1,50m;PVC DN100;BK4;seitl. lagern	140.00	9
1376	m	Rohrgraben h=0.30m;PVC DN100;BK5;seitl. lagern	50.00	9
1377	m	Rohrgraben h=0.50m;PVC DN100;BK5;seitl. lagern	60.00	9
1378	m	Rohrgraben h=0.70m;PVC DN100;BK5;seitl. lagern	70.00	9
1379	m	Rohrgraben h=0.90m;PVC DN100;BK5;seitl. lagern	80.00	9
1380	m	Rohrgraben h=1,10m;PVC DN100;BK5;seitl. lagern	100.00	9
1381	m	Rohrgraben h=1,30m;PVC DN100;BK5;seitl. lagern	120.00	9
1382	m	Rohrgraben h=1,50m;PVC DN100;BK5;seitl. lagern	140.00	9
1501	Stck	Rev.Schacht;d=0.80;h=1.00m;begehbar;lief. u. einb.	100.00	9
1502	Stck	Rev.Schacht;d=0.80;h=1.25m;begehbar;lief. u. einb.	200.00	9
1503	Stck	Rev.Schacht;d=0.80;h=1.50m;begehbar;lief. u. einb.	300.00	9
1504	Stck	Rev.Schacht;d=0.80;h=1.75m;begehbar;lief. u. einb.	400.00	9
1505	Stck	Rev.Schacht;d=0.80;h=2.00m;begehbar;lief. u. einb.	500.00	9
1506	Stck	Rev.Schacht;d=0.80;h=2.25m;begehbar;lief. u. einb.	600.00	9
1507	Stck	Rev.Schacht;d=0.80;h=2.50m;begehbar;lief. u. einb.	700.00	9
1508	Stck	Rev.Schacht;d=0.80;h=2.75m;begehbar;lief. u. einb.	800.00	9
1509	Stck	Rev.Schacht;d=0.80;h=3.00m;begehbar;lief. u. einb.	900.00	9

16.1 Auszug aus einem Bauteilkatalog

Ein Bauteilkatalog, der die zu verarbeitenden Bauteile beschreibt und kostenmäßig erfaßt, ist Voraussetzung für die Mengen- und Kostenermittlung. Sein Umfang und seine Systematik sind entscheidend für die Qualität.

16.2 Längen

Das Prinzip der Weiterverarbeitung von Geometriedaten ist zunächst einfach: Durch die Massenkennziffer des Bauteilkatalogs weiß das Programm, welches Material in welcher Einheit und zu welchem Preis verbaut wird. Da es anhand der Koordinaten die Abmessungen des grafischen Elements kennt, kann es selbständig die Mengen und Kosten ermitteln (**16.**2).

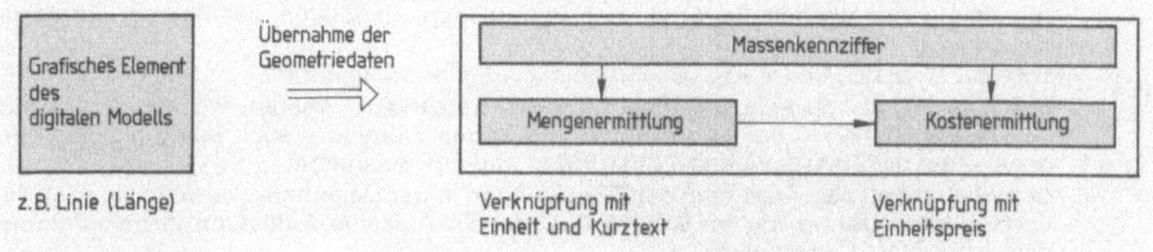

16.2 Übernahme der Geometriedaten zur Mengen- und Kostenermittlung

Im zweidimensionalen Bereich sind m- und m^2-Massenzuweisungen möglich. Zwei Vorgehensweisen sind zu unterscheiden:

- Eine Massenzuweisung ist nur nachträglich möglich.
- Die Masse kann während der Konstruktion am Bildschirm zugewiesen werden.

Schneller und effektiver ist sicherlich die zweite Vorgehensweise. Oft weiß man aber während der Planungsphase noch nicht, welches Material verbaut wird. Deshalb muß sichergestellt sein, daß alle Massenzuweisungen auch nachträglich geändert und zugewiesen werden können. Bei einigen Anwendungen können zwei oder mehrere Massenkennungen zusätzlich notwendig sein, was in der Regel nur nachträglich möglich ist.

Bei der Massenzuweisung erst nach Eingabe der Geometriedaten ist das jeweilige grafische Element zu identifizieren. Meist über einen Menüpunkt kann man dem grafischen Element dann durch Eintippen der Massenkennziffer Einheit, Kurztext, Preis und Gewerk zuweisen.

An einem einfachen Beispiel nach der zweiten Vorgehensweise wollen wir uns die Mengen- und Kostenermittlung im 2D-Bereich verdeutlichen.

Beispiel Rufen Sie eine Zeichnung <ENTW> auf. Der Entwässerungsplan **16.**3 ist einschließlich Mengen- und Kostenermittlung nach den vorgegebenen Koordinaten und Massenkennziffern zu erstellen.

Der auszuhebende Boden entspricht der Bodenklasse 5; er ist seitlich zu lagern. Ein PVC-Rohr DN 100 ist zu verlegen. Die Revisionsschächte d = 80 cm entsprechen der Massenkennziffer 1508 bzw. 1509 des Bauteilkatalogs (**16.**1). Stellen Sie dazu die Bildschirmscalierung auf <2500> Einheiten und die Einheit auf <cm>.

Die Rohrleitung von 1900/1900 bis 1650/200 ist als Polygon, die Rohrleitung von 1200/1400 bis 1250/850 mit

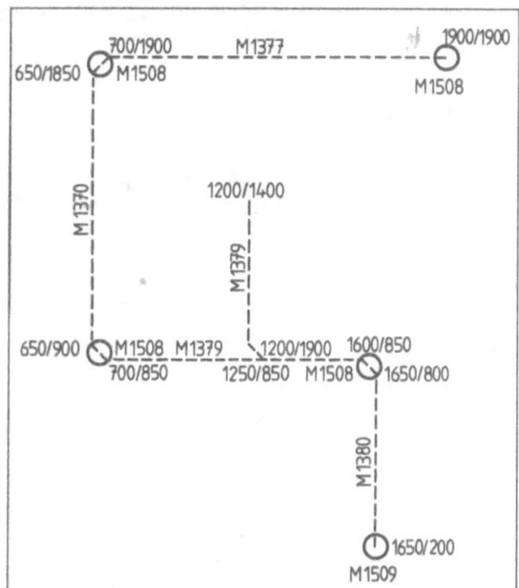

16.3 Entwässerungsplan

Beispiel,
Forts.
zwei Linienelementen zu erzeugen. Die Revisionsschächte werden mit zwei Vollkreisen $d =$ 80 cm dargestellt, Rohrleitungen als Strichlinie, Revisionsschächte als Vollinie erzeugt. Rohrleitungen und Revisionsschächte sind auf unterschiedlichen Ebenen zu erzeugen.

Bevor ein Bauteil am Schirm konstruiert wird, muß der Bauteilkatalog überprüft und ggf. vervollständigt werden. Übernehmen Sie dazu möglichst die abgedruckten Massenkennungen (**16.1**).

Eingabe des Entwässerungsplans. Um die Aufgabe zu lösen, wird der Cursor zunächst bei 1900/1900 positioniert. Der Rohrgraben von 1900/1900 bis 1650/200 soll als Polygonzug eingegeben werden. Bevor wir den Anfangspunkt betätigen, nehmen wir die Zuweisungen vor:

Ebene z. B. <E12>, Linienart z. B. <Strichlinie>, Linienbreite <Stift1>.

Läßt das Programm eine sofortige Massenzuweisung zu, können wir auch die Masse definieren: <M1377>. Bei jedem neuen grafischen Element – auch innerhalb des Polygons – sind die Zuweisungen zu überprüfen und ggf. zu ändern.

Datenbankkontrolle. Prüft man die Zuweisungen in der Datenbank, könnten sie nach Fertigstellen der Übung wie im Bild **16.4** aussehen. Auf eine Auflistung der Koordinaten wird verzichtet (s. Abschn. 6).

Sp.Nr.	El.Nr.	Name	Ebene	Ltyp	Farbe/ Stift	Masse
1	1	Polygon	12	5	1	1377
2	1	Polygon	12	5	1	1377
3	1	Polygon	12	5	1	1378
4	1	Polygon	12	5	1	1378
5	1	Polygon	12	5	1	1379
6	1	Polygon	12	5	1	1379
7	1	Polygon	12	5	1	1380
8	2	Linie	12	5	1	1379
9	3	Linie	12	5	1	1379
11	4	Kreis	14	0	2	1508

16.4
Datenbankauszug
Entwässerungsplan

Über einen Programmbefehl oder ein Menü können wir die Mengen- und Kostenermittlung auf dem Bildschirm (CON) oder Drucker (COM1 bzw. LPT1) abrufen. Aus Platzgründen wird hier nur die Endliste **16.5** abgedruckt, obwohl Mengen und Preise sowohl einzeln als auch getrennt nach Ebenen, Gewerken und Bauabschnitten ermittelt werden können.

Masse	Einh.	Bezeichnung der Masse	E.Preis	G.Preis
12.707	m	Rohrgraben h=0.50; PVC DN 100; BK 5 ; seitlich lagern	60.00	762.42
10.207	m	Rohrgraben h=0.70; PVC DN 100; BK 5 ; seitlich lagern	70.00	714.49
13.414	m	Rohrgraben h=0.90; PVC DN 100; BK 5 ; seitlich lagern	80.00	1073.12
6.000	m	Rohrgraben h=1.10; PVC DN 100; BK 5 ; seitlich lagern	100.00	600.00
4.000	Stck	Rev.Schacht; d=0.80; h=2.75m; begehbar; lief. u. einb.	800.00	3200.00
1.000	Stck	Rev.Schacht; d=0.80; h=2.75m; begehbar; lief. u. einb.	900.00	900.00

Gesamtpreis = 7250.03 + 14% Mwst (1015.00) = <u>8265.03 DM</u>   7250.03

16.5 Endliste Mengen- und Kostenermittlung

Die CAD-Bautechnik verlangt eine durchgängige Weiterverarbeitung der Geometriedaten zur automatischen Mengen- und Kostenermittlung. Dem identifizierten grafischen Element des digitalen Modells wird eine Massenkennung zugeordnet, die Material/Leistung, Einheitspreis und Gewerk bestimmt.

16.3   Flächen, Volumen und Teilflächen

Das Prinzip der Mengen- und Kostenermittlung über Massenkennziffern gilt auch hier.
Zwei Gesichtspunkte kommen allerdings hinzu:

– Alle Mengenermittlungen müssen VOB-gerecht sein.
– In der Datenbank sind die grafischen Elemente als zweidimensionale Grundelemente, als Flächen oder Volumenkörper, gespeichert. Soll nur einer Flächenkante oder nur der Fläche eines Volumenkörpers eine Masse zugewiesen werden, muß dieser Teil gesondert definiert werden.

Flächen werden meist durch Schnittpunktberechnungen definiert. Die Flächenbegrenzungen identifiziert man durch Konturverfolgung oder Anspringen (**16.6**). Stoßen jedoch zwei Linien oder Wände stumpf zusammen, ist keine Schnittpunktermittlung möglich (**16.7a**). Durch eine Hilfslinie oder Identifikation eines weiteren grafischen Elements (z. B. einer Querwand) kann man jedoch alle Elemente zu gemeinsamen Schnitt-

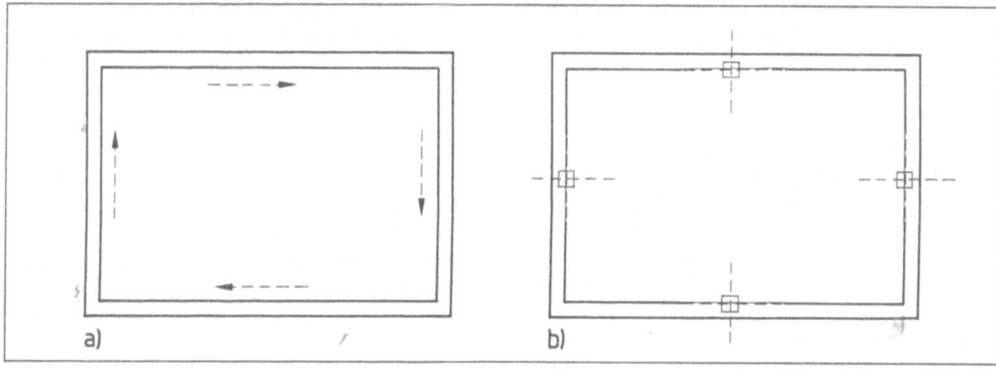

16.6   Flächendefinition
a) Konturverfolgung, b) Anspringen

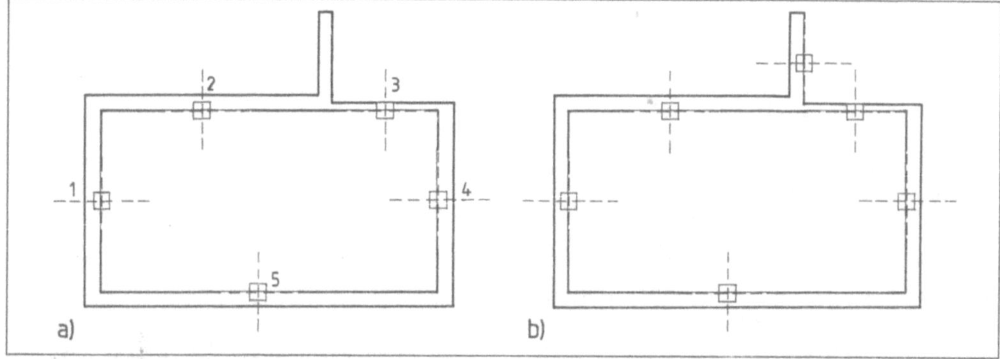

16.7   Schnittpunktermittlung
a) nicht möglich, b) durch weiteres Element

punkten führen (**16.7b**). Fläche und Umfang z. B. von Räumen lassen sich so ermitteln. Vor allem im Hochbau sind für Bauantragszeichnungen Fläche und Umfang jedes Raumes auszuweisen. Für die Wohn- und Nutzflächenberechnung sowie die Ermittlung des umbebauten Raumes (DIN 276 und 277) bildet die Flächenermittlung die Grundlage.

Übung 2 Mengenermittlung: <HAUS>
Flächen und Umfang

Rufen Sie das Objekt <HAUS> wieder auf. Ermitteln Sie für den Aufenthalts- und den Geräteraum Grundfläche und Umfang (**16.8**).

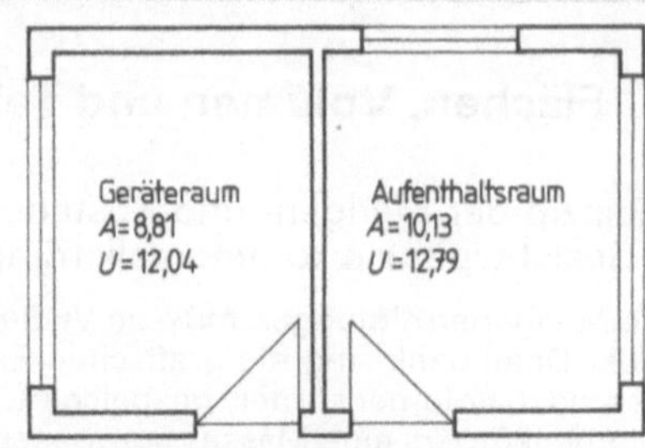

16.8 <HAUS> mit ausgewiesenen Raumflächen und -umfängen

Volumenkörper (z. B. Wände, Tragschichten) lassen sich bei Volumenmodellen mengenmäßig leicht erfassen, da ihre Koordinaten als 3D-Element in der Datenbank gespeichert sind und ihnen insgesamt eine Massenkennziffer des Bauteilkatalogs zugeordnet werden kann. Dabei gehen wir wie bei der Mengenermittlung von Längen vor (s. Abschn. 16.2). Für Mengenermittlungen im Tiefbau (z. B. Auf- und Abtrag) reicht dieses Vorgehen meist aus. Komplexer und entsprechend anspruchsvoller ist der Hochbau, weil hier viele Flächen von Volumenkörpern weiterzuverarbeiten sind.

Die Definition von Flächen der Volumenkörper – Voraussetzung z. B. für Putz-, Estrich- und Malerarbeiten – erfordert ein Identifizieren dieser Flächen (**16.6**). Haben wir aber wie in Übung 2 die Räume schon definiert, kennt das Programm die Raumbegrenzungen und die Höhe der begrenzenden Elemente (z. B. Wände). Da die Räume eines Bauwerks jedoch unterschiedliche Abmessungen haben, wird Raum für Raum gesondert definiert. Sind die Flächenkanten identifiziert und ist die Höhe des Bodenaufbaus eingegeben, ermittelt das Programm je nach Automatisierungsgrad eine Vielzahl von Längen und Flächen der Volumenkörper, da vom digitalen Modell her die Abmessungen der Volumenkörper (Wände, Sohle, Decke, Öffnungen) bekannt sind. Alle dabei ermittelten Mengen, Preise und Materialien werden im Raumbuch gespeichert.

> Automatisierte Volumenmodelle brauchen nur eine Defintion der Raumgrundfläche, um die Werte der zugehörigen Mantel- und Deckflächen zu ermitteln.

Übung 3 Mengenermittlung: <HAUS>

a) Rufen Sie das Objekt <HAUS> wieder auf und weisen Sie (falls noch nicht geschehen) den Außen- und Innenwänden des Erdgeschosses eine Massenkennung zu. Die Wände sollen mit Kalksandsteinen erstellt werden.

b) Prüfen Sie, ob die Öffnungen objektbezogen subtrahiert werden.

c) Drucken Sie die Mengenermittlung und den Kostenanschlag aus (**16.9**).

```
-------------------------------------------------------------
      Gewerk Nr. 012        Maurerarbeiten
-------------------------------------------------------------
Masse  Einh.  Bezeichnung der Masse            EP      GP
8.973  m3     VKSV 1.8/15 2DF; d = 24.0cm     298.00  2673.95
9.212  m2     KSL 1.8/12 2DF; d = 11.5cm       58.00   534.30
-------------------------------------------------------------
                                                      3208.25

Gesamtpreis = 3208.25 + 14 % Mwst. ( 449.15 )     = 3657.40 DM
-------------------------------------------------------------
```

16.9 <HAUS> Ausdruck der Erdgeschoß-Wandmengen

16.4 Mengenermittlung nach VOB

VOB-gerechte Mengenermittlung bedeutet, daß die Bestimmungen der Verdingungs-
ordnung für Bauleistungen und hierbei besonders die Bestimmungen zur Abrechnung
(Teil C) automatisch berücksichtigt werden. Das heißt z. B.:

- Öffnungen im Mauerwerk und im Stahlbeton unterhalb 1 m^2 werden bei der Abrechnung nach
  m^2 durchgerechnet, über 1 m^2 abgezogen (DIN 18 330 und DIN 18 331).
- Öffnungen im Mauerwerk und im Stahlbeton unterhalb 0,25 m^3 werden bei der Abrechnung
  nach m^3 durchgerechnet, über 0,25 m^3 abgezogen (DIN 18 330 und DIN 18 331).
- Öffnungen unter 1 m^2 werden bei Putzarbeiten durchgerechnet, von 1 m^2 bis 2,5 m^2 abgezogen, wobei die Leibungen unberücksichtigt bleiben. Öffnungen oberhalb 2,5 m^2 sind abzuziehen, wobei die Leibungen gesondert berechnet werden (DIN 18 350).
- Putzarbeiten werden auf die Rohbauhöhe bezogen (DIN 18 350).
- Tapezierarbeiten werden auf die lichte Raumhöhe bezogen (DIN 18 366).

Die Umsetzung dieser VOB-Bestimmungen bereitet vielen Programmen Probleme. Nur
wenige dürfen behaupten, fast alle Bestimmungen bei der automatischen Mengenermittlung zu berücksichtigen.

Die Öffnungsabzüge z. B. für Maurer-, Stahlbeton-, Dachdeckungs-, Putz-, Maler- und
Tapezierarbeiten werden meist über Voreinstellungen/Vorwahlwerte definiert (**16.**10).

1: Abzug Öffnungen Rohbau ab m^2	1	
2: Abzug Öffnungen Rohbau ab m^3	0,25	
3: Abzug 1; Öffnungen Ausbau ab m^2	2,50	(z. B. Putz-, Dachdeckungsarbeiten)
4: Abzug 2; Öffnungen Ausbau ab m^2	0,1	(z. B. Bodenbelagsarbeiten)

16.10   Vorwahlwerte für die Mengenermittlung nach VOB (Beispiele)

Die Abzugswerte unterscheiden sich teilweise von Gewerk zu Gewerk. Mittelfristig wird
eine Anpassung zwischen der Abrechnung über EDV und den VOB-Bestimmungen notwendig sein. Die VOB-Werte gibt der Anwender nur einmal ein und prüft sie gegebenenfalls. Selten sind sie fest eingestellt, weil sich die VOB laufend ändert und die
großen CAD-Bauprogramme auch in anderen Ländern mit anderen Abrechnungsvor-
schriften vertrieben werden.

Rohbauhöhe und lichte Raumhöhe lassen sich nicht über Voreinstellungen unterscheiden, da die Höhe des Fußbodenaufbaus nie konstant ist. Bei der Definition von Körpern
bzw. Flächen oder bereits bei der grafischen Eingabe fragt das Programm nach der
Höhe des Bodenaufbaus, um diese Unterscheidung zu treffen.

> Die automatische Mengenermittlung muß die Bestimmungen der VOB Teil C be-
> rücksichtigen.

Automatisierte CAD-Programme brauchen daher nur eine Definition der Raumgrund-
flächen, um die Werte der zugehörigen Mantel- und Deckflächen (z. B. Wand, Decke)
selbständig zu ermitteln. Diese Flächen sind aber nie konstant, sondern variabel.
Darum vergeben die CAD-Programme meist Variablenkennungen (Vxx) für die jeweiligen Flächen. Man entnimmt sie dem Handbuch. Bild **16.**11 auf S. 224 zeigt die im
folgenden benutzten Variablenkennungen.

Um den Baustoffen die Mengen zuzuweisen, braucht man nur die Variablen zu vergeben. Am Beispiel des Geräteraums unseres Gartenhauses **16.**12 wären das:

<VØ1>- Grundfläche (z.B. für Sperrung, Estrich, Fliesen, Teppich, Parkett)

<VØ1>- Deckfläche (z.B. für Putz, Anstriche, Deckenverbretterung)

<VØ2>- Raumumfang (z.B. Fußleisten)

<VØ3>- Wandflächen bezogen auf die Rohbauhöhe (z.B. für Wandputz)

<VØ4>- Wandflächen bezogen auf die lichte Raumhöhe (z.B. für Tapeten)

<VØ5>- Öffnungsabzüge als Fläche von 1-2.5m2 (Abzüge für z.B. Wandputz, Tapeten)

<VØ6>- Öffnungsabzüge als Fläche über 2.5 m2 (Abzüge für z.B. Wandputz, Tapeten)

<VØ7>- Türgrundflächen (z.B. für Estrich)

<VØ8>- Türbreiten als Länge (z.B. Abzüge für Fußleisten).

16.11 Variablenkennungen

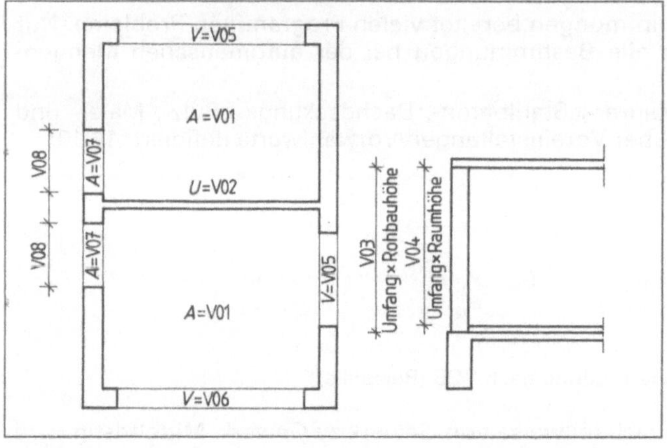

16.12
<HAUS> Geräteraum mit
Variablenkennungen

Beispiel

Sperrung, Estrich, Bodenfliesen	V01 + V07
Deckenputz, Beschichtung	V01
Wandputz	V03 – V05 – V06
Tapeten, Beschichtung Wand	V04 – V05 – V06
Fußleisten	V02 – V08

Übung 4   Mengenermittlung: <HAUS> Innenausbau

a) Rufen Sie das Objekt <HAUS> wieder auf und weisen Sie dem Geräteraum folgende Materialien für den Innenausbau zu:

Bodenaufbau	Schweißbahn 4 mm schwimmender Estrich: Dämmung 040 d = 4 cm, Estrich d = 5 cm Bodenfliesen 20,– DM/m^2
Wand	Innen-Gipswandputz 12 bis 15 mm Tapezierung: Rauhfaser fein Beschichtung
Decke	Innen-Gipsdeckenputz 12 bis 15 mm Beschichtung

b) In der Übung 2 haben Sie den Geräteraum bereits definiert. Lassen Sie sich den automatischen Variablenausdruck des Raumbuchs anzeigen und drucken Sie ihn aus. Er könnte das in Bild **16.**13 gezeigte Format haben.

224

```
Raum Nr.1  : Geräte
Variable   Formelermittlung für Variable
VØ1        Grund- und Deckfläche
           2.51 * 3.51                                      8.810
VØ2        Raumumfang
           2*2.51+2*3.51                                   12.040
VØ3        Fläche aller Wände bezogen auf die Rohbauhöhe
           (2*6.01+2*3.01)*2.625                           31.605
VØ4        Fläche aller Wände bezogen auf die lichte Raumhöhe
           (2*6.01+2*3.01)*2.535                           30.521
VØ5        Öffnungen von 1 - 2.5m²
           3.01*0.635 + 1.01*2.135                          4.067
VØ6        Öffnungen über 2.5 m²
                                                            0.000
VØ7        Türgrundfläche
           1.01*0.24                                        0.242
VØ8        Türbreiten
           1.01                                             1.010
```

16.13   Variablen und Mengen des Geräteraums

c) Weisen Sie dem Geräteraum anhand der Massenkennung die Materialien des Innenausbaus
   mit den entsprechenden Variablen zu. Die Verknüpfung von Material und Menge leistet das
   Programm (**16.**14). Diese Mengen können Sie beliebig erweitern, da Grundierungen, Eckschutz-
   schienen, dauerelastische Verfugungen usw. nicht berücksichtigt sind. Auch den schwimmen-
   den Estrich können Sie in Dämmung, Trennlage und Estrich unterteilen.

```
Menge   Einheit  Bezeichnung der Menge                        Formelberechnung
9.052      m²    Schweißbahn 4mm                              VØ1+VØ7
9.052      m2    Z.-Estrich schwimmend; d=90mm; komplett      VØ1+VØ7
9.052      m²    Fliesen; 150*150; 20,-DM/m²; weiß; einschl. verl.  VØ1+VØ7
27.538     m²    Innen-Gipswandputz                          VØ3-VØ5-VØ6
26.454     m²    Tapezierung; Rauhfaser fein                 VØ4-VØ5-VØ6
26.454     m²    Beschichtung auf Rauhfaser                  VØ4-VØ5-VØ6
8.810      m²    Innen-Gipsdeckenputz                        VØ1
8.810      m²    Innenanstrich Decke, Dispersion             VØ1
11.030     m     Fußleisten                                  VØ2-VØ8
```

16.14   Verknüpfung der Variablen mit Menge und Material

d) Die Verknüpfung von Material, Menge und Einheitspreis sowie die Berechnung des Gesamt-
   preises leistet wiederum das Programm. Drucken Sie die Preisliste für den Geräteraum aus
   (**16.**15).
e) Weisen Sie dem Aufenthaltsraum die gleichen Materialien zu. Prüfen Sie die Mengenermittlung.

Menge	Einh.	Bezeichnung der Menge	Einh.Preis	Ges.Preis
9.052	m^2	Schweißbahn 4mm	10,-	90.520
9.052	m2	Z.-Estrich schwimmend; d=90mm; komplett	18.50	167.462
9.052	m^2	Fliesen; 150*150; 20,-DM/m^2; weiß; einschl. verl.	80.00	724.160
27.538	m^2	Innen-Gipswandputz	13.50	371.763
26.454	m^2	Tapezierung; Rauhfaser fein	8.-.	211.632
26.454	m^2	Beschichtung auf Rauhfaser	4,-	105.816
8.810	m^2	Innen-Gipsdeckenputz	15.-	132.150
8.810	m^2	Innenbeschichtung Decke, Dispersion	4,-	35.240
11.030	m	Fußleisten; Holz; einschl. verl.	6,-	66.180

16.15 Verknüpfung der Menge mit Material und Preis

Sind die Öffnungen mit Prozeduren erzeugt, bei denen die Materialien (Massenkenn-nummern) automatisch vergeben werden, und sind den Wänden, Decken und Fundamenten bereits bei der grafischen Eingabe oder nachträglich Massenkennungen zugewiesen, ist – mit Ausnahme des Daches – das gesamte Objekt mengenmäßig erfaßt – die Kostenermittlung ist vollständig.

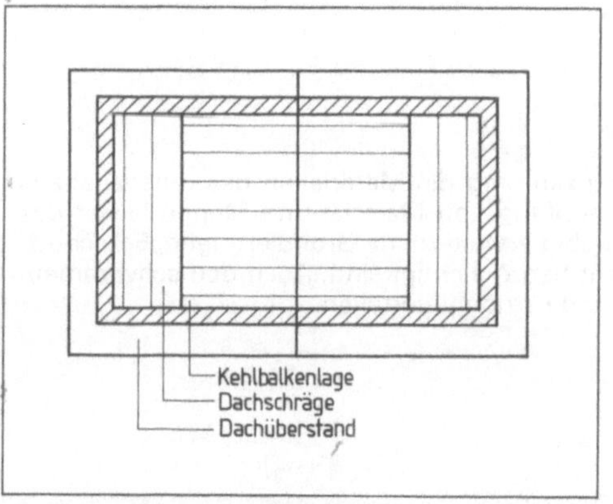

16.16 Definition von Dachflächen (Unterseite)

Teilflächen müssen ebenfalls definierbar sein. So wird z. B. nicht immer bis zur Decke gefliest. Verstärkt tritt dieses Problem im Dachbereich auf. Die Dachhaut (z. B. Doppel-S-Pfannen, Dachlatten je m^2, Unterspannbahn) ist zwar über die gesamte Fläche gleich, doch zerfällt die Untersicht stets in die Teilflächen Dachüberstand (z. B. Profilschalung 19 mm) und ausgebautes Dachgeschoß (Dachschräge). Auch die Kehlbalkenlage ist gesondert zu definieren (**16.**16). Ist ein Programm in dieser Weise automatisiert, hat der Anwender kaum etwas zu berechnen, da das Programm Längen, Flächen und Volumen VOB-gerecht ermittelt.

> CAD-Bauprogramme können alle Längen, Flächen und Volumen weitgehend automatisch VOB-gerecht ermitteln.

Ökonomische Grenzen werden aber sehr rasch deutlich. So sind z. B. Horizontalsperrungen im Mauerwerk traditionell erheblich schneller zu ermitteln als durch Definition innerhalb des digitalen Modells. Theoretisch läßt sich zwar fast das gesamte Bauwerk definieren, doch muß der Anwender je nach seiner Geschicklichkeit und der Leistungsfähigkeit des Programms einen ökonomischen Kompromiß zwischen der automatischen und traditionellen Mengenermittlung finden. Ist die CAD-Arbeit aufwendiger, speichert man die Endliste in einen E d i t o r (Textverarbeitung), wo man Mengen, Materialien und Preise traditionell ergänzen und korrigieren kann.

Standardräume erleichtern dem Anwender die Zuweisung der Baumaterialien. Viele Räume sind gleich bzw. ähnlich aufgebaut. Beim Wohnzimmer z. B. sind die Wändé fast immer geputzt und tapeziert, die Decke geputzt und tapeziert oder getäfelt, während der Fußboden meist aus schwimmendem Estrich und Teppichboden in unterschiedlichen Preisklassen bzw. aus Parkett besteht. Hat man einem Wohnbereich einmal diese Materialien zugewiesen, kann man die Zusammenstellung einschließlich der Variablen unter einer Kennung als eine Art „Makro" speichern. Ist ein Raum definiert, weist man ihm das Makro evtl. noch korrigiert und ergänzt zu, womit die Mengen- und Kostenermittlung für den Anwender abgeschlossen sind.

Bezogen auf die Anforderungen eines Planungsbüros lassen sich so unterschiedliche Räume (Bad, WC, Diele usw.) und Bauteile (Dachhaut, Kehlbalkenlagen usw.) in verschiedenen Standards erstellen (**16.**17). Dadurch vereinfacht sich die Mengenzuweisung erheblich, weil ein Suchen im Bauteilkatalog entfällt.

Standardraum ⟨WCØ5⟩   Bezeichnung: Wanne, Dusche, WC

Nr.	Bezeichnung	Variable/Formel
25831	Fertigteildecke spachteln	VØ1
18081	Wandputz MP75	VØ3-VØ5-VØ6
18097	Zulage Grundierung	VØ3-VØ5-VØ6
18089	Bodenfliesen; 2Ø,-DM/m2	VØ1-Ø.8Ø*Ø.8Ø-Ø.75*1.75
18097	Wandfliesen; 2Ø,-DM/m2	VØ4-VØ5-VØ6
18099	Sockelfliesen	VØ2-VØ8
18364	Zulage Verfugung in Color	Ansatz
19073	Fliesenecken mit Silicon abspritzen	VØ2-VØ8+Ansatz
19845	Wanne einmauern	Ansatz
19846	Dusche einmauern	Ansatz
18941	Wanne und Dusche einplattieren	Ansatz
19345	Revisionsrahmen	2
3Ø245	WC-Anlage komplett	1
3Ø387	Wannenanlage komplett	1
3Ø3Ø1	Duschanlage komplett	1
3Ø1Ø2	Waschbecken komplett	1

Standardraum ⟨DA23⟩   Bezeichnung: Frankfurter Pfanne

Nr	Bezeichnung	Variable/Formel
15873	Frankfurter Pfanne	VØ1
15823	Unterspannbahn	VØ1
12566	Nadelholz GK 2	Ansatz
12289	Abbund	Ansatz
13127	Konterlattung	Ansatz
13256	Dachlatten	VØ1
15873	Lüftersteine	8
15879	Trittsteine	5

16.17   Beispiele für Standardräume: WC, Dachaufbau

Die Materialien eines Raumes können unter einer Kennung zusammengefaßt und als Standardraum (Makro) gespeichert werden. Definierten Räumen weist man diese Makros einschließlich der Variablen zu.

Die Endliste der Mengen und Preise wird nach Abschluß aller Mengenzuweisungen aufgerufen. Einige Programme bieten einen Ausdruck nach Gewerken oder Ebenen. Durch den Ausdruck nach Ebenen erhält man einen geschoßweisen Mengenausdruck, der besonders für den aktuellen Baustoffbedarf von Bedeutung ist: Durch Knopfdruck sieht der Anwender, welche Materialien in den nächsten Tagen auf der Baustelle gebraucht werden.

Übung 5 Mengenermittlung: Standardräume

Rufen Sie das Objekt <HAUS> wieder auf. Erzeugen Sie für den Aufenthaltsraum und die Dachdeckung je einen „Standardraum" und speichern Sie ihn.

Übung 6 Mengenermittlung: Endliste

a) Weisen Sie dem Dach den gespeicherten Standardraum zu.

b) Drucken Sie die Mengen- und Kostenermittlung des Gartenhauses geschoß- und gewerkweise aus.

c) Prüfen sie die automatisch ermittelten Werte.

Aufgaben zu Abschnitt 16

1. Worin unterscheiden sich die traditionelle und die EDV-erstellte Mengen- und Kostenermittlung im wesentlichen?

2. Warum sind die Mengen- und die Kostenermittlung über EDV/CAD genauer?

3. Warum ist ein Bauteilkatalog Voraussetzung für die Mengen- und Kostenermittlung?

4. Wie muß der Bauteilkatalog aufgebaut sein?

5. Was läßt sich alles über die Massenkennziffer steuern?

6. Was versteht man unter VOB-gerechter Mengenermittlung?

7. Wie können CAD-Programme Mengen VOB-gerecht ermitteln?

8. Worin liegen die Unterschiede bei der Mengenermittlung von Längen, Flächen und Volumen?

9. Warum vergibt man bei der Definition von Räumen Variable?

10. Was versteht man unter einem Raumbuch?

11. Warum reicht die Definition der Raumgrundfläche aus, um alle Flächen des Raumes zu ermitteln?

12. Wie werden Teilflächen definiert?

13. Was versteht man unter Standardräumen?

14. Warum vereinfachen Standardräume die Mengen- und Kostenermittlung?

AVA-Programme sind vom Prinzip her integrierte Standardsoftware, die an die Belange der Bautechnik angepaßt sind. Da sich selbst ungeübte Anwender schnell in diese Programme einarbeiten können, haben sie gleich Eingang in die Planungsbüros und Baubetriebe gefunden.

Das Prinzip des AVA-Programms ist ein durchgängiger Datenfluß von der ersten Mengenermittlung bis zur Schlußrechnung bei minimaler Eingabe. Nur variable Größen werden innerhalb von Bildschirmmasken abgefragt, dann allerdings in alle folgenden Anwendungen übernommen. Lediglich bei Korrekturen muß der Anwender eingreifen.

Wesentliche Qualitätsmerkmale der Programme sind die Übernahme der Geometriedaten aus dem CAD-Programm und die Übernahme der Mengen und Preise, wie in Abschn. 16 beschrieben. Nur bei wenigen Programmen ist dieser Datenfluß gewährleistet. Bei allen anderen muß der Anwender Mengen und Preise mit einer Art eingebautem Taschenrechner wie bei der traditionellen AVA ermitteln. Trotzdem erleichtern auch diese Programme die Arbeit erheblich, da sie die einmal eingegebenen Daten kontinuierlich weiterbearbeiten.

> AVA-Programme sind an die Bautechnik angepaßte Standardsoftware. Die Übernahme von Mengen und Preisen aus dem digitalen Modell sollte gewährleistet sein.

17.1 Ausschreibung

Viele Büros greifen auf frühere Objektausschreibungen zurück, „schnippeln" passende Texte aus und kleben sie zusammen. Dabei benutzte Ausschreibungstexte wie

1 Stck
Badezimmer (Fliesen 20,– DM/m^2)
– nach Zeichnung und/oder Angabe der Bauleitung –
fachgerecht fliesen,
– einschließlich Vorbereiten des Untergrunds,
  verlegen und verfugen,
– einschließlich Lieferung aller Materialien

                                    Einheitspreis   Gesamtpreis

führen zwangsläufig zu ungenauen Kostenermittlungen und Mißverständnissen, zu Nachforderungen der ausführenden Betriebe und damit zu Kostenerhöhungen.

> Die einwandfreie Formulierung der Leistungspositionen einer Ausschreibung ist Voraussetzung für den Erfolg des Projekts.

Leistungskataloge enthalten die Ausschreibungstexte in eindeutiger Formulierung. Man kann sie von den Anbietern als Standardtexte und/oder freie/eigene Texte auf Disketten gespeichert beziehen.

Standardtexte enthalten in der Regel keine fertigen Positionen, sondern müssen mit Hilfe von Kennummern zusammengestellt werden. Bei vielen Planern sind sie deshalb wenig beliebt. Da besonders öffentliche Bauträger sie jedoch fordern, sind sie verbreitet.

Bundeseinheitliche Leistungskataloge mit Standardtexten sind
- das STLB (Standardleistungsbuch) für die Leistungsbereiche des Hochbaus,
- der STLK (Standardleistungskatalog) für die Leistungsbereiche des Tief- und Straßenbaus,
- der STLK-W (Standardleistungskatalog Wasserbau) für die Leistungsbereiche des Wasserbaus.

Regionale und kommunale Leistungskataloge ergänzen diese Texte, z. B.
- RLK-SH (regionaler Leistungskatalog Schleswig-Holstein für den Tief- und Straßenbau),
- Leistungsbuch der Stadt Mannheim.

Freie Texte haben bereits die Form eines Leistungsverzeichnisses. In die Ausschreibungen können diese fertigen Positionen übernommen werden. Solche Leistungskataloge bieten freie Textanbieter und Produkthersteller in immer größerer Fülle an.

Mutter-LV. Viele Büros benutzen zur Ausschreibung ausschließlich eigene Texte, die sie in einem Leistungskatalog speichern und so immer wieder verwenden können. Erprobte Texte von Kollegen und Produktherstellern vervollständigen diesen Katalog. Selbst Texte aus Standardleistungsbüchern finden Verwendung. Für diese büroeigene Sammlung hat sich der Begriff Mutter-LV eingebürgert (**17.1**).

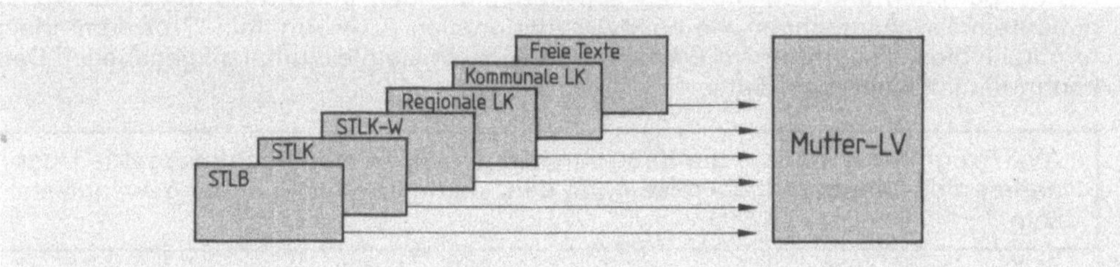

17.1 Leistungskataloge

> Leistungskataloge können aus Standardtexten oder freien Texten bestehen. Diese erprobten Texte sind eindeutig und gewährleisten eine einwandfreie Beschreibung der Leistungsposition.

Die Integration der Ausschreibung kann durch eine direkte Zuordnung der Leistungsbeschreibung erfolgen. Vorteilhaft sind die eindeutigen Leistungskosten und das Erstellen eines Leistungsverzeichnisses auf Knopfdruck (**17.2**). Schon im Planungszustand ist es abrufbar.

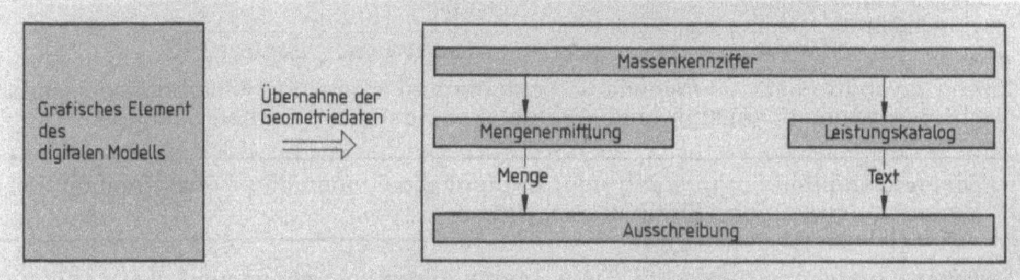

17.2 Übernahme der Geometriedaten zur Mengenermittlung, Kalkulation und Ausschreibung

Die im Mutter-LV gespeicherten freien Texte sind mit einer Kennung versehen, die der jeweiligen Massenkennziffer des Bauteilkatalogs zugewiesen werden. Am Beispiel des Entwässerungsplans **16**.3 und **16**.4 könnte der Datenbankauszug das Format **17**.3 haben.

Sp.Nr.	El.Nr.	Name	Ebene	Ltyp	Farbe/ Stift	Masse	Ausschreib. text Nr.
1	1	Polygon	12	5	1	1377	94
2	1	Polygon	12	5	1	1377	94
3	1	Polygon	12	5	1	1378	95
4	1	Polygon	12	5	1	1378	95
5	1	Polygon	12	5	1	1379	96
6	1	Polygon	12	5	1	1379	96
7	1	Polygon	12	5	1	1380	97
8	2	Linie	12	5	1	1379	96
9	3	Linie	12	5	1	1379	96
11	4	Kreis	14	0	2	1508	160
12	5	Kreis	14	0	2	1508	160
13	6	Kreis	14	0	2	1508	160
14	7	Kreis	14	0	2	1508	160
15	8	Kreis	14	0	2	1509	161

==> direkte Zuordnung

17.3 Datenbankauszug mit direkter Zuordnung des Ausschreibungstextes

Die Mengenermittlung muß immer vorangehen, da Mengen und die Formulierung der Leistungsposition im Ausschreibungstext verknüpft werden. Im Idealfall ist die Kennung des Ausschreibungstexts (wie in unserem Beispiel) direkt mit der Massenkennziffer verknüpft (**17.3**). Ohne sich um die Ausschreibung Gedanken zu machen, kann der Anwender sie abrufen.

Beispiel Für die Massenkennziffer 1508 könnte dieser Ausschreibungstext Nr. 160 ausgedruckt werden:

```
9.5    4.000 Stck
       Revisionsschacht aus Betonringen,
       - nach Zeichnung und/oder Angabe der Bauleitung -
       einschl. Aushub, Betonsohle, Kiesverfüllung,
       Abdeckung, Isolierung und Steigeisen,
       mit lichter Weite d=0,80 m bis 2,75 m Tiefe,
       Bodenklasse 5, ausheben, den Aushub zur Kippe
       abfahren, einschl. Kippgebühren,
       mit begehbarer Abdeckung,
       - einschl. Lieferung aller Materialien -
       herstellen.


                                      Einheitspreis  Gesamtpreis
```

Der Nachteil der direkten Zuordnung liegt im relativ großen Aufwand, da Leistungs-
und Bauteilkataloge ständig überarbeitet und angepaßt werden müssen. Jeder der
-zigtausend Bauteilkatalogpositionen muß eine Kennung der jeweiligen Leistungsfor-
mulierung zugeordnet sein. Das ist kaum zu verwirklichen, eine Erfassung aller Projekt-
teilleistungen auf diese Art deshalb praktisch nicht möglich. Wesentliche Positionen
(Schwerpunktpositionen) bzw. die Leistungsbeschreibung des Mutter-LV sollten dagegen zugeordnet sein, so daß man schon im Planungsstadium ein Leistungsverzeichnis
erstellen kann.

Ein komplettes Leistungsverzeichnis, die Berücksichtigung unterschiedlicher Positionsarten (Leit-, Unter-, Alternativ-, Nachtragsposition) entsprechend den Regeln des GAEB
(Gemeinsamer Ausschuß Elektronik im Bauwesen) und das automatische Einfügen
z. B. von Vorbemerkungen sind nicht gewährleistet. Zu jedem Ausschreibungsmodul
gehört deshalb ein komfortables Textverarbeitungsprogramm, in das die automatisch
erstellte Ausschreibung zurückgespeichert, worin sie korrigiert und mit Standard- oder
freien Texten ergänzt werden kann. Wenn der Anwender die einzelnen Projektelemente
schon bei der Mengenermittlung mit Positionsnummern bzw. Ordnungszahlen ver-
sieht, weiß er sofort, wo ergänzend einzugreifen ist.

Durch eine direkte Zuordnung der Texte des Leistungskatalogs ist die automatische Erstellung eines Leistungsverzeichnisses möglich. Zur Vervollständigung
und Korrektur muß es aber in einem Textverarbeitungsprogramm weiterbearbeitet werden.

17.2 Ausschreibungsbearbeitung, Angebotserstellung

Die fertige Ausschreibung erhalten die ausführenden Betriebe zur Bearbeitung. Verfügen sie über ein Programm, das die Daten des Planungsbüros lesen kann, reicht der
Versand einer Diskette mit den gespeicherten Planungsunterlagen aus.

Die Einzelkostenermittlung und die Vorkalkulation sind Voraussetzungen zum Erstellen des Angebots. Jeder Betrieb verfügt über Grundwerte (Lohnstunden, Material,
Geräte) der von ihm ausgeführten Tätigkeiten, die er auf der Grundlage bereits fertig-
gestellter Bauvorhaben ermittelt hat. Diese Werte sind in den Stammdaten gespeichert
und bilden die Basis für die Vorkalkulation.

Beispiel (**17**.4 und **17**.5) 230,00 m³ Boden einer Baugrube der Bodenklasse 3–6 sind auszuheben
und seitlich zu lagern. Die Lohnkosten betragen 45,– DM/Std.

```
Einzelkosten:

    1.00m³ Aushub der Baugrube, seitlich lagern, Bodenklasse 3-6
    Lohn/m³:    0.27Std    Material:    0.00DM    Geraete:    6.82DM


    1.00m³ Aushub Baugrube über 1.50m, seitlich lagern, Bodenklasse 3-6
    Lohn/m³:    0.05Std    Material:    0.20DM    Geraete:   15.61DM
    -------------------------------------------------------------------
    gesamt/m³:  0.32Std                 0.20DM               22.43DM
```

17.4 Kalkulationsgrundwerte und Einzelkosten

```
2.002    230.00 m³ Aushub der Baugrube, seitlich lagern, Bodenklasse 3-6


Kurztext         Einh.  Stunden  Lohn (45,-DM/h)  Material   Geraete


Aushub 3-6        m³     0.27     12.15                        6.82
Aushub über 1.50  m³     0.05      2.25           0.20        15.61


                         0.32     14.40           0.20        22.43
*** EP:      37.03 DM ***
*** GP:    8516.90 DM ***
```

17.5 Einheitspreisermittlung und Vorkalkulation

Erläuterung der Ausdrucke. Der Anwender ordnet beim Ermitteln der Einzelkosten (**17.4**) die entsprechenden Grundwerte aus den Stammdaten zu. Hier sind die Grundwerte für den Baugrubenaushub bis 1,50 m und über 1,50 m verknüpft. So ergeben sich Zeitaufwand, Material- und Gerätekosten je m³.

Weil bei der Vorkalkulation **17.5** Stundenlohn und Gesamtmenge mit einbezogen werden, kann das Programm den Einheitspreis <EP> und den Gesamtpreis <GP> berechnen. Auch die Position der Ausschreibung <2.002> läßt sich schon einbeziehen.

Kalkulationsgrundwerte geben die Zeit sowie Material- und Gerätekosten je Einheit (Stck, m², m³) an. Diese Erfahrungswerte des ausführenden Betriebs sind in den Stammdaten gespeichert.

Auf diese Weise ermittelt der ausführende Betrieb für jede Tätigkeit die Einheitspreise. Aufschläge und Fremdkosten können dabei einbezogen werden. Zusätzlich läßt sich der Mittellohn berechnen. Übersichtslisten erstellt man nach unterschiedlichen Sortierkriterien (z. B. Gewerk-, Titel- und Positionslisten). Hilfreich ist es, zu den gespeicherten Kalkulationswerten beliebige Materialien mit Ein- und Verkaufspreisen, Lager- und Mindestbestand sowie Lieferant gleichzeitig mitzuführen.

Die Kalkulationsgrundwerte bestimmen die Einheitspreise.

Die Sollwerte der Position sollte man für spätere Auswertungen unbedingt ermitteln. Sie geben den gesamten Zeitaufwand sowie die Material- und Gerätekosten für die ganze Position an (**17.6**).

```
Einzelkosten          : Lohn/m³ 0.32Std   Material   0.20DM   Geräte     22.43DM
Soll-Wert bei  230m³  : Lohn    73.60Std   Material  46.00DM   Geräte   5158.96DM
```

17.6 Sollwerte

Die Nachkalkulation ergibt nach Fertigstellung des Projekts die tatsächlich aufgewendeten Stunden, Material- und Gerätekosten. Ein Vergleich dieser Istwerte mit den Sollwerten führt laufend zu Verbesserungen der Kalkulationsgrundwerte, so daß auch knappe Kalkulationen durchführbar sind.

> Ein Vergleich der Ist- und Sollwerte ist Voraussetzung zum Ermitteln genauer Kalkulationsgrundwerte.

Die Angebotserstellung folgt nach Ermitteln der Einheitspreise aufgrund der Ausschreibung des Planungsbüros. Meist wählt der Anwender mit der Positionsnummer den jeweiligen Ausschreibungstext an und gibt die anzubietende Menge ein. Positionsnummer, Text und Menge der Ausschreibung werden automatisch übernommen. Nach Eingabe der Einheitspreise ermittelt das Programm den Gesamtpreis und erstellt automatisch die Angebotsposition (**17.7** und **17.8**).

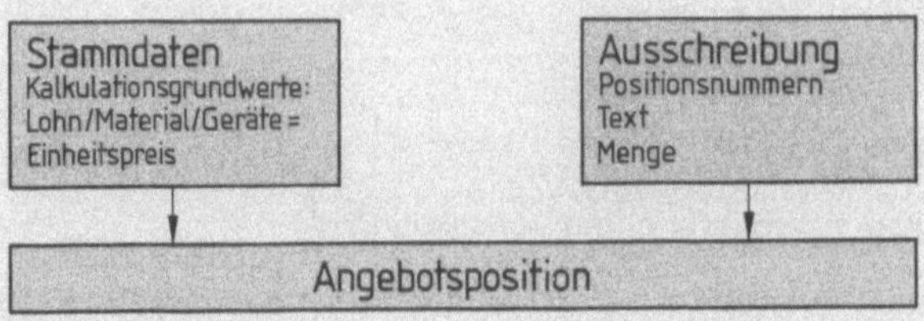

17.7 Angebotserstellung

Beispiel

```
---------------------------------------------------------------
Angebot Titel 2  Erdarbeiten
---------------------------------------------------------------

Angebot      : Bauvorhaben Bauherr
Projekt      : Neubau eines Einfamilienhauses
Baustelle    : Anschrift
---------------------------------------------------------------


Titel 2 Erdarbeiten
_______________________________________________________________

Pos.Nr.   Text                    Menge        EP (DM)    GP (DM)
_______________________________________________________________

2.001     Mutterboden abheben,
          seitlich lagern         120.00m²     27.86      3343.20


2.002     Aushub der Baugrube,
          Bodenklasse 3-6,
          Aushubtiefe über 1.50m  230.00m³     37.03      8516.90


2.003     Aushub Fundamente
          Bodenklasse 3-6         35.00        78.27      2739.45
          ---------------------------------------------------------

                                  Summe Titel 2    :      14599.55
```

17.8 Angebot (Kurzfassung)

Wie der Planer beim Erstellen der Ausschreibung muß auch der Anbieter in der Lage sein, mehrere Positionsarten (Leit-, Unter-, Alternativ- und Nachtragsposition) zu wählen. Ändern sich durch Alternativangebote Konstruktion und Mengen, sind neue

234

Konstruktionszeichnungen und Mengenermittlungen erforderlich. Im Idealfall verfügt
der ausführende Betrieb über das gleiche CAD-Programm wie das Planungsbüro oder
über ein Programm, das dessen Daten lesen kann. Durch Ändern des digitalen Modells
mit anschließender Mengenermittlung (s. Abschn. 16) stehen die neuen Mengen schnell
zu Verfügung. Viele Programme der Bauausführung verfügen zusätzlich über Mengen-
ermittlungsmodule. Im Prinzip sind es Taschenrechner mit eingebauten Formelsamm-
lungen nach den Regeln der REB (Richtlinien für die elektronische Bauabrechnung).

> Das Angebot wird automatisch durch Verknüpfen der Kalkulationsgrundwerte
> und der Ausschreibungsposition erzeugt.

17.3 Angebotsbearbeitung – Bieterpreiskontrolle, Preisspiegel

Die Angebote der Baufirmen werden im Planungsbüro nachgerechnet und verglichen.
Da das Programm die Positionsnummern (Ordnungszahlen) mit den dazugehörigen
Mengen und Texten kennt, überträgt es sie in entsprechende Bildschirmmasken, in die
der Angebotsprüfer nur noch die angebotenen Einheitspreise einzugeben braucht
(**17.9**). Eine vom GAEB genormte Schnittstelle ermöglicht auch ein automatisches Einlesen des Angebots, wenn der Bieter es im entsprechenden Datenformat auf Diskette
abgegeben hat.

Beispiel

```
Bieter Nr. 1    Projekt: Neubau Mehrfamilienhaus Krause
                Bieter : Heinrichs  Hamburg


Pos.Nr.      Menge            Einheitspreis           Gesamtbetrag
                                                   eingegeben      errechnet


2.001       120.00            27.86               3343.20         3343.20
2.002       230.00            37.03               8516.90         8516.90
2.003        35.00            78.27               3739.45         2739.45
```

17.9 Angebotserfassung

> Die Angebotserfassung übernimmt die Einheitspreise der Bieter, die auch auto-
> matisch eingelesen werden können.

Fehlerprotokoll. Da das Programm aus den Mengen und dem Einheitspreis den
Gesamtbetrag berechnet, lassen sich Rechen- und Eingabefehler des Bieters sofort fest-
stellen und als Fehlerprotokoll ausdrucken. Im Bild **17.9** hat der Bieter Heinrichs z. B.
bei der Position 2.003 einen Rechen- oder Schreibfehler begangen, den das Programm
sofort erkennt und dokumentiert. Dieser konkrete Fehler würde sich allerdings für den
Bieter nicht negativ auswirken, da nach VOB A § 23 bei Rechenfehlern der Einheitspreis
und nicht der Gesamtpreis maßgebend ist.

> Eingabe- und Rechenfehler werden automatisch ermittelt und als Fehlerprotokoll
> ausgedruckt.

Der Preisspiegel gliedert die erfaßten Angebote und ermittelt positions- und titelweise den günstigsten Bieter, den Idealbieter (**17.10** und **17.11**). Um höhere oder geringere Baukosten zu überblicken, sollte man dabei immer den Eigenansatz nach dem Kostenanschlag in den Preisspiegel übernehmen. Wünschenswert ist auch eine automatische Berechnung des Durchschnittspreises (Mittelbieters). Diese Preise sollten in den Bauteilkatalog zurückgespeichert werden, um. für kommende Kostenanschläge stets über aktuelle Einheitspreise zu verfügen.

Beispiele

```
Preisspiegel          Titel 2  Erdarbeiten nach Positionen
                      Bauvorhaben Mehrfamilienhaus Krause


          Eigenansatz Idealbieter Mittelbieter Heinrichs    Klein     Hansen


2.001    Mutterboden abheben, seitlich lagern
     EP     26.50        25.20        28.95        27.86      25.20     32.50
     GP   3180.00      3024.00      3474.00      3343.20    3024.00   3900.00
      %    105.2        100.0        114.9        110.6      100.0     129.0


2.002    Aushub der Baugrube, Bodenklasse 3-6, Aushubtiefe über 2.50m
     EP     39.00        36.80        40.73        37.03      36.80     48.35
     GP   8970.00      8464.00      9367.90      8516.90    8464.00  11120.50
      %    106.0        100.0        110.7        100.6      100.0     131.4


2.003    Aushub der Fundamente, Bodenklasse 3-6
     EP     70.00        78.27        84.61        78.27      83.10     92.45
     GP   2450.00      2739.45      2961.35      2739.45    2908.50   3235.75
      %     89.4        100.0        108.1        100.0      106.2     118.2
```

17.10 Preisspiegel für den Titel Erdarbeiten

```
Preisspiegel   Titel 2  Erdarbeiten
               Bauvorhaben Mehrfamilienhaus Krause



          Eigenansatz Idealbieter Mittelbieter Heinrichs    Klein     Hansen


Titel 2  14600.00     14227.45     15803.25     14599.55   14396.50  18256.25
     %     102.6        100.0        111.1        102.6      101.2     128.3
```

17.11 Preisspiegel nach Positionen

Die Auswertung des Preisspiegels dient vor allem zum Ermitteln des billigsten Bieters. Der Preisspiegel nach Positionen (**17.10**) läßt noch kein eindeutiges Ergebnis erkennen, da die Bieter Heinrichs und Klein dicht beisammenliegen. Erst der Preisspiegel für den Titel Erdarbeiten (**17.11**) weist Bieter Klein als den billigsten aus. Verfügt sein Betrieb über die erforderliche Fachkunde, Leistungsfähigkeit und Zuverlässigkeit, wird er den

236

Zuschlag/Auftrag erhalten. Ein Preisspiegel nach Positionen sollte trotzdem durchgeführt werden, um Eingabe- und Rechenfehler der Bieter aufzudecken und eigene Ansätze zu überprüfen. So ist der Eigenansatz der Position 2.003 zu gering. Um weitere Fehlkalkulationen zu verhindern, muß sofort der Einheitspreis des Fundamentaushubs im Bauteilkatalog korrigiert werden.

Die Qualitätsunterschiede der angebotenen Programme mit Preisspiegeln liegen vorwiegend in der Funktionsvielfalt. Trennung in Material- und Lohnanteile, Berücksichtigung von Nachlässen, Einbeziehen von Konstanten wie z. B. der Mehrwertsteuer, Anzahl der einzugebenden Bieter je Seite, Übersichtlichkeit, grafische Auswertung z. B. als Balkendiagramm, Preisspiegel von wählbaren Bereichen (z. B. nur Alternativpositionen für Planungsvarianten) sind nur einige Unterscheidungskriterien.

Der Preisspiegel dient zum Ermitteln des billigsten Bieters. Da das Programm durch die Angebotserfassung sämtliche Werte kennt, kann der Spiegel automatisch erstellt werden.

Bei der Vergabe an den billigsten Bieter greift man wieder auf die bestehenden Daten zurück. Die Einheitspreise aus der Angebotsdatei werden in die Leistungsbeschreibungen der Ausschreibung übernommen. Etwaige Nachlässe der Bieter sind dabei zu berücksichtigen.

Da sich erfahrungsgemäß durch die Angebote Mengen ändern, Positionen entfallen und neue hinzukommen, Materialien und Fabrikate ergänzt werden müssen, ist das Leistungsverzeichnis nochmals zu überarbeiten. Erst danach druckt man das endgültige Auftrags-Leistungsverzeichnis aus (**17.12**).

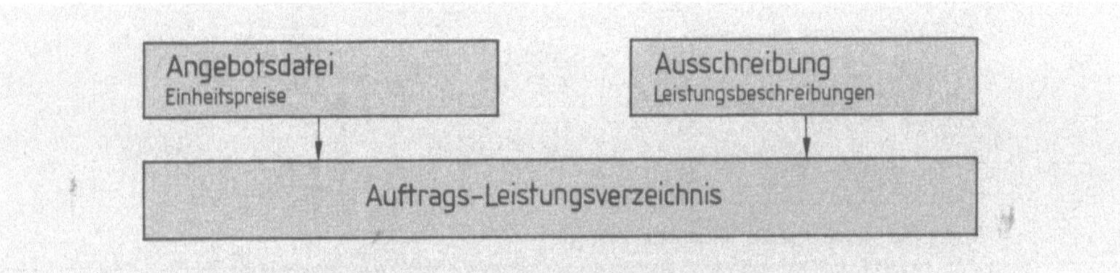

17.12 Erstellen des Auftrags-Leistungsverzeichnisses

Das Auftragsleistungsverzeichnis verknüpft die Einheitspreise des Angebots mit den Leistungsbeschreibungen der Ausschreibung.

17.4 Aufmaß und Abrechnung

Die Bauabrechnung beginnt schon mit den ersten Abschlags- und Zwischenrechnungen. Ihre Erstellung ist bei einer soliden Kostenplanung aufgrund der vorher gespeicherten Angebots- und Mengenberechnungsdaten ohne weiteren Aufwand möglich.

Ein Aufmaß der tatsächlich verbauten bzw. verarbeiteten Mengen muß jedoch immer vorangehen, weil ausgeschriebene und verbaute Mengen häufig differieren. Da nach den tatsächlich ausgeführten Leistungen abgerechnet werden muß, ändert sich damit der Gesamtpreis, beim Über- bzw. Unterschreiten der Mengen um 10 % evtl. auch der Einheitspreis (s. VOB Teil B § 2, **17.13** und **17.14**).

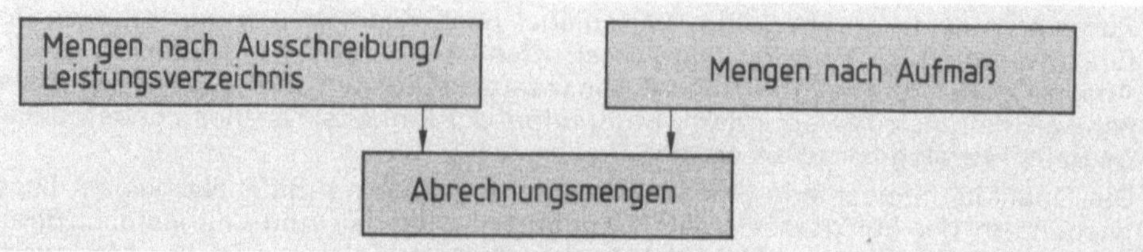

17.13 Verknüpfung von Aufmaß und Leistungsverzeichnis

Beispiel Bei der Ausschreibung der Erdarbeiten hat der Bieter Klein den Zuschlag erhalten. Die Aufmaßmengen weichen von den ausgeschriebenen Mengen ab und werden eingegeben. Die Auflistung, Verknüpfung und Auswertung übernimmt wieder das Programm (17.14).

Titel 2 Erdarbeiten

Pos.Nr.	Positionstext	abzurechnen ausgeschrieben	Diff. %	EP (DM)	GP (DM)
2.001	Mutterboden abheben	127.00m^2		26.50	3365.50
		120.00m2	+5.8%		
2.002	Aushub der Baugrube	219.60m^3		36.80	8081.28
		230.00m^3	-4.5%		
2.003	Aushub Fundamente	48.00		83. 10	3988.80
		35.00	+37.1%		
			Summe Titel 2 :		15435.58

17.14 Auswertung der Aufmaßmengen

Abrechnungsmengen sind tatsächlich verbaute bzw. verarbeitete Mengen. Nur durch Eingabe der Aufmaßmengen werden die Abrechnungsmengen automatisch ermittelt.

Die Nettosumme ermittelt das Programm nach Auswerten der Aufmaßmengen automatisch (**17.15**).

Beispiel

Titel		GP
2	Erdarbeiten	15435.58 DM
3	Maurerarbeiten	93278.56 DM
4	Beton- und Stahlbetonarbeiten	36739.78 DM
	Gesamtsumme (netto)	145453.92 DM

17.15 Titelzusammenstellung Nettosumme Rohbau

Die Bruttosumme hängt von weiteren Vertragsbestandteilen und Konstanten ab (z. B. Mehrwertsteuer, Nachlässe, Bauwesenversicherung, Pauschalsummen P für Baustrom und Bauschuttbeseitigung). Um die vertragsgemäße Ausführung der Leistung und die Gewährleistung sicherzustellen, werden zusätzliche Gelder wie Sicherheitsleistungen nach VOB Teil B § 10 (10 %) und/oder Pauschalsummen für die Mängelbeseitigung und Gewährleistung einbehalten (**17.16**).

Beispiel 17.16   Vereinbarte Abzüge/Aufschläge

Nr.	Text	Betrag in DM	%	Art
1	Nachlaß		- 2.00	%
2	Mehrwertsteuer		14.00	%
3	Bauwesenversicherung		- 0.30	%
4	Gewährleistung		- 5.00	%
5	Bauschutt	-800.00		P
6	Baustrom	-400.00		P
7	Mängelbeseitigung	-5000.00		P
8	Skonto		- 3.00	%

17.16   Abzüge und Aufschläge

Abzüge und Aufschläge werden nur einmal eingegeben und vom Programm den Kostenzusammenstellungen automatisch zugeordnet (**17.17**).

Beispiel 17.17   Bruttosummenberechnung

Rech.Nr.	Datum	Netto	Nachlaß	Mehrwert	Versich.	Gewährl.	Brutto
900003	24.04.90	15435.58	-308.71	+2160.98	-46.31	-771.78	16469.76
			-2.00%	+14.00%	-0.30%	-5.00%	
900004	03.07.90	93278.56	-1865.57	+13059.00	-279.84	-4663.93	99528.22
			-2.00%	+14.00%	-0.30%	-5.00%	
900005	05.07.90	36739.78	-734.80	+5143.57	-110.22	-1836.99	39201.34
			-2.00%	+14.00%	-0.30%	-5.00%	
		145453.92	-2909.08	+20363.55	-436.37	-7272.70	155199.32

17.17   Bruttosummenberechnung

Auf der Grundlage der Bruttosummen können vertragsgemäße Zwischen- und Abschlagszahlungen geleistet werden. Alle Zahlungen werden gespeichert, um jederzeit einen Überblick über den Abrechnungsstand zu haben und die Schlußrechnung automatisch erstellen zu können (**17**.18).

Beispiel 17.18 Schlußrechnung

```
Schlußrechnung vom 12.08.90  Rohbauarbeiten
-------------------------------------------------------------

0.  Rechnungssumme nach Prüfung Netto              :        145453.92
    Nachlaß                         -2.00% von 0.  :        -2909.08
1.  Zwischensumme                                           142542.84


    Mehrwertsteuer                 +14.00% von 1.  :         19956.00
2.  Gesamtsumme Brutto                                      162498.84


    Bauwesenversicherung            -0.30% von 2.  :         -487.50
    Bauschutt                                                -800.00
    Baustrom                                                 -500.00
    Mängelbeseitigung                                       -5000.00
3.  Zwischensumme                                          155711.34


    Skonto                          -3.00% von 3.  :        -4671.34
    Gewährleistung                  -5.00% von 2.  :        -8124.94
4.  Zwischensumme                                          142915.06


    bisherige Zahlungen                   von 4.   :      -136000.00
5.  Zwischensumme                                            6915.06


Auszuzahlender Betrag                                        6915.06



Sachlich richtig festgestellt


Datum:_______________  Betrag:_________________
```

17.18 Schlußrechnung

Abgerechnet wird auf der Grundlage der Bruttosummen. Durch Eingabe der vertragsgemäßen Abzüge (z. B. Nachlässe, Versicherungen, Mängelbeseitigung, Gewährleistungen) werden die Rechnungen automatisch erstellt.

Übungen

1. a) Erstellen Sie zum Entwässerungsplan **16**.3 ein Leistungsverzeichnis. Wenn Sie nicht über ein Ausschreibungsmodul verfügen, können Sie eine Textverarbeitung benutzen und sich freie Texte erstellen. Binden Sie möglichst die Leistungspositionen direkt an den Bauteilkatalog an.

   b) Die Angebote der Bieter werden ausgewertet (vgl. den Eigenansatz **16**.1). Die Einheits- und Gesamtpreise betragen.

		Bieter A	Bieter B	Bieter C	Bieter D
Rohrgraben h=0.50	EP	58.20	63.80	56.30	65.70
	GP	702.47	770.07	679.54	798.00
Rohrgraben h=0.70	EP	67.10	72.00	69.80	73.20
	GP	674.89	734.90	712.45	747.15
Rohrgraben h=0.90	EP	81.20	79.00	78.10	79.20
	GP	1089.22	1059.71	1047.93	983.19
Rohrgraben h=1.10	EP	98.30	104.50	110.50	101.30
	GP	589.80	627.00	663.00	607.80
Rev. Schacht h=2.75	EP	820.00	840.00	760.00	780.00
	GP	3280.00	3360.00	3040.00	3120.00
Rev. Schacht h=3.00	EP	920.00	940.00	860.00	880.00
	GP	920.00	940.00	860.00	880.00

Erstellen Sie einen Preisspiegel nach Positionen und für das gesamte Gewerk. Überprüfen sie dabei Ihren Eigenansatz. Erstellen Sie ein Fehlerprotokoll. Ermitteln Sie schließlich den billigsten Bieter, den Ideal- und den Mittelbieter.

2. Bei der Position 2.003 im Beispiel **17**.14 haben sich die Mengen um 37,1 % erhöht, da die Fundamenthöhe verändert werden mußte. Der Auftragnehmer hat deshalb den Einheitspreis von 83,10 auf 80,60 DM verringert.
Erstellen Sie die neue Netto- und Bruttosummenberechnung sowie eine neue Schlußrechnung. Gehen Sie dabei von den Abzügen bzw. Aufschlägen nach Beispiel **17**.16 aus.

Aufgaben zu Abschnitt 17

1. Was versteht man unter einem Leistungskatalog?

2. Unterscheiden Sie Standardtexte und freie Texte.

3. Welche Probleme ergeben sich bei einer direkten Zuordnung der Leistungsbeschreibung zur Massenkennziffer?

4. Welche Folgerung ergibt sich daraus?

5. Wie entstehen Kalkulationsgrundwerte? Welche Rolle spielt dabei die Nachkalkulation?

6. Beschreiben Sie den Datenfluß bei der Angebotserstellung.

7. Welche Aussagen läßt ein Preisspiegel zu?

8. Wie können die Preise des Bauteilkatalogs stets auf dem aktuellen Stand bleiben?

9. Auf welche Dateien greift man beim Erstellen des Auftrags-Leistungsverzeichnisses zurück?

10. Was versteht man unter Abrechnungsmengen?

11. Was ist beim Auswerten der Aufmaßmengen besonders zu berücksichtigen?

12. Unterscheiden Sie Netto- und Bruttosummenberechnungen.

13. Warum kann man die Schlußrechnung automatisch erstellen?

18 NC-Programmierung – CAE im Bauwesen

In vielen Bereichen der industriellen Fertigung ist die Computertechnik wesentlich weiter entwickelt als in der Bautechnik. In den Produktionshallen z. B. der Automobilindustrie haben computergesteuerte Fertigungsmaschinen (computer numerical control = CNC) und Roboter die körperliche und teilweise geistige Arbeit des Menschen übernommen, dessen Aufgabe vorwiegend nur noch im Überwachen des Produktionsablaufs liegt.

In der Bautechnik wird es eine so extreme Entwicklung nicht geben, denn die Konsequenzen wären standardisiertes Bauen und „Wohnsilos". Überall wo die Computertechnik jedoch Individualität zuläßt, wird auch hier der Fertigungsprozeß immer mehr von CNC-Maschinen beeinflußt. Im Bauhauptgewerbe sind als erste die Gewerke des Holzbaus, d. h. Zimmerer- und Tischlerarbeiten, von dieser Entwicklung betroffen.

Die Zimmererarbeiten im Bereich des Dachabbunds werden heute schon von computergesteuerten Abbundmaschinen durchgeführt. Wie bei allen bisher behandelten Anwendungen liegt auch dem Abbund das ditigale Modell zugrunde, aus dem Grundrißkoordinaten, Dachneigungen, Drempelhöhen (Kniestock), Dachüberstände und andere Maße übernommen werden. Eine manuelle Eingabe dieser Daten muß natürlich auch auf der Grundlage eines Aufmaßes möglich sein. Damit kennt das Holzbauprogramm alle erforderlichen Maße für die Dachausmittlung und kann sie vollautomatisch erzeugen (**18.1**).

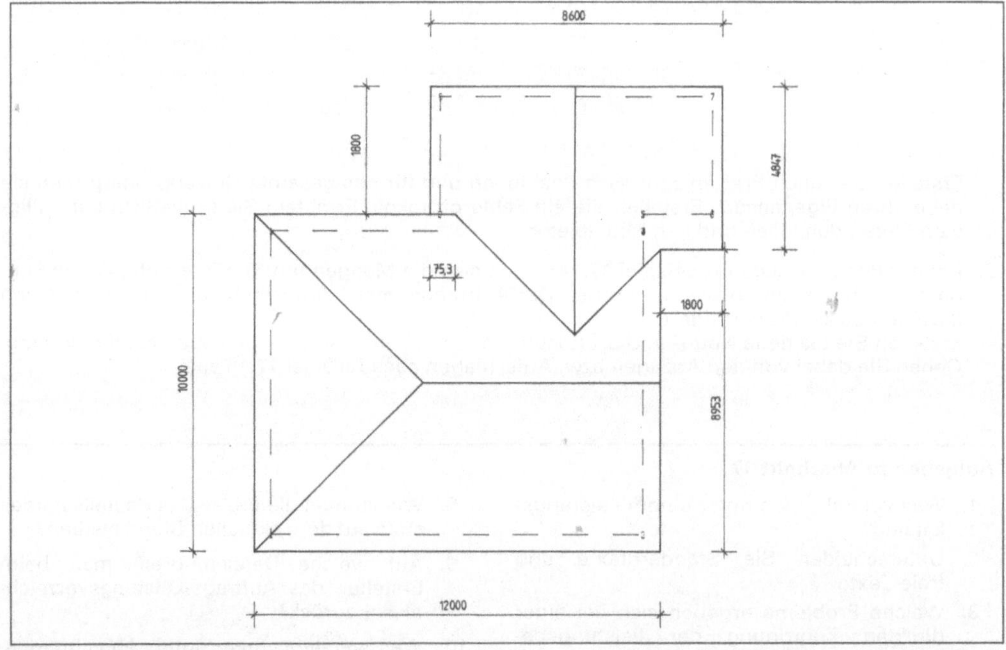

18.1 Dachausmittlung

Wie beim rechnerischen Abbund wird im Dialog mit dem Programm die Abbundplanung mit allen Details durchgeführt. An die Stelle des traditionellen Profils tritt damit der Bildschirm. Grafische Abbildungen und Eingabemasken unterstützen den Anwender. Jedes Dachholz, jeder Knotenpunkt, jeder Anschluß wird so koordinatenmäßig mit allen Schmiegen, Klauen usw. definiert (**18.2**). Dokumentations-, Ausführungs- und Abrechnungszeichnungen sowie Holz- und Verbindungsmittellisten werden so erstellt.

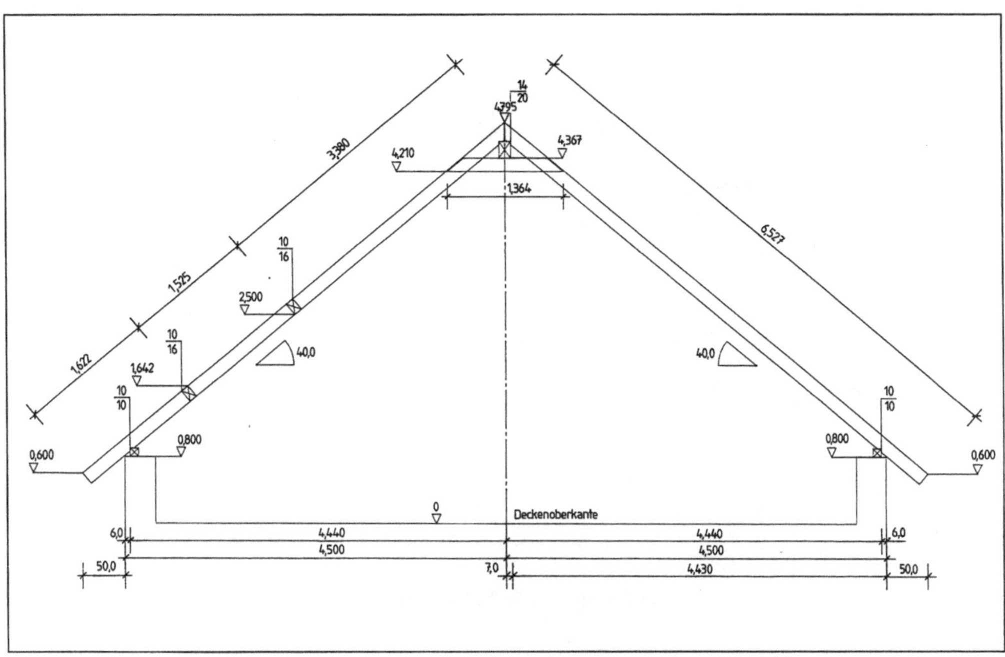

a)

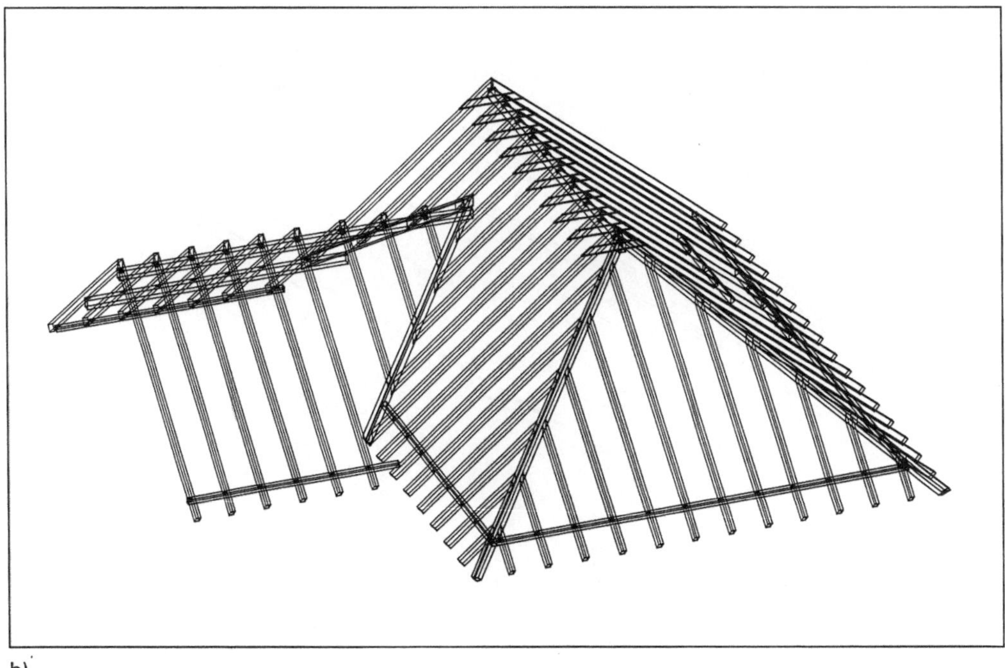

b)

18.2 a) Querschnitt, b) Isometrie

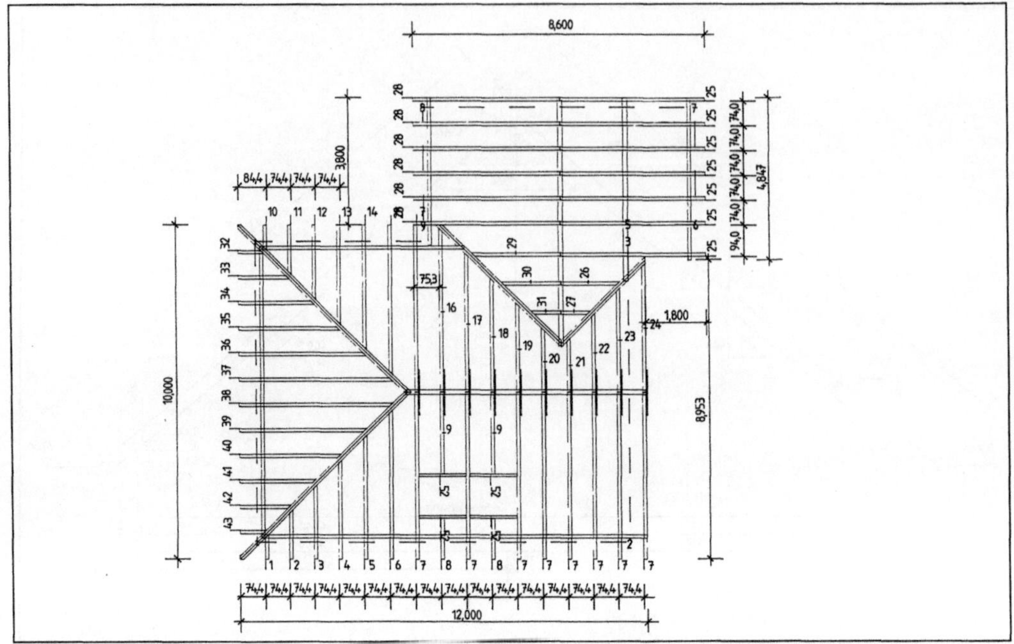

c)

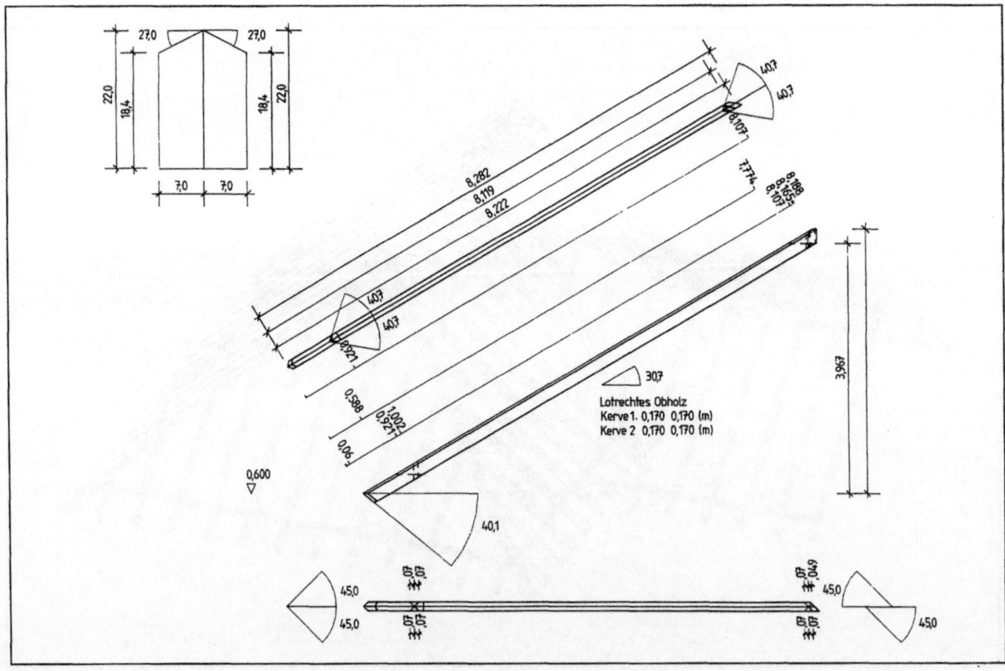

d)

18.2   c) Sparrenplan, d) Gratsparren

244

CAD/CAM. Bis zu diesem Punkt ist das Holzbauprogramm ein CAD-System mit integrierten Berechnungsprogrammen. Die Koordinaten der Dachhölzer werden nun vom Programm auf die Abbundmaschine übertragen, die automatisch die Hölzer abbindet. Diese Verknüpfung von CAD und CNC bezeichnet man als CAD/CAM (CAM = Computer Aided Manufactoring, **18.3**).

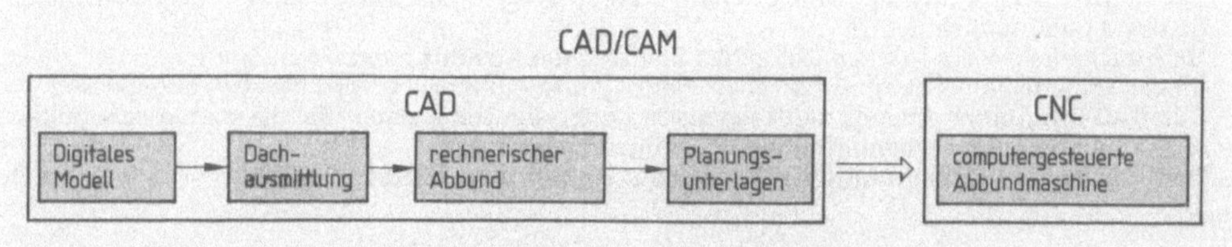

18.3 Vom Digitalen Modell zum vollautomatischen Abbund

Dachstühle können automatisch nach den im CAD-Bereich ermittelten Koordinaten von computergesteuerten Abbundmaschinen gefertigt werden.

Die Tischlerarbeiten werden besonders im Fensterbau von den neuen Technologien betroffen, da Fenster sowohl in den Größen als auch in den Profilen standardisiert sind. Die Koordinaten des Fensters werden am Rechner eingegeben, der sogar direkt neben der Produktionsmaschine stehen kann. So wird das Fenster vollautomatisch gefertigt.

Ausblick. Bei allen behandelten Anwendungen der CAD-Bautechnik stand das digitale Modell im Mittelpunkt. Neben leistungsfähigen, umfangreichen Makro-, Bauteil- und Leistungskatalogen sowie einer ausreichenden Dimensionalität und Ebenentechnik wurde stets auf einen durchgängigen Datenfluß hingewiesen. Er darf sich aber nicht nur auf die Verknüpfung von Grafik, Mengenermittlung, Kalkulation und Ausschreibung beschränken, sondern muß auch die einzelnen Ingenieurdisziplinen miteinander verbinden.

Beispiele Der Hoch- und der Tiefbau brauchen die Daten der Vermessung.

Der Ingenieurbauer bearbeitet Bauwerke des Hoch- und Tiefbaus.

Der Ingenieur der Haustechnik braucht die Bauwerksdaten.

Das Bauhauptgewerbe fertigt nach den Angaben der Planung.

Die Entwicklung der Hardware ermöglicht eine so weit gefaßte Durchgängigkeit, womit der Weg der CAD-Bausoftware in den nächsten Jahren vorgezeichnet ist: von den Insellösungen hin zur völligen Integration der Ingenieurdisziplinen ⇒ CAE (Computer Aided Engineering, **18.4**).

Voraussetzung für die völlige Integration ist eine gemeinsame Datenbank, die alle Bauwerksdaten erfaßt und zu der jeder am Bauwerk Beteiligte Zugriff hat. Am Beispiel eines Einfamilienhauses wäre dieser Ablauf möglich:

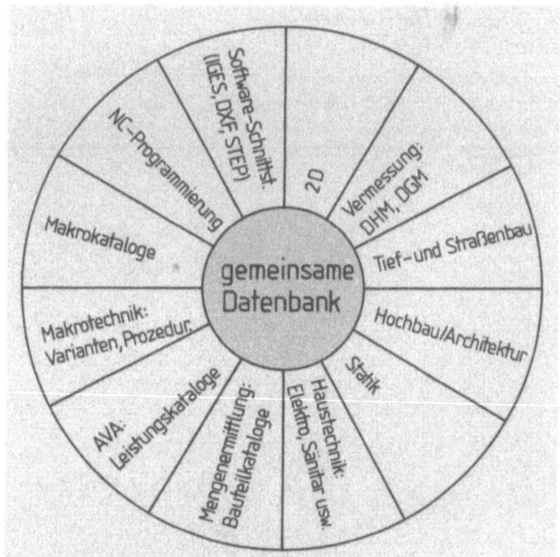

18.4 CAE-integrierte Systeme werden die Zukunft beherrschen

- Der Vermesser ermittelt die Geländekoordinaten (DHM, DGM),
- der Städteplaner erstellt auf dieser Grundlage Flächennutzungs- und Bebauungspläne,
- der Hochbauer übernimmt diese Daten und erzeugt das digitale Gebäudemodell.
- Der Tiefbauer übernimmt die Koordinaten der Vermessung sowie des Bebauungsplans und plant die Straße,
- der Hochbauer legt nach der Straßenhöhe die Sockelhöhe fest.
- Der Statiker übernimmt die Gebäudedaten; automatische Lastübertragungen und Berechnungen sind nun möglich.
- Der Hochbauer fertigt mit den Daten des Statikers die Ausführungszeichnungen an.
- Im kontinuierlichen Datenfluß zwischen Planung und Ausführung wird die AVA abgewickelt.
- Das CAD-Programm erzeugt die Dachausmittlung, die Steuerdaten für die numerisch gesteuerte Abbundstraße werden ermittelt (NC-Programmierung).
- Der Haustechniker übernimmt die Gebäudedaten (Heizung, Lüftung, Sanitär).

usw.

Jeder dieser Teilschritte für sich ist schon seit längerem realisiert. Integrative Systeme werden noch in der ersten Hälfte der 90er Jahre einsatzfähig sein. Das größte Problem liegt noch im unterschiedlichen Datenformat der angebotenen Softwareprogramme. Die Datenübertragung zwischen unterschiedlichen Programmen (Software-Schnittstellen) ist – wenn überhaupt – nur eingeschränkt möglich. Seit Anfang der 80er Jahre hat es mehrere Versuche gegeben, einen einheitlichen Schnittstellenstandard zu entwickeln. Die Ergebnisse in Form von IGES, DXF, VDAFS (Deutschland), SET (Frankreich) und nationalen Standards waren für die Bautechnik wenig erfolgversprechend – man konnte sich auf keinen Standard einigen. Zur Zeit wird ein internationaler Standard STEP (Standard for Exchange of Product Modell Data) entwickelt, an dem 17 Länder beteiligt sind. Seine industrielle Einsatzbarkeit wird noch für die erste Hälfte der 90er Jahre erwartet. Bis zur Vereinheitlichung der Schnittstellen aber muß man danach trachten, daß alle am Bau Beteiligten das gleiche System verwenden – oder die Nachteile der Standards IGES und DXF in Kauf nehmen.

Aufgaben zu Abschnitt 18

1. Unter welchen Voraussetzungen kann sich die computergesteuerte Fertigung im Bauwesen durchsetzen?

2. Welche Gefahren sind damit verbunden?

3. Was versteht man unter CAD/CAM?

4. Welche Informationen des digitalen Modells braucht das Abbundprogramm?

5. Warum eignet sich gerade der Fensterbau für die computergesteuerte Fertigung?

Anhang

Checkliste zur Beurteilung von Bau-CAD-Programmen

1 Hardware
Prozessor ___________________________
Arbeitsspeicher ___________________________
Externspeicher ___________________________
Expanded Memory ___________________________
Extended Memory ___________________________
Betriebssystem ___________________________
Netzwerkfähigkeit ___________________________
Anzahl der Bildschirme ___________________________
max. Auflösung ___________________________
max. Farben ___________________________
Grafik (z. B. VGA, Tiga) ___________________________
Plottertypen ___________________________
Laserdrucker ___________________________

2 Anwendungen
Vorplanung ___________________________
Entwurfsplanung ___________________________
Ausführungsplanung ___________________________

3 Branchenmodule
Vermessung ___________________________
Tief- und Straßenbau ___________________________
Fertigteile ___________________________
Hallenbau ___________________________
Architektur ___________________________
Statik ___________________________
Holzbau ___________________________
Haustechnik ___________________________
integrierte Stücklisten ___________________________
integrierte FEM ___________________________
integrierte Zeichnungsverwaltung ___________________________

4 Programmhandhabung
deutsches Handbuch ___________________________
Hot-line ___________________________
Hilfe-Funktionen ___________________________
Makrodienst ___________________________
dialogorientiert ___________________________
frei definierbare Menüs ___________________________
Menü bildschirmorientiert ___________________________
Menü tablettorientiert ___________________________
Kommandosprache ___________________________

5 Darstellung/Dimensionalität
2D-Kantenmodell ___________________________
2 1/2D-Kantenmodell ___________________________
3D-Drahtmodell ___________________________

3D-Flächenmodell ___________________________
3D-Volumenmodell ___________________________
   Solid-Modelling ___________________________
   Sweep ___________________________
   B-rep ___________________________
   prismatische Polyeder ___________________________
   Rotationsflächen ___________________________
   runde Körper ___________________________
   Freiformflächen ___________________________
   Freiformkörper ___________________________

6 Eingabehilfen
Maus ___________________________
Digitalisier-Tablett ___________________________
Tastatur ___________________________

7 Darstellungshilfen
Koordinatentransformation ___________________________
Koordinatenrotation ___________________________
Hidden-Line ___________________________
Bewegungsanimation ___________________________
Panorama-Funktion ___________________________
Shadowing ___________________________
Shading ___________________________
permanente Lupe ___________________________
Anzahl der Bildschirmfenster ___________________________
variable Bildschirmfenster ___________________________
Anzahl der Ebenen/Folien ___________________________

8 Darstellungsformen
automatische Ansichten ___________________________
automatische Schnitte ___________________________
Parallelprojektion ___________________________
Zentralprojektion ___________________________
Mehrebenenprojektion ___________________________
Innenraumperspektive ___________________________
Filmbilder ___________________________
Video-Hintergrund ___________________________

9 Zeichnungserstellung
automatische Bemaßung ___________________________
assoziative Bemaßung ___________________________
Bemaßung nach DIN ___________________________
automatische Schraffur ___________________________
assoziative Schraffur ___________________________
Konturverfolgung ___________________________
Charaktersatzgenerierung ___________________________

10 3D-Manipulation
  3D-Kopie _______________________
  Geschoßduplikat _________________
  3D-Dehnen ______________________
  3D-Spiegeln _____________________
  3D-Drehen ______________________
  3D-Scalierung ___________________

11 3D-Korrekturen
  Verschneiden von Flächen _________
  Verschneiden gerader Körper ______
  Verschneiden runder Körper _______
  Verschneiden spitzer Körper ______

12 Mengenermittlung
  Bauteilkatalog __________________
  Längenberechnung _______________
  Flächenberechnung ______________
  Definition Teilflächen ___________
  Volumenberechnung _____________
  automatische Mengenänderung
  bei Korrekturen _________________
  automatische Mengenänderung
  bei 3D-Manipulation _____________
  Raumbuch ______________________
  Mengen nach VOB ________________

13 Ausschreibungs-Vergabe-Abrechnung
  Leistungskataloge _______________
  integrierte AVA _________________

14 Symbole/Makros
  2D-Makros ______________________
  3D-Makros ______________________
  Varianten _______________________
  Prozeduren _____________________
  grafische Programmierung _________
  parametrisierbare Elemente _______

15 Datenverwaltung
  automatisches Sichern ___________
  relationale Datenbank ___________
  Hardware-unabhängig _____________
  modularer Aufbau _______________

16 Schnittstellen
  ASCII-Grafik ____________________
  AVA-Datenaustausch _____________
  DXF-Grafik _____________________
  IGES-Grafik ____________________
  HPGL-Grafik ____________________

Erläuterung wichtiger Fachbegriffe

alphanumerische Zeichen	Buchstaben, Ziffern, Sonderzeichen
ASCII	(**A**merican **S**tandard **C**ode for **I**nformation **I**nterchange) Standardcode, der die Bitmuster der einzelnen Zeichen festlegt
Assembler	maschinenorientierte Programmiersprache
Auflösung	Anzahl der Bildpunkte (Pixel) des Bildschirms
Backup	(engl.) Sicherungskopie
Basic	(**B**eginner's **A**ll Purpose **S**ymbolic **I**nstruction **C**ode) problemorientierte Programmiersprache für einfache Anwendungen
Batch	(engl.) Stapelbetrieb
Baud Rate	(engl.) Übertragungsgeschwindigkeit (1 Baud = 1 Bit/s)
Bauteilkatalog	Sammlung aller Materialien und Leistungen mit Preis je Einheit und Gewerkszuordnung
BIOS	(**B**asic **I**nput **O**utput **S**ystem) elementare Ein- und Ausgabesysteme des Betriebssystems
binär	Informationsdarstellung durch zwei Spannungszustände 0/1
Bit	(**B**inäry **D**igit) kleinste Informationseinheit, Spannungszustand
Block	Zusammenfassung von 512 Bytes auf einem Datenträger
B-rep	3D-Volumendarstellung eines Körpers durch die Topografie seiner Oberfläche
B-Spline	(engl.) mathematische Form einer Freiformkurve bzw. -fläche
Buffer	(engl.) Datenpuffer, Zwischenspeicher

Fortsetzung s. nächste Seiten

Bus	(engl.) Verbindungen von Datenverarbeitungsgeräten
Byte	Zusammenfassung von 8 Bits; entspricht einem Zeichen des ASCII-Codes
C	Programmiersprache
CAD	(**C**omputer **A**ided **D**esign) computerunterstütztes Konstruieren
CAE	(**C**omputer **A**ided **E**ngeneering) Computerunterstützung im Ingenieur-wesen
CAM	(**C**omputer **A**ided **M**anufactoring) computerunterstützte Fertigung
Cancel	(engl.) Löschen/Abbruch
CAP	(**C**omputer **A**ided **P**laning) computerunterstützte Planung
CAQ	(**C**omputer **A**ided **Q**uality Assurance) computerunterstützte Qualitäts-sicherung und -kontrolle
CAO	(**C**omputer **A**ided **O**rganization) computerunterstützte Planung und Orga-nisation
Charaktersatz	(engl.) Sammlung alphanumerischer Zeichen im gleichen Format, z. B. kursiv
CIM	(**C**omputer **I**ntegrated **M**anufactoring) computerintegrierte Fertigung
Clipping 3D	Herausschneiden von Bestandteilen des räumlichen Modells auf dem Bildschirm
CNC	(**C**omputerized **N**umeric **C**ontrol) rechnergesteuerte Fertigung
Cobol	Programmiersprache
Compiler	Übersetzungsprogramm zwischen der menschlichen und der Maschinen-sprache
CPU	(**C**entral **P**rocessing **U**nit) Zentraleinheit
Cursor	Positionsanzeiger auf dem Bildschirm
Datei	Einheit zusammengehöriger Daten
Device	(engl.) Gerät, Einheit
Device-Driver	(engl.) Gerätetreiber
DGM	**D**igitales **G**eländemodell
DHM	**D**igitales **H**öhenmodell; meist bedeutungsgleich mit DGM benutzt
Dialogbetrieb	Programmbearbeitung mit Eingriffsmöglichkeiten des Anwenders
Digitalisierer	Eingabegerät zum Einlesen von Koordinaten
digitalisieren	Eingeben von Koordinaten
Display	(engl.) Anzeigegerät
DOS	(**D**isk **O**perating **S**ystem) Betriebssystem
Drahtmodell	3D-Darstellung eines Körpers durch seine Kanten
DXF	Software-Schnittstelle
Ebene	Hilfsfunktion zur Zeichnungsstrukturierung
Editor	(engl.) Programm zur Dateierstellung und -änderung
Einbenutzerbetrieb	(single-user) Nur ein Anwender kann an einem Rechner arbeiten
Enter	(engl.) Eingabe
FEM	(**F**inite-**E**lemente-**M**ethode) Berechnungsverfahren
File	(engl.) Datei
Flächenmodell	3D-Darstellung eines Körpers durch seine Oberflächen
Floppy Disk	(engl.) Diskette
Fortran	Programmiersprache für technisch-wissenschaftliche Anwendungen
GAEB	**G**emeinsamer **A**usschuß **E**lektronik im **B**auwesen
Hardcopy	(engl.) Kopie des Bildschirminhaltes über den Drucker auf Papier
Hardware	Geräte einer Datenverarbeitungsanlage
Hidden-Line	(engl.) Ausblenden der verdeckten (versteckten) Kanten
identifizieren	Übergabe von Zeichnungselementen an das CAD-Programm

IGES	(**I**nitial **G**raphics **E**xchange **S**pecification) genormte Schnittstelle zum Austausch von CAD-Daten
Input	(engl.) Eingabe
Interface	(engl.) Schnittstelle
Interpreter	(engl.) Übersetzungsprogramm für Programmiersprachen
Joystick	(engl.) Eingabegerät zur Steuerung des Cursors
Kartesische Koordinaten	Koordinaten als Wertepaar x/y (2D) oder $x/y/z$ (3D) im kartesischen Koordinatensystem
Keyboard	(engl.) Tastatur
Kompatibilität	Verträglichkeit von Soft- und Hardware
Konfiguration	Zusammensetzung und -wirkung der Hard- und Software eines Arbeitsplatzes
LAN	(**L**ocal **A**rea **N**etwork) Vernetzung innerhalb eines Betriebs
Layer	s. Ebene
Leistungskatalog	Sammlung von Ausschreibungstexten
Lichtstift	(engl. light pen) Eingabegerät
Lisp	Programmiersprache
Makro	Zusammenfassung mehrerer grafischer Elemente und Befehle
Massenspeicher	Datenspeicher mit hoher Kapazität
Maus	Eingabegerät zur Steuerung des Cursors und Befehlsübermittlung
Mehrbenutzerbetrieb	(engl. multi-user) mehrere Anwender arbeiten gleichzeitig mit dem Rechner
Memory	(engl.) Arbeitsspeicher
MEM	(**Mem**ory) Datenspeicher
Menü	Auswahl mehrerer Befehle/Funktionen auf dem Bildschirm
Mips	(**M**illionen **I**nstruktionen **p**ro **S**ekunde) Maß für die Leistungsfähigkeit eines Computers
Modell	Räumliche Darstellung eines Körpers (Gebäude, Gelände)
Modem	(**Mo**dulator/**Dem**odulator) Signalumsetzer für Datenfernübertragung
multi-tasking	(engl.) gleichzeitige Bearbeitung mehrerer Programme durch einen Rechner
multi-user	(engl.) Mehrbenutzerbetrieb
Mutter-LV	Sammlung von Ausschreibungstexten eines Büros/Betriebs
Online	(engl.) direkter Anschluß an einen Rechner
Pan(ning)	(engl.) Schwenken des Bildausschnitts
Pascal	Programmiersprache für mathematisch-naturwissenschaftliche Anwendungen
Perepherie	Sammelbegriff für alle an die Zentraleinheit angeschlossenen Geräte
Pixel	(**Pic**ture **El**ements) Bildpunkt auf dem Bildschirm
Plotter	Numerisch gesteuerte Zeichenmaschine
Polarkoordinaten	Koordinatenbestimmung durch Winkel und Abstand zum Nullpunkt innerhalb des polaren Koordinatensystems
Polygon	Linienzug
PPS	**P**rodukt **P**lanung und -**s**teuerung
Printer	(engl.) Drucker
Prolog	Programmiersprache
Prozedur	Unterprogramm (z. B. eines CAD-Programms)
Prozessor	Verarbeitungseinheit der Datenverarbeitungsanlage
RAM	(Random Access Memory) Schreib- und Lesespeicher, auch: Arbeits- und Hauptspeicher)

Raumbuch	raumbezogene Speicherung der Längen, Flächen, Volumen, Attribute, Baustoffe und Variablen der Räume eines Bauwerks
REB	**R**ichtlinien für die **e**lektronische **B**auabrechnung
ROM	(**R**ead **O**nly **M**emory) Nur-Lese-Speicher
Rotation	Drehung des Koordinatenkreuzes
Scanner	(engl.) Abtaster, zum Übertragen von Zeichnungen in ein Programm
scalieren	gleichmäßige Ausdehnung einer Fläche/eines Körpers (Luftballoneffekt)
Schnittstelle	Ein- und Ausgang von Geräten und Programmen
Screen	(engl.) Bildschirm
selektieren	s. identifizieren
SET	Software-Schnittstellen-Standard (Frankreich)
Shading	schattierte Darstellung
Shadowing	Schattenkonstruktion
single user	(engl.) Einbenutzerbetrieb
Software	(engl.) Programme und Dateien
Solid-Modelling	(engl.) Volumenerzeugung eines Körpers durch Volumenelemente
Spline	(engl.) mathematische Vorschrift zum Erzeugen von Freiformkurven
Stapelbetrieb	Programmbearbeitung ohne Eingriffsmöglichkeit des Anwenders
STEP	(**S**tandard for **E**xchange of **P**roduct Modell Data) zukünftiger allgemeingültiger Software-Schnittstellen-Standard
Sweep	Volumenerzeugung durch Definition der Grundfläche und der Erzeugenden
Tablett	grafisches Eingabegerät mit Stift oder Lupe
time sharing	Aufteilung der Rechnerzeit bei Mehrbenutzerbetrieb über Zeitanteile
Transformation	Drehen oder Verschieben des Koordiantenkreuzes oder grafischer Elemente
Translation	Verschiebung des absoluten Nullpunkts in Richtung der Achsen
Trimmen	Verkürzen oder Verlängern grafischer Elemente
Undo	(engl.) Rückgängigmachen der letzten Anweisung
UNIX	Betriebssystem (ab 32-Bit-Rechner)
VDAFS	Software-Schnittstellen-Standard (Deutschland)
Volumenmodell	Darstellung eines Körpers durch Volumenelemente
Wire-frame	s. Drahtmodell
Zoom	(engl.) Vergrößern oder Verkleinern des Bildschausschnitts

Bildquellenverzeichnis

Gerkhard Software, Worms:
Bild **11**.16, **11.17**, **15.3**, **15.6**, **15.7**, **16**.1

IBM Deutschland GmbH, Sindelfingen:
Bild **1.3**, **1.4**, **2.13**, **2.15**, **5.2**, **5.3**, **5.5**

Landesvermessungsamt Schleswig-
Holstein, Kiel: Bild **12.1**, **12.2**

NCB GmbH, München:
Bild **18**.1, **18.2**

Nemetschek Programmsystem GmbH,
München: Bild **2**.14, **2.16**, **10.1**, **11**.19,
12.38, **15.5**

RIB/RZB Datenverarbeitung im Bauwesen
GmbH, Stuttgart: Bild **5.36**, **11.18**, **12**.4 bis
12.11, **15.9**

Siemens AG, München: Bild **1.8**

Verwaltungs-Berufsgenossenschaft,
Hamburg: Bild **1**.9 bis **1**.12

Alle anderen Bilder stammen aus dem Verlagsarchiv B. G. Teubner, Stuttgart

Sachwortverzeichnis